石膏应用技术问答

赵云龙 徐洛屹 主编

中国建材工业出版社

图书在版编目（CIP）数据

石膏应用技术问答/赵云龙，徐洛屹主编. —北京：
中国建材工业出版社，2016.9
ISBN 978-7-5160-1352-6

Ⅰ. ①石… Ⅱ. ①赵… ②徐… Ⅲ. ①石膏-问题解
答 Ⅳ. ①TQ177.3-44

中国版本图书馆 CIP 数据核字（2016）第 019589 号

内 容 简 介

本书依据现行国家标准、行业标准和有关规范、规定，以问答的形式介绍了石膏基础知识、熟石膏的制备性能、高强石膏、模具石膏、外加剂与增强材料、石膏改性、石膏粉体建材、石膏复合凝胶材料、耐水石膏、石膏防火材料及石膏基相变材料等，并针对石膏应用中常见的技术问题提出了解决建议与方法，为设计、生产、施工建筑石膏提供了指导。

本书可供石膏生产技术人员和建筑施工人员及高校建筑设计专业师生参考，也可作为石膏建材行业技术人员的培训教材。

石膏应用技术问答

主编 赵云龙 徐洛屹

出版发行：中国建材工业出版社
地　　址：北京市海淀区三里河路 1 号
邮　　编：100044
经　　销：全国各地新华书店
印　　刷：北京鑫正大印刷有限公司
开　　本：787mm×1092mm　1/16
印　　张：22.25
字　　数：550 千字
版　　次：2016 年 9 月第 1 版
印　　次：2016 年 9 月第 1 次
定　　价：**88.00 元**

本社网址：www.jccbs.com　　微信公众号：zgjcgycbs
本书如出现印装质量问题，由我社网络直销部负责调换。联系电话：(010)88386906

前　　言

石膏既是传统的建筑材料，也是重要的新型建筑材料。我国应用石膏的历史悠久，有广泛的应用基础。石膏具有良好的使用性能，能以多种形式应用于建筑物室内的墙体、地面和顶面，可以满足建筑物的防火、保温、隔声、装饰、吸声等多功能的要求。

随着现代技术的不断发展，赋予了传统石膏材料许多新的特征和性能，石膏建材产品的种类在增加，应用技术在提升，性能在不断完善，使石膏有了更多的新型建材特性。目前全社会均在提倡节能、利废、环保、可循环利用的绿色建筑材料。无论是从原料形式、生产制造、使用性能方面，还是从能源与资源的节约、环保与利废的发展等方面，石膏建材完全能够符合绿色建材的标准和要求。

过去的十多年，石膏建材在我国取得了飞速的发展，应用领域和范围不断扩大，新的产品不断涌现。但是在快速发展的同时，石膏建材的应用还存在各种各样的问题，这些问题影响到石膏性能的发挥和市场的推广应用，本书以问答的形式解答了石膏的基本性能和应用方面的部分问题，希望能够对石膏行业生产和应用的从业人员提供一些参考和指导。

本书在编写过程中，得到了已故的国内著名建材专家沈荣熹博士的指正和修改。本书的出版是对沈荣熹博士的缅怀，激励业内更好地推动石膏建材的技术进步和发展。

本书由赵云龙、徐洛屹编写，参与编写的还有赵婷婷、刘玮、杨再银。本书在编写时参考和引用了国内一些专家学者的观点和资料，在此表示诚挚的谢意。

由于编者的水平有限，本书还存在不少的缺点和错误，诚恳希望读者批评指正！

编者

2016 年 8 月

目　　录

中国建材工业出版社
China Building Materials Press

我们提供

图书出版、图书广告宣传、企业/个人定向出版、设计业务、企业内刊等外包、代选代购图书、团体用书、会议、培训，其他深度合作等优质高效服务。

编辑部
010-88385207

出版咨询
010-68343948

市场销售
010-68001605

门市销售
010-88386906

邮箱：jccbs-zbs@163.com   网址：www.jccbs.com.cn

发展出版传媒   服务经济建设

传播科技进步   满足社会需求

第一章 石膏基础知识

一、二水石膏

(一) 二水石膏基础

1. 天然石膏的定义是什么?

答：天然石膏是自然界中蕴藏的石膏石。天然石膏的主要成分是硫酸钙，并常含有各种杂质和附着水（又称游离水），是一种重要的、具有广泛用途的非金属矿物，按是否含有结晶水又分为二水石膏（$CaSO_4 \cdot 2H_2O$）和无水石膏（$CaSO_4$）两种。

2. 二水石膏的定义是什么?

答：二水石膏又称石膏或生石膏，是自然界中稳定存在的一个相。多数工业副产石膏的主要成分也是二水石膏，均归属此类。它们既是脱水产物的原始材料，又是脱水产物再水化的最终产物，这种最终产物也可称为再生石膏。

3. 二水石膏的物理性能是什么?

答：纯天然二水石膏呈白色或无色透明，硬度（莫氏）为 1.2~2.0，密度为 2.2~2.4g/cm^3。常温下在水中的溶解度很低，在 20℃时，被分解为 CaO 的二水石膏的溶解度为 2.05g/L。当温度为 32~41℃时能够产生最大的溶解度。在稀硫酸和硝酸及在某些盐类溶液中，石膏的溶解度比在水中大。石膏是热的不良导体，其导热率在 16~46℃时为 0.285W/（m·K）。

4. 我国国家标准 GB/T 5483—2008《天然石膏》将天然石膏产品按矿物组分分为哪几类?

答：我国国家标准 GB/T 5483—2008《天然石膏》将天然石膏产品按矿物组成成分分为以下三类：

① 石膏（代号 G）：在形式上主要以二水硫酸钙（$CaSO_4 \cdot 2H_2O$）存在。

② 硬石膏（代号 A）：在形式上主要以无水硫酸钙（$CaSO_4$）存在，且无水硫酸钙（$CaSO_4$）的质量分数与二水硫酸钙（$CaSO_4 \cdot 2H_2O$）和无水硫酸钙（$CaSO_4$）的质量分数之和的比不小于 80%。

③ 混合石膏（代号 M）：在形式上主要以二水硫酸钙（$CaSO_4 \cdot 2H_2O$）和无水硫酸钙（$CaSO_4$）存在，且无水硫酸钙（$CaSO_4$）的质量分数与二水硫酸钙（$CaSO_4 \cdot 2H_2O$）和无水硫酸钙（$CaSO_4$）的质量分数之和的比小于 80%。

5. 天然二水石膏的种类有哪些?

答：天然二水石膏依据物理性质可分为透明石膏、纤维石膏、雪花石膏、普通石膏和土石膏五类，见表1-1。

表 1-1　天然二水石膏类别

类别	透明石膏（也称透石膏）	纤维石膏	雪花石膏（也称结晶石膏）	普通石膏	土石膏（也称黏土质石膏或泥质石膏）
外观和特征	通常无色透明，有时略带淡红色或浅色，呈玻璃光泽	纤维状集合体，呈乳白色，有时略带蜡黄色和淡红色，有丝绢状光泽	细粒块状集合体，呈白色、半透明状态	致密块状集合体，常不纯净，光泽较暗淡	有黏土混入，杂质较多，呈土状
$CaSO_4 \cdot 2H_2O$ 含量（%）	≥95	94～85	84～75	74～65	64～55

在确定天然二水石膏类别时，应先进行化学成分分析，根据所得 CaO、SO_3 和结晶水的百分含量分别计算 $CaSO_4 \cdot 2H_2O$ 的量，然后分别取三个计算值中的最小值作为定级的依据。

6. 石膏结晶水的测定应注意什么？

答：石膏品位指原料中二水硫酸钙的百分含量，天然石膏的品位以结晶水计算比较精确。过去在建材行业大都采用建筑材料化学分析中的石膏分析方法，即在 350～400℃下测定结晶水含量。这样高的温度将会引起原料中黏土矿物部分脱水以及可能存在的自然硫和有机物失重，给测定的结果造成正偏差，特别是低品位的黏土质石膏，黏土杂质对结晶水及其水质的影响是不容忽视的。

7. 天然二水石膏矿石常见的外观结晶形态有哪几种？

答：天然二水石膏矿石常见的外观结晶形态有如下几种：

① 纤维状：是纤维状集合体，绢丝光泽，通常比较纯净。

② 雪花状：是粒状集合体，半透明，结晶通常比较紧密。

③ 块状：是致密块状集合体，玻璃光泽，常不纯净。

④ 鳞片状：为小片状集合体，小片呈玻璃光泽且透明。

⑤ 碎粒状：碎粒半透明，有光泽（在碎粒中不时可见燕尾形双晶）。

8. 二水石膏中的结晶水有几种结合状态的水？

答：二水石膏中的结晶水至少有两种结合状态的水，即结构水和沸石水所组成。

一般认为，结构水是在二水石膏转变为半水石膏时脱出的水，而沸石水则保留在半水石膏中，只有在半水石膏转变为无水石膏Ⅲ时才被脱出。因此，半水石膏的形成量与这两种水的比例有关。

9. 为什么二水石膏应根据各种不同要求来控制其转变温度?

答：二水石膏在一定温度下加热能够转变为半水石膏，进一步加热则脱水转变为无水石膏，再进一步加热则分解为氧化钙和三氧化硫。其转变温度因加热方式、加热速度和颗粒级配而不同。

10. 二水石膏和半水石膏两种水化物的分解温度是什么?

答：二水石膏和半水石膏两种水化物的分解温度，就是它们的水蒸气压力等于一个大气压时的温度。而且，二水石膏的分解速度随温度升高而加快，其分解温度亦随加热速度而升高。

11. 二水石膏的分解速度与哪些因素有关?

答：二水石膏的分解速度取决于盐类的阳离子、阴离子及其浓度，并且分解速度按如下离子顺序而递增：SO_4^{2-}、NO_3^-、I^-、Br^-、Cl^- 和 Ca^{2+}、Mg^{2+}、Cd^{2+}、Zn^{2+}、K^+、NH_4^+、Na^+。其中 SO_4^{2-}、NO_3^- 对于晶体的造型有着较好的影响。也可以使用任何阴离子活性的表面活性物质，例如二元羧酸及其衍生物，或烷基芳基磺酸盐以促进其分解速度。

12. 天然石膏中的杂质对建筑石膏有哪些影响?

答：通常生产建筑石膏应使用品位达二级以上的二水石膏，石膏胶凝材料的质量不仅取决于石膏的纯度，还取决于所含杂质的种类和各种杂质的相对含量等。一般来说，过量的杂质会对石膏胶凝材料的强度不利，并使其软化系数下降，标准稠度需水量降低，并导致制品的表观密度增加。因此，在生产中可根据试验结果适当调整所需原料等级。

石膏中杂质的类型很多，主要有碳酸盐类（石灰石、白云石等）、无水石膏和黏土矿物类（高岭石、蒙脱石、伊利石、绿泥石等），还含有少量的石英、长石、云母、黄铁矿、有机质，以及 K^+、Na^+、Cl^- 等易溶盐类，这些杂质的相对含量对石膏制品的性能有着重要的影响。

一般石膏中含黏土矿物类杂质越多，制成的建筑石膏力学强度越低，这是由于黏土矿物遇水后容易软化和变形的缘故。无水石膏杂质由于水化速度缓慢，其含量高时，可影响建筑石膏的早期强度，对后期强度却是有益的。碳酸盐类、无水石膏和石英等杂质，在石膏煅烧温度范围内都是惰性物质，而其本身密实度大、吸水性差，所以它们的存在可降低标准稠度需水量，若含量适当，不仅可提高制品的密实性和硬度，而且还可提高制品的强度。K^+、Na^+、Cl^- 等易溶性盐类的存在，可提高建筑石膏在水中的溶解度，加快其水化与硬化过程，同时也增加了建筑石膏硬化体结晶接触点的不稳定性，使接触点的强度降低，而且使制品在潮湿环境中容易析出"盐霜"，因此其含量必须有所限制。石膏中的杂质对石膏的分解有利，在炒制建筑石膏时，可降低煅烧温度，节约能耗。

总的说，天然石膏中的黏土矿物类杂质对建筑石膏性能的影响有利有弊。除模具、医药、造纸、高级雕塑艺术品等特殊用途的熟石膏外，一般用于建筑制品的建筑石膏对原矿纯度的要求不必太高，但要注意杂质的种类和相对含量，最好根据用途的要求合理使用石膏资源，以达到节约能源、降低原料成本的目的。

（二）二水石膏成分检测

1. 检验天然石膏的批量确定和抽样是怎样进行的？

答：我国现行国家标准 GB/T 5483—2008《天然石膏》对天然石膏的检验规则规定如下：

（1）组批原则：天然石膏产品的验收和供货按批量进行。天然石膏以同一次交货的同类别、同等级产品 300 t 为一批，不足 300t 时亦按一批计。

（2）抽样方法：采用方格法。根据矿石质量、块度均匀性和矿堆体积大小确定方格间距。取样时应在不同深度上取样，每次取样量大致相等。

散装交货时，每批量抽取点数不得少于 10 点，每次取样量不应少于 10kg，由此组成总样品。

包装交货时，每批量抽取袋数不得少于 20 袋，每次取样量不应少于 5kg，由此组成总样品。

2. 如何计算石膏的品位？

答：若原料是纯净的二水硫酸钙，则其化学组成为：$CaO=32.56\%$、$SO_3=46.51\%$、$H_2O=20.93\%$。按此任意一个化学组成成分换算成二水硫酸钙的含量为 100%，则 $CaSO_4 \cdot 2H_2O=4.78H_2O=2.15SO_3=3.07CaO=100$。为了方便起见，以下称 $4.78H_2O$ 为"水值"，$2.15SO_3$ 为"硫值"，$3.07CaO$ 为"钙值"。

实际上，由于在各种原料石膏中总是或多或少含有其他杂质，这些杂质的成分中包含了 H_2O、SO_3 和 CaO，因此原料的化学分析所得到的 H_2O、SO_3 和 CaO 的总量不能代表二水硫酸钙中 H_2O、SO_3 和 CaO 的量。一般情况 $4.78H_2O \neq 2.15SO_3 \neq 3.07CaO$，而且每个值可能大于 100，但只能有两个以下的值大于 100。假定在 $4.78H_2O$、$2.15SO_3$ 和 $3.07CaO$ 三者之中有一个受杂质的影响最少或不受影响，那么其数值一定更接近于或者等于真实的二水硫酸钙含量，且为三者中的最小值，必定小于 100；反之，若三者中的一个为最小值，则该值也必定受杂质的影响最少或不受影响，即该值最接近于或等于真实的二水硫酸钙含量。因此，以水值、硫值和钙值三者中的最小值作为石膏的品位是比较合理的，将其称为"水、硫、钙最小值品位计算法"。

将不同的二水石膏进行试验，所得的 H_2O、SO_3 和 CaO 换算成水值、硫值和钙值。由计算可以得知，绝大部分二水石膏的水值为最小值，只有少数的水值稍大于硫值（如确定在 180℃ 下测定结晶水，则其水值仍为最小值）。而它们的钙值大都属于最大值。由此可见，对二水石膏而言，以结晶水为基准计算品位比较切合实际，以 CaO 计算是最不精确的。

3. 根据二水硫酸钙中的结晶水如何计算半水石膏中的结晶水？

答：二水硫酸钙中结晶水的理论含量为 20.93%，经 $CaSO_4 \cdot 2H_2O \longrightarrow CaSO_4 \cdot \frac{1}{2}H_2O + \frac{3}{2}H_2O$ 反应后，$\frac{3}{2}H_2O$ 结晶水脱出，变成半水石膏。半水石膏中结晶水的理论含量为 6.20%，但因二水石膏中含有不同量的杂质，而使二水石膏中结晶水的含量达不到 20.93%，使用一简单公式可计算出半水石膏中结晶水的含量：

$$半水石膏结晶水含量（\%）=\frac{二水石膏中结晶水实际含量（测定值）}{3.375}\times 100$$

4. 在180℃下测定结晶水应注意哪些事项?

答：① 二水石膏在180℃时的脱水速度比360℃时缓慢，称量样品不要太多，以0.5～1g为度，应平铺于宽口称量瓶内，置烘箱内烘干。

② 烘干后得到的是Ⅲ型$CaSO_4$，这与360℃下烘干得到的Ⅱ型$CaSO_4$的性质不大相同，Ⅲ型$CaSO_4$是一种比硅胶吸潮能力还大的强干燥剂，若干燥器中的硅胶不太新鲜，它能夺取硅胶中的水分变为半水石膏。因此操作需小心，称量瓶从烘箱中取出应立即盖上盖子，冷却称量过程中切勿打开。

5. 石膏化学分析方法试验的基本要求有哪些?

答：（1）试验次数与要求

每项测定的试验次数规定为两次。用两次试验平均值表示测定结果。

在进行化学分析时，各项测定应同时进行空白试验，并对所测结果加以校正。

（2）质量、体积、体积比、滴定度和结果的表示

质量单位用"g"表示，精确至0.0001g。滴定管体积单位用"mL"表示，精确至0.05mL。滴定度单位用"mg/mL（毫克/毫升）"表示，滴定度和体积比经修约后保留有效数字四位。各项分析结果均以百分数计，表示精确至小数点后二位。

（3）灼烧

将滤纸和沉淀放入预先已灼烧并恒量的坩埚中，在氧化性气氛中缓慢干燥，不使有火焰产生，灰化至无黑色炭颗粒后，放入高温炉中，在规定的温度下灼烧。在干燥器中冷却至室温，称量。

（4）恒量

经第一次灼烧、冷却、称量后，通过连续对每次15min的灼烧，然后冷却、称量的方法来检查恒定质量，当连续两次称量之差小于0.0005g时，即达到恒量。

（5）检查Cl^-离子（硝酸银检验）

按规定洗涤、沉淀数次后，用少许水淋洗漏斗的下端，用数毫升水洗涤滤纸和沉淀，将滤液收集在试管中，加几滴硝酸银溶液，观察试管中溶液是否浑浊。如果浑浊，继续洗涤至硝酸银检验不再浑浊为止。

二、熟石膏

1. 半水石膏的定义是什么?

答：根据形成条件的不同半水石膏分为α型半水石膏与β型半水石膏两个变体。当二水石膏在饱和水蒸气条件下，或在酸、盐的溶液中加热脱水，即可形成α型半水石膏；如果在缺少水蒸气的干燥环境中脱水则形成β型半水石膏。在显微镜下可以明显观察到这两种半水石膏的区别，α型半水石膏为形状规则的晶体，一般为短柱状；β型半水石膏的微观晶体呈松散聚集的含有微孔隙的固体。α型半水石膏的晶体缺陷少，而β型半水石膏的晶体缺陷多，因而α型半水石膏的内比表面积比β型半水石膏的内比表面积小。

通过差热曲线也可以看出两者的区别。α 型半水石膏和 β 型半水石膏脱水转变为Ⅲ型无水石膏的温度相同，而 α 型半水石膏转变成Ⅲ型无水石膏后，要进一步转变为Ⅱ型无水石膏的放热峰在 220℃，但 β 型半水石膏的进一步转变温度则为 350℃。

两者在宏观性能上的区别是：α 型半水石膏标准稠度比 β 型半水石膏的小，因而其水化后转变为二水石膏制品的密度比 β 型半水石膏的大，其强度高于 β 型半水石膏，而吸水率低于 β 型半水石膏。

2. 什么叫建筑石膏？建筑石膏如何分类？

答：建筑石膏是天然石膏或工业副产石膏在一定温度下加热脱水，制成的以 β 型半水硫酸钙（β-$CaSO_4 \cdot 1/2H_2O$）为主要组成的气硬性胶凝材料，其半水硫酸钙的含量（质量分数）应不小于 60.0%。

根据我国现行国家标准 GB/T 9776—2008《建筑石膏》，按原料种类可分为天然建筑石膏（N）、脱硫建筑石膏（S）、磷建筑石膏（P）三类。按 2h 抗折强度（MPa）可分为 3.0、2.0、1.6 三个等级。

3. β 型半水石膏有哪些特性？

答：β 型半水石膏有以下特性：

（1）水化快

由于 β 型半水石膏微粒具有极其发育的表面，故水化快，料浆便于成型，在较短时间内能达到很高的强度，被广泛应用于医疗、食品、建筑装饰、工艺雕塑、陶瓷等行业中。

（2）标准稠度大

β 型半水石膏的比表面积大，因而工作时标准稠度用水量大（>65%），使产品强度偏低。

（3）不稳定性

β 型半水石膏具有很大的活性，容易吸潮，吸潮后转化为二水石膏，具有促凝作用，为此包装运输和存放时要注意避免吸潮。

（4）需经陈化使性能趋于稳定

刚炒制的半水石膏性能很不稳定，必须在一定条件下贮存使其性能趋于稳定，在陈化过程中晶体表面的裂隙有一定的弥合，物料的比表面积明显减少，所引起的标准稠度需水量降低，使试件的密实度增大，物理力学性能得到改善。

4. 石膏中的杂质对石膏活性有什么影响？

答：石膏中的杂质越多，也就相当于胶凝材料中惰性掺合料增加，因而会使熟石膏的强度下降。不同 $CaSO_4 \cdot 2H_2O$ 含量其产品质量是不同的。制取高强度石膏最好采用硫酸钙含量在 90% 以上的原料。

5. 建筑石膏中带有未完全燃烧的煤粉，对生产纸面石膏板有什么影响？

答：在脱硫石膏中未完全燃烧的煤粉微粒在 0.01%～0.05% 之间，一般不会对石膏制品产生明显影响。目前，许多石膏工厂干燥煅烧石膏采用机械式排燃烧炉或是煤的流化床式燃烧炉，其未完全燃烧的粉煤飞灰较多，尤其是颗粒度在 $100\sim200\mu m$ 的煤粉，当脱硫熟石膏用于生产纸面石膏板时，在石膏板成型凝固过程中，煤粉颗粒将会迁移到面纸和石膏芯之间的界面，妨碍面纸和石膏的粘结。

6. 熟石膏中可溶性 Na 对其影响是什么？

答：熟石膏中可溶性 Na 含量偏高，极易形成可溶性多结晶水的盐类，影响石膏晶体间接触点的连接，从而影响纸面石膏板的粘结性能，使石膏板容易产生变形。因此，Na 含量偏高是石膏板在受潮时易产生变形的主要原因之一。

7. 如何通过测定结晶水含量来鉴别熟石膏质量？

答：熟石膏是一种结晶混合物，其中含有二水石膏、半水石膏和无水石膏。建筑石膏在炒制过程中欠火时会出现生石膏，或者火大、炒制时间过长时造成过烧出现无水石膏，这些都会影响石膏的凝结时间，影响产品的正常使用。有时由于熟石膏放置时间过长而受潮，也会影响其正常使用。通过测定结晶水的含量，可判断熟石膏质量的好坏。一般合格的熟石膏结晶水的含量在 $4.5\%\sim5.0\%$ 之间。若熟石膏的结晶水含量远低于此标准值，则说明熟石膏过烧，若熟石膏的结晶水含量远高于此标准值，则说明熟石膏欠火或者受潮。

8. 温度不同对半水石膏的溶解度有无影响？

答：在没有缓凝剂的情况下，所有半水石膏在 2h 内都转变成二水石膏。大量的半水化物（约 95%）是在 30min 左右就会水化成二水化物的。

温度下降会减缓半水石膏的溶解速度，也就影响了钙离子和硫酸根离子的扩散。若增加熟石膏量则正与此相反，虽然温度下降了，但是半水石膏的溶解度增加了，有利于结晶的条件，溶液的密度也增加了。由此可知，温度效应随某一个占主导地位的因素而异。此外，温度对已硬化的熟石膏的结构也会产生明显的影响。

9. 半水石膏与二水石膏在 20℃ 水中的溶解度是多少？

答：20℃时半水石膏在水中的溶解度是 8g/L，二水石膏的溶解度是 2g/L。

10. 半水石膏的溶解析晶过程可分为哪几个阶段？

答：二水石膏在不同条件的热处理中其结构水容易脱出，成为各种晶体的半水石膏。半水石膏的溶解析晶过程可分为以下三个阶段：
① 水化作用的化学过程阶段——半水石膏的溶解和水化。
② 结晶作用的物理过程阶段——二水石膏的析晶和晶体长大。
③ 硬化的力学过程阶段——二水石膏晶体的连生和结晶网络的形成。

11. 不同的处理方法对半水石膏水化起什么作用？

答：（1）细磨二水石膏的作用机理

由于半水石膏的水化产物为二水石膏，因此掺入二水石膏后就相当于在半水石膏水化时引入了与晶核生成结构相同的成核基体，加快了晶核的生成速度，加大了晶核的生成数量。

在单位反应物中晶核数量的增加必然会降低生成物的晶体尺寸，因此在半水石膏中掺入二水石膏后使其水化产物的晶体结晶变得细小。细小晶体具有较大的膨胀能，掺入二水石膏时膨胀率加大。

（2）其他无机盐的作用机理

对于半水石膏水化体系，反应物离子浓度的提高可以增大二水石膏的晶体尺寸，除细磨二水石膏外其余外加剂的引入均加大了水化产物的晶体尺寸。根据膨胀能理论，结晶粗大的晶体具有较小的膨胀能，因此膨胀率降低。

12. 建筑石膏长期存放时应注意的事项有哪些？

答： 由于建筑石膏吸水后会导致结块或强度降低，甚至报废，因而在贮存时应注意防水、防潮。建筑石膏的贮存期一般为 3 个月，超过 3 个月后，强度将随着时间延长而出现不同程度的降低。超过贮存期的石膏应重新进行强度检验，并按照实际检验强度使用。

13. 建筑石膏的堆积密度和比表面积是怎样表示的？

答： 建筑石膏的堆积密度是指散料在自由堆积状态下单位体积的质量。该体积既含颗粒内部的孔隙，又含颗粒之间的空隙，常用 kg/m^3 表示。

比表面积是指单位质量粉体的总表面积，用平方米每克表示（m^2/g）。石膏粉体的粒径越小，则比表面积越大，比表面积越大，则颗粒的表面活性越大。比表面积对粉料的湿润、溶解、凝聚等性质都有直接的影响。

14. 建筑石膏在我国的应用与发展前景如何？

答： 国外的建筑石膏及制品工业已向轻质、高强、复合、多功能、环保等方向发展，正在逐步取代传统的室内墙体材料和装饰、装修材料，从而成为石膏制品中的主导产品，应用亦相当普遍。我国经过多年的推广，现也有不少人认识到了石膏建筑制品的舒适性（隔热、隔声、调节湿度）和安全性（防火），使得近几年来建筑石膏的研究与开发得到迅速发展。随着我国建筑业和建材工业的发展，对石膏及石膏建筑制品的需求量将会越来越大，尤其是具有节能和环保特点的石膏基复合墙体材料必将成为我国室内墙体材料的主要产品。

三、无水石膏（硬石膏）

（一）无水石膏基础

1. 无水石膏胶结料原料及生产工艺有哪些？

答： 无水石膏胶结料所用的石膏一般有三种来源。一是天然无水石膏；二是副产无水石膏；三是由二水石膏（包括天然二水石膏和副产二水石膏）经高温煅烧制取的无水石膏。由于来源不同，无水石膏的胶凝性能则不同，其中天然无水石膏和副产无水石膏因无须煅烧，且储量很大，是无水石膏胶结料的主要原料。

对无水石膏胶结料原料的要求一般为：

（1）无水石膏

经 40℃下恒重的磨细无水石膏，应符合 $CaSO_4$ 含量≥85％；杂质的含量≤12％且对无水石膏性能无不良影响；化学结晶水含量≤3%；pH≥7。

（2）激发剂

天然无水石膏本身活性非常差，水化能力低，凝结硬化慢，只有当掺入酸性或碱性激发剂，才能成为具有一定强度和良好物理性能的胶凝材料。因此，激发剂的选择是无水石膏胶结料的关键。按照德国标准规定，经过40℃干燥后，在使用时无水石膏胶结料中允许的激发剂含量为：碱性激发剂≤7%；盐类激发剂≤3%；复合激发剂≤5%，盐类激发剂中结晶水不在含量计算之列。

2. 利用煅烧二水石膏生产无水石膏胶结料的生产工艺由哪些基本工序组成？

答：① 在破碎机内破碎至粒径50～100mm和30～40mm的石膏石块石，适宜在立窑或回转窑内煅烧。

② 二水石膏在立窑或回转窑内煅烧，物料在600～750℃的煅烧带保持3～4h，在冷却带保持6～8h。物料在立窑内保留时间包括预热时间达到16～18h。

③ 冷却后的无水石膏，在锤式或辊式破碎机内进行破碎，破碎后的粒径在60～80mm以下。

④ 硬化激发剂经干燥后，粉磨到粒径在2～3mm以下。

⑤ 将所有组分计量后在球磨机内共同粉磨。达到80μm筛筛余量小于15%，即可包装出厂。

⑥ 当使用高炉矿渣或粉煤灰时，先将其干燥至湿度1%以下，然后与无水石膏共同磨细。

3. 用天然（或副产）无水石膏生产无水石膏胶结料的生产工艺是什么？

答：用天然（或副产）无水石膏生产无水石膏胶结料时，不需高温煅烧，使原矿石破碎后与激发剂共同粉磨即可，生产工艺大大简化。

天然无水石膏胶结料的主要生产设备为：生料破碎机、生料和激发剂粉磨机、混料机和包装机。设备投入不大，占地面积小，建厂投资少。

4. 在无水石膏胶结料生产中应注意哪几方面的问题？

答：① 生产无水石膏胶结料所用无水石膏的细度应尽可能细，为提高早期强度，建议200目筛余量不超过4%。由于矿渣的硬度大于无水石膏，因此，生产时应将两种原料分别粉磨后再混合。

② 无水石膏胶结料生产中，硫酸盐类激发剂的掺入量应严格控制，尤其是一价阳离子硫酸盐，一般不超过1%，掺入过多会引起制品出现盐析现象。明矾石或煅烧明矾石的掺量不宜超过3%，否则会引起水泥石膨胀过大，使强度下降。

③ 多种盐类激发剂复合的效果好于单一激发剂。

④ 碱性激发剂能较好地提高无水石膏胶结料的耐水性，但对无水石膏胶结料强度的提高不如复合激发剂。

5. 无水石膏Ⅱ的定义是什么？

答：无水石膏Ⅱ又称β型无水石膏，或称不溶性无水石膏。它是由二水石膏、半水石膏和吸潮后的无水石膏Ⅲ经高温脱水后在常温下稳定的最终产物。在自然界中稳定存在的天然无水石膏也属此类。

6. 无水石膏Ⅲ的分类有哪些?

答: 无水石膏Ⅲ一般分为 α 型与 β 型两个变体,它们分别由 α 型与 β 型半水石膏脱水而成。无水石膏Ⅲ的变体最早由 Lehmann 等人确定,他们认为除 α 型无水石膏Ⅲ与 β 型无水石膏Ⅲ以外,还存在一种类似 β 型无水石膏Ⅲ的无水石膏。这种无水石膏是在水蒸气压极低的状态下迅速排除水分,越过 $CaSO_4 \cdot \frac{1}{2} H_2O$ 的中间阶段直接形成,其比表面积约是 β 型无水石膏Ⅲ的 10 倍。

7. 人工制取无水石膏的特点及煅烧产物有哪些?

答: 人工制取的无水石膏因在形成时留下晶格缺陷和微孔结构,较天然无水石膏的水化速度快很多,而和半水石膏相比,它的水化速度还是很慢的。但人工制取无水石膏的煅烧温度十分关键,不同温度下煅烧出的无水石膏,其水化能力存在很大差别,一般煅烧温度在400～560℃时生成的无水石膏是 AⅡ-S,称为慢溶型无水石膏,这种无水石膏常用来生产抹灰石膏和各种无水石膏制品。煅烧温度在 560～780℃时生成的无水石膏是 AⅡ-U,称为不溶型无水石膏,它的性质与天然无水石膏基本一致,一定要有激发剂等活化手段才能使用。煅烧温度在 780～1000℃时生成的无水石膏是 AⅡ-E,称为浇筑石膏,因硫酸钙分解生成部分氧化钙,氧化钙有自身活化能力,所以常用来浇筑地板等。

8. 在不同温度下焙烧成的无水石膏Ⅱ在晶体结构上有什么不同?

答: 在熟石膏工业中,经焙烧制成的无水石膏Ⅱ常被称为过烧石膏。

在低温(350℃)下烧成的无水石膏和在高温(700～800℃)下烧成的无水石膏,它们在遇水时水化成二水石膏的速度是不同的。低温烧成的无水石膏因具有晶格结构缺陷,加快了它的水化动力进程。因为此时它从无水石膏Ⅲ的六角形晶系转变为正交晶系。

与此相反,高温下烧成的无水石膏却很稳定。由于没有晶体结构缺陷,它的密度增加了。这种无水石膏的惰性与天然无水石膏的相近。

9. 天然无水石膏由哪些化学成分组成?

答: 天然无水石膏主要由 $CaSO_4$ 组成,是一种在自然界中经常与二水石膏以及岩盐共生的石膏,因而是一种常含有杂质的硫酸盐。无水石膏的矿层一般位于二水石膏层下面。无水石膏通常在水的作用下变成二水石膏,因此在天然无水石膏中常含有 5%～10% 的二水石膏。

10. 天然无水石膏有哪些特性?

答: 天然无水石膏化学组成的理论含量为 CaO:41.2%,SO_3:58.8%,属斜方晶系,纯净的无水石膏透明、无色或白色,含杂质而成暗灰色,有时微带红色或蓝色。天然无水石膏矿物的杂质主要包含了方解石、白云石等碳酸盐类矿物,少量二水石膏、蒙脱石、水云母及天青石，具有粒状、鳞片状、柱状、纤维状等变晶结构，有团块状、纹层状、斑状、角砾状构造。天然无水石膏在漫长的地质条件作用下，结晶良好，比二水石膏致密而坚硬，莫氏硬度为 $3.0 \sim 3.5$，比重为 $2.8 \sim 3.1 g/cm^3$。人工合成的无水石膏和氟石膏由于在晶体形成过程中存在较多的缺陷和孔隙，晶粒生长不完整，颗粒细小，结构疏松，较易水化成二水石膏。天然无水石膏本身的胶凝性能很差，即水化及凝结硬化速度极慢。虽然其溶解度比二水石膏大，但溶解速度慢，一般 44d 才能达到溶解平衡，且溶解度随温度的升高而下降，$3^{\circ}C$ 时为 $3.77g\ CaSO_4/L$，$20^{\circ}C$ 时为 $2.09g\ CaSO_4/L$，$50^{\circ}C$ 时为 $1.84g\ CaSO_4/L$；凝结时间也随粒度变化而不同，颗粒越细小，水化速度越快，但一般也要 15h 以上才能初凝，且强度很低。无水石膏与水作用生成二水石膏产生一定的体积膨胀，理论上无水石膏全部转化为二水石膏时，固体的绝对体积增加 58%，但反应前固体加理论用水量的总体积较反应后浆体的体积缩减了约 10.6%，所以即使按理论加水量拌和无水石膏（无水石膏的理论用水量为 26.47%），无水石膏水化反应总体表现也是膨胀的，且随着所用的激发剂种类不同而有较大差异。

由于天然无水石膏的水化硬化慢，胶凝性能难以发挥，在利用其制备新型建筑材料时，必须进行活化激发，提高水化速率，以达到提高材料性能的目的。

11. 固化无水石膏的水化程度、抗折强度和微观结构之间有什么关系？

答： 无水石膏能与水反应生成二水石膏，这是无水石膏能作为建筑材料使用的化学基础。然而，这个称之为固化的过程对无水石膏来说要比半水石膏慢得多。将无水石膏磨细和加入所谓的活化剂可以显著加速无水石膏的水化反应。由于加入的水量有限，无水石膏不会完全转化成二水石膏。碱或重金属硫酸盐是常用的活化剂。固化无水石膏的固化过程和特性如强度会受到活化剂类型和用量的影响。

以二水石膏为反应产物的胶结材，其固化是由棒状和针状二水石膏晶体的交互生长与缠结造成的。然而，目前仍没有完全弄清楚为什么无水石膏经不同方式活化会具有不同的强度。Odler 和 RoBler 研究了各种活化剂对固化二水石膏浆体的形态及微观结构的影响。通过研究，他们证明针状晶形的二水石膏晶体对固化材料的高强度至关重要，因为这种晶体具有很好的缠结与交织性能，同时认为固化二水石膏孔隙尺寸的差异并不重要。

盐类活化剂通过对无水石膏水化过程的不同作用来影响固化无水石膏的强度。借助于扫描电镜显微照相，可以确认伴随无水石膏水化引起的微观结构的变化决定其强度发展。试样强度是由未转化的无水石膏颗粒与板状二水石膏晶体交互生长而形成的。

12. 高温煅烧脱硫无水石膏胶凝性怎样变化及如何提高其胶凝性？

答： 当煅烧温度为 $150 \sim 300^{\circ}C$，煅烧时间为 2h 时，脱硫石膏生成 $CaSO_4$ 与 $CaSO_4 \cdot 0.5H_2O$ 共存的混合石膏，具有最好的胶凝性能。

在经过 $500 \sim 600^{\circ}C$ 煅烧的脱硫石膏中掺入水泥熟料与 CaO，可显著提高脱硫石膏的胶凝性能，而掺有碱性激发剂的脱硫石膏，会出现泛碱现象，影响其力学性能，不利于脱硫石膏胶凝性能的提高。加入不同激发剂的煅烧脱硫石膏水化样品的微观结构有很大的区别。

当脱硫石膏的煅烧温度高于 $700^{\circ}C$ 时，生成不具有胶凝性的 $CaSO_4$，因此在煅烧脱硫石膏的过程中不宜采用较高温度。

13. 建筑石膏的膨胀特性与存在的可溶性无水石膏有什么关系？

答： 建筑石膏的膨胀特性取决于是否含有可溶性无水石膏。半水石膏硬化时，膨胀率为 $0.05\%\sim0.15\%$；而可溶性无水石膏硬化时膨胀率为 $0.7\%\sim0.8\%$。高含量的可溶性无水石膏和在高温下煅烧的石膏，就具有体积增长较大的特点。高强石膏的膨胀一般在 0.2% 以下，用掺加生石灰的方法可以控制体积膨胀（掺加 1% 生石灰，膨胀系数能降至 $0.08\%\sim0.1\%$）。当进一步硬化和干燥时，会发生 $0.05\%\sim0.1\%$ 的收缩。

14. 天然无水石膏的应用范围有哪些？

答： ① 作水泥用调凝剂。无水石膏通常用作普通硅酸盐水泥的调凝剂、增强剂或复合矿化剂。与二水石膏一样，当水泥中 SO_3 为 1.70% 左右时，SO_3 起缓凝作用；当 SO_3 为 $1.70\%\sim2.50\%$ 时，则形成较多的水化钙钒石，使孔隙率下降，水泥石的强度和密度增高。目前，无水石膏 80% 以上用于调凝剂，因此，未来一段时间内，水泥行业仍是无水石膏应用的重要领域。

② 生产硫酸钾。硫酸钾 50% 来自于矿物，37% 由氯化钾转化制成。在法国，利用天然无水石膏生产硫酸钾，已达到工业化生产。目前，我国农业生产中诸如烟草、甜菜以及橘子和葡萄等作物，施用的钾肥主要为硫酸钾。天然无水石膏粉可作为食用菌培养材料中钙、硫复合矿物肥料，还可调节培养基的酸碱度；天然无水石膏还可在家禽、家畜饲料中作为复合矿物添加剂。

③ 生产超细填料。因无水石膏不含结晶水，粉磨能耗低，加工后可作塑料、橡胶的填料，经偶联剂改性后无水石膏超细粉体可增强高聚物的机械强度，提高耐热性及尺寸稳定性。无水石膏白度高、难溶于水、无毒等特点非常适用于造纸工业作填料，在纸张中加入 $5\%\sim15\%$ 的无水石膏填料，可有效提高纸张的不透明性、白度，改善纸张表面光滑性，并增强对油墨的吸收能力和抗湿变形性。

④ 制作抹灰石膏。抹灰石膏自身质量轻、保温性能好、收缩变形小，在硬化过程中产生的大量微孔能有效调节室内空气湿度，并具有良好的施工性能，与传统抹灰材料相比，具有和易性好、粘结力强、保水性好、强度发展快、高等优点，施工性能也优于半水抹灰石膏产品。

⑤ 制作硫酸钙晶须。晶须是指具有固定的横截面形状、完整的外形、完善的内部结构、长径比高达 $5\sim1000$ 的纤维状单晶体。石膏晶须是指半水或无水硫酸钙的纤维状单晶体。晶须可作为聚合物基复合材料中的增强组分，不仅大幅度提高聚合物的强度，而且无水硫酸钙晶须作为增强材料，最明显的优点在于其强度高，直径微细，易于与聚合物复合，加工性能优异，尤其适宜制造形状复杂、尺寸精度高、表面光洁的制品。

15. 在无水石膏胶结料应用中，应注意哪些问题？

答： ① 无水石膏胶结料的耐水性不如普通水泥，因此，不宜在潮湿和水下工程中应用。

② 无水石膏胶结料的主要水化产物是二水石膏及部分水硬性产物，二水石膏受热脱水，会改变晶体结构，从而导致制品的破坏。因此，无水石膏胶结料的使用温度不宜超过 $100℃$，短时间受热不宜超过 $80℃$。

③ 利用无水石膏胶结料制备混凝土及其制品时，应采用自然空气养护，对添加矿渣、

粉煤灰水泥等碱性激发剂的无水石膏水泥，可适当采用间隔几天淋湿的方法进行养护，以保证水化的正常进行。

④ 无水石膏胶结料在应用于砌筑、抹灰等方面时，掺砂量不宜过高，以保证其强度的正常发挥。

16. 无水石膏砌块生产工艺如何？

答： 无水石膏砌块的生产一般可采用两种方式，一是在无水石膏胶结料的基础上，通过添加少量半水石膏和激发剂，进一步加速凝结时间，采用浇筑振动成型的方式生产，模具的规格一般为 660mm×500mm×（80～120）mm。另一种可用无水石膏胶结料配以其他填料和集料，采用小型混凝土空心砌块或空心砖生产工艺振压成型。相应的生产工艺流程如下：

（1）浇筑成型砌块（图 1-1）

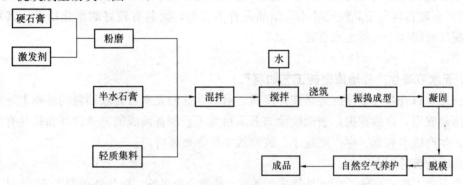

图 1-1　浇筑成型砌块工艺流程图

（2）振压成型砌块（空心砖）（图 1-2）

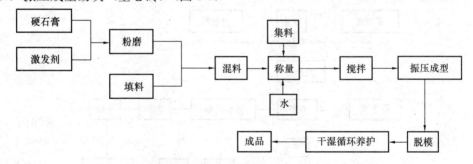

图 1-2　振压成型砌块工艺流程图

无水石膏砌块的生产配方根据成型工艺的不同而不同，对于浇筑成型，要求浆体的扩散直径≥180mm，流动性能好，易于成型，因此需要加大用水量，同时又要求砌块的凝结时间短，脱模快。一般在激发剂用量不变的情况下，可通过添加半水石膏来提高早期水化速率，调节凝结时间，半水石膏用量一般在 5%～15%。同时，由于无水石膏的堆积密度大于半水石膏，在生产中需要添加轻质集料（膨胀珍珠岩、膨胀蛭石、浮石、轻质陶粒、废塑料泡沫等）来降低密度，对有耐水性要求的砌块往往还需添加粉煤灰、矿渣等水硬性材料。浇筑成型砌块的参考配料比为：

无水石膏：激发剂：半水石膏：轻质集料：填料＝（50～80）：（0.5～2）：（5～15）：

（2～15）∶（10～20）

对于振压成型的砌块和空心砖，由于其用水量小、制品密实、强度较高，对其配比的要求可适当降低。激发剂的用量可适当减少。

一般配料比为：

无水石膏∶激发剂∶粉煤灰（矿渣）∶集料＝（50～80）∶（0.2～1）∶（10～20）∶（10～30）

能否提高无水石膏制品的强度，关键在于能否提高胶结料的强度，同时也取决于集料的强度和级配。在压制成型制品中，可加入煤渣等集料，但一定要进行破碎和筛分，对承重砖可加入中粗砂作为集料。

与无水石膏胶结料一样，不同产地和品种的无水石膏制品性能差别较大，尤其是无水石膏中二水石膏含量对凝结时间的影响颇大，因此在选择无水石膏原料时要严格控制二水石膏含量≤5％。氟石膏由于晶粒尺寸小，结晶发育不完善，而具有较好的水化活性，其制品的强度和凝结时间优于天然无水石膏。

17. 无水石膏生产外墙饰面砖工艺如何？

答：免烧石膏基外墙饰面砖是在强度高、耐水性好的无水石膏胶结料的基础上，采用半干压法压制成型，自然养护，表面喷涂饰面涂料等工艺制备而成的。这种饰面砖具有生产工艺简单、生产成本较低、生产能耗小、装饰效果好等显著特点。

饰面砖的参考配合比为：

无水石膏∶矿渣＝80∶20，外掺水泥5％，建筑石膏3％，复合外加剂1.5％，水7％～8％。

生产工艺流程为（图1-3）：

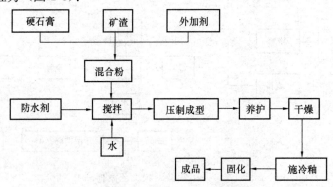

图1-3 无水石膏饰面砖工艺流程图

采用压制成型是提高无水石膏制品强度与耐水性的有效措施。实验表明：随着成型压力的增加，坯体孔隙率降低，强度迅速增加，耐水性提高。当成型压力超过20MPa时，软化系数不再增大，强度仅略有增加，故适宜的成型压力为20MPa。成型的坯体适宜的养护制度为：洒水盖塑料布养护7d，水中养护7d，然后置于空气中自然养护至28d。养护好的坯体在低于80℃温度下烘干，干燥时间以控制坯体含水率在1％以内。采用性能良好的丙烯树脂类仿瓷涂料进行喷涂，涂覆后的涂膜干燥固化快，常温下固化24h即可，对基层附着力强，表面不脱皮，不开裂，耐候性、耐污染性好，喷涂操作方便，外观平整光亮。

18. 无水石膏抹灰材料有哪些可供参考的配方，性能如何？

答：（1）面层无水石膏抹灰材料的参考质量配比

无水石膏胶结材 70、滑石粉 28、VAE 乳胶粉 1.73、羟丙基甲基纤维素 0.16、聚丙烯纤维 0.11。其参考性能见表 1-2。

表 1-2　面层无水石膏抹灰材料性能

项目	指数	项目	指数
初凝时间（h）	≤60 不应小于 1	抗压强度（MPa）	≥6.0
终凝时间（h）	≥8 应不大于 8	拉伸粘结强度（MPa）	≥0.5
保水率（%）	≥90	体积密度	应不大于 500kg/m³
抗折强度（MPa）	≥3.0	导热系数	应不大于 0.1W（m·K）

无水石膏抹灰材料应满足 GB/T 2862—2012《抹灰石膏》中面层抹灰石膏的要求。该材料具有良好的涂刮性和表面质感，可满足 JG/T 298—2010《建筑室内用腻子》的性能要求。无水石膏抹灰材料是以无水石膏为主要原料，经活性激发和综合改性配制而成的一种新型抹灰罩面材料，可替代传统抹灰石膏和建筑腻子，具有广阔的市场前景。

（2）无水石膏找平层抹灰砂浆

无水石膏找平层抹灰砂浆参考质量配比为：无水石膏胶结材 30%、砂 68%、VAE 乳胶粉 1.7%、羟丙基甲基纤维素 0.15%、聚丙烯纤维 0.1%。其参考性能见表 1-3。

表 1-3　无水石膏抹灰砂浆性能

项目	指数	项目	指数
可操作时间（min）	65	抗压强度（MPa）	8.6
保水率（%）	87	压剪粘接强度（MPa）	0.51
分层度（mm）	12	收缩率（%）	0.069
抗折强度（MPa）	3.25	粘结强度（与加气混凝土墙面）（MPa）	0.20

无水石膏抹灰砂浆性能可满足 GB/T 2862—2012《抹灰石膏》底层抹灰石膏要求，保水性好、分层度仅 8mm、保水率超过 85%、粘结强度高达 0.8MPa、与加气混凝土的粘结强度为 0.2MPa，该砂浆与混凝土墙面和加气混凝土墙面粘结良好；干缩率较小、仅 0.069%；压折比为 2.6，表明无水石膏抹灰砂浆体积变形小、脆性较低、抗裂性较好。无水石膏抹灰砂浆可替代水泥砂浆用于各类基层墙体室内粉刷，减少粉刷层空鼓开裂。

19. 用无水石膏配制灌浆材料对其强度有什么优势？

答：当灌浆材料的原材料和配比不变，只改变石膏的种类时对灌浆材料的流动度和凝结时间影响不大，但对灌浆材料的强度影响很大，特别是 2h 强度。当使用无水石膏配制灌浆材料时其 2h 抗压强度较高；而使用天然二水石膏配制灌浆材料时，2h 还测不出其强度。所以使用无水石膏比使用二水石膏配制灌浆材料的各个龄期抗压强度都高。

无水石膏在饱和石灰水中开始溶解较慢并且有逐步溶解的特点，而二水石膏在 5min 内的溶解度达到 24h 内溶解度的 80% 左右，具有快速溶解的特点。

用无水石膏配制灌浆材料养护 7d 可形成适量的钙矾石，而用二水石膏配制灌浆材料养护 7d 的水化产物是少量钙矾石和二水石膏共存，这就是用无水石膏比用二水石膏配制灌浆材料各龄期强度都高的原因。

20. 无水石膏基胶结材有哪些性能？

答：采用 Na_2SO_4 激发、矿渣改性的无水石膏基胶结材配料质量比为：无水石膏 100，矿渣 20，水泥 5，Na_2SO_4 1，并掺入 0.5% FDN 为助磨分散剂，将上述组分在球磨机中混磨至比表面积达 4500～5000cm²/g，无水石膏基胶结材性能见表 1-4。

表 1-4　无水石膏基胶结材性能

项目	指数	项目		指数
标准稠度（%）	27			3d, 4.12
初凝时间（min）	178	抗折强度（MPa）		7d, 5.46
终凝时间（min）	266			28d, 6.89
表观密度（kg/m³）	1600			3d, 17.2
导热系数 [W/（m·K）]	0.63	抗压强度（MPa）		7d, 21.5
干缩率 mm/m	0.46			28d, 30.2
吸水率（%）	7.8	软化系数		0.78

无水石膏基胶结材强度较高，28d 抗折强度、抗压强度分别达到 6.89MPa 和 30.2MPa，且强度发展快，3d 抗压强度可达 28d 的 57%；硬化体表观密度 1600kg/m³，属轻质胶凝材料；导热系数 0.63W/（m·K），其保温隔热性优于一般水泥基材料；干缩率为 0.46mm/m，体积稳定性较好；吸水率为 7.8%，大大低于建筑石膏，而与水泥基材料相当；软化系数为 0.78，比一般石膏基材料提高 1 倍以上，干湿循环强度损失较小，能经受干湿变化的作用，并且无水石膏基胶结材耐水性较好，可用于潮湿环境。

经硫酸盐激发、矿渣改性的无水石膏基胶结材具有质轻、强度较高、耐水性较好、干缩小的特点，与水泥基材料有很好的互补性。

21. 如何改善无水石膏胶结材料的性能？

答：采用矿渣等无机活性材料可显著改善无水石膏硬化体相组成和微结构，增加钙矾石、水化硅酸钙等水硬性物相含量，改善无水石膏胶结材料耐水性和耐久性。无机活性材料对无水石膏的改性作用与激发剂性能互补。碱性条件有利于无机活性材料水化，可采用水泥熟料或石灰调节胶结材料的碱度。经 150～200℃ 煅烧的无水石膏水化活性较高。为节约能源，无水石膏也可不经煅烧加以利用，需掺入 2%～3% 半水石膏，利用半水石膏快速水化形成二水石膏的晶种效应促进无水石膏的溶解与水化。

（二）无水石膏的粉磨

1. 天然无水石膏活性激发的方法有哪些?

答: 天然无水石膏现有激发的方法有两种:物理激活,即热处理和粉磨;化学激活,即碱性激发(如石灰、水泥、苛性钠、水玻璃、草酸钠、碱性高炉矿渣、煅烧白云石等)和硫酸盐激发(如硫酸钠、硫酸钾、硫酸铝钾、硫酸铝、硫酸铜、硫酸铁、硫酸锌等),还有其他无机盐类的激发等。物理激活方法相对比较成熟,通过提高细度和采取适当煅烧温度来增强天然无水石膏活性。化学激活比较复杂,激活机理还很不完善,其激发潜力和研究空间很大;使用不同的化学激发剂可能会有不同的激发反应机理。

粉磨使天然无水石膏的致密结构受到一定程度的破坏,比表面积增大,水化作用增强。天然无水石膏的比表面积控制在 $4500 \sim 5000 cm^2/g$ 之间为宜。

粉磨时加入一定量的助磨型的减水剂 FDN,可以达到节约粉磨时间和能源的效果。K_2SO_4 既是一种效果比较好的激发剂,又是一种助磨剂,以磨前掺加效果最好。

热处理使天然无水石膏的水化硬化能力有所增强。煅烧后,天然无水石膏晶格会发生畸变,既提高了表面自由能,还提高了天然无水石膏的易磨性,最佳煅烧温度为200℃。

天然无水石膏中所含的可溶性盐对无水石膏的溶解以及析晶有促进作用。

天然无水石膏在酸性环境下溶解程度高、过饱和度大,有利于结晶作用;二水石膏在酸性条件下的溶解度呈增高趋势,这对过饱和度有不利影响,因此酸性不宜过大,且宜在天然无水石膏水化的早期保持一个适宜的酸度;碱性条件下溶解程度低,对天然无水石膏的水化硬化不利。

2. 粉磨方式对天然无水石膏活性起什么作用?

答: 不同磨机制备的天然无水石膏粉,其颗粒形态、比表面积、粒度分布均有较大不同,对天然无水石膏水化活性的释放有重要影响,也就是适宜的粉磨方式可以对天然无水石膏进行有效的物理活化,加速天然无水石膏的水化,缩短凝结时间,使制品的强度大大提高。

在激发剂作用下,不同磨细方法的无水石膏被激发后都有明显的增强效果。但只用雷蒙磨磨细的天然无水石膏(雷蒙磨磨细的Ⅰ级工业天然无水石膏粉,细度200目)的激发效果相对较差;而Ⅰ级工业天然无水石膏,经破碎,用标准试验球磨机球磨 60min 的激发效果较好;用雷蒙磨磨细后再球磨 30min 的天然无水石膏,再用标准试验的激发效果次之。这也验证了采用球磨磨细的方法具有物理激活无水石膏活性的效果,即采用球磨的方法增加天然无水石膏的细度,可有效提高天然无水石膏的水化活性。

适宜的粉磨方式能对天然无水石膏进行有效物理活化,加速天然无水石膏的水化,缩短凝结时间,使制品的强度大大提高。球磨机是制备天然无水石膏粉料较为理想的设备。

减水剂作为助磨分散功能组分,为制备天然无水石膏基材料提供了可行的工艺依据。

有些研究结果表明,采用粉磨激活法的粉磨时间不宜过长,天然无水石膏的比表面积应控制在 $4500 \sim 5000 cm^2/g$ 之间;粉磨时加入一定量($\leqslant 0.5\%$)的萘系助磨型减水剂 FDN,以达到节约粉磨时间的效果;K_2SO_4 既是一种效果比较好的激发剂,又是一种助磨剂,使用过程中以磨前掺加效果最好。

3. 天然无水石膏的粉磨活化和减水剂助磨分散作用有哪些?

答:粉磨是提高天然无水石膏溶解、水化活性的有效途径。随着无水石膏颗粒减小、比表面积增加,天然无水石膏溶解速率、水化率增大,凝结时间缩短。为了提高无水石膏的水化活性,无水石膏胶结材的比表面积明显应大于水泥基材料,但过高的比表面积也带来胶结材水膏比增加、硬化体孔结构劣化的负面影响。从天然无水石膏水化活性和强度考虑,适宜的无水石膏比表面积为 $4500 \sim 5000cm^2/g$。如此高的比表面积,应配套采用助磨技术和减水技术,在研究减水剂掺法对性能影响时,发现减水剂磨前掺入可显著提高天然无水石膏的粉磨效率,而且分散能力显著提高。

减水剂在磨前掺入使石膏的分散度增加,颗粒表面缺陷减少,减水剂在石膏颗粒表面的吸附量增加,石膏浆体流动性提高,硬化体孔隙率降低,孔径细化,强度提高。磨前掺入 0.5% 萘系减水剂 FDN,粉磨同样时间天然无水石膏比表面积从 $4500cm^2/g$ 增加到 $5000cm^2/g$,颗粒表面裂纹、孔洞明显减少,FDN 在石膏颗粒表面的吸附量提高约 25%,标准稠度水膏比从 0.31 降至 0.25,表明减水剂磨前掺入不仅具有良好的助磨作用,而且可显著提高天然无水石膏颗粒的吸附能力和分散能力,改善无水石膏流变性和硬化体孔结构。

4. 粉磨改性的天然无水石膏有哪些优点?

答:① 提高天然无水石膏的粉磨细度,可以改善天然无水石膏的溶解性能,成型后的试件的强度也随之提高。

② 采用助磨剂不仅可降低粉磨作业的耗能,同时改善天然无水石膏的溶解性能,但加入助磨剂后,粉磨细度以 $90 \sim 320$ 目为宜,进一步提高粉磨细度将抑制天然无水石膏的溶解。

③ 将天然无水石膏与激发剂混磨,可以有效地激发天然无水石膏的溶解性能,激发剂的用量以 5% 为最佳,过量的激发剂也将抑制天然无水石膏的溶解。

(三) 无水石膏的水化硬化

1. 无水石膏的水化反应分为哪几个阶段?

答:无水石膏的水化反应分为以下几个阶段 (图 1-4):

第一阶段 (Ⅰ):无水石膏颗粒与水接触时,立即反应进行的阶段。此阶段溶解度升高很快,具有一定的水化速度,但时间较短。

第二阶段 (Ⅱ):即所谓的潜伏期阶段。此阶段溶解度上升较快,但水化反应速度很慢,为晶核生成的控制阶段。此阶段长短变化较大,影响因素较多,如无水石膏的品种、温度、催化剂浓度、水膏比等,决定初凝时间的长短。

第三阶段 (Ⅲ):这一阶段反应进行很快,反应速度与时俱增。此阶段是在上阶段晶核生成达到临界尺寸后很快结晶的阶段,所以水化率呈直线上升。

第四阶段 (Ⅳ):最活泼的反应阶段结束后,反应速度逐渐减慢的阶段。在此阶段内晶体继续

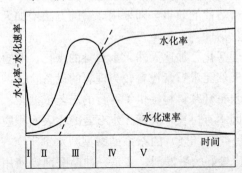

图 1-4 无水石膏典型的水化反应动力学曲线

生成，但由于反应物浓度下降，溶液中离子浓度较低，总的反应速度下降。

第五阶段（V）：水化反应速度减慢至逐渐趋于平稳，钙离子浓度逐渐接近到催化剂和二水石膏混合液的平衡浓度，此阶段时间相对较长。

将以上五个阶段合并为三个时期。Ⅰ和Ⅱ阶段为诱导期，Ⅲ阶段为加速期，Ⅳ和Ⅴ阶段为缓慢期。其中诱导期和加速期对无水石膏水化最为重要，决定了无水石膏的凝结时间、早期强度和耐久性。

2. 无水石膏水化硬化的过程是什么？

答：① 无水石膏水化率低，凝结硬化缓慢，二水石膏析晶过饱和度低是无水石膏水化硬化缓慢的内在原因。

② 无水石膏的水化进程分为无水石膏溶解、二水石膏晶核形成与溶解、二水石膏晶体生长三个阶段。二水石膏晶体生长是其控制过程，引入二水石膏晶种能促进无水石膏水化的原因是增加二水石膏晶体生长点，而硫酸盐激发剂加快无水石膏水化进程，则是使二水石膏析晶过饱和度提高、二水石膏晶体生长速率加快。

3. 硫酸盐激发剂对无水石膏水化硬化过程有什么影响？

答：在相同条件下，未掺硫酸盐的无水石膏在 6h 时才有微量的二水石膏析出，而掺加硫酸盐 10min 后即有二水石膏析出，可见硫酸盐加速了二水石膏晶体生长速率，促使了无水石膏的水化。掺加激发剂的硬化体中二水石膏晶体细小呈针棒状，主要为长径比较大的针状晶体纵横交错地交织在一起，相互之间搭接程度较高，结晶接触点也增多，即二水石膏晶体生长习性随激发剂掺入发生改变。而未掺硫酸盐的硬化体中二水石膏晶体形状不规则、颗粒粗大且相互搭接程度很低。硫酸盐加入提高了液相离子浓度和二水石膏析晶过饱和度，加快了二水石膏晶体生长速率，推动了无水石膏水化进程。

4. 无水石膏水化硬化及其影响因素有哪些？

答：（1）杂质的影响

天然无水石膏中杂质有：①方解石、白云石等碳酸盐矿物；②二水石膏；③黏土质矿物。

碳酸盐类杂质在酸性介质中可逸出 CO_2 而造成无水石膏基材料体积膨胀和密实度降低；黏土类硅酸盐杂质则使无水石膏胶结材强度降低；低含量二水石膏对无水石膏溶解与水化有促进作用；钾、钠等碱组分可提高无水石膏溶解活性。

（2）温度的影响

提高水化温度可使无水石膏溶解速率加快，但其溶解度降低，二水石膏晶析过饱和度进一步降低，中后期水化率明显降低，因此，不能采用热养护工艺提高无水石膏胶结材料的水化硬化进程。

无水石膏转化为二水石膏一般为 10～50℃。低于 10℃水化太慢，固化后强度很低；高于 50℃基本不水化，不易凝结固化。

（3）pH 值的影响

pH 值对无水石膏水化硬化有显著影响。酸性条件下，无水石膏溶解加快，溶解度增大，由于无水石膏溶解度增加值超过二水石膏，酸性条件使二水石膏析晶过饱和度增加，其成核速率相应增大，二水石膏晶体细化，硬化体强度提高。无水石膏胶结材水化硬化适宜于在弱酸性介质中进行，可优选酸性激发技术。

（4）激发剂的影响

采用酸性、碱性和复合激发剂可激发磨细天然无水石膏的活性，加速其水化与硬化。

在激发剂的作用下加速溶解，在二水石膏晶核诱发下，又重新结晶成二水石膏。无水石膏胶结料初凝时间大于 45min，终凝时间大于 3h 小于 8h，类似于普通水泥。由于无水石膏胶凝材料无需煅烧，与水泥、石灰、建筑石膏等相比，它们是一种很好的节能型胶凝材料。

（5）细度的影响

同水泥等材料一样，磨细度对无水石膏胶结料水化速度、特别是水化产物早期强度有明显的影响。当磨细无水石膏比表面积为 $3000cm^2/g$ 时，抗压强度为 $140kg/cm^2$；当比表面积高达 $5000cm^2/g$ 时，水化 7d 强度为 $320kg/cm^2$。由此可见强化生产工艺，选用新型细磨和分级设备，对提高无水石膏胶凝材料的细度和强度意义重大。

（6）水膏比对制品强度的影响

在生产无水石膏制品时应严格控制水膏比，一般可考虑掺入减水剂或塑化剂获得优良的无水石膏制品，同时也利于生产操作。

5. 各种激发剂对不同温度煅烧的 AⅡ无水石膏的水化有怎样的影响？

答：以下列举中国建材研究院在外加剂的单掺和复合掺加情况下对不同温度煅烧的 AⅡ石膏水化作用的试验结果。

（1）硫酸铝钾对不同温度煅烧的 AⅡ无水石膏的水化影响

将硫酸铝钾配成浓度为 4% 的溶液，用此溶液以 1∶1 水灰比将不同温度（500℃、700℃与 900℃）煅烧的无水石膏调成浆状，水化一定时间后用 X 射线检测它们相组成的变化。检测结果表明硫酸铝钾可以大大加快 AⅡ无水石膏的水化速度。在掺量为 4% 的情况下，不同温度煅烧的无水石膏的水化速度都相应地得到加速。但其总的水化速度仍然是随煅烧温度的升高而降低的，这也表明了水化速度的快慢主要决定于煅烧的无水石膏自身的结构状态，而激发剂的激发作用是一个外部因素。

（2）氢氧化钙对不同温度煅烧的 AⅡ无水石膏的水化影响

氢氧化钙以内掺的方式加入到上述各温度的煅烧无水石膏中，加入量以氧化钙计为 15%，水灰比取 1∶1。

在 400℃、500℃、600℃煅烧的无水石膏中加氢氧化钙后水化 1d 的 X 射线衍射图表明：氧化钙对 400℃、500℃煅烧无水石膏的水化有加速作用，但对 600℃以上各温度煅烧的无水石膏的水化，没有明显的效果。

（3）同时掺入硫酸铝钾和氢氧化钙对不同温度的 AⅡ无水石膏的水化影响

硫酸铝钾和氢氧化钙的掺入方式和量，与单独掺入硫酸钾时一样，在 500℃、700℃、900℃煅烧的 AⅡ无水石膏，在硫酸铝钾和氢氧化钙复合掺入下的水化 X 射线衍射图，与单独掺入硫酸铝钾的 X 射线衍射图相比，两者差别不大，因此氢氧化钙掺入，没有对硫酸铝钾的激发作用产生影响。

必须说明的是，虽然氢氧化钙单独掺入或和硫酸铝钾复合掺入，对于 700℃以上煅烧的无水石膏在 3d 的试验期内氢氧化钙没有明显的激发能力，但当水化继续延长至 28d 时强度明显提高，说明 $Ca(OH)_2$ 有一定的激发作用。随着时间延长，$Ca(OH)_2$ 与空气中的 CO_2 发生作用，生成碳酸钙，从而提高了抹灰面的强度。

6. 如何提高无水石膏的早期水化率？

答： ① $NaHSO_4$、$Na_2C_2O_4$、$K_2Cr_2O_7$ 对提高无水石膏的早期水化率有较好的活化效果，若将它们复合使用则效果更佳。再则，提高无水石膏细度，增加与水的接触面积，也可明显提高早期水化率。若掺入少量的半水石膏对加速无水石膏的水化速度，缩短凝结时间，提高早期水化率的作用显著。

② 为提高无水石膏的早期水化率，可采取提高无水石膏粉细度，增加水化的比表面积。无水石膏的比表面积增加一倍，水化率大约可提高一倍左右。

7. 天然无水石膏最适宜的硬化条件是什么？

答： ① 温度主要影响天然无水石膏的水化硬化速度。温度越高对无水石膏水化硬化越不利。10℃ 以下的低温条件可获得快硬高强的结果。

② 湿度既影响水化，又影响结构形成。干燥条件下硬化时，水分不充分；泡水、潮湿、标准养护或泡水—自然干燥循环均可引起体积膨胀，随之强度降低。水化并不等于硬化，而仅是硬化的条件之一。欲使很好地硬化，除应充分水化外还需要一个适当的析晶、结构形成的条件。从充分水化的要求考虑，需要潮湿环境；从形成结构出发，需要干燥环境，同时满足两方面的要求，可使硬化体结构随水化而增强。可是，水化和结构形成是在同一过程中伴随进行的，即它的硬化既需要水又需要干燥。这种既需要水又怕水的特性是相互矛盾的，解决了这个矛盾，可望获取高强度。因此，认为无水石膏的硬化条件是：在维持足够高的结晶结构强度的前提下，提供水化水。具体说是：应在自然干燥间断供水条件下，即自然干燥—浇水循环中硬化。这样，既能使其具有体积稳定性，又取得高强度。

③ 无水石膏的最佳硬化条件是：在 10℃ 以下进行自然干燥—浇水循环，可获得体积稳定性和高强度。

④ 不加活性激发剂的纯天然无水石膏，在低温下（1～5℃）自然干燥—浇水循环条件下硬化，亦获得高水化率、体积稳定性好和高强度。

8. 为什么人工脱水生成无水石膏Ⅱ与天然无水石膏在水化性质上是有差异的？

答： 这是因为人工脱水生成无水石膏Ⅱ的过程中可产生较多的缺陷和孔隙，甚至出现分解的 CaO 微粒夹杂在晶格中，从而大大提高了人工无水石膏Ⅱ的水化活性。而天然无水石膏却不然，它是在漫长的地质作用过程中形成的，晶体结构趋于完整密实，因此对水的反应能力极差，溶解速度极慢，所以更难以进行活化。

（四）无水石膏的激发

1. 激发剂对无水石膏的改性作用是什么？

答：（1）硫酸钠的作用

硫酸钠（Na_2SO_4）的加入可加速无水石膏过饱和度的形成并使其析晶活化能降低，析晶加快，水化率显著提高。因此，掺入硫酸钠可显著提高无水石膏硬化体的早期强度。

但当 Na_2SO_4 掺量增加到一定水平后，强度反而往下降。经分析，当 Na_2SO_4 增加到一定掺量，或者说达到一定浓度时，与无水石膏生成了少量稳定的复盐附于无水石膏的表面，而阻碍了无水石膏的进一步溶解、水化；此外产生了同离子效应，也导致无水石膏的溶解度有所下降，并降低了水化速率。

Na_2SO_4 的加入未能改变无水石膏的耐水性的原因在于：作为酸性激发剂，Na_2SO_4 不能激发基料中的水淬矿渣的潜在活性，其水化生成物仍以二水石膏为主，没有生成新的水硬性产物所致。

（2）石灰的作用

作为碱性激发剂，生石灰的加入可以调整无水石膏浆体的碱度，激发矿渣的活性。

加入生石灰后的无水石膏浆体中石灰首先与水反应，迅速水化生成 $Ca(OH)_2$，为整个体系营造了一个碱性介质环境，其次才是形成二水石膏。而碱性介质的存在，激发了矿渣的潜在活性，生成强度和稳定性均比二水石膏高、且在水中溶解度小的钙矾石晶体和水化硅酸钙凝胶体。这些新增产物不断填充并包裹在二水石膏和无水石膏的结构中，使整体结构趋于密实，因而提高了早期和后期强度。

但是石灰的掺量不宜超过 3%，因为无论是生石灰水化生成氢氧化钙，还是钙矾石的形成，均会导致固体膨胀，影响整个结构体积稳定性，尤其是在后期的影响更大。硬化体强度随着生石灰掺量的增加而降低。

（3）水玻璃的作用

水玻璃与无水石膏颗粒发生反应，析出 $Ca(OH)_2$，使无水石膏浆体呈现碱性，可提高无水石膏的溶解量，生成较多的二水石膏，对加速无水石膏的水化有显著的激发作用。

2. 无水石膏复合胶凝材料的主要性能特点有哪些？

答：无水石膏复合胶凝材料既具有普通熟石膏的优点，又克服了水泥的缺点，其硬化体的性能与水泥相近。无水石膏复合胶凝材料的主要性能特点如下：

① 凝结速率显著大于水泥，根据所用缓凝剂，可使终凝时间控制在数分钟至 1h。

② 硬化体的强度显著高于普通熟石膏，而与水泥相近，抗压强度可达 30～50MPa（熟石膏为 10～35MPa，水泥一般为 30～55MPa），抗折强度≥8MPa。

③ 耐水性好，在水中可凝结、硬化，完全克服了普通熟石膏硬化体不耐水的缺点。

④ 硬化体的隔音性与绝热性如同熟石膏硬化体，优于水泥硬化体。

⑤ 硬化体如同熟石膏硬化体一样几乎无干缩，而水泥硬化体的干缩率很大，并有可能出现干缩裂缝。

⑥ 粘结性好，可与任何一种基底材料较牢固地粘结，优于熟石膏或水泥。

⑦ 机械加工性与熟石膏硬化体相似，显著优于水泥硬化体。

3. 不同激发剂在无水石膏胶凝材料中的作用原理是什么？

答：（1）酸性激发剂作用原理

酸性激发剂的作用主要是加速无水石膏过饱和度的形成，使析晶活化能降低，析晶加快，水化率显著提高。无水石膏在酸性激发剂作用下，水化生成二水石膏是通过溶解一析晶机理进行的。①酸性激发剂均可降低析晶体活化能，活化能降低的顺序是：$K_2SO_4 >$ $Na_2SO_4 > KAl(SO_4)_2 > Al_2(SO_4)_3 >$ 无激发剂。②对同一种激发剂，随着浓度的增大，活化能依次降低，反应级数则逐渐增大。③一价金属硫酸盐对析晶活化能的降低幅度较大。

（2）碱性激发剂作用原理

无水石膏在水化初期与碱性激发剂首先形成新相，如 $Ca(OH)_2$、水化硫铝酸钙等，其次才是二水石膏的析出。新相的不断形成可阻碍无水石膏的继续水化，因而无水石膏掺入碱性激发剂后的水化率不会太高。据测定，一般也只有 30% 左右。但是由于激发剂的作用，新相的不断形成，则可使无水石膏胶凝材料的强度逐渐提高，并由气硬性向水硬性转化，成为具有双重性质的胶凝材料。

（3）复合激发剂机理探讨

复合激发剂是由碱性激发剂和盐类激发剂共同组成的，在与无水石膏、水混合后，浆体的 pH 值约在 12 左右，其复合激发方式更为复杂。根据激发剂的成分可作出如下分析：①在盐类激发剂的激发作用下无水石膏生成复盐，然后分解得到二水石膏晶体。②激发剂、石灰和粉煤灰共同组成了碱性激发体系。在石灰和粉煤灰的共同作用下，无水石膏溶于水中的 Ca^{2+}、SO_4^{2-} 离子与石灰和粉煤灰中的活性钙、活性 SiO_2 和活性 Al_2O_3 等产生水化反应，生成水化硅酸钙、水化硫铝酸钙等难溶于水的水化产物，使液相中离子间的浓度平衡被打破，从而促进了无水石膏的进一步溶解水化，加速了其凝结硬化速度。在保证一定的早期强度的同时，水化硅酸钙和水化硫铝酸钙的生成又加强了后期强度的发展，耐水性也有所提高，这可能就是复合激发剂能使无水石膏浆体获得较好的凝结硬化性能和物理力学性能的原因。

4. 不同激发剂对无水石膏有什么影响？

答：①硫酸钾对强度提高显著，其最佳掺量为 1.0%～1.5%，硅酸盐水泥对强度与软化系数均有很大的改善作用，而半水石膏对强度与软化系数也有一定程度的影响；②硅酸盐水泥的掺入能够对无水石膏起到提高强度，改善耐水性能的作用，在满足相关标准对石膏基材料性能要求的前提下，从充分利用无水石膏资源及保证材料体积稳定性考虑，其掺量控制在 5% 以内为宜；③半水石膏对缩短无水石膏的凝结时间有着很好的效果，且在一定的掺量范围内能够提高无水石膏的强度，但对无水石膏耐水性能有不利影响，其掺量不宜超过 8%。

不同类型的激发剂，其作用效果不同，作用机理也不一样。酸性激发剂可以加速无水石膏的早期水化速度，缩短凝结时间，提高石膏硬化体的早期强度。碱性激发剂对早期的水化速度影响不大，但对后期水化与后期强度有显著的提高，由于碱性激发剂在石膏硬化体中生成一部分水硬性胶凝材料，能有效地提高石膏硬化体的耐水性能。

5. 如何利用晶种效应加快无水石膏的活性激发？

答：过饱和度低、晶体成核速率慢是无水石膏水化活性低的主要原因之一。利用晶种效应加快二水石膏晶体成核速率是提高无水石膏水化活性的又一途径。在无水石膏中掺入 1%～5% 的 α-半水石膏或 β-半水石膏，半水石膏具有快速溶解能力和高水化活性，其快速水化产生的二水石膏晶体对无水石膏水化产生晶种效应，可有效促进无水石膏水化。晶种与激发剂复合使用可进一步加快无水石膏水化进程，提高其早期水化率和强度。

6. 不同激发剂对无水石膏的作用有什么不同？

答：无水石膏掺入了以硫酸铝为代表的酸性激发剂，以矿渣和水泥为代表的碱性激发剂，还有以上两种激发剂组成的复合激发剂，对这三种激发剂的作用比较结果如下：

（1）水化生成物

掺入复合激发剂和碱性激发剂后生成二水石膏和硫铝酸钙，掺入酸性激发剂后只生成二水石膏。

（2）水化程度

在相同龄期下，酸性激发剂对无水石膏的水化程度影响最大，复合激发剂其次，碱性激发剂的影响最小。

（3）孔隙率

掺有酸性激发剂的无水石膏试体的孔隙率最大，掺有碱性激发剂的其次，复合激发剂的最小。

（4）强度

与孔隙率的结果相反，掺加复合激发剂的强度最高，碱性激发剂的次之，酸性激发剂的最低。

另外，从软化系数来看，酸性激发剂的耐水性较差，软化系数只有 $0.2 \sim 0.6$；碱性激发剂和复合激发剂的软化系数均可达 $0.8 \sim 0.9$，具有一定的耐水性。

7. 在各种激发剂掺量下无水石膏的水化生成物有什么变化？

答：① 在各种激发剂掺量下，其水化生成物的数量和强度随龄期的延长而增加。

② 掺入激发剂后，无水石膏水化量显著增大，而且随着掺量的提高而增加，早期激发作用较大，随着龄期的增长，激发作用逐渐减小。

③ 随着激发剂掺量的增加，虽然样品中相应的无水石膏数量减少，但早期生成的 $CaSO_4 \cdot 2H_2O$ 数量远比不掺者为多，早期强度增长较快。

④ 无水石膏中掺入激发剂后，其水化生成物除了 $CaSO_4 \cdot 2H_2O$ 外，还增加了水化硫铝酸钙（$C_3A \cdot 3CaSO_4 \cdot 32H_2O$）、$Ca(OH)_2$ 和水化硅酸钙，并且随着掺量的增加与龄期的延长，其数量逐渐增加。28d 以后增长极其缓慢，后期已趋向稳定。

⑤ 掺入激发剂后，生成少量的 $Ca(OH)_2$，其生成量随掺量的增加而提高。

⑥ 掺入激发剂后，由于 $CaSO_4 \cdot 2H_2O$ 的数量显著增加，同时又增加了水化硫铝酸钙、$Ca(OH)_2$ 和水化硅酸钙等胶凝物质，故其强度有显著的提高，而且随着掺量的提高和龄期的延长，其强度有所增强。

8. 用半水石膏作无水石膏的激发剂对其水化过程有何影响？

答：在无水石膏水化过程中，如果有半水石膏的参与，对提高早期过饱和度、析晶和提高早期水化率均有明显作用，因此它也是一种能加速无水石膏水化与硬化的理想激发剂。

9. 活性激发剂对无水石膏制品的应用有哪些影响？

答： 当前，在无水石膏的活性激发中，主要对无水石膏制品应用方面有影响的几个问题是：①添加化学激发剂后，制品易出现泛霜现象；②在随后的养护过程中制品有可能发生膨胀崩裂；③制品的耐水性不如水泥，不适用于潮湿环境中。

如何在有效缩短无水石膏凝结硬化时间、提高其强度的同时，避开或解决以上三个主要问题，是无水石膏研究的重点。

10. 无水石膏改性要从哪几方面探讨？

答： ① 寻找新型激发剂。目前的激发剂大都采用碱性激发剂和盐类激发剂。常用的激发剂虽然能在一定程度上激发无水石膏活性，改变其胶凝性能，但距离工业生产要求仍有一定差距。在激发剂的使用上，可以考虑引入活性剂和与无水石膏结晶形态相似的物质来促进无水石膏的溶解速率。

② 探讨出对某种无水石膏具有良好激发效果的复合激发体系，使得无水石膏的胶凝性能得到较大改善，控制其初凝时间在 10min 之内，终凝时间在 20min 之内，使其胶凝性能接近于半水石膏。使得无水石膏改性后可以代替半水石膏制作具有良好工业性能的石膏制品，使其工业生产成为可能。

③ 探讨激发体系中激发物各自的作用，无水石膏成分对激发体系的影响，建立无水石膏中某成分与激发体系的相互关系，使得激发体系在经过适当调整后对不同的无水石膏都具有适应性。

11. 无水石膏煅烧后对活化性能有什么影响？

答： ① 无水石膏煅烧后，无水石膏中的 $CaSO_4 \cdot 2H_2O$ 脱水生成 $\beta\text{-}CaSO_4 \cdot 1/2H_2O$，该组成具有很高的水化活性，能够快速水化生成 $CaSO_4 \cdot 2H_2O$，对无水石膏的水化产生晶种诱导效应。

② 经 150～190℃煅烧后，无水石膏中的 $CaSO_4 \cdot 2H_2O$ 等矿物发生了分解，使其结构松弛，易磨性提高，粉磨细度增加，平均粒径变小，与水接触的比表面积变大，因而促进了无水石膏的溶解，提高了二水石膏的析晶过饱和度。

12. 无机活性材料对无水石膏的改性作用是什么？

答： 无机活性材料具有水硬性，在一定条件下可生成水化硅酸钙等水硬性水化产物，可改善无水石膏硬化体相组成和微结构。无水石膏与活性材料中的活性硅、铝组分作用，促进无机活性材料水化，水化又能带动和促进无水石膏溶解和水化，因此，无机活性材料对无水石膏应有较好的改性作用。

13. 未煅烧的二水石膏与煅烧后的二水石膏对天然无水石膏胶凝体系的激发效果有什么差异？

答： 将二水石膏和天然无水石膏一起煅烧能有效改变无水石膏胶凝体系的凝结硬化时间。

对比石膏混合物料煅烧前后的 X 射线图谱，发现煅烧后无水石膏的主要峰有明显增加，且有新的物相峰出现。这表明在煅烧过程中，二水石膏生成了包括半水石膏在内的多种具有溶解活性的物质，这些物质与添加的外加剂一起激发了无水石膏的水化活性，且在煅烧过程中无水石膏结构产生畸变，导致其溶解活性增强。

通过与未煅烧的二水石膏试验进行比较，发现其改性效果明显低于煅烧后的二水石膏。试验表明经煅烧后的二水石膏生成的半水石膏促凝效果比未煅烧的二水石膏生成的半水石膏明显。这是因为半水石膏多孔的晶体结构在与水的接触中处于有利地位，在石膏晶核诱发下无水石膏结晶成糖粒状石膏。

14. 不同养护环境对无水石膏胶凝材料的泛霜有什么影响？

答：不同养护环境对无水石膏胶凝材料的泛霜有很大的影响。在不同养护环境下，是否泛霜及泛霜的程度都有很大的不同。①在低温环境且有很多激发剂的情况下才泛霜，低温是无水石膏容易泛霜的环境之一；②在高温环境下水分蒸发较快，外加剂离子容易随水分子向表面迁移；③在密封的状况下不易发生泛霜现象，这是由于在密封的条件下，当内部湿度达到一定的程度时，试块内的水分不易甚至不能由内迁移到外面来；④一般情况下，在 6～7d 内发生泛霜现象比较明显；⑤部分在经水浸泡后发生软化现象，说明这些激发剂对无水石膏活性的激发效果不是很好，不易出现泛霜现象的主要原因是激发剂离子迁移到水中，使得泛霜现象不易观察到。

15. 无水石膏制品泛霜的危害及防治措施是什么？

答：（1）无水石膏制品泛霜的危害

由于无水石膏水化硬化很缓慢，即使加入半水石膏凝结时间也较长，故需通过加入激发剂激发无水石膏的水化硬化活性，使无水石膏的凝结速度加快。

根据水化硬化机理，盐类激发剂在整个水化过程中，不参与网络结构的形成，只是附着在无水石膏晶体上，通过复盐的形成和分解来促进无水石膏的水化。随着水化的逐步推进，水化后期主要是晶体生长过程，复盐作用在减弱，盐类激发剂从无水石膏胶结料中分离出来，填充无水石膏胶结料的空隙中。随着盐类物质被分离出来的量增多及外界环境的变化，制品中的水分沿毛细孔隙向外迁移。盐类激发剂也随着水分的迁移而发生离子迁移，富集在无水石膏的表面，在适宜的条件下形成盐霜。一方面泛霜使制品表面形成污垢，影响装饰效果；另一方面，泛霜使制品表面粉化，制品密实性遭到破坏，严重影响到制品强度及耐久性，使其应用受到限制。

（2）防治泛霜的措施

盐类激发剂能较好地激发无水石膏的活性，是无水石膏利用过程中不可缺少的添加剂。为有效抑制泛霜，宜采用综合治理方法：即选择合格原料；掺加复合外加剂，提高制品密实度；采用合理的搅拌与成型工艺等。

① 选择合格原料：天然无水石膏的粒度应尽可能细，要求 200 目全部通过；同时要注意粉磨方式，不同的粉磨方式对无水石膏活性的影响很大，球磨是一种较为有效的方法。

② 掺加复合外加剂，提高制品密实度：应选择不易泛霜且能有效激发活性的复合（如铝盐和钾盐系列）激发剂，并控制掺入量；也可选择碱性激发剂和盐类激发剂共同作用，以

达到抑制泛霜的目的。适当添加减水剂，减少料浆拌合用水量，降低水灰比，提高硬化体密实度，阻碍盐分由内向外的迁移，也要阻止外界侵蚀性介质的侵入。复合外加剂的添加，要注重以提高无水石膏制品早期强度为主。

③ 采用合理的搅拌与成型工艺：首先应该把所用的一定量物料充分拌匀，使复合外加剂组分均匀地分散在体系中，以利于充分发挥各自功能。根据无水石膏应用方向的不同，应选择不同的成型方式，确定不同水灰比，使物料的稠度达到满足要求的最小稠度。一般地讲，制品成型以机械振捣或挤压、半干压方式为宜。

16. 水泥对无水石膏力学性能及耐水性能的有什么影响？

答：水泥之所以能够提高无水石膏的强度及软化系数，是由于在混合物的水化硬化过程中，形成了一部分硅酸钙、铝酸钙等水化产物，这些水化产物的强度和稳定性均优于二水石膏晶体结构，在水中的溶解度也小，从而在硬化体中形成较稳定的网络结构。因此，在活化无水石膏中掺入水泥可以改善其力学性能及耐水性能，且随着掺量的增加，效果也愈加明显。在满足相关标准对石膏基材料性能要求的前提下，基于充分利用无水石膏资源及保证材料的体积稳定性考虑，水泥的掺量控制在 5% 以内为宜。

17. 半水石膏对无水石膏力学性能及耐水性有什么影响？

答：半水石膏与未经激发的无水石膏相比，具有更优异的胶凝性能，主要表现为其凝结时间短、硬化快。在无水石膏中掺入半水石膏，能够起到增大早期过饱和度，促进析晶，从而提高早期水化率的作用。但当其掺量达到 10% 时，这种有利影响消失，一般应在 8% 为宜。

半水石膏的掺入虽然可以缩短无水石膏的凝结时间，且在一定掺量范围内能够改善其力学性能，但半水石膏对无水石膏的耐水性能有不利的影响，故在实际应用中，半水石膏掺量不宜超过 8%。

18. 如何改善无水石膏的体积稳定性？

答：用无水石膏生产抹灰石膏类产品的强度、硬度和耐水性问题不是主要的，而无水石膏胶凝材料的早期水化率和后期的体积稳定性问题才是最关键的。特别是软化系数，按定义软化系数大于 0.8 就是耐水材料了，无水石膏水泥复合胶凝材料的软化系数可以做到大于 0.8。但是，这样的无水石膏水泥后期体积稳定性很差，不可能用在潮湿的地方，否则会出现膨胀开裂现象，严格地讲它是最怕水的。

无水石膏胶结料的早期水化率和后期体积稳定性，实质是一个问题，无水石膏制品遇水体积膨胀的内因，就在于无水石膏本身。因此，提高了无水石膏制品中无水石膏的水化率，也就减小了后期遇水体积膨胀的内在因素。单纯采用水泥、磨细矿粉、石灰等碱性材料来激发改性无水石膏胶结料，这种做法对无水石膏早期水化是不利的。因为碱性激发剂的效果本来就不明显，水化后生成的硅酸盐胶体又包裹了无水石膏颗粒，妨碍无水石膏进一步水化。提高无水石膏的早期水化率，一般用盐类材料较好，如硫酸盐、硝酸盐、铬酸盐和草酸盐等，即常称为酸性激发剂。

19. 无水石膏复合胶凝材料可应用于哪几个方面?

答: 无水石膏复合胶凝材料的应用领域尚处于开发过程中,目前认为有可能用于如下几个方面:

① 制作预制品。不仅易于浇筑并可在短时间内脱模。

② 浇筑自流平地面。将 30%~40%(重量百分率)的无水石膏复合胶凝材料与 60%~70%(重量百分率)的砂子均匀混合并加适量水与外加剂后,可得到一种较好的自流平砂浆。其 28d 的抗压强度可达 25MPa,干缩率与湿胀率均低于 0.02%。

③ 用作有害废渣的"包裹"材料。有些工业废灰、废渣对人体有害,焚烧生活垃圾所得废灰中含有某些重金属,为此必须用合适的胶凝材料使之"包裹",从而成为无害于环境的"惰性废弃物"。由于无水石膏复合胶凝材料水化后有很好的稳定性与耐水性,故今后在这方面有很广阔的应用前景。

④ 作为防火的涂层或复面层。无水石膏复合胶凝材料硬化体有很高的蓄热性与防火性,故可用作防火涂层,例如可作为钢结构建筑物中钢梁与钢柱的覆面层。

⑤ 用于海洋工程中。无水石膏复合胶凝材料可在海水中凝固,且不会溶于海水中,也不受海水的侵蚀。例如,可用于除去泄漏于海水中的油污,还可净化海洋和保护水生动物的生态环境。

20. 防止无水石膏复合胶凝材料混合物硬化体破坏的途径有哪些?

答: 对于无水石膏复合胶凝材料硬化体的完整性,重要的是在硬化初期,如钙矾石的强烈积聚而不产生危险应力,以后就逐步转变成凝固系统中的稳定成分而不会产生引起不良变形的新组分。为此可以通过以下途径来防止:

① 掺入炉渣、矿渣集料或膨胀珍珠岩集料。

② 通过火山灰质或粒状高炉矿渣掺合料转换成低碱性化合物,同时创造了钙矾石介稳态的条件。

21. 养护条件对无水石膏复合胶凝材料的强度有什么影响?

答: 加入碱性激发剂的无水石膏复合胶凝材料的净浆和砂浆,在水中和潮湿环境下养护,其 3d 和 7d 的强度值低于室内自然养护,再经 35℃烘干和室内自然养护,28d 强度值反而高于前者。这说明由于碱性激发剂的掺入,无水石膏复合胶凝材料在潮湿环境和水中能继续水化。无水石膏复合胶凝材料的软化系数在 0.7~0.75 之间,而普通建筑石膏的软化系数仅为 0.35~0.45。由此可见加入碱性激发剂的无水石膏复合胶凝材料已成为具有水硬性与气硬性双硬化性能的胶凝材料。

四、石膏胶凝材料

1. 石膏胶凝材料的定义、特点及石膏工业的理论基础是什么?

答: 石膏胶凝材料是以碳酸钙为主要成分的气硬性胶凝材料,它是由二水石膏经过不同温度和压力脱水制成的。由于加工工艺简单、能耗较低,具有质量轻、凝结硬化快、放射性低、隔声、隔热、防火性能好等特点。

石膏脱水产物或称脱水相虽然都是由单纯的硫酸钙组成的化合物,但其晶体结构及其反应性能则是多种多样的，石膏的脱水、水化与凝结硬化机理是整个石膏工业的理论基础。

2. 高强石膏的主要组成与晶体结构是什么?

答: 高强石膏材料是主要由 α 型半水石膏组成的胶结材料，一般认为抗压强度达到 25～50MPa 的 α 型半水石膏即为高强石膏材料，大于 50MPa 则为超高强石膏材料。高强石膏材料已被广泛地应用于机械制造、精密铸造、汽车、陶瓷、建筑、工艺美术和医疗等众多领域。

α 型半水石膏的化学组成虽然简单，但其所属晶系尚未定论。值得指出的是，石膏是多相体，α 型半水石膏与 β 型半水石膏只是石膏脱水相一个系统中的两个相，两者在微观结构即原子排列的精细结构上没有本质的差异，宏观性能差别较大的原因是由晶粒形态、大小及分散度方面的差异决定的。α 型半水石膏水化速度慢、水化热低、需水量小、硬化体结构密实、强度高；β 型半水石膏则恰好相反。

迄今为止，国内外生产 α 型半水石膏的方法主要有三种：一是加压水蒸气法；二是加压水溶液法；三是上述两种方法联合制取。其他如陈化法、干闷法、液相蒸压法等均为这些工艺方法的改进或变异。这些方法得到的产品强度比较高。

3. 石膏胶凝材料有哪些性能?

答: 石膏胶凝材料具有以下性能：

① 凝结硬化快。建筑石膏与水拌和后，在常温下数分钟即可初凝，而终凝一般在 30min 以内。在室内自然干燥的条件下，达到完全硬化需要约 7d。建筑石膏的凝结硬化速度非常快，其凝结时间随着煅烧温度、磨细程度和杂质含量等的不同而变化。凝结时间可按要求进行调整：若需要延缓凝结时间，可掺加缓凝剂，以降低半水石膏的溶解度和溶解速度，如亚硫酸盐酒精溶液、硼砂或者用石灰活化的骨胶、皮胶和蛋白胶等；如需要加速建筑石膏的凝结，则可以掺加促凝剂，如氯化钠、氯化镁、氟硅酸钠、硫酸钠、硫酸镁等，以加快半水石膏的溶解度和溶解速度。

② 硬化时体积微胀。建筑石膏在凝结硬化过程中，体积略有膨胀，一般膨胀值为 0.05%～0.15%，硬化时不会像水泥基材料那样因收缩而出现裂缝。因而，建筑石膏可以不掺加填料而单独使用。硬化后的石膏，表面光滑、质感丰满，具有非常好的装饰性。石膏胶凝材料凝结硬化后不收缩的特性是该材料能够作为各种精确模具所必备的性质；这种性质对石膏胶凝材料应用于自流平地坪材料、墙面抹灰材料都十分有利。

③ 硬化后孔隙率较大、表观密度和强度较低。建筑石膏水化理论上的需水量只需要石膏质量的 18.6%，但实际上为了使石膏浆体具有一定的可塑性，往往需要加入 60%～80% 的水，多余的水分在硬化过程中逐渐蒸发，使硬化后的石膏结构中留下大量的孔隙，一般孔隙率为 50%～60%。因此，建筑石膏硬化后，强度较低，表观密度较小，热导率小，吸声性较好。

④ 防火性能良好。石膏硬化后的结晶物（$CaSO_4 \cdot 2H_2O$）遇到火焰的高温时，结晶水蒸发，吸收热量并在表面生成具有良好绝热性能的无水物，起到阻止火焰蔓延和温度升高的作用，所以石膏具有良好的抗火性。

⑤ 具有一定的调温、调湿作用。建筑石膏的热容量大、吸湿性强，故能够对环境温度

和湿度起到一定的调节和缓冲作用。石膏制品是一种多孔材料,具有很好的呼吸功能。若居室用石膏制品作内墙,在潮湿的季节,它能吸收潮气,使人干爽;在干燥的季节,又能放出水分,使人滋润舒服。

⑥ 耐水性、抗冻性和耐热性差。建筑石膏硬化后具有很强的吸湿性和吸水性,在潮湿的环境中,晶体间的粘结力减弱,导致强度降低。处于水中的石膏晶体还会因为溶解而引起破坏。在流动的水中破坏更快,因而石膏的软化系数只有 0.2~0.3。若石膏吸水后受冻,则孔隙内的水分结冰,产生体积膨胀,使硬化后的石膏晶体破坏。因而,石膏的耐水性、抗冻性较差。此外,若在温度过高(例如超过 65℃)的环境中使用,二水石膏会脱水分解,造成强度降低。因此,建筑石膏不宜应用于潮湿环境和温度过高的环境中。

在建筑石膏中掺加一定量的水泥或者其他含有活性 CaO、Al_2O_3 和 SiO_2 的材料,如粒化高炉矿渣、石灰、粉煤灰或某些有机防水剂等,可不同程度地改善建筑石膏的耐水性。提高石膏的耐水性是改善石膏性能、扩展石膏用途的重要途径。

4. 石膏制品的软化系数指什么?

答: 在建材行业常用到软化系数这个名词,软化系数是指材料饱和含水率(或饱和吸水率)下的强度与绝干强度之比值,每种材料只有一个数值,例如黏土砖、灰砂砖和煤渣砖等,其软化系数在 0.7~0.8 之间。不饱和软化系数是指某种材料在不同含水率(或吸水率)下的强度和绝干强度之比值,而且有许多个数值。

绝大部分建筑材料,在烘干过程其强度随含水率降低而逐步提高,即不饱和软化系数随含水率降低而逐步提高。但石膏制品与众不同,含水率从 30% 降到 5%,它的强度几乎不变。不饱和软化系数都是 0.4 左右。只有当含水率降到 5% 以下,它的强度才会明显提高,含水率从 3% 降至 0,强度会直线上升。因此,石膏制品的出厂含水率必须在 3% 以下,最好在 1% 以下,才能保证其最佳强度。

5. 石膏建筑制品有哪些性能?

答: 石膏建筑制品的性能主要体现在以下几个方面:

① 质轻。制造石膏板通常掺有锯末、膨胀珍珠岩、蛭石等填料或发泡,一般密度只有 $900kg/m^3$ 左右,并且可以做得很薄,如制作 9mm 厚的板材,其质量约为 $8.1kg/m^2$。当厚度为 10mm 时,其质量只有 $7~9\ kg/m^2$。两张石膏板复合起来就是很好的内墙,加上龙骨,每平方米的墙面也不超过 $30~40\ kg$,还不到砖墙质量的 1/5,这样既节省材料,又大大减轻了运输量,而且施工方便,没有湿作业,便于装修,经济美观。

② 抗弯强度较高。以纸面石膏板为例,其抗弯强度取决于石膏和纸(或增强纤维),特别是纸的强度及其粘结力。纸面石膏板的抗弯强度一般为 8MPa 左右,能满足作隔墙和饰面的需要。

③ 防火性好。石膏板是不可燃的,因为石膏是一种不燃烧的材料,与石膏紧贴在一起的纸板即使点燃也只是烧焦,不可能燃烧。若用喷灯火焰将 10mm 厚的石膏板剧烈加热时,其反面的温度在 40~50min 的时间内,仍低于木料的着火点(230℃)。这是因为石膏板中的二水石膏,当加热到 100℃ 以上时,结晶水开始分解,并在面向火焰的表面上产生一层水蒸气幕,因此在结晶结构全部分解以前,温度上升十分缓慢。

④ 尺寸稳定、加工方便、装饰美观。由于石膏制品的伸缩比很小，达到最大的吸水率 57％时，其伸长也只有 0.09％左右，其干燥收缩则更小。因此，石膏制品的尺寸稳定、变形小。石膏制品的加工性能好，石膏板可切割、可锯、可钉，板上可贴各种颜色、各种图案的面纸。近年来国外也有在石膏板上贴一层 0.1mm 厚的铝箔，使其具有金属光泽，也有贴木薄片的，使其具有木板的外观。因此，石膏制品具有良好的装饰性能。此外，石膏制品还具有良好的绝热隔音的性能，是较理想的内隔墙的吊顶材料。

⑤ 耐水性差。石膏本身是气硬性胶凝材料，不耐水。对于纸面石膏板来说，由于以纸为面层，两者的耐水性均差。一般要求在空气相对湿度不超过 60％～70％的室内使用。表层纸对空气湿度很敏感，当纸的含湿量达到 3％～5％时，因板的强度降低而发生很小的垂弯现象，但如采用防水纸或金属箔则在一定程度上可以防止这种现象。

五、工业副产石膏

（一）工业副产石膏基础

1. 工业副产石膏的定义及其主要品种是什么？

答：工业副产石膏是指工业生产排出的以硫酸钙为主要成分的副产品的总称，又称为化学石膏或合成石膏。工业副产石膏的主要品种如下：

① 烟气脱硫石膏：含硫燃料燃烧后排放的废气进行脱硫净化处理而得到的一种石膏。

② 磷石膏：磷肥厂、合成洗衣粉厂等制造磷酸时的废渣。

③ 钛石膏：是采用硫酸法生产钛白粉时，加入石灰（或电石渣）以中和大量的酸性废水所产生的以二水石膏为主要成分的废渣。

④ 氟石膏：制取氢氟酸时的废渣。

⑤ 盐石膏：也称硝皮子，是沿海制盐厂制盐时的副产品。

⑥ 柠檬酸石膏渣：又称钙泥，是化工厂生产柠檬酸的废渣。

⑦ 硼石膏：制取硼酸时的废渣。

⑧ 模型石膏：陶瓷等工业制备模型后的废料。

2. 不同工业副产石膏的杂质有哪些特点？

答：各种不同的工业副产石膏有各种不同的杂质，如磷石膏的杂质特点是磷酸生产中的残留 P_2O_5、酸解磷灰石后残留的 HF，氟石膏中的杂质特点是酸解萤石后残留的 HF，硼石膏中的残留杂质是硼酸等。这些残留杂质对工业副产石膏的应用影响较大，应该将其清除到一定纯度。各种杂质的清除方法各异，但是水洗清除是一种较为普遍、简单的杂质清除法。

3. 工业副产石膏与天然石膏有哪些不同点？

答：工业副产石膏与天然石膏有很多不同点，主要有：

① 质量均匀性不好。因为工业副产石膏不是工厂的正式产品，工厂为了其主产品的质量经常会忽视对工业副产石膏的质量控制。因此每批工业副产石膏的质量会因为其主产品的原料和工艺参数的变化而变化。不像天然石膏，同一矿点的天然石膏质量波动不大。不同单

位排放的工业副产石膏质量更有差异。因此在仓储时尤其要注意均化。

②除废石膏模和废石膏板外，其余工业副产石膏都是含较高附着水（或称自由水）的潮湿粉体，仓储时容易结块，排料困难。因此在用料仓仓储时要使用专门的排料装置。

③工业副产石膏杂质可能比天然石膏的少，但是绝大多数天然石膏的杂质是惰性杂质，而工业副产石膏的杂质则是活性较高的有害杂质，因此要注意杂质的清除。

④除废石膏模和废石膏板外，其余工业副产石膏都是含较高附着水的潮湿粉体，运输和使用均不方便。因此在用作水泥缓凝剂时一般均应造粒或压块，以便运输和使用。

⑤除废石膏模和废石膏板外，其余工业副产石膏附着水含量都较高，因此在使用一般煅烧设备煅烧时应有预干燥设施。

4. 通常测量和规定的工业副产石膏的化学性能有哪些?

答：石膏的化学性能与石膏的纯度有关。虽然工业副产石膏的纯度通常较高（＞95％），但对确定工业副产石膏的总体质量而言，重要的是杂质的性能。故此，规定石膏的水分含量和样品的纯度是重要的，对非石膏组分的上限作出规定也是重要的。通常测量的工业副产石膏的化学性能包括：水分、纯度、整块分析、酸不溶性物质、石英、残留碱性、酸碱度、氯化物、可溶性盐总量、可溶性钠、钾及镁、汞。

按石膏来源的不同，其他特定的杂质（例如，脱硫石膏中的粉煤灰、有机碳总量及亚硫酸钙、氟石膏中的铝、磷石膏的磷酸类）也可考虑进行分析。

5. 工业副产石膏化学性能测定的主要项目与测定方法是什么?

答：（1）附着水

采用干燥差减法测定，测定方法见现行国标 GB/T 5484—2012《石膏化学分析方法》工业副产石膏的附着水含量与运输和干燥的成本相关。

（2）纯度

石膏的纯度是利用质量分析方法测量的。结合水基本上是通过在 230℃ 焙烧前后准确称量样品重量来测定的。该方法假设全部的重量损失是由石膏脱水成为无水物而引起的。如果有杂质在此温度范围损失重量，这将人为提高石膏含量的测量结果。在初始阶段，重量分析方法所计算出的石膏含量须经过 SO_3 总量测量方法确认。当试验证明，重量分析方法与 SO_3 测量方法相符时，才可假定没有此温度范围内脱水的其他物质。

（3）整体分析

整体分析提供一个总元素的分析，其中包括 CaO、MgO、Na_2O、K_2O、SiO_2、Al_2O_3、Fe_2O_3、SO_3 及微量金属。它起着确认纯度的作用，并用于判定不溶性物质的组成。测定方法见现行国标 GB/T 5484—2012《石膏化学分析方法》。

（4）酸不溶性物质

酸不溶性物质绝大部分由碱性反应剂和粉煤灰带来的不溶性材料组成，这类不溶性物质由石英、泥土、长石类矿物等以及粉煤灰构成，所使用的方法是酸浸法。测定方法见现行国标 GB/T 5484—2012《石膏化学分析方法》。

（5）石英

石膏的石英含量重要是因为国家职业安全与卫生研究所（NIOSH）规定，如果可吸入

（$<10\mu m$）石英$>1\%$，该材料就必须作为指定物质，而作出标记。如果石英总量$>1\%$，则需要按颗粒尺寸进一步分离并进行后续的分析，以确定石膏细小碎片中的石英含量。石英含量是用 X 射线衍射法（XRD）或微分扫描测热法（DSC）测定的。DSC 方法基本上是这些组成的，即测量石膏不溶性碎片的 DSC 扫描结果；利用石英的转化焓，从转化吸热量计算出残留物的石英含量；再参照到原样品，计算出样品中的石英总量。XRD 方法则更多地依赖于操作者，所以关联误差可能更大。

（6）残留碱性

残留碱性测量的是石膏中未反应的石灰或石灰石反应剂的含量。如果使用的是基于石灰的系统，则多余未反应的反应剂将提高酸碱度 pH 值。如果使用的是基于石灰石的系统，则多余的反应剂将略微地提高 pH 值（接近 8），并表现为惰性填充物。

（7）酸碱度（pH 值）

工业副产石膏的酸碱性值通常规定在 6~8。酸碱度值大于 8，标志着碱性过大；酸碱度值低于 6，则表示石膏中可能残留着未反应的硫酸或亚硫酸。测定方法见现行国标 GB/T 5484—2012《石膏化学分析方法》。

（8）氯化物

工业副产石膏的氯化物含量是一个至关重要的参数，因为氯化物含量的升高将影响到墙板制造中若干个单元的运行。同样，在规定氯化物时，规定可接受范围也是重要的。举例来说，假定氯化物含量规定最高为 100ppm，而一直在用的石膏其氯化物含量为 100ppm，如果氯化物突然降到 50ppm 或更低，这种不一致性将影响制板操作。所以在规定氯化物含量时，建议将最大值和最小值都加以规定。氯化物测定方法见现行国标 GB/T 5484—2012《石膏化学分析方法》。

（9）可溶性盐总量

可溶性盐总量是工业副产石膏中其他可溶性物质（在氯化物之外）的标识。由于氯化物之外的可溶性盐影响墙板制造单元的作业，可溶性盐总量的规格有时也包括其中。虽然有时可以假定为达到氯化物规格而进行的滤饼清洗步骤可将可溶性盐总量（TSS）降低到一个可接受的值，但情况并不总是这样。故此，建议作为一项质量控制参数进行 TSS 测量。TSS 测量是通过其水提取物，而后是蒸发。

（10）可溶性钠、钾和镁

可溶性盐总量多半是由钠、钾和镁的硫酸盐或氯化物及氯化钙组成。有时一个个可溶性正离子被标明出来有助于可溶性成分组成的确立。

（11）汞

汞不仅仅是在最近才开始成为石膏中令人关注的元素。虽然烟气中的汞是个关注点，而且有些烟气脱硫系统去除汞很有效率，目前也普遍认为汞是绝对可溶的，并不出现在石膏中。不过，为了完善起见，测量石膏中的汞以确定其处于可接受的水平上，不失为慎重之举。可接受的水准可根据通常在天然石膏中所发现的水含量为基准来定。汞的测定是通过还原样品，然后用冷蒸气原子吸收法测定的。

6. 怎样测定工业副产石膏密实度（比重)?

答: 测量密实度是因为它与样品的纯度有关。纯石膏密度为 $2.32g/cm^3$。如果一种工业副产石膏的密度显著的大于此值，则可能表明含有显著含量的高密度杂质，诸如石灰石、石英等。石膏的密实度通常是使用氦比重瓶测定法或液体比重瓶测定法测量。

7. 怎样测定工业副产石膏松密度？

答： 松密度是确定材料处理性能和石膏运输中表现的重要参数。对松散和拍实时的松密度都进行测量是重要的，可把一部分有代表性的样品以均匀的速度，在规定的时段内（例如 30s），加到有刻度的圆筒中，而后把圆筒放到密度测试仪上并按规定的次数（例如 200 次）拍打，测量重量及拍打前后的体积以获取数据计算出松散的和拍实的松密度。

8. 怎样测定工业副产石膏颗粒尺寸分布？

答： 工业副产石膏颗粒尺寸分布影响着其过滤性能（因而也影响其含水量）和其他大部分材料处理性能。颗粒尺寸分布的测量通常是通过过筛分析、沉降法（使用沉降仪，一种基于斯托克斯沉降定律的仪器方法）和光/激光衍射进行。这三种方法所提供的颗粒尺寸数据的绝对值有所不同，因而颗粒尺寸的规格将要求对所使用的测试方法进行说明。试验表明，由沉降仪测出的平均颗粒尺寸明显的小于由激光衍射所得出的尺寸。从使用方便、仪器报告的质量和数据可重复性方面来看，建议选用光/激光衍射方法。

9. 怎样测定工业副产石膏比表面积？

答： 石膏的表面积通常用一台布莱恩仪器测得。虽然可用氮吸附法测量工业副产石膏的比表面积（BET 表面积），但试验表明，当样品腔抽真空时，石膏因低气压而开始脱水，会影响样品的结果。通常用布莱恩仪器测定石膏的比表面积，该方法需要测量通过一个台面的空气流通速度，而台面上备有压缩到特定空隙率的颗粒。布莱恩方法对工业副产石膏而言，具有给出很低的表面积测量值的倾向，这是因为工业副产石膏通常少有细粉在其中。不过，尽管其关联误差大，常测出过低的表面积，布莱恩测量仍不失为有用的品质控制工具。

10. 怎样测定工业副产石膏颗粒形状（纵横比）？

答： 石膏颗粒的纵横比显著地影响浆料脱水和材料处理性能。总体而言，纵横比越接近越好，即球状或块状的颗粒是所期望的。测量纵横比没有已发布的标准方法，通常是用光学显微镜观察颗粒并作出纵横比的定性判断。利用图像分析技术有可能对纵横比量化，这种技术中平均纵横比通过测量 200～300 颗粒后计算出。使用这个方法测量制造墙板用的工业副产石膏，通常给出的纵横比值范围在 1.5～2.5 之间。

11. 工业副产石膏白度的影响因素及改善方法是什么？

答： 白度经常给出的是工业副产石膏中杂质含量水平的提示。飞灰可能滞留在石膏，使其带上灰色。虽然有测量白度的定量方法（GB/T 5950—2008），对于石膏中能降低白度的杂质还是直接测出为好。此外，那些影响白度但不影响使用潜力的低浓度杂质（例如 Fe_2O_3）可能降低材料的白度至规定值以下但仍可作为制墙板原料使用。除非石膏要用于白度很重要的应用项目中，一般来说白度的测量不是必要的。

12. 工业副产石膏对水泥性能的影响有什么要求？

答：根据国标 GB/T 21371—2008《用于水泥中的工业副产石膏》工业副产石膏对水泥性能的影响应符合表 1-5 的规定。

表 1-5　工业副产石膏对水泥性能的影响

试验项目	性能比对指标（与比对水泥相比）
凝结时间	延长时间小于 2h
标准稠度需水量	绝对增加幅度小于 1%
沸煮安定性	结论不变
水泥胶砂流动度	相对降低幅度小于 5%
水泥胶砂抗压强度	3d 降低幅度不大于 5%，28d 降低幅度不大于 5%
钢筋锈蚀	结论不变
水泥与减水剂相容性	初始流动性降低幅度小于 10%，经时损失率绝对增加幅度小于 5%

注：比对水泥是用天然二水石膏制成的，用于评定工业副产石膏对水泥影响程度的空白水泥，比对水泥的制备要求见国标 GB/T 21371—2008《用于水泥中的工业副产石膏》。

13. 什么是工业副产石膏的预均化原理？

答：为了解决工业副产石膏质量的不均匀性，在储备料时可以采用预均化技术。

预均化的原理是：采用纵向堆料，将每批进入堆料场的工业副产石膏纵向堆撒，然后在取料时在垂直于料堆的纵向方向的横截面上取料。这样每次取料的横截面上都有此前每次纵向堆撒的物料。

14. 工业副产石膏处理不当，会造成怎样的环境污染？

答：工业副产石膏如果处置不当，极易污染环境。以磷石膏为例，磷石膏中含有磷酸盐、硫酸盐、氟化物、重金属锰和镉，有些磷石膏中还含有镭。如果不按规范堆放或堆场出现问题，磷石膏中的某些物质可溶于水而被排入环境，例如 PO_4^{3-}、SO_4^{2-}、F^- 及重金属离子等，溶出的水溶液明显呈酸性。当大气降水时，磷石膏受到雨水的淋溶，其有害物质极易溶出，这些淋溶水可能流到农田、湖泊、河流中去，还可能渗到地下，因此土壤、地面水、地下水都会被污染。在长期堆放过程中，磷石膏堆的表面部分由于被日晒而脱水，这样使一些有毒、有害物质被蒸发到空气中。当风速足够大时，细小的磷石膏颗粒还会造成粉尘污染。

脱硫石膏中的亚硫酸钙、过量的氯离子等都会对空气和地下水造成污染。在太阳暴晒后，挥发性的酸性物质会加重酸雨的威胁；脱硫石膏微粒会造成粉尘污染，直径 $10\mu m$ 以下的悬浮微粒会影响人的呼吸系统，有些脱硫石膏还有臭味。为此中国科协、中国科学技术咨询服务中心系统工程专家委员会在对我国烟气污染治理情况的调研报告中指出，如果脱硫石膏得不到及时利用将会造成二次污染。

氟石膏、柠檬酸石膏、芒硝石膏、硼石膏等与磷石膏一样都属于用硫酸酸解含钙物质而得到的副产石膏。钛石膏是用石灰中和废酸所得，这些副产石膏均会有不同程度的残留酸存在，且都是含水率较高的泥浆，长时间堆放均会有废水渗透，干燥后均会有粉尘污染。

(二) 烟气脱硫石膏

1. 烟气脱硫石膏的特性是什么？其工业应用有哪些？

答：（1）烟气脱硫石膏的特性

脱硫石膏杂质中最为重要的是氯化物，氯化物主要来源于燃料煤，如含量超过杂质极限值，则石膏产品性能变坏，工业上消除可溶性氯化物的方法是用水洗涤。

脱硫石膏的颗粒很细，平均粒径为 $40\mu m$，往往需要进行某种处理，以改善石膏晶体结构，从而消除由于脱硫石膏颗粒过细而带来的流动性和触变性问题。密度对石膏产品性能也有很重要的影响，脱硫石膏的密度决定于烟气脱硫的工艺方法。为了获得质量均一、性能稳定的脱硫石膏，往往把不同时期获得的脱硫石膏进行混合处理。

脱硫石膏的游离水对脱硫石膏的工业生产处理过程影响很大，含水量大的脱硫石膏黏性极大，结团成球，在输送提升设备中，堵料积料，因此游离水极限值应小于 10%。

此外，脱硫石膏的颜色也十分重要，纯白的脱硫石膏可生产出美观的石膏制品。粉煤灰含量大于 1% 的脱硫石膏其外观颜色明显加深。为了保证石膏制品的质量，在脱硫工艺系统中，电收尘系统和脱硫系统应分开设计，且电收尘系统应保持良好的运转状态。

（2）烟气脱硫石膏的工业应用

脱硫石膏经过工业处理之后，与天然石膏性能类似，可以应用于水泥缓凝剂、纸面石膏板、纤维石膏板、石膏矿渣板、石膏砌块、石膏空心条板、抹灰石膏、α 型高强石膏和自流平石膏等领域。

2. 要投资一个脱硫熟石膏生产企业应考虑哪几点？

答：要投资一个脱硫熟石膏生产企业，首先考虑三点：一是根据当地市场容量选择企业产量；二是根据产量选择设备容量；三是根据市场产品要求选择设备类型。其次选择加工设备时也要考虑三点：一是单位投资金额；二是单位生产成本；三是产品质量。

3. 烟气脱硫石膏基本的技术要求是什么？

答：根据我国建材行业标准 JC/T 2074—2011《烟气脱硫石膏》，按烟气脱硫石膏中二水硫酸钙等成分的含量，分为一级品（代号 A）；二级品（代号 B）；三级品（代号 C）三个等级。

烟气脱硫石膏的技术性能应符合表 1-6 的要求。

表 1-6 烟气脱硫石膏的技术要求

序号	项　目		指标		
			一级（A）	二级（B）	三级（C）
1	气味（湿基）		无异味		
2	附着水含量(湿基)/（%）	≤	10.00		12.00

续表

序号	项　目		指标		
			一级（A）	二级（B）	三级（C）
3	二水硫酸钙（$CaSO_4 \cdot 2H_2O$）（干基）/（％） ≥		95.00	90.00	85.00
4	半水亚硫酸钙（$CaSO_4 \cdot 1/2\,H_2O$）（干基）/（％） ≤		0.50		
5	水溶性氧化镁（MgO）（干基）/（％） ≤		0.10		0.20
6	水溶性氧化钠（Na_2O）（干基）/（％） ≤		0.06		0.08
7	pH 值（干基）		5～9		
8	氯离子（Cl^-）（干基）/（mg/kg） ≤		100	200	400
9	白度（干基）/（％）		报告测定值		

4. 烟气脱硫石膏有哪些特点？

答： 由于脱硫石膏是在脱硫反应塔中经过烟气与浆液逆流传质后再在反应浆液中经过强制氧化这一化学反应过程得到的，与天然石膏的地质形成作用并不相同，导致脱硫石膏和天然石膏在原始状态、机械性能和化学成分，特别是杂质成分的组成和含量上存在较大的差异，最终导致脱硫石膏和天然石膏经过煅烧后得到的熟石膏粉和石膏制品在水化动力学、凝结特征、物理化学性能等宏观特征上与天然石膏有所不同。

烟气脱硫石膏有以下特点：

① 高附着水含量。烟气脱硫石膏大多都具有较高的附着水，一般在 10％～20％，呈湿渣排出（不采用脱水装置的呈浆体排出，水含量可达 40％以上）。

② 粒度分布窄，比表面积小。粒径主要集中于 40～60μm，比表面积一般在 1000～1500cm^2/g，仅为天然石膏粉比表面积的 40％～60％。

③ 高品位。烟气脱硫石膏中二水硫酸钙的含量一般都保持在 93％～96％（而天然石膏中 95％以上的石膏为优质石膏，占石膏总储量的 10％左右）。

④ 脱硫石膏一般所含成分较多，但大多均为无机杂质，对石膏产品性能产生直接影响的物质较少，pH 值呈中性或弱酸性，利用相对较为容易。

5. 烟气脱硫石膏粒径分布特征有哪些？

答： 一般说来，天然石膏经过粉磨之后，二水石膏相因为表面磨碎而粘结在一起，而脱硫石膏的结晶析出是在溶液中完成的，所以各个晶体是单独存在的，结晶完整均一，所以造成脱硫石膏颗粒分布过窄，级配较差，典型的脱硫石膏与天然石膏的颗粒级配见图 1-5，这对于脱硫石膏煅烧成熟石膏粉的影响较大，导致煅烧后的脱硫熟石膏颗粒分布仍然比较集中，比表面积比天然石膏小，在水化硬化过程中流变性能差，易离析分层，导致制品的容重不均匀，故而一般应在脱硫石膏煅烧后加改性磨，改善比表面积以及提高其他性能。我国脱硫石膏制品的主要问题是尺寸稳定性不佳，目前普遍认为石膏收缩开裂主要是由于脱硫建筑石膏颗粒级配较差引起的。

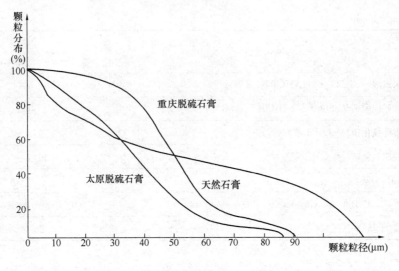

图 1-5　脱硫石膏与天然石膏的颗粒级配

6. 化学成分对脱硫石膏性能有什么影响?

答：为提高烟气脱硫效率并保证脱硫石膏化学成分的稳定，技术上要求石灰石粉末的 CaO 含量不小于 49%，细度大于 400 目。脱硫石膏品位与天然石膏相当甚或优于后者，但由于两者来源不同，杂质状态相差较大。脱硫石膏中以碳酸钙为主要杂质，一部分碳酸钙以石灰石颗粒形态单独存在，这是由于反应过程中部分颗粒未参与反应；另一部分碳酸钙则存在于石膏颗粒中，这是由于碳酸钙与 SO_2 反应不完全所致，石膏颗粒中心部位为碳酸钙，这与天然石膏中杂质主要以单独形态存在明显不同。在杂质含量相同情况下，脱硫石膏能有效参与水化反应的颗粒数量增多，有效组分高于天然石膏。天然石膏杂质颗粒粗，在水化时不能有效参与反应，对石膏性能有一定影响。

7. 脱硫石膏在应用中会受哪些杂质影响?

答：（1）可燃有机物

烟气脱硫石膏中的可燃有机物主要是未燃烧的煤粉，欧洲脱硫石膏工业标准要求可燃有机物的比例不能超过 0.1%，实际含量在 0.01%～0.05% 之间。因为其电导率高，所以很难从电收尘器中分离出来，最终进入脱硫石膏内。其形状多为多孔、圆形，有时为长形，煤粉颗粒在脱硫石膏中一部分呈现出较大的黑点，所以相对容易用肉眼或放大镜分辨出来。大概有一半的颗粒其尺寸小于 $16\mu m$，另一半颗粒在 $16\sim200\mu m$ 之间。当脱硫石膏煅烧成半水石膏时，煤粉的形态和组成不会因煅烧而变化。当脱硫熟石膏用于纸面石膏板，在铺浆的时候，因为容重的差异较粗的煤粉颗粒将会集中在护面纸和石膏浆的界面处，妨碍石膏和纸的粘结，同时煤粉会影响发泡剂的发泡作用，而增加了板的容重。用脱硫石膏作粉刷石膏抹灰，煤粉会富集在抹灰层的表面，影响美观，在抹灰层上刷涂料或贴墙纸时，因为煤粉具有厌水性而使黑斑表面难以黏附，从而影响墙体或顶板的装饰效果。国外对脱硫石膏的外观均有要求，一般要求为白色，欧洲现行标准中要求白度＞80%，在电厂燃煤中加入约 0.1% 的碳酸钙能有效消除脱硫石膏中的煤粉。

（2）Al 和 Si

氧化铝和氧化硅是影响脱硫石膏工艺性能的第二重要因素。因为它们在脱硫石膏中一般都是比较粗的颗粒，对脱硫石膏最大的影响是易磨性，坚硬的粗颗粒会减少铸造石膏模具的使用次数和寿命。将石膏应用在建筑工业之外，如造纸、粘结剂或塑料的填料，对易磨性要求就更为严格，质硬的粗颗粒会降低加工效率和损耗加工设备，粗颗粒会影响纸或涂料的表面光泽。

（3）Fe

烟气脱硫石膏中的含铁化合物来源于脱硫剂、烟气或脱硫设备。若氧化铁是以较粗颗粒存在时会影响脱硫石膏的易磨性，以细颗粒存在时会极大地影响脱硫石膏的颜色。

（4）$CaCO_3$ 和 $MgCO_3$

在脱硫石膏由二水石膏煅烧成半水石膏时，会有一部分的 $CaCO_3$ 和 $MgCO_3$ 转化成 CaO 和 MgO，这些碱性氧化物会使脱硫石膏的 pH 升高，但 pH 值超过 8.5 时，纸面石膏板中纸和板芯的粘结力就不能得到保证，因此，用于纸面石膏板的脱硫石膏中的碳酸钙和碳酸镁的含量应限制在 1.5% 以下。

（5）其他杂质

脱硫石膏的氯化物含量一般大于天然石膏，Cl^- 含量较高时，易产生锈蚀现象，对脱硫石膏粘结性影响也非常显著。Na^+、K^+ 对脱硫石膏更是有害，试验将纸面石膏板在湿度大的条件下放置一段时间后，砌块表面产生"白霜"，经 X-射线检测结果发现是 $MgSO_4 \cdot 4H_2O$（镁盐）。Na、K 也可生成复盐（$CaSO_4 \cdot K_2SO_4 \cdot H_2O$，$Na_2SO_4 \cdot 10H_2O$）影响产品性能，因此对这些杂质都有限量，如欧洲现行标准中 $MgO < 0.1\%$、Na_2O 和 $K_2O < 0.06\%$，超量时须增设水洗、分级、中和等净化、脱水设施，对脱硫石膏进行净化处理。

（6）微量元素和放射性

脱硫石膏的放射性指标应满足国家标准《建筑材料放射性核素限量》（GB 6566—2010）。国内外绝大多数烟气脱硫石膏中放射性元素的含量远低于公认的极限值。脱硫石膏放射性物质的含量，如镭-226、钍-232、钾-40，这些数值位于天然石膏的下限。

项目一：工艺

1. 发电厂烟气脱硫石膏产能的计算方法有哪几种？

答：（1）根据二氧化硫年产生量计算脱硫石膏的产能

在一般条件下，脱硫石膏（湿基）的年产量（t）可按下式计算：

$$y = 2.84m$$

式中　m——二氧化硫 SO_2 的年产量（t）。

（2）按发电厂装机容量计算

$$G = 0.0988Z$$

式中　Z——装机容量（kW）。

2. 湿式石灰石/石灰—石膏法的脱硫工艺流程是什么？

答：工艺流程主要包括烟气系统、吸收系统、吸收剂制备系统、石膏脱水及储存系统等。基本工艺流程为：除尘后的烟气经热交换及喷淋冷却后进入吸收塔内，与吸收剂浆液（石灰石或石灰）逆流接触，脱除所含的 SO_2，净化后的烟气从吸收塔排出，通过除雾和再热升压，最终从烟囱排入大气。吸收塔内生成的含亚硫酸钙的混合浆液用泵送入 pH 调节槽，加酸将 pH 值调至 4.5 左右，然后送入氧化塔，由加入的约 $5kg/cm^2$ 的压缩空气进行强制氧化，生成的石膏浆液经增稠浓缩、离心分离和皮带脱水后形成脱硫石膏。

3. 石灰石/石灰—石膏湿法烟气脱硫工艺具有哪些优点与缺点？

答： 石灰石/石灰—石膏湿法烟气脱硫工艺具有以下优点：

① 脱硫效率高，可达 95％以上。

② 运行状况稳定，运行可靠性可达 99％。

③ 对煤种变化的适应性强，既可适用于含硫量低于 1％的低硫煤，也可适用于含硫量高于 3％的高硫煤。

④ 吸收剂资源丰富，价格便宜。

⑤ 与干法脱硫工艺相比，所得脱硫石膏品位高，便于处理。

因此，我国标准 DL/T 5196—2004《火力发电厂烟气脱硫设计技术规程》规定 200MW 及以上的电厂锅炉建设脱硫装置时，宜优先采用石灰石/石灰—石膏湿法烟气脱硫工艺。但也应该看到它也有以下不足：①投资较大。②与干法工艺相比有废水产生。③与其他工艺相比副产品产量较大，每吸收 1t 二氧化硫会产生脱硫石膏 2.7t。如果不能及时推广应用脱硫石膏，这些脱硫石膏就会成为新的污染。④此工艺虽然减少了 SO_2 的排放，却增加了 CO_2 的排放，每减少 1t 二氧化硫的排放会增加 $0.7tCO_2$，而 CO_2 同样是大气的污染物。

4. 脱硫石膏干燥煅烧工艺设备的基本原则是什么？

答： ① 能充分利用电厂余热和低能级能源（包括部分做功后的低参数蒸汽、低温烟气、热风等），减少高级能源（包括电力、石油、天然气、燃煤等）的使用，达到节能目的。

② 设备应能适应脱硫石膏所特有的湿度大（含水率 10％～20％），物料粒径分布较集中的特点。

③ 干燥煅烧装置应建设在脱硫石膏真空脱水皮带附近，免除物料的往复运输，减少运输成本。

④ 自动化控制程度要适应生产高品质、稳定产品的要求。

⑤ 根据新的干燥理论：除去表面水分是一个比较快速的过程，除去内部水分则需要较长的时间，是一个较缓慢的过程的理论。对于脱硫二水石膏，采用两种不同的干燥器，除去表面和内部水分是合适的。在设计中最好采用干燥与煅烧分步进行的两步法工艺。

5. 石膏煅烧设备对脱硫建筑石膏性能的影响是什么？

答： 石膏煅烧设备对脱硫建筑石膏性能影响很大。制备不同用途的脱硫建筑石膏产品，应选用适宜的煅烧设备和工艺。用于制备各种石膏板、砌块等石膏建材制品，宜采用快速煅烧设备，即煅烧物料温度＞180 ℃，物料在炉内停留几分钟或几秒钟的煅烧方式。这种煅烧方式是二水石膏遭遇热后急速脱水，很快生成半水石膏或Ⅲ型无水石膏。由于物料温度较高，Ⅲ型无水石膏的比例较大，而Ⅲ型无水石膏是不稳定相。同时，物料在快速煅烧设备中仅停留几分钟或几秒钟的时间，容易产生受热不均的情况，从而得到的建筑石膏中除半水石膏外还有Ⅲ型二水石膏和无水石膏的比例较高，另还生成有Ⅱ型无水石膏，这种建筑石膏的凝结时间较短，适用于生产石膏制品，提高制品模具的周转率或生产线上制品的产量。生产抹灰石膏、石膏粘结剂、石膏接缝材料等粉体石膏建材，宜选用慢速煅烧设备。用慢速煅烧设备生产的石膏凝结硬化较慢，有利于减少外加剂的掺量，降低生产成本。慢速煅烧指煅烧时物料温度＞160℃，物料在炉内停留几十分钟或1h以上的煅烧方式，如连续炒锅、沸腾炉、回转窑等。通过调整炉内温度、物料停留时间等，使煅烧产品质量均一稳定。其煅烧产品中绝大部分为半水石膏、极少量的过烧Ⅲ型无水石膏和欠烧二水石膏。

除以上影响因素外，煅烧时间、煅烧温度以及脱硫建筑石膏的陈化效应等，都将影响脱硫建筑石膏的制备。应结合湿法烟气脱硫石膏本身的原材料、脱硫工艺特点，以及废渣处理后的用途，选择煅烧设备、工艺，并通过对以上各影响因素的分析，优化生产工艺，方能使物尽其用、变废为宝。

6. 在脱硫石膏煅烧工艺中磨机的布置方法及特点是什么？

答：磨机在脱硫石膏煅烧工艺中的布置一般有两种方式：一是布置在煅烧炉的出口，经粉磨后进入陈化仓；二是布置在陈化仓后，经粉磨后进入成品库。这两种粉磨方式各有其特点，主要考虑两点：其一是考虑经济性。因为磨机电机功率较大，耗电量大，电费有高低谷之分，如果生产能力配套合理，利用低谷时段加工，则可以大大降低成本；其二是考虑适用性。经过陈化仓的陈化，石膏的温度接近常温，性能得到改善，在此基础上根据用户要求进行粉磨，得到符合用户要求指标的熟石膏，也可以通过加入各类有机或无机材料进行改性，以满足不同用户要求。

7. 煅烧温度对脱硫石膏性能影响有哪些？

答：脱硫石膏细度集中在$40\sim60\mu m$，颗粒分布集中，主要以单独的棱柱状结晶颗粒存在，通过激光粒度分析可以发现脱硫石膏的颗粒级配较天然石膏差。脱硫石膏与天然石膏有着相近的性质，在抗折、抗压等性能上，脱硫石膏大大优于天然石膏；但是脱硫石膏相比于天然石膏，存在含水量较大、颗粒级配差等缺陷。

脱硫石膏在140℃温度煅烧下脱水不够彻底，煅烧温度还偏低。分别在160℃和180℃温度下煅烧的脱硫石膏已经完全脱水，但是与170℃下煅烧的脱硫石膏相比，160℃处理的石膏结晶颗粒比较细小，180℃处理的石膏水化后出现较多的空洞，在170℃煅烧处理的熟石膏结晶粗大、完整，表现出优异的性能。

从不同温度下煅烧处理后脱硫石膏的水化结晶状态可以看出，脱硫石膏水化产物多为不规则晶体，通过三相分析发现，半水石膏含量相差不大。但随着煅烧温度的升高，脱硫石膏水化浆体孔洞减少、致密程度有所增加。这是因为随着煅烧温度提高，煅烧后的半水石膏颗粒粒度降低，颗粒变得细小，比表面积增大，与水接触区域多，在半水石膏水化过程中起到晶种的效果，致使水化后二水石膏过饱和溶液的饱和度下降，加快半水石膏的水化反应及凝结速度。

在190℃煅烧处理的脱硫石膏，由于水膏比变大，在石膏块干燥过程中出现大量气孔，降低了石膏的强度，但由于石膏中存在很多由Ⅲ型无水石膏转化后的半水石膏，对颗粒的粘结和裂纹的愈合起到了良好的作用，因此总体强度变化并不很大。半水石膏的标准稠度随着煅烧温度的提高而增大。通常情况下，标准稠度越小，水化后石膏的强度也就越高，但是从

图 1-6 可以看出，强度随煅烧温度的升高而变大，在 180℃的时候达到最大，煅烧温度继续升高，强度会稍有降低，但是变化不大。这是因为在较低温度煅烧的试样标准稠度较低，颗粒粒径变化不大，水化后颗粒之间没有较好的级配，因此强度比较低；随着煅烧温度升高，标准稠度明显提高，这是由于较大的脱硫石膏颗粒表面出现剥落，增大了比表面积及水浆比，在石膏水化硬化过程中，因为水含量较多导致出现大量的气孔，严重影响了石膏的强度。

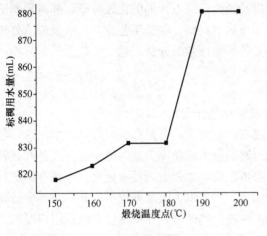

图 1-6　脱硫石膏标准稠度

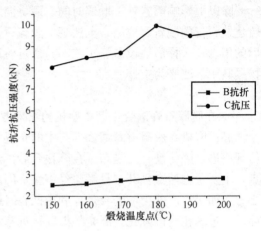

图 1-7　水化 2h 砌块抗折、抗压强度

不同温度下煅烧的脱硫石膏在抗折强度方面变化不大（图 1-7），但是在抗压强度有明显的变化趋势。仅就凝结时间和标准稠度用水量来说，脱硫石膏在 150℃煅烧效果最好，但正如前面所分析的那样，低于 160℃时，脱硫石膏的脱水处理不够彻底，内部存在较多的二水石膏，半水石膏含量较少。在 145℃煅烧处理后脱硫石膏，其 2h 湿强度和干强度都是最低的。对于 170℃煅烧的石膏，无论从颗粒的晶体形貌还是凝结时间、强度上都比较突出，而 180℃煅烧的熟石膏，虽然在强度等方面与 170℃煅烧的产物相差不大，但是考虑到水浆比过大和能源等因素，宜选择在 170℃温度下煅烧处理脱硫石膏。

8. 脱硫石膏煅烧特征是什么?

答：脱硫石膏与天然石膏在脱水过程有着明显不同，通过煅烧升温曲线可知，烟气脱硫石膏的脱水温度在 120℃左右。脱硫石膏脱水时前半部分为脱游离水，后半部分主要为脱结晶水，脱水过程的前半部分物料温度上升速率较慢，排潮量大，后半部分物料温度上升速率较快，排潮量小。通过试验所确定炒制熟石膏的最佳煅烧温度为 160~180℃，通过陈化后，在这个温度范围内所得建筑石膏强度最高。

9. 低温慢速煅烧脱硫石膏的优点及物相组成是什么?

答：低温慢速煅烧产品中绝大多数为半水石膏、少量的Ⅲ型无水石膏（可溶性无水石膏）、极少量的Ⅱ型无水石膏（难溶无水石膏Ⅱs）和二水石膏（未脱水的 $CaSO_4 \cdot 2H_2O$）。结晶水含量一般在 $4.5\% \sim 5.0\%$，用此方法生产的建筑石膏性能稳定，物化指标均能达到国家质量标准要求。

10. 理想的脱硫石膏煅烧成品物相组成应是什么？

答：理想的煅烧成品，应以半水石膏（HH）为主，允许有 5％左右的 AⅢ、2％左右的 AⅡ 和 2％左右二水石膏（DH）。如果产品中 AⅢ 含量过大，说明煅烧温度过高，俗称过火；如果产品中 DH 含量大于 5％时，说明温度过低，俗称欠火；如果产品中 AⅢ、DH 含量都大，说明温度不均匀。

AⅢ 相水化活性最强，遇水后能立即水化转变成 HH，初始水化速度极快，形成硬化体时强度较低，是熟石膏中造成性能不稳定的主要因素之一。有较多的 DH 时，容易产生快凝现象。

11. 残余二水石膏含量对建筑石膏性能的影响有哪些？

答：与天然石膏相同，脱硫石膏煅烧后残余的二水石膏在脱硫建筑石膏的水化过程中起到晶核的作用，会促进水化、缩短凝结时间，从而使其标准稠度用水量上升，大幅降低石膏强度。通过对脱硫建筑石膏性能进行二水石膏相分析，测得其残余二水石膏含量，与对应脱硫建筑石膏性能关系，如图 1-8、图 1-9 和图 1-10 所示。可见，随着残余二水石膏含量的增加，标准稠度用水量增加、凝结时间变短、抗折和抗压强度均减小。

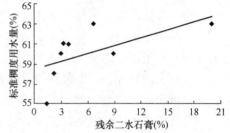

图 1-8　残余二水石膏含量对标准稠度用水量的影响

为进一步分析残余二水石膏含量对脱硫建筑石膏性能的影响情况，通过掺加缓凝剂，考察脱硫建

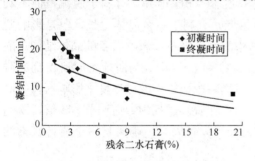

图 1-9　残余二水石膏含量对凝结时间的影响　　图 1-10　残余二水石膏含量对抗折、抗压强度的影响

筑石膏凝结时间的减缓情况来判断两者间的关系。结果表明，掺加缓凝剂后，当残余二水石膏含量＜4.00％时，脱硫建筑石膏的凝结时间延长 3～20 倍；而当残余二水石膏含量较高时，同等缓凝剂掺量对延长石膏的凝结时间效果并不理想，这将对脱硫建筑石膏的应用产生不利影响。所以在生产石膏时应控制残余二水石膏含量不宜超过 4.00％。

12. 褐煤衍生的脱硫石膏与硬煤衍生的脱硫石膏有哪些不同点？

答：褐煤衍生的脱硫石膏与硬煤衍生的脱硫石膏的外观极不相同，前者的颜色暗得多。褐煤衍生的脱硫石膏除颜色外符合众所周知的质量规范。白度为 20％～40％的灰暗色是由于石膏晶体中混入了微细的惰性物质，这些物质是强着色的铁化合物。与硬煤衍生的脱硫石膏相比，铁化合物更多地混杂在褐煤衍生的脱硫石膏中。这是因为，洗涤设备特性使褐煤衍生的脱硫石膏在洗涤室悬浮液中停留了更长的时间。停留时间增长的同时有石膏晶体明显长大。现已研究出的溢流净化工艺可以改进脱硫石膏的颜色，即减少脱硫石膏晶体中微细的、有色惰性成分。通过这种处理，惰性成分不再像过去那样重新回到烟气洗涤器，而是通过有效的稠化剂，以惰性泥浆的形式被清除出系统，这样可使其白度显著提高，杂质减少80％以上。

13. 生产脱硫石膏过程中氧化程度对其生产有何影响?

答: 湿法石灰石—石膏烟气脱硫工艺中，石灰石浆液在吸收塔内对烟气进行逆流洗涤，生成半水亚硫酸钙并以小颗粒状转移到浆液中，利用空气将其强制氧化生成二水硫酸钙（$CaSO_4 \cdot 2H_2O$）结晶。强制氧化是生产脱硫石膏过程中一个重要环节，氧化风量必须能够满足脱硫系统要求，分布均匀并达到一定的利用率，否则石膏浆液中亚硫酸盐会超标，无法生成合格的石膏晶体。氧化程度为亚硫酸盐氧化至硫酸盐程度，要求高于98％。亚硫酸根作为一种晶体污染物，含量高时会引起系统结垢并影响石膏品质；亚硫酸根含量过高甚至还会引起石灰石闭塞，危及系统安全运行。氧化风量在正常的运行条件下不存在问题，但是目前电力负荷变动较大，当发电负荷降低到一定程度时，生产人员从节能的角度考虑，就会减少氧化风机的运行台数，如果控制失当，就会引起氧化不足，石膏中亚硫酸钙和碳酸钙增多，一是造成二水硫酸钙指标下降，二是造成石膏品质不稳定。

14. 为什么要控制好石灰石—石膏脱硫过程中的pH值?

答: pH值主要通过调整石灰石浆液的方法进行控制。pH值高，有利于脱硫，但不利于石膏晶体发育，且易发生结垢，堵塞现象；pH值低，有利于石膏晶体生长，但是影响脱硫效率，吸收液呈酸性，对设备也有腐蚀。脱硫塔中酸碱环境也会影响石膏的晶体结构。酸性介质趋向生成长纤维针状晶体，比如以$CaCO_3$、CaO和$Ca(OH)_2$为脱硫剂时所得到的脱硫石膏晶体是不完全相同的。脱硫剂的种类主要是靠影响脱硫塔中酸碱环境来影响石膏的晶形，而且脱硫剂品种不同，其溶解速率也不相同。电厂在脱硫过程中如何调节pH值，既达到有良好的石膏晶体，又能保持脱硫系统的正常运行和设备安全，确实是一个值得探索的课题。

15. 如何控制石膏脱硫过程对石膏中氯离子（Cl^-）的含量?

答: 氯在系统中主要来源于燃煤烟气，以氯化钙形式存在，影响脱硫效率，在运行中Cl^-含量一般控制在20000ppm以内。脱硫石膏Cl^-含量在脱硫过程中的控制主要是两个方面：一是浆液塔中Cl^-含量的控制。当吸收塔中Cl^-含量高时，废水处理系统必须正常投入运行，保证废水排放，以降低吸收塔内Cl^-浓度及杂质含量，保证塔内化学反应的正常进行及晶体的生成和长大；二是脱水时的控制。浆液中的Cl^-含量一般都在10000ppm左右，工艺水中Cl^-含量也达到130ppm以上，要保证石膏中的Cl^-含量在100ppm以下，其一要求工艺水Cl^-含量低，其二通过工艺水冲洗来降低Cl^-含量，一般经过二道冲洗水即达到要求。有些新上脱硫的电厂，对此认识不足，为节电节水，减少或者未投入冲洗水，引起石膏中Cl^-含量大量超标，从而使脱硫石膏品质严重劣化（这个问题已经在一些电厂发生）。

16. 脱硫石膏中氯离子的含量对脱硫建筑石膏的影响是什么?

答: 脱硫石膏中氯离子主要来自烟气中的 HCl 和脱硫系统循环利用的工艺水。附着水含量与氯离子含量变化具有一定的相关性,即氯离子含量较高的,通常脱硫石膏的附着水含量会增加。

氯离子对附着水含量的影响可以概括为以下几个方面:

① 在脱硫石膏晶体内部,氯离子会和钙离子结合成稳定的带有 4 个结晶水的氯化钙,把一定量的水留在了石膏晶体内部,造成石膏含水率的增大。

② 在脱硫石膏晶体之间,残留的氯离子与钙离子形成氯化钙,堵塞游离水在晶体之间的通道,使石膏脱水变得困难。

③ 氯化钙的吸湿性极强,不论是在脱硫石膏晶体内部还是在脱硫石膏晶体间隙,都会使得脱硫石膏不易干燥,附着水含量较高。

氯离子对脱硫系统和脱硫石膏综合利用主要的影响有:

① 由于氯离子会与钙离子结合形成 $CaCl_2$ 或 $CaCl_2$ 的结晶水合物,其吸湿性很强,造成脱硫石膏的附着水含量高,另外对于石膏砌块和石膏板的干燥非常不利,使能耗增大。

② 氯离子具有腐蚀性,吸收塔的内衬一般为合金钢,管道一般为塑料或玻璃钢,氯离子含量较高会影响脱硫系统的安全性和耐久性。脱硫石膏应用在水泥中应该特别预防氯离子对钢筋产生的锈蚀。

17. 脱硫石膏氧化镁和氯离子之间是怎样有机联系的?

答: 电厂在实际运行中脱硫石膏附着水含量是十分重要的控制参数,可以表征脱硫系统是否正常运行以及脱硫石膏品质的高低。脱硫石膏的附着水主要由氯离子和颗粒粒度分布决定,在脱硫石膏的可溶性氧化镁、氧化钠的含量与氯离子或者说与附着水含量之间存在紧密的联系,可溶性氧化镁、氧化钠会引起脱硫石膏制品的起粉、泛霜。

(1) 可溶性氧化镁和氯离子含量的关系(图 1-11)

由图 1-11 可见,可溶性氧化镁和氯离子

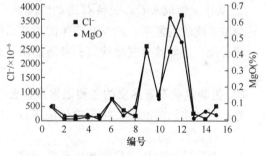

图 1-11　可溶性氧化镁和氯离子含量的关系

含量呈现明显的相关性,氯离子含量较高,可溶性氧化镁含量也较高,两者含量的变化趋势基本一致。氯离子和可溶性氧化镁来源并不相同,当电厂的水洗设备没有开启或者运行不正常的时候,会同时使得氯离子和可溶性氧化镁的含量增加。所以,对于氯离子而言,水洗工艺的正常运行尤为重要;对于可溶性氧化镁和可溶性氧化钠而言,除了控制脱硫剂石灰石的品质外,同样需要电厂水洗工艺的正常运行,而且水洗工艺控制更为重要。

(2) 可溶性氧化镁和可溶性氧化钠含量的关系(图 1-12)

由图 1-12 可见,可溶性氧化镁和氧化钠的含量呈现较好的相关性,即可溶性氧化镁含量较高的样品可溶性氧化钠的含量也较高。严格来说,可溶性氧化镁和氧化钠的含量与脱硫剂石灰石的品质以及电厂水洗工艺和真空皮带机的运行有关,但是如果水洗工艺不能正常运行,那么其中可溶性氧化镁和氧化钠含量都会比较高。所以,电厂只要严格控制水洗工艺和

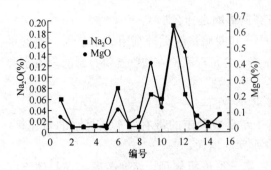

图 1-12　可溶性氧化镁和可溶性氧化钠
含量的关系

真空皮带机的运行，就可以将可溶性氧化镁和氧化钠的含量控制在较低的水平。

18. 以细分散氧化物形式存在的铁对脱硫石膏的颜色有什么影响？

答： 以细分散氧化物形式存在的铁是胶状的，胶质氧化铁是非磁性的，对脱硫石膏的颜色影响很大，尤其是从褐煤产生的脱硫石膏。大家知道以氧化铁为基础可得到各种各样的颜料，脱硫石膏的颜色对其在建筑上的应用有很大影响，因此要特别注意这一特性。颜色是一重要的质量特征，在石膏工业的质量要求中有所规定。研究已表明，吸收剂的种类即碳酸钙或氧化钙对脱硫石膏的白度有影响，通常用氧化钙得到的脱硫石膏比用碳酸钙得到的脱硫石膏白些。

19. 烟气脱硫石膏与天然石膏的基本性能有哪些差异？

答： ① 从石膏晶体来看，天然石膏细粒较多，粗细颗粒差别明显，晶型呈板状，晶体粗大，不规则；脱硫石膏颗粒比较均齐，晶体成六棱短柱状，长径比较小，外观较为规整。

② 从粒级分配来看，天然石膏颗粒大小粒度相差较大，不同粒径的粒子在石膏颗粒中均占有一定比例；而脱硫石膏颗粒大小比较均匀，大颗粒（大于 $140.1\mu m$）和小颗粒（小于 $10\mu m$）均较少，80% 的颗粒均集中在 $40\sim80\mu m$。

③ 从化学组成来看，脱硫石膏的纯度高于天然石膏，二水硫酸钙含量达到 90% 以上，但其杂质组成较为复杂，这与其产生的工艺条件有很大关系。如其可溶性盐和氯离子含量高于天然石膏，是导致其脱硫建筑石膏制品出泛霜、粘结力下降等性能问题的主要原因之一。

20. 影响脱硫石膏品质的主要因素是什么？

答： 石膏浆液的品质直接影响到最终石膏的质量。其主要影响因素如下：

（1）石灰石品质

石灰石品质的好坏直接影响到脱硫效率和石膏浆液中硫酸盐和亚硫酸盐的含量。石灰石品质主要指石灰石的化学成分、粒径、表面积、活性等。脱硫系统一般要求 $CaCO_3$ 高于 90%。石灰石中含有的少量 $MgCO_3$ 通常以溶解形式或白云石形式存在，吸收塔中的白云石往往不溶解，而是随副产物离开系统，所以 $MgCO_3$ 的含量越高，石灰石的活性越低，对系统的脱硫性能及石膏品质越不利。石灰石粒径及表面积是影响脱硫性能的重要因素。颗粒越大，其表面积越小，越难溶解，使得接触反应不彻底，此时吸收反应需在低 pH 值情况下进行，而这又损害了脱硫性能及石膏浆液品质。

（2）浆液 pH 值

脱硫塔内的浆液 pH 值对石膏的生成、石灰石的溶解和亚硫酸钙的氧化都有着不同的影响。通过和现场运行参数比较，一般认为 pH 值控制在 $5.5\sim6.0$ 效果比较好。

（3）石膏排出时间

石膏排出时间指吸收塔氧化池浆液最大容积与单位时间排出石膏量之比。晶体形成空间、浆液在吸收塔形成晶体及停留总时间取决于浆池容积与石膏排出时间。浆池容积大，石膏排出时间长，亚硫酸盐更易氧化，利于晶体长大。但若石膏排出时间过长，则会造成循环泵对已有晶体的破坏。

（4）氧化风量及其利用率

氧化风量对石膏浆液的氧化效果影响较大。应保证足够的氧化风量，使浆液中的亚硫酸钙氧化成硫酸钙，否则石膏中的亚硫酸钙含量过高将会影响其品质。同时，脱硫塔中氧化空气管道分布和开孔的多少也会影响到氧化风的使用率。

（5）杂质

当石膏中杂质含量增加时，其脱水性能下降。当氯离子含量过高时，石膏脱水性能急剧下降。

21. 将脱硫石膏制成熟石膏的工艺过程中，应对哪几点进行控制？

答： 将脱硫石膏制成熟石膏的工艺过程中，若从以下几点进行控制，将大大提高熟石膏的品质。

① 脱硫石膏煅烧 β 型建筑石膏后，用粉磨机对其进行粉磨，将降低 β 型建筑石膏的标稠，凝固时间延长，强度提高。

② 脱硫石膏制备 α 型建筑石膏时，脱硫石膏粒径应在 3～15mm，压力控制在 2.5～4.0 个大气压之间，蒸压时间为 5～7h。转晶剂的加入有利于 α 型石膏晶体由棒状向短柱状转变，从而降低标稠达到提高强度的目的。

22. 颗粒粒度分布对脱硫石膏附着水含量有什么影响？

答： 烟气脱硫石膏的附着水含量与其颗粒粒径分布之间存在着紧密的联系。颗粒分布范围越宽泛，晶体大小、形状越多样化，"脱水通道"被堵塞或者截断，越不利于脱水；相反，晶体的大小、形状均一性好，则在真空皮带机上留出的"脱水通道"就越多，越利于脱水。

23. 脱硫石膏颗粒级配不好对其用于生产建筑石膏有哪些影响？

答： 天然石膏经过粉碎后，颗粒级配较好，粗、细颗粒均有，而未粉碎的脱硫石膏颗粒级配不好，颗粒分布比较集中，没有细粉，比表面积小，其勃氏比表面积只有天然石膏粉磨后的 40%～60%，在煅烧后，其颗粒分布特征没有改变，导致石膏粉加水后的流变性差，颗粒离析，分层现象严重，容重大。因此用于生产建筑石膏的脱硫石膏应该进行改性粉磨，增加细颗粒比例，提高比表面积。

24. 脱硫建筑石膏用于生产纸面石膏板时为什么要进行再次粉磨？

答： 经过煅烧后的脱硫石膏在热力分解作用下比脱硫石膏原料变得更细，但是粒度分布的均匀度并没有改变，级配的不合理照样存在。为了改善 β 型建筑石膏的颗粒级配及和易性，必须进行粉磨的改性。

① 建筑脱硫石膏未经粉磨直接用来生产石膏制品，对其生产工艺控制带来诸多不便，尤其是对于规模较大的纸面石膏板生产线，凝结时间、水膏比不稳定、泌水、和易性差将会发生粘结不好、能耗高、生产不稳定、工艺质量等问题，影响比较大。

② 通过增加粉磨工序和装置，脱硫石膏的粒径分布、比表面积都可得到改善，可达到天然石膏的效果。

25. 为什么要控制好脱硫建筑石膏的粉磨细度？

答：脱硫建筑石膏并非粉料越细越好，因为在一定范围内制品的强度随细度的提高而提高，但是超过一定值后，强度反而会下降或出现开裂现象。这是因为颗粒越细越容易溶解，其饱和度也大，过饱和度增长超过一定程度后，石膏硬化体就会产生较大的结晶应力，破坏硬化体的结构，在不利条件下，可能会出现产品开裂现象。

26. 粉磨前后的脱硫建筑石膏与天然建筑石膏有什么不同？

答：未粉磨的脱硫建筑石膏粉与天然建筑石膏的溶解过程不同。用天然建筑石膏制备石膏净浆时，当石膏粉倒入水中时，石膏马上均匀地、逐步地被水浸润，并有微小的气泡产生，静止后，石膏粉完全被浸润，膏浆上面没有游离水层，易搅拌。用未粉磨的脱硫建筑石膏粉制备石膏浆时，石膏粉倒入水中一下子就沉到水底，没出现逐步被浸润现象，静止后，通过搅拌膏、水才能混合，而且搅拌有受阻的感觉。

27. 经过改性粉磨的脱硫建筑石膏与天然建筑石膏粒径分布特征有哪些不同？

答：① 烟气脱硫石膏的比表面积大约为 $200\sim350m^2/kg$，若要用于建筑石膏粉一般要经过改性粉磨过程。脱硫石膏的细端颗粒集中在 $10\sim20\mu m$，平均粒径集中在 $25\sim45\mu m$，粗端粒径为 $60\sim90\mu m$。改性粉磨改变了脱硫建筑石膏的颗粒粒径相对集中的情况，增加了细小颗粒的数量。

② 脱硫建筑石膏经过改性粉磨后比表面积可增大约 5 倍左右，但是仍然比天然石膏约小 10%，粒径分布方面，脱硫建筑石膏的细端颗粒几乎与天然建筑石膏相同，与粗端颗粒相差很大。

28. 粉磨时间对脱硫石膏比表面积的影响是什么？

答：比表面积在一定程度上反映脱硫石膏水化时与水的接触面积，因此比表面积的变化可能带来水化性能的改变。表 1-7 为粉磨时间对脱硫石膏比表面积及标准稠度、凝结时间的影响。

表 1-7　粉磨时间对脱硫石膏比表面积及水化性能的影响

粉磨时间 （min）	比表面积 （cm^2/g）	标准稠度（%） ［料浆扩散直径（mm）］	初凝时间 （s）	终凝时间 （s）
0	2044	68（180）	142	381
3.5	4049	68（182）	160	455
5.0	6812	68（179）	214	442
10.0	9584	73（182）	105	202

从表 1-7 中可以看出，脱硫石膏的比表面积随着粉磨时间的增加而增大；在一定时间范围内，粉磨时间对标准稠度和凝结时间的影响并不明显，但当比表面积过大时（粉磨

10min），标准稠度明显增加，而凝结时间大大缩短。可见，粉磨时间过长不利于制品的生产。

29. 脱硫建筑石膏粉磨前后的颗粒分布及物理性能有什么变化？

答：脱硫石膏中以碳酸钙为主要杂质，一部分碳酸钙以石灰石颗粒形态单独存在，这是由于反应过程中部分颗粒未参与反应。另一部分碳酸钙颗粒则存在于石膏颗粒中，这与天然石膏中杂质主要以单独形态存在明显不同。因为杂质与石膏之间的易磨性相差较大，天然石膏石经过粉磨后的粗颗粒多为杂质，而脱硫石膏因为形成过程与天然石膏完全不同，其颗粒粗的多为脱硫石膏，而细颗粒为杂质，其特征与天然石膏正好相反。

煅烧后的脱硫石膏粉其晶体形态类似于二水脱硫石膏，只是颗粒尺寸变小，颗粒分布特征却没有改变，级配依然不是很好，颗粒表面积较天然熟石膏粉要小得多。因此导致脱硫熟石膏加水后的流变性能不好，颗粒离析、分层现象严重，制品容重偏大。

未粉磨脱硫石膏触变性明显。在测定凝结时间时，无论是用维卡仪或是压痕法，逐步硬化过程不明显，而是瞬间就达到初凝和终凝，两者间隔只有 2~3min。操作人员稍不注意就超过时间，触变性明显，不易控制。

泌水明显。将配制好的石膏浆倒在一块玻璃板上，制成石膏圆饼，在未硬化前，石膏圆饼上面有一层水膜，硬化后才可消失，而且还需等数分钟才可拿起。天然石膏没有此种现象。

脱硫石膏经过粉磨后，其料浆的工作性和流变性能有明显改善。当脱硫石膏磨得很细时，标准稠度用水量明显增加，凝结时间大大缩短。从粉磨不同时间的脱硫石膏的水化放热速率曲线中进一步了解粉磨对脱硫石膏水化的影响，与未磨的脱硫石膏相比，粉磨 3.5min 和 5min 的脱硫石膏水化有所延缓，而粉磨 5min 脱硫石膏的水化反而比粉磨 3.5min 脱硫石膏水化快。水化速度过快不利于生产应用，因此选择合适的粉磨时间非常重要。

脱硫石膏由于细度细（可达 180~250 目），而大多建筑石膏产品的应用细度也仅为 120 目，因此对脱硫石膏的粉磨工序一直存在争议。脱硫石膏由于化学合成，合成前的主要原料——碳酸钙细度为 200 目左右，合成后形成的石膏颗粒经粒度分析，其粒度一般在 30~80μm，相对比较集中，因此煅烧后的产品不能形成有利的颗粒级配，对后续应用效果产生很大的影响。具体试验见表 1-8。

表 1-8　脱硫石膏细度的影响

序号	粉磨状况描述	浆体效果描述	凝结时间（min）		强度（MPa）
			初凝时间	终凝时间	
A	不粉磨	浆体保持 100s 后迅速变化，至初凝无水料分离	4	330s	3.2
	粉磨	浆体保持 70s 后迅速变化，至初凝无水料分离	220s	310s	4.35
B	不粉磨	浆体保持 150s 后开始变化，至 5min 时有轻微的水料分离现象，但很快消失	7	9	2.95
	粉磨	浆体保持 120s 后开始变化，至初凝无水料分离现象	7	9	3.8
C	不粉磨	浆体保持 270s 后开始变化，至 5min 时逐步出现较为严重的水料分离现象	10	14	2.6
	粉磨	浆体保持 270s 后开始变化，至初凝无水料分离现象	10	13	3.45

由表 1-8 中试验数据可以看出，利用脱硫建筑石膏生产的各类产品，可以根据产品的种类和用途决定是否采用粉磨设备，但不论何种产品，粉磨均有利于产品的应用。

30. 脱硫石膏附着水高的原因是什么？

答：① 烟气脱硫石膏附着水含量高的主要原因有氯离子含量和颗粒粒度分布。如果氯离子含量较高，颗粒粒度分布宽泛，那么脱硫石膏的附着水含量势必会较高；当脱硫石膏颗粒粒度分布特征相近时，氯离子含量高的样品附着水含量较高，同时氯离子含量和颗粒粒度分布这 2 个参数相互影响，不能断定哪个参数是影响附着水的关键因素。

② 脱硫石膏中半水亚硫酸钙与附着水含量没有明显的相关性。

③ 脱硫石膏中的可溶性氧化镁与氯离子含量、可溶性氧化钠之间存在明显的相关性，即可溶性氧化镁含量较高的样品，其中的氯离子和可溶性氧化钠的含量也较高。氯离子、可溶性氧化镁、可溶性氧化钠的含量与电厂真空皮带脱水、水洗环节密切相关。

31. 如何使烟气脱硫石膏的附着水长期控制在 10％以下？

答：脱硫石膏附着水长期控制在 10％以下，就必须做到以下几点：

（1）尽量减少杂质对石膏结晶以及脱水的影响

① 保证电除尘正常投用，提高电场的参数，控制烟气中的含尘量在 $145mg/m^3$ 以下。

② 提高石灰石的品质，保证石灰石中 $CaCO_3$ 的含量要大于 93％。

③ 废水系统要正常投用，保持整个系统中杂质及石膏中杂质不超标。

（2）降低煤种的含硫量

最好将煤种的硫分控制在 0.8％以下，保证 $CaSO_3 \cdot 1/2 H_2O$ 能够充分氧化生成石膏以及石膏晶体能够正常结晶。

（3）加强脱硫设备的维护管理

保证 pH 计及密度计的准确性，保证真空皮带机运行正常，运行人员根据运行工况将各项参数控制在最佳范围，提高吸收塔浆液的质量，使石膏的生成及结晶能够顺利进行。

（4）加强脱硫化学监测分析表单的管理

建立监测数据与运行操作的紧密联系，使监测数据真正起到监测、监督、指导运行的作用。

32. 影响脱硫石膏含水率的主要因素是什么？

答：① 石膏浆液中杂质过多：杂质主要指飞灰以及石灰石中带来的杂质等，这些杂质干扰了吸收塔内化学反应的正常进行，影响了石膏的结晶和大颗粒石膏晶体的生成；另一方面杂质夹在石膏晶体之间，堵塞了游离水在石膏晶体之间的通道，使石膏脱水变得困难。

② 石膏浆液中 $CaCO_3$ 或 $CaSO_3 \cdot 1/2 H_2O$ 过多：这是吸收塔内 pH 值控制不好以及氧化不充分所致。若 pH 值过高，则石膏中的 $CaCO_3$ 就会增加，一方面导致浆液品质恶化脱水困难，一方面又不经济。如果生成的 $CaSO_3 \cdot 1/2 H_2O$ 得不到充分的氧化，会导致石膏中 $CaSO_3 \cdot 1/2 H_2O$ 含量过高，脱水困难。

③ 废水系统不能正常投用，系统中杂质无法排出：脱硫系统中排出的废水取自废水旋流器的溢流，主要为飞灰、石灰石中带来的杂质以及未溶的石灰石。由于这些杂质大多质量

相对较轻，当石膏浆液流到皮带机滤布上时，较轻的杂质漂浮在浆液的上部，并且颗粒较石膏颗粒细且黏性大，因此石膏饼表面常被一层呈深褐色物质覆盖，这层物质感觉很黏，且很快会析出水分。如果废水系统不能正常投用，系统中杂质就会累积，导致石膏脱水越来越困难。

④ 石膏浆液过饱和度控制不好，导致结晶颗粒过细或出现针状及层状晶体。

⑤ 煤中硫分偏高导致烟气脱硫装置进口烟气中含硫量超标。如果进口烟气中 SO_2 的含量严重超标，会带来两方面负面影响：一方面导致 $CaSO_3 \cdot 1/2 H_2O$ 氧化不充分；另一方面也导致石膏晶体结晶的时间过短，不能生成大颗粒的石膏晶体，从而脱水困难。

⑥ 吸收塔浆液的含固量达不到要求，则直接导致石膏旋流器底流出来的石膏浆液含固量偏低，影响脱水效果。

⑦ 如果真空泵及皮带机的管道漏真空、气液分离罐到真空泵的管道结垢堵塞，那么真空泵的抽吸能力就会减弱，就不能将皮带机上石膏滤饼中的游离水吸出，导致石膏含水率超标。另外滤布孔径过小则可能被杂质堵住，也会影响脱水效果。

33. 如何提高脱硫熟石膏的白度？

答：一是提高脱硫剂的白度，即提高石灰石粉的白度达到 85 度以上，这在部分有这资源的地区可行，从目前的情况看，即使有这资源的地区要实现这一目标也有一定难度，因为：①电厂的目标是脱硫，在达到脱硫要求前提下石灰石采购价格最低；②各地电厂容量不一，除尘效益不同，工艺水纯度不同，即使有高白度的石灰粉，如果在脱硫环节中混入粉煤灰，或者水质浑浊，还是不能保证石膏的白度。

二是采用外加剂的方法，通过加入增白剂等，经过一定的工艺条件，使脱硫熟石膏达到增白、增强等效果，接近高档天然熟石膏的白度和功能。

34. 脱硫熟石膏为何不能用作注浆模具？

答：注浆模具石膏的吸水率标准是 38%～48%，而脱硫熟石膏的吸水率一般低于 30%，有些企业的产品通过粉磨及改性也只能达到 35%～36%。这是脱硫熟石膏不能用于模具石膏的主要原因。脱硫熟石膏吸水率低，是由于脱硫熟石膏水化后石膏晶体为短柱状，晶体结构紧密，硬化体有较高的表面硬度。

35. 烟气脱硫石膏与天然石膏的物理化学特征的不同主要表现在哪几方面？

答：脱硫石膏作为石膏的一种，其主要成分和天然石膏一样，都是二水硫酸钙（$CaSO_4 \cdot 2H_2O$）。其物理、化学特征和天然石膏具有共同的规律，两者经过煅烧后得到的熟石膏粉和石膏制品在水化动力学、凝结特性、物理性能上也无显著的差别。但烟气脱硫石膏作为一种工业副产石膏，和天然石膏有一定的差异，主要表现在原始状态、机械性能和化学成分特别是杂质成分上的差异，导致其脱水特征、易磨性及煅烧后的熟石膏粉在力学性能、流变性能等宏观特征上与天然石膏有所不同，主要表现为：

① 从石膏晶体来看，天然石膏细粒较多，粗细颗粒差别明显，晶型呈板状，晶体粗大，不规则；脱硫石膏颗粒比较均匀，晶体成六棱短柱状，长径比较小，外观较为规整。

② 从粒级分配来看，天然石膏颗粒大小粒度相差较大，不同粒径的粒子在石膏颗粒中

均占有一定比例；而脱硫石膏颗粒大小比较均匀，大颗粒（大于 $140\mu m$）和小颗粒（小于 $10\mu m$）均较少，80％的颗粒均集中在 $40\sim80\mu m$。

③ 从化学组成来看，脱硫石膏的纯度高于天然石膏，二水硫酸钙含量达到90％以上，但其杂质组成较为复杂，这与其产生的工艺条件有很大关系，如其可溶性盐和氯离子含量高于天然石膏，是导致脱硫建筑石膏制品易出现泛霜、粘结力下降等问题的主要原因之一。

36. 脱硫石膏作调凝剂制备的水泥性能有什么影响？

答：含有脱硫石膏作调凝剂的水泥配制的混凝土凝结时间略长，新拌混凝土的和易性较好，硬化混凝土的力学性能较好，收缩值略低。脱硫石膏调凝剂水泥与天然石膏调凝剂水泥配制的混凝土抗冻、碳化、抗渗、电通量、氯离子扩散系数等耐久性技术性能基本一致。

37. 脱硫石膏作水泥缓凝剂的防粘堵改造措施有哪些？

答：水泥生产中的脱硫石膏（平均水分15％）作为水泥缓凝剂存在输送环节容易堵塞等问题，为此应减少中间环节，离入磨越近越好，不给其堵塞的机会。采用在入磨溜子直接喂入方式，不经过辊压机；同时连接溜子选用垂直方式，避免因黏滞而产生堵塞。因磨内有负压，基本上可避免敞开式喂料对环境的负面影响。

38. 用于生产纸面石膏板的石膏中带有未完全燃烧的煤粉，对纸面石膏板有什么影响？

答：在脱硫建筑石膏中没有被完全燃烧的煤粉微粒，大约在 $0.01\%\sim0.05\%$ 之间，当脱硫熟石膏用于纸面石膏板时，在石膏板成型凝固过程中，煤粉颗粒将会迁移到面纸和石膏芯之间的界面，妨碍面纸和石膏的粘结，同时煤粉会影响发泡剂的发泡作用而增加板的容重。

39. 为什么要控制好用于生产石膏板的烟气脱硫石膏中 $CaCO_3$ 和 $MgCO_3$ 的含量？

答：用烟气脱硫石膏生产石膏板，限制 $CaCO_3$ 和 $MgCO_3$ 的含量在1.5％以下是很重要的。因在煅烧石膏时，部分 $CaCO_3$ 与 $MgCO_3$ 可分解为 CaO 和 MgO，导致熟石膏浆的 pH 值超过8.5，不能确保纸面石膏板成品中纸和板芯的粘结质量。

40. 用于生产纸面石膏板的脱硫石膏的质量应符合哪些要求？

答：脱硫石膏用于生产纸面石膏板时，必须对其质量进行严格控制。杂质总量应控制在10％以内，其中：碳酸镁含量≤2％，硫酸镁含量≤1.5％，否则将产生纸面石膏板裂边和不粘纸等现象。

41. 亚硫酸钙型脱硫石膏的应用？

① 半干法脱硫产生的亚硫酸钙型脱硫石膏的主要矿物成分 $CaSO_3$，氧化转化后按 $CaSO_4$ 量计算，含量达85％，纯度比较高。另外，Na_2O、K_2O 和 Cl^- 等有害成分的量相对较低，仅为0.54％左右。

② 亚硫酸钙经焙烧氧化可以形成 Ⅱ 型无水石膏，Ⅱ 型无水石膏经强度激发、凝结时间和保水性能改性处理之后可以制作高性能的抹灰石膏。

③ 产品凝结时间的改性调节依据施工要求，不仅保证有足够长的可操作时间，而且将初终凝时间差拉长至 60min 左右，以便完成抹灰后进行二次压光或刨光打平操作。

④ Ⅱ型无水石膏水化后具有高强度的优势，抗压强度大于 14MPa、抗折强度大于 5.5MPa、粘结强度大于 1.2MPa，因此，配料中无需添加粘结剂和增强剂等，适宜室内抹灰使用。

项目二：检测

1. 烟气脱硫石膏的出厂检验有哪几项？

答：烟气脱硫石膏的出厂检验项目为：附着水含量、二水硫酸钙含量、氯离子含量。

2. 烟气脱硫石膏的型式检验有哪几项？

答：烟气脱硫石膏的型式检验项目为：气味、附着水含量、二水硫酸钙（$CaSO_4 \cdot 2H_2O$）含量、半水亚硫酸钙（$CaSO_3 \cdot 1/2 \, H_2O$）含量、水溶性氧化镁（MgO）含量、水溶性氧化钠（Na_2O）含量、pH 值、氯离子含量、白度。这些项目的检测方法在我国建材行业标准 JC/T 2074—2011《烟气脱硫石膏》中均有具体规定。

有下述情况之一时，应进行产品的型式检验：① 原料、工艺、设备有较大改变时；② 产品停产半年以上恢复生产时；③ 正常生产满一年时。

3. 对烟气脱硫石膏的批量确定和抽样是怎样进行？

答：（1）组批

对于年产量小于 5 万吨的生产厂，以不超过 150t 产品为一批；对于年产量 5～10 万吨的生产厂，以不超过 300t 为一批；对于年产 10～20 万吨的生产厂，以不超过 500t 为一批量；20 万吨以上的生产厂，以不超过 800t 为一批，每一批量为一个编号，产品不足一批时也按一批计。

（2）取样

按 GB/T 2007.1 所规定的方法进行，每批量总取样量不应少于 10kg，由此组成总样品。总样品均匀缩分为二等份，一份用做检验，另一份密封保存，以备复验用。

4. 对烟气脱硫石膏的运输和贮存要求是什么？

答：脱硫石膏在运输和贮存时，不同等级的产品应分别堆放，同时应保持清洁，防止雨淋、水泡及混入杂物。

（三）磷石膏

1. 磷石膏的级别及技术指标应符合什么要求？

答：我国国家标准 GB/T 23456—2009《磷石膏》适用于以磷矿石为原料，湿法制取磷酸时所得的，主要成分为二水硫酸钙（$CaSO_4 \cdot 2H_2O$）的磷石膏。该标准中规定了磷石膏的分类和标记、要求、试验方法、检验规则及包装、标志、运输和贮存。

磷石膏的基本要求应符合表 1-9 的规定。

表 1-9　基本要求

项目	指标		
	一级	二级	三级
附着水(H_2O)质量分数/%	≤25		
二水硫酸钙($CaSO_4 \cdot 2H_2O$)质量分数/%	≥85	≥75	≥65
水溶性五氧化二磷[a](P_2O_5)质量分数/%	≤0.80		
水溶性氟[a](F)质量分数/%	≤0.50		
放射性核素限量	应符合 GB 6566 的要求		

a　用作石膏建材时应测试项目。

2. 磷石膏的化学成分有哪些?

答:磷石膏是一种附着水含量约 10%~20% 的潮湿粉末或浆体,pH 值约 1.9~5.3,颜色以灰色为主。

磷石膏的化学成分以 $CaSO_4 \cdot 2H_2O$ 为主。其所含杂质主要是磷矿酸解时未分解的磷矿、氟化合物、酸不溶物(铁、铝、镁、硅等)、碳化了的有机物、未洗净的磷酸。另外,有些磷矿还含有少量的放射性元素,其中的铀化合物多数溶解在酸中,但是其中的镭以硫酸镭的形式沉淀出来。磷石膏的化学成分与磷矿的质量、磷酸的生产工艺及工艺控制有关。

3. 磷石膏中的可溶性杂质主要有哪几种?

答:磷石膏中的可溶性杂质又分为以下三种:

① 水洗磷石膏时未洗净的游离磷酸、无机氟化物等,其中磷酸是使磷石膏呈酸性的主要物质。磷石膏中的氟化物一般以不溶性杂质的形式存在,但是有时会以 Na_2SiF_6 的形式存在,它也会使磷石膏呈酸性。在利用磷石膏时,这些杂质会腐蚀加工设备,影响磷石膏产品的性质。在堆存磷石膏时,这些杂质通过雨淋渗透而影响地下水质量污染环境。

② 磷酸一钙、磷酸二钙和氟硅酸盐,它们的主要影响是,将磷石膏用于生产建筑石膏时,这些杂质减慢石膏的凝固速度。

③ 钾、钠盐等,将磷石膏用于石膏制品时,这些杂质会在石膏制品干燥时随水分迁移到制品表面,使制品"泛霜"。

4. 磷石膏中的不溶性杂质主要有哪几种?

答:磷石膏中的不溶性杂质主要有以下两种:

① 在磷矿酸解时不发生反应的硅砂、未分解矿物和有机质。

② 在硫酸钙结晶时与其共同结晶的磷酸二钙和其他不溶性磷酸盐、不溶性氟化物等。多数不溶性杂质属惰性杂质,对磷石膏影响不大。但是过多的共结晶磷酸二钙会影响磷石膏作水泥缓凝剂的性能,在煅烧磷石膏后不溶氟化物会分解而成酸性,从而影响磷石膏的水化性能。有机杂质会影响煅烧磷石膏的凝结时间,也会影响磷石膏的颜色。

5. 磷石膏中杂质及对其性能的影响是什么？

答： 由于磷酸生产厂家的不同，生产工艺、控制条件的差异，即使是同一生产厂家，由于生产时间不一样，以及磷石膏长期露天堆放，造成磷石膏中的杂质成分如氟、磷等的差异较大。特别是对磷石膏性能影响最大的磷含量具有不确定性和多样性。磷对磷石膏性能影响具体表现为磷石膏凝结时间延长，硬化体强度低。磷组分主要有可溶磷、共晶磷、沉淀磷三种形态，以可溶磷对性能影响最大。

磷石膏中可溶磷主要分布在二水石膏晶体表面，其含量随磷石膏粒度增加而增加。不同形态可溶磷对性能影响存在显著差异，H_3PO_4 影响最大，其次 $H_2PO_4^-$。可溶磷在磷石膏复合胶结材水化时转化为 $Ca_3(PO_4)_2$ 沉淀，覆盖在半水石膏晶体表面，使其缓凝，使硬化体早期强度大幅降低。磷石膏中酸性杂质越多，凝结时间越长，产品性能越差，主要原因是磷石膏在酸性介质中形成了不溶于水的无水石膏。共晶磷对磷石膏性能的影响规律与可溶磷相似，只是影响程度较弱而已。

除了磷对磷石膏性能的影响外，氟的影响也不可低估。氟来源于磷矿石，在生产磷石膏的过程中，氟以可溶氟和难溶氟两种形式存在。可溶氟有促凝作用，其含量低于 0.3％ 时对胶结材强度影响较小，但是含量超过 0.3％ 时，会显著降低磷石膏的凝结时间和强度。有机物使磷石膏胶结材需水量增加，削弱了二水石膏晶体间的结合，使硬化体结构疏松，强度降低。

6. 磷石膏中杂质组成、形态、分布对其性能有哪些影响？

答： ① 可溶磷、氟、共晶磷和有机物是磷石膏中主要有害杂质。可溶磷、氟、有机物主要分布于二水石膏晶体表面，其含量随磷石膏粒度增加而增加。共晶磷含量则随磷石膏粒度增加而减少。

② 磷石膏胶结材水化时，可溶磷转化为 $Ca_3(PO_4)_2$ 沉淀，覆盖在半水石膏晶体表面，使其缓凝。它降低二水石膏析晶的过饱和度，使二水石膏晶体粗化，使硬化体强度大幅降低。共晶磷保留在建筑石膏的半水石膏晶格中，水化时从晶格中溶出，对水化硬化的影响与可溶磷相似。

③ 可溶氟使磷石膏促凝，其含量低于 0.3％ 时，对胶结材强度影响较小。含量超过 0.3％ 时，使强度显著降低。

④ 有机物使磷石膏胶结材需水量增加，凝结硬化减慢，削弱二水石膏晶体间的结合，使硬化体结构疏松，强度降低。

⑤ 碱组分使磷石膏制品表面起霜和粉化。

7. 磷石膏的杂质有什么特性？

答： 由于磷石膏与磷矿的来源、磷矿的组成以及生产磷酸不同的工艺条件有着密切的关联，因而其成分、颜色、物理性能、杂质含量、杂质种类等也都有所不同。但作为人工合成的石膏，都具有以下共同特性：较高的附着水，一般在 10％～20％；粒径较细小，一般在 5～300μm；含有较为复杂的化学杂质成分，含量虽少但对石膏应用性能有较大影响，给磷石膏的有效利用带来一定难度；有效成分二水石膏的含量一般均较高，可达 75％～98％，相当于二级以上石膏的有效成分含量。

8. 磷石膏中的有机物、共晶磷对其性能有什么影响?

答：磷石膏中的有机物为乙二醇甲醚乙酸酯、异硫氰甲烷、43 甲氧基正戊烷、33 乙基 32-43 二氧戊烷，这些有机杂质分布在二水石膏晶体表面，它们的含量随磷石膏颗粒度的增加而增加，共晶磷含量随磷石膏颗粒度的减小而增加。

有机物使磷石膏胶结材需水量增加，削弱了二水石膏晶体间的结合，使硬化体结构疏松，强度降低，浮选、水洗和 911℃下的煅烧可消除有机物的影响。

共晶磷存在于半水石膏晶格中，水化时从晶格中溶出，阻碍半水石膏的水化，共晶磷可降低二水石膏析晶的过饱和度，使二水石膏晶体粗化，强度降低，一般的预处理不能消除共晶磷的影响，但在 911℃下煅烧制备无水石膏时，可使共晶磷从晶格中析出。

9. 不同粒度磷石膏中的杂质有什么样的分布特点?

答：磷石膏中可溶磷（$w\text{-}P_2O_5$）、共晶磷（$c\text{-}P_2O_5$）、总磷（$t\text{-}P_2O_5$）、F^-、有机物等杂质并不是均匀分布在磷石膏中的，不同粒度磷石膏中杂质含量存在显著差异。具体分布情况见表 1-10。

表 1-10　不同粒度磷石膏杂质质量分数

粒径（μm）＼质量分数（%）	＞300	300～200	200～160	160～80	＜80
$w\text{-}P_2O_5$	1.54	0.92	0.83	0.56	0.10
$c\text{-}P_2O_5$	0.12	0.20	0.25	0.32	0.46
$t\text{-}P_2O_5$	3.20	2.41	2.12	1.67	0.93
F^-	0.86	0.69	0.61	0.39	0.12
有机物	0.34	0.26	0.13	0.09	0.05

由表 1-10 可知，随着磷石膏颗粒度增加，可溶磷、总磷、氟和有机物杂质含量迅速增加。例如小于 $80\mu m$ 磷石膏中，可溶磷质量分数仅 0.1%，$80～160\mu m$ 中可溶磷质量分数为 0.56%，而大于 $300\mu m$ 的可溶磷高达 1.54%。而共晶磷含量则随磷石膏颗粒度减小而增加（这可能是二水石膏小晶体在磷酸浓度较高、过饱和度较大的区域成核长大，P_2O_5 在这种液相条件进入二水石膏晶格的几率更大）。根据磷石膏杂质的这种分布特点，采用筛分去除 $300\mu m$ 以上磷石膏，去除大部分可溶磷、总磷、氟和有机物杂质，改善磷石膏性能，在工艺上是完全可行的。

10. 杂质对磷石膏作为水泥缓凝剂有什么影响?

答：水泥生产过程中需掺入天然石膏作为缓凝剂以防止速凝现象的产生。磷石膏中的二水石膏对水泥同样能起到缓凝效果，其中，磷石膏对水泥的缓凝作用以可溶性磷为主，可溶性磷中以 HPO_4^{2-} 对水泥的缓凝作用最强，难溶性磷和氟对水泥的缓凝作用很小。但一方面由于杂质如 P_2O_5 等会阻碍水泥的早期水化速率，延长凝结时间，对早期强度有着不利影响。且磷石膏中含有的微量磷、氟等有害杂质为粉状，含水量高、黏性强，在装载、提升、输送过程中易黏附在各种设备上，造成积料堵塞；另一方面，由于磷石膏中杂质的影响，使其在水泥粉磨温度下与天然二水石膏的脱水情况存在差别。

天然石膏在水泥粉磨温度下未产生脱水现象，其主要成分仍是二水硫酸钙；而磷石膏中硫酸钙除了二水形式外，大部分以半水的形式存在，并出现无水形式。半水及无水形式的出现进一步表明磷石膏中杂质的存在使二水石膏脱水温度降低。半水石膏含量较高的时候，可能会引起闪凝等方面的问题出现。因此，水泥厂如选用磷石膏作为缓凝剂，必须对其进行预处理去除杂质，消除杂质的负面影响，才能生产出性能合格的产品。具体处理方法为：通过分开粉磨的方式提高水泥中各物料的活性，能够减弱磷和氟对水泥凝结时间的不利影响。磷石膏经过 2% 的生石灰中和或 800℃ 煅烧后，可以消除磷和氟对水泥凝结时间的不利影响。

11. 杂质对磷石膏脱水所得建筑石膏性能有什么影响？

答： 磷石膏不通过除杂制备的半水石膏水化后的晶体结构，建筑石膏硬化体为自形程度很高的长柱状二水石膏晶体，且有无定型的胶凝物质。磷石膏胶结材硬化体则为块状，较为分散，晶体结构的不紧密性对抗压强度较为不利。磷石膏中杂质对其所制备的半水石膏宏观性能的影响则表现在可溶性 P_2O_5，会影响石膏制品的外观形态，延缓凝结时间。可溶性氟则在石膏制品中缓慢地与石膏发生反应，释放一定的酸性钠、钾的离子，会造成制品表面晶化。有机物则对半水石膏硬化时生成二水硫酸钙的反应产生阻碍，延缓半水石膏的凝结时间，且对石膏制品的颜色也有一定影响作用。因此，由磷石膏制备半水石膏时，必须对磷石膏进行预处理以获得性能稳定且杂质含量符合建材行业要求的二水石膏后，才能对其进行煅烧制备半水石膏。从目前的研究结果来看，磷石膏在通过不同方式的预处理后制备的建筑石膏物理力学性能可以达到相应的标准要求。

12. 磷建筑石膏的颗粒级配对其性能有什么影响？

答： 将不同粒径磷石膏脱水陈化后，分别测定其标准稠度需水量、凝结时间、抗压强度等物理性能。

磷石膏胶结料的标准稠度随颗粒粒径减小而增大，凝结时间则随颗粒粒径减小而变短，抗压强度则表现出与标准稠度一样的规律。影响磷石膏胶结料需水量和抗压强度的主要因素是磷石膏的颗粒粒径，而影响磷石膏胶结料凝结时间的主要因素是磷石膏中可溶性杂质，特别是可溶性磷的含量。

13. 磷石膏中的杂质对熟石膏的质量有哪些影响？

答： （1）杂质的影响

① 游离磷酸。尽管经过了过滤器洗涤，但是磷石膏中残留的游离磷酸，是二水石膏酸性的主要来源。由于酸能引起二次反应，所以在熟石膏的大多数应用中，都不允许有酸性杂质存在。例如，在二水石膏混入水泥熟料中，干扰水泥的凝结，或在用熟石膏生产预制构件时，构件表面的可溶物质会产生迁移，使构件在干燥时产生粉化。

② 不溶物。少量不受侵蚀的磷酸盐矿物可作为一种惰性填料，这种填料不是必须要清除的。与此相反，同样结晶的磷酸二钙，对磷石膏在水泥工业中的应用却成为一个不利的条件。

一般情况下，氟以不溶物的形式存在。若侵蚀介质里含有碱性物质和活性二氧化硅，氟就与它们形成了 Na_2SiF_6 络合物。此时，氟的溶解度随温度变化。这种络合物对二水石膏缓慢地产生作用，释放出一定的酸性：

$$SiF_6^{2-}+3CaSO_4+2H_2O \longrightarrow 3CaF_2+SiO_2+4H^++3SO_4^{2-}$$

不溶氟化物杂质可产生较大的变化：在介质中氟的某几种形态是惰性的（$CaF_2 \cdot Na_3AlF_6$）。反之，若它以结晶络合物存在或者在不存在于二水石膏中时，"不溶"氟就有极大的活性。实际上，这种络合物在热状态下是不稳定的。在将二水石膏活化处理成熟石膏之后，在熟石膏与水拌和时，它就转变成水解产物。这种水解物释放出可溶物质，而且有时释放出酸性物质。

（2）酸性

已知有两种酸性：① 磷石膏的"直接"酸性。主要是未洗涤净的磷酸残存在磷石膏中，它可在氟硅酸盐缓慢分解时放出酸性。②"潜在"的酸性。这种酸性来自于氟化物的分解，只有在拌和熟石膏时才能显示出这种酸性。熟石膏或二水石膏当然不欢迎很明显的酸性反应，所以，必须通过洗涤最大限度地清除直接酸性。甚至在某些情况下，要破坏磷石膏中的氟化络合物，以便清除潜在的酸性来源。

（3）二氧化硅

以石英形态存在的二氧化硅，在二水石膏或熟石膏中都是无害的，因为它只是一种惰性填料。然而，在加工处理石膏时，石英却不利于粉磨。

（4）有机物质

石膏中的有机杂质是难以鉴别的，其性质视有机碳含量而异。在熟石膏的应用中，它会有两个不利的方面：① 从其表面性质讲，在熟石膏拌和时，它成为二水石膏结晶的障碍物，因此妨碍了石膏的凝结；② 从其颜色上说，它在熟石膏的应用中，影响了熟石膏制品的外观。

在有机杂质的浓度很大时，必须将它清除。

（5）碱性物质

以可溶盐形式存在于熟石膏中的碱性物质，在熟石膏的应用过程中，会使石膏制品表面"泛霜"，所以要尽量把它清除干净。

14. 磷石膏的杂质及显微结构对磷建筑石膏性能有什么影响？

答：磷石膏中二水石膏晶体较天然二水石膏晶体规整、粗大、均匀，并以板状为主。其颗粒级配呈正态分布，颗粒分布高度集中，磷石膏这种显微结构使其胶结材流动性差，需水量高，硬化体结构疏松。

磷石膏中可溶磷、可溶氟、有机物等杂质分布在二水石膏晶体表面，其含量随磷石膏粒度的增加而增加，共晶磷含量则随磷石膏粒度减小而增加。由于杂质的影响磷石膏煅烧温度应比天然石膏低。

磷石膏性能受其显微结构与杂质含量两方面影响。中和与水洗预处理可消除主要有害杂质影响，球磨预处理则可显著改善磷石膏颗粒形貌与级配，大大降低水膏比和硬化体孔隙率使硬化体结构致密。经中和、球磨预处理的磷石膏可制得优等品建筑石膏。

15. 磷石膏中杂质的清除方法有哪些？

答：磷石膏因含有磷、氟、游离酸等杂质，会减慢制得的熟石膏水化时的凝结时间，降低制品的强度。因此，用来生产石膏建材时必须进行严格净化，利用磷石膏的各种技术中都包含磷石膏水洗分离杂质和中和游离酸的处理过程。

磷石膏的净化关键有两个：一是经水洗必须获得稳定且杂质含量符合建材行业要求的二水石膏；二是解决水洗过程中造成的二次污染。

净化方法主要有水洗、分级和石灰中和等几种。水洗工艺可以除去磷石膏中细小的不溶性杂质，如游离的磷酸、水溶性磷酸盐和氟等；分级处理可除去磷石膏中细小不溶性杂质，如硅砂、有机物以及很细小的磷石膏晶体，这些高分散性杂质会影响建筑石膏的凝结时间，同时黑色的有机物还会影响建筑石膏产品的外观颜色。分级处理对磷、氟的脱除也有效果，另外湿筛磷石膏还可以除去大颗粒石英和未反应的杂质。石灰中和的方法对去除磷石膏中的残留酸特别简便有效。

当含可溶性杂质、不溶物、有机物较高的磷矿制磷酸时，生成的磷石膏呈聚合晶，就要采用较讲究的净化方法。一种方法是用三级水力旋离器分离磷石膏料浆。在此情况下，水溶性杂质的去除率大于95％，有机物的去除率也足够高，磷石膏的利用率在70％～90％。

当磷石膏的粒度特别细小，水源又不怎么丰富时，采用浮选法代替水力旋离法分离杂质。浮选分离时有机的分离程度很高，水溶性杂质的去除率为85％～90％，石膏的回收率为90％～96％。

净化后的石膏悬浮液用真空过滤操作尽量把游离水含量降低到最低的程度，以减少其后干燥工段的热量消耗。选用哪种型式的过滤需视磷石膏的结晶粒度而定。离心机可使磷石膏的含水量降低得更低些，但对有些磷石膏并不适用；真空过滤机的脱水程度差，但它能适用于各种磷石膏，投资费低，维修要求少。

16. 磷石膏基础研究结果有哪些？

答： ① 可溶磷、氟、共晶磷和有机物是磷石膏中的主要有害杂质。可溶磷、氟与有机物分布于二水石膏晶体表面，其含量随磷石膏颗粒度的增加而增加；共晶磷存在于二水石膏的晶格中，其含量随磷石膏颗粒度的减少而增加。

② 磷石膏中的有机物为乙二醇甲醚乙酸酯、异硫氰甲烷、3-甲氧基正戊烷、2-乙基-1，3-二氧戊烷。它们可使需水量增大，削弱二水石膏晶体间的结合，降低硬化体的强度。可溶磷和共晶磷则可降低胶结料水化时液相过饱和度，延缓凝结硬化，使水化产物晶体粗化、结构疏松、强度降低。可溶磷、有机物的存在，还可显著降低二水石膏的脱水温度。

③ 水洗可除去共晶磷以外的所有杂质；差选可除去磷石膏中的有机物；石灰中和使有害的可溶磷、氟转化为惰性的难溶盐；球磨可有效改善磷石膏的颗粒形貌与级配；分筛可除去有害杂质含量特别高的部分，提高磷石膏品质；800℃下煅烧可消除共晶磷和有机物的影响。

④ 磷石膏的 pH 值可作为判断磷石膏品质的一个重要指标。pH 值越低，H_3PO_4 含量越高，对磷石膏的有害影响越大。

17. 磷石膏有什么特性及其热力学性质是什么？

答： 磷建筑石膏的标准需水量高于天然建筑石膏，强度则低于天然石膏，凝结时间反而早于天然石膏。这从表面看是一种反常现象，实际上是未经任何处理的磷石膏的特殊现象，是其与天然石膏脱水滤度曲线的根本区别所在，磷石膏的脱水温度低于天然石膏，性能有明显差异。

据有关资料和试验结果分析，磷石膏的上述特性，可以解释如下：

① 磷石膏的酸性较高，其有害杂质基本为酸性物质。当脱水温度升高时，酸性介质急剧释放，尤其是脱水的初始阶段。磷石膏中酸性物质含量的增加，导致脱水温度下移，在二水石膏及半水石膏效应之间出现一个放热效应。这种反应是在磷酸和硅氟酸混合物作用下再次生成半水石膏，也可直接由二水石膏生成。由于生成半水石膏的量减少，脱水温度相应降低。

② 在所生成物中含有无水石膏Ⅲ型。无水石膏Ⅲ型并不稳定，亲水性强。即使在潮湿的空气中也能转变成半水石膏（或者发生逆反应）。在实际应用中，无水石膏Ⅲ型在熟石膏中起催化作用。由于脱水温度高，使磷石膏二水物直接生成无水石膏Ⅲ型，外形仍呈二水结晶状。当配制胶结料时，按照正常熟石膏标准需水量加入时，料浆很快变稠随后凝结，实际需用水量大大高于天然石膏，而且胶结材料试料的泌水严重。因为无水石膏Ⅲ型的存在，加快了熟石膏硬化进程。虽然表层有水，但水面下的胶结料已硬化。由于硬化快，导致了熟石膏水化成二水石膏的进程加快，二水石膏晶体生长的时间和条件不能满足，所以其晶体不能像天然石膏那样生成较大的燕尾晶，而在其晶体群之间包裹有气孔和水，试样烘干后进行破坏试验时可见其断面粗糙呈微孔状，与天然石膏不同。

③ 在脱水温度为 $120\sim140℃$ 之间的试验中，掺入一定量的 CaO，加入时温度在 $100℃$ 左右。盐相分析表明：磷石膏的脱水产物基本是 $CaSO_4 \cdot 1/2H_2O$，少量 $CaSO_4 \cdot 2H_2O$，没有发现 $CaSO_4$ 和其他矿物。标准需水量接近天然石膏，强度达到一级建筑石膏要求。

掌握了磷石膏的特性及其脱水的热力学性质，就可确定磷石膏的最佳炒制制度，使磷石膏转化为建筑石膏，并可利用外加剂进一步改善其性能。

18. 不同掺量的磷建筑石膏对天然建筑石膏的强度有何影响？

答：磷建筑石膏和天然建筑石膏按一定配合比混合生产的石膏建材产品提高了早期强度，对生产过程中的脱模、转运更为有利。

磷建筑石膏加入天然建筑石膏的配合比从 $20\%\sim50\%$，其强度均有提高，掺量在 $30\%\sim50\%$ 的强度增幅最大，以 2h 强度计算，提高了约 17%；以 14d、28d 强度计算，提高了 30% 左右。

项目一：工艺

1. 磷石膏预处理的方法有哪些？

答：（1）水洗

水洗法的主要问题是生产线一次投资大、能耗高，水洗后污水排放造成二次污染。一般磷石膏要达到 $21\sim26$ 万吨的规模，在经济上水洗法才能与天然石膏竞争。显然，水洗工艺不符合我国磷肥厂规模小、分散，国家底子薄、缺乏投资能力这一国情，我国磷石膏建材资源化完全依赖水洗工艺是不现实、不合理的。只有当磷石膏可溶性杂质与有机物含量高、波动大，且生产线规模超过 21 万吨的规模时，水洗工艺才是一种好的选择。

（2）石灰石中和

石灰中和使有害态的可溶性磷、氟转化为惰性的难溶盐，从而消除可溶磷、氟对磷石膏胶凝材料的不利影响，使磷石膏胶凝材料凝结硬化趋于正常。采用石灰中和和预处理工艺，在实验室和试生产线均可制备出合格的建筑石膏。

磷石膏胶凝材料性能对预处理的石灰掺量较敏感，不适宜的掺量范围使胶凝材料强度大幅降低，控制好石灰掺量是石灰中和预处理的关键。国内磷石膏品质一般波动较大，采用石灰中和预处理工艺时，必须对磷石膏进行预均化处理。石灰中和工艺简单、投资少，效果显著，是非水洗预处理磷石膏的首选工艺，特别适用于品质较稳定、有机物含量较低的磷石膏。

（3）浮选

磷、氟、有机物等杂质并不是均匀分布在磷石膏中，不同粒度磷石膏的杂质含量存在显著差异，可溶磷、总磷、氟和有机物含量随磷石膏颗粒度增加而增加。如小于 91 磷石膏中可溶磷含量仅 1/2，91～271 中可溶磷含量为 1/67，而大于 411 的可溶磷高达 2/65，磷石膏中杂质的这种分布使筛分提纯磷石膏成为可能。去掉 311 以上磷石膏的筛分处理，可溶磷、氟与有机物均显著降低，磷石膏性能得以改善。筛分工艺取决于磷石膏的杂质分布与颗粒级配，只有当杂质分布严重不均，筛分可大幅度降低杂质含量时，该工艺才是好的选择。

（4）煅烧

911℃煅烧磷石膏时共晶磷转化为惰性的焦磷酸盐，有机物蒸发。经石灰中和、911℃煅烧制备的Ⅱ型无水石膏，其性能与同品位天然石膏制备的无水石膏相当。Ⅱ型无水石膏胶凝材料强度与耐水性均优于建筑石膏，是磷石膏有效利用方式之一。由于一般的预处理不能消除共晶磷影响，共晶磷含量较高的磷石膏特别适于该工艺制备Ⅱ型无水石膏胶凝材料。

（5）球磨

① 磷石膏颗粒级配。形貌与天然石膏存在明显差异。磷石膏粒径呈正态分布，颗粒分布高度集中，91～311 颗粒达 71。磷石膏中二水石膏晶体粗大、均匀，其生长较天然二水石膏晶体规整，多呈板状，长宽比为 3：2～4：2。磷石膏这一颗粒特征是磷酸生产过程中，为便于磷酸过滤、洗涤而刻意形成的。这种颗粒结构使其胶凝材料流动性很差，水膏比高，硬化体物理力学性能变坏。

② 改善磷石膏颗粒结构的有效手段。球磨使磷石膏中二水石膏晶体规则的板状形貌和均匀的尺寸遭到破坏，其颗粒形貌呈现柱状、板状、糖粒状等多样化。一般胶凝材料比表面积增加，其需水量相应增加。但对于磷石膏，球磨增大比表面积后，其需水量大幅降低，显然，这是球磨改善颗粒形貌与级配的结果，这种改善大大增加了磷石膏胶凝材料的流动性，使其标准稠度水膏比从 1/96 降至 1/77，硬化体孔隙率高、结构疏松的缺陷得以根本解决。球磨后磷石膏的比表面积为 4611～5111，进一步增加比表面积的改性效果不明显。

球磨不能消除杂质的有害影响。因此，球磨应与石灰中和、水洗等预处理结合。总之，

① 就消除有害杂质影响而言，水洗是最有效的方式。但水洗工艺存在一次性投资大、能耗高、污水排放的二次污染等问题，只有当磷石膏年利用量达 21～26 万吨时，该工艺才具备竞争力。

② 石灰中和可消除可溶磷、氟的影响，经济、实用而有效。有机物含量不高时，石灰中和工艺尤其适用。磷石膏胶凝材料性能对石灰掺量很敏感，故磷石膏品质应较稳定。在石灰中和预处理前应进行预均化处理。

③ 适度的球磨可有效改善磷石膏的颗粒形貌与级配，增加其胶凝材料流动性，大幅降低需水量，从根本上改善硬化体孔隙率高、结构疏松的缺陷。球磨与石灰中和工艺结合，可

制备优等品建筑石膏，是非水洗预处理工艺的最好选择。

④ 浮选预处理可除去有机物，从而消除有机物有害作用。当有机物含量较高，而又采用非水洗预处理工艺时，浮选为可供选择的工艺。磷石膏中杂质分布不均使通过筛分降低磷石膏杂质含量成为可能，筛分工艺及其效果取决于杂质随颗粒的分布。

2. 球磨对磷建筑石膏的作用效果是什么?

答：球磨是改善磷建筑石膏颗粒结构的有效手段。磷石膏颗粒分布高度集中，粒级在 $0.8\sim0.02$mm 的颗粒占绝大多数。其二水石膏晶体粗大、均匀，较天然二水石膏晶体规整，多呈板状，这种颗粒结构使磷石膏胶结材流动很差。试验表明，球磨的效能表现为：

① 使磷石膏中二水石膏晶体规则的板状外形和均匀尺度遭到破坏，使其颗粒形状呈多样化，其中球磨 75min 对磷石膏晶形改良最佳。

② 通过球磨，磷石膏颗粒级配趋于合理。

③ 随球磨时间增加，磷建筑石膏初凝时间延长，初终凝时间间隔加大。球磨时间超过 120min，胶凝材料硬化体呈局部粉化状，力学性能降低。

④ 使磷建筑石膏胶凝材料流动性提高、水的需求量降低，其标准稠度从 0.85 降至 0.66，从而使磷石膏胶凝材料孔隙率高、结构疏松的缺陷得以根本解决。但球磨不能消除杂质的有害作用，因此需考虑添加改性激发剂进一步改善其性能。

3. 磷石膏生产建筑石膏的陈化效应有哪些?

答：① 在陈化前期，Ⅲ型无水石膏明显减少，半水石膏含量明显增加，而二水石膏的含量变化却不明显，主要原因在于Ⅲ型无水石膏对水的强吸附能力，它不仅可以从空气中吸取水分，甚至能够从再生或残存的二水石膏中吸取水分，使二水石膏脱水而成为半水石膏。主要原因在于Ⅲ型无水石膏晶体结构极不稳定，同时再生或残存的二水石膏的结晶也不很稳定。所以，即使一部分半水石膏可以缓慢吸水而成为二水石膏，而再生的二水石膏又可以被Ⅲ型无水石膏脱水变成为半水石膏。

② 熟石膏标准稠度用水量先随陈化期的延长而降低，然后又升高，与熟石膏的相组成相结合来看，当无水石膏全部或大部分转化为半水石膏时，标准稠度用水量达到最低值，强度达到最高值，陈化作用的效果才明显表现出来。此时物料本身形态变化进一步趋向稳定，石膏的微小晶体进一步由高能态向低能态转变，并会有一定量的 α 型半水石膏生成，当陈化后期，二水石膏的含量迅速增加，标准稠度用水量又增大，石膏硬化体内的孔隙增多，强度开始下降。对此，石膏的陈化可分为陈化有效期和陈化失效期，在有效期内，可溶性的Ⅲ型无水石膏转化为半水石膏，在此过程可能会发生二水石膏含量减少的现象；在失效期内，Ⅲ型无水石膏已经基本转化为半水石膏，半水石膏吸水成为二水石膏。在这两个过程中间，半水石膏含量达到最高值，强度也达到最高值。陈化有效期的长短受诸多因素的影响，如粒度、湿度、温度、料层厚度等。

③ 由于磷石膏中存在一定量的可溶性 P_2O_5 和 F^-，对石膏具有一定程度的缓凝作用。石膏粒度越小，比表面积越大，有利于溶解，凝结时间短。在陈化前期，陈化时间越长，半水石膏含量越多，在陈化后期，二水石膏含量增加，这些因素增加了水化速度，所以凝结时间随陈化时间的增长而变短。

项目二：应用

1. 磷石膏加入水泥后对水泥的影响？

答：① 磷石膏掺入水泥中作为调凝剂使用，水泥性能良好，与天然石膏加入后的性能相近，而且水泥强度高于掺天然石膏的水泥。用磷石膏代替天然石膏掺入水泥中，不仅不会降低水泥强度，反而会提高后期强度。

② 水泥石硬化后，所有石膏都被化合在水化硫铝酸钙中，水泥石中没有发现游离石膏，X 衍射分析完全证实这一点。因此不必担心磷石膏会延缓水化硫铝酸钙的形成，而导致水泥石结构的破坏。

③ $C_3S(P)$与C_3S具有相同的水化程度，其水化产物的相组成和数量也相同。P_2O_5能够使C_3S水化初期新生成物形成高度分散的松散结构，加速转化成强度高的石状整体。与C_3A对普通水泥硬化的促进作用不同的是：$C_3S(P)$在C_3A的影响下，硬化初期的水化有所延缓。

2. 磷石膏改性研制新型建筑材料的途径有哪些？

答：对磷石膏胶凝性能诸多影响因素的系统试验研究反映出，在不做任何预处理的情况下，磷石膏不具备胶凝性能，采用粉磨和热处理等技术手段，可改变磷石膏的细度和颗粒形态，并使石膏晶体的结晶形态和矿物构成发生改变，从而使其具备胶凝性能。复合激发剂对改善经球磨和热处理磷石膏的胶凝性能有显著作用。因此，利用磷石膏作胶粘剂和填充料来制取石膏建筑砌块，不失为处理磷石膏的一条理想途径。根据经济、有效且最大限度地消耗工业废弃物磷石膏的原则，确定了无需专门进行热处理，只需将磷石膏适当粉磨，加入少量复合外加剂改型改性并控制水膏比制取建筑砌块的最佳方案，即：磷石膏经球磨并过 0.63mm 筛，然后加入 2% 的激发剂 B 与 4% 的激发剂 D 复合外加剂（水膏比：0.38），制品各项技术指标均超过国标规定，应用该技术可同时研制生产其他新型建筑材料。

项目三：检测

1. 磷石膏的出厂检验有哪几项？

答：有附着水含量、二水硫酸钙含量、水溶性五氧化二磷含量、水溶性氟含量。

2. 磷石膏的型式检验有哪几项？

答：型式检验项目有附着水含量、二水硫酸钙含量、水溶性五氧化二磷含量、水溶性氟含量、放射性核素含量。

有下列情况之一时，应进行型式检验：

① 原材料、工艺、设备有较大改变时。

② 产品停产半年以上恢复生产时。

③ 正常生产满一年时。

这些项目的检测方法在我国国家标准 GB/T 23456—2009《磷石膏》与建材行业标准 JC/T 2073—2011《磷石膏中磷、氟的测定方法》中均有具体规定。

3. 对磷石膏的批量确定和抽样是怎样进行？

答：批量：对于年产量小于 90 万吨的生产厂，以不超过 3000t 产品为一批；对于年产量等于或大于 90 万吨的生产厂，以不超过 5000t 产品为一批。产品不足一批时以一批计。

抽样：从堆场抽样时，应将外层去除约 150～200mm，然后从 20 个以上不同部位抽取试样共约 10kg，混合后用四分法进行缩分至 2kg，密封并防止水分挥发，以供检验用。

（四）柠檬酸石膏

1. 柠檬酸石膏的定义是什么？柠檬酸石膏的化学成分及物理性能是什么？

答：柠檬酸石膏是用钙盐沉淀法生产柠檬酸时产生的以二水硫酸钙为主的工业废渣。

湿柠檬酸石膏的附着水含量约为 40%，呈灰白色膏状体，偏酸性（pH 值 2～6.5），其化学成分、细度分布和颗粒分析的参考值见表 1-11、表 1-12。

表 1-11 柠檬酸石膏化学成分（%）

编号	结晶水	SiO_2	Al_2O_3	Fe_2O_3	CaO	MgO	SO_3
1	18.64	1.03	0.16	0.04	32.87	0.22	46.52
2	0.72	0.32	—		32.49	0.09	46.11
3	19.25	0.49	0.11	0.02	32.38	—	46.76

表 1-12 柠檬酸石膏细度分布（%）

颗粒尺寸（μm）	>80	70～80	60～70	50～60	40～50	<40	D50（μm）
1	0	0	0	2.0	2.5	95.5	7.395
2	0.80	0.10	0.10	0.04	0.01	99.0	—

2. 柠檬酸石膏的生产过程是怎样的？

答：柠檬酸石膏的生产工艺可简略地概括为：

① 利用糖质原料如地瓜粉渣、玉蜀黍、甘蔗等，在一定条件下在多种霉菌及黑曲菌的作用下，发酵制得柠檬酸，反应式如下：

$$C_{12}H_{22}O_{11}（蔗糖）+H_2O+3O_2 \longrightarrow 2C_6H_8O_7（柠檬酸）+4H_2O$$

② 以上水溶液中除柠檬酸外还有其他可溶性杂质，为将柠檬酸从其他可溶性杂质中分开，加入碳酸钙与柠檬酸中和生成柠檬酸钙沉淀。反应式如下：

$$2C_6H_8O_7 \cdot H_2O+3CaCO_3 \longrightarrow Ca_3(C_6H_5O_7)_2 \cdot 4H_2O\downarrow（柠檬酸钙）+3CO_2\uparrow+H_2O$$

③ 再用硫酸酸解柠檬酸钙得到纯净的柠檬酸和二水硫酸钙残渣。理论上每生产 1t 柠檬酸可得 1.34t 柠檬酸石膏，但是由于杂质和水分的存在，实际经验数据为每吨柠檬酸产生 1.5t 柠檬酸石膏。

3. 为什么柠檬酸石膏的煅烧温度应高于天然石膏的煅烧温度？

答：一般天然石膏煅烧时，为避免无水石膏Ⅲ型的水化反应过于迅速，造成速凝，故一般都控制它的生成，而柠檬酸石膏本身具有缓凝的特点，因此一定量的无水石膏Ⅲ型可以催化反应，使水化作用进行的更加迅速、彻底，从而有助于强度的提高，因此，柠檬酸石膏的煅烧温度应当高于天然石膏的煅烧温度。

4. 柠檬酸熟石膏的最佳煅烧条件是什么？

答： ① 柠檬石膏无论采用干法煅烧或湿法蒸压处理，均可制成适用的柠檬酸熟石膏。

② 在饱和水蒸气压力下制作 α 型半水石膏时，以 $0.3\sim0.5$MPa 的水蒸气压下蒸压，恒压 $3\sim4$h 左右，并在 100℃左右进行干燥比较适宜。

5. 脱水温度对柠檬酸 α 型半水石膏性能有什么影响？

答： 柠檬酸石膏由于颗粒细，其蒸压处理后，二水石膏晶体结构转变为 α 型半水石膏晶体，并形成了游离结晶水。因此，其脱水更容易，脱水温度低。其第一次沸腾温度为 110℃，第二沸腾温度为 130℃左右。在第二次沸腾后，关闭风机保持 2h。其间料温高达 $160\sim170$℃。试验结果表明：脱水温度 $140\sim150$℃时，α 型半水石膏稠度最低，其凝结时间适中，抗折强度与抗压强度最高。随着脱水温度的提高，半水石膏含量减少，无水石膏含量增大，因此稠度提高，抗折强度与抗压强度降低。

6. 造成高温煅烧的柠檬酸熟石膏凝结时间缩短的原因是什么？

答： 柠檬酸石膏经高温煅烧后，其凝结时间大大缩短，而且未经水洗的原渣也可得到理想的结果。造成这种情况的原因主要有两个方面，其一是柠檬酸及柠檬酸钙作为有机化合物可在高温状态下分解或转化，从而大大降低甚至完全不具备其应有的缓凝作用，另一个原因是柠檬酸二水石膏在高温下可部分形成介稳的 β 型无水石膏Ⅲ，它遇水时即可迅速再水化成二水石膏，因此会加快柠檬酸石膏的水化和硬化，从而可使凝结时间明显缩短。

7. 水洗处理对柠檬酸石膏性能有什么意义？

答： 经过水洗处理的柠檬酸石膏强度均低于未经水洗处理的柠檬酸石膏强度，并且凝结时间均出现延长。这说明水洗处理会降低柠檬酸石膏的活性。柠檬酸并未能对柠檬酸石膏性能产生影响，所以柠檬酸石膏先进行水洗处理意义不大。

（五）氟石膏

1. 氟石膏的形成过程及其排放量是多少？

答： 氟石膏是用硫酸酸解萤石（分子式为 CaF_2）制取氟化氢所得的以无水硫酸钙为主的废渣。理论上每生产 1t 氟化氢排出氟石膏 3.4t，反应式如下：

$$CaF_2 + H_2SO_4 \longrightarrow CaSO_4 + 2HF$$

2. 新生氟石膏的物理性能是什么？

答： 新排出的氟石膏是一种微晶，疏松、部分呈块状，易于用手捏碎的物料，晶体小，一般为几微米至几十微米。氟石膏物相主相是Ⅱ型无水石膏。

3. 氟石膏的化学成分有哪些？

表 1-13 列出两种氟石膏的化学成分：

表 1-13　氟石膏的化学成分（%）

品种	编号	CaO	SO$_3$	SiO$_2$	Al$_2$O$_3$	Fe$_2$O$_3$	MgO	F$^-$	结晶水	核定品位
石灰-氟石膏	1	33.10	43.90	0.57	—	0.35	—	1.5	19.70	85
	2	33.08	43.68	1.02	0.50	0.21	0.54	—	19.50	85
	波动范围	33.00～35.00	40.00～45.00	1.10～1.20	0.20～0.60	0.10～0.30	0.10～0.50	1.00～4.00	16.00～20.00	80～90
铝土-氟石膏	1	27.44	37.52	7.79	0.39	0.14	0.24	3.06	18.22	70
	2	28.20	36.39	8.93	3.02	0.15	0.16	1.80	17.53	70
	波动范围	27.00～35.00	35.00～41.00	1.40～9.00	1.00～4.00	0.10～0.40	0.10～0.50	1.00～4.00	15.00～19.00	70～80

4. 氟石膏中所含氟元素的情况如何？

答：氟石膏形成时，物料温度在 180～230℃，而氟化氢在常温下极易挥发，此温度条件下几乎不可能在氟石膏内残存，氟石膏中的氟元素则是以难溶于水的 CaF$_2$ 形式存在，其含量一般低于 2%。因此，氟石膏中有毒氟化物含量极低，不会危害人体。

工厂排出的氟石膏中氟含量并不稳定，变化范围从每千克几千到几万毫克。更关键的是，氟石膏中细颗粒氟含量高，粗颗粒含氟量低。

5. 不同颗粒氟石膏的氟含量的变化情况如何？

答：不同颗粒氟石膏的氟含量的变化情况见表 1-14。

表 1-14　不同颗粒氟石膏的氟含量的变化（参考值）

原始氟含量（mg/kg） 不同筛上氟含量（mg/kg）	26792	19381	18411	12019	8047
1mm 筛上氟含量	17100	12100	11300	8076	5271
2mm 筛上氟含量	10900	7800	6840	5423	3821
3mm 筛上氟含量	7300	4500	3400	3400	2976
4mm 筛上氟含量	4900	2903	2031	2139	2134
5mm 筛上氟含量	2962	2140	1893	1906	1872

利用这一原理，可以用筛分法将氟石膏分级得到低含氟量的高纯度无水氟石膏。对于筛下物可进一步中和或加入天然石膏降低氟含量，或用于氟含量要求较低的领域。

6. 排出氟石膏方法有哪几种及如何处理刚排出氟石膏的强酸特点？

答：氟石膏的排出一般有干法和湿法两种。

干法排出的是干粉状无水氟石膏，湿法排出的是含水量 10% 左右的无水氟石膏或无水氟石膏浆。在有充分水的情况下，无水氟石膏堆放三个月左右可基本转化为二水硫酸钙。

刚排出的氟石膏常伴有未反应的 CaF$_2$ 和 H$_2$SO$_4$，有时 H$_2$SO$_4$ 的含量较高，使排出的石膏呈强酸性，不能直接弃置。对此，我国一般有两种处理方法，由此所得氟石膏也可以分为两种：一种是石灰-氟石膏，即将刚出炉的石膏用石灰中和至 pH 值为 7 左右，石灰与硫酸反应进一步生成硫酸钙。加入石灰时只引入少量 MgO，此种石膏的纯度较高，可达 80%～90%。另一种是铝土-氟石膏，是先用铝土矿中和剩余的硫酸得硫酸铝。再用石灰中和残余在石膏中的硫酸铝，使 pH 值达到 7 左右，然后排出堆放。因铝土矿中含有 40% 左右的 SiO_2，所以，此种石膏的品位仅为 70%～80%。

7. 氟石膏制品泛霜现象是怎么形成的？

答：盐类激发剂在整个水化过程中不参与网络结构的形成，只是附着在氟石膏晶体上，通过复盐的形成和分解来促进氟石膏的水化。随着水化的逐步推进，水化后期是晶体生长过程，复盐作用在减弱，盐类激发剂从氟石膏胶结料中分离出来，填充于氟石膏胶结料的空隙中。在毛细扩散作用下，制品中部分激发剂沿毛细孔隙向外迁移，待氟石膏硬化后，便会在制品表面以薄层结晶的形态析出，即出现泛霜现象。

8. 影响氟石膏—粉煤灰复合胶凝材料强度的主要因素有哪些？

答：影响氟石膏—粉煤灰复合胶凝材料强度的主要因素有：

（1）水泥掺量对氟石膏—粉煤灰胶凝材料强度的影响

通过水泥掺量调节氟石膏—粉煤灰胶凝材料的早期强度时，在石膏掺量较低情况下，水泥的掺量可以适当提高，但最高不宜超过 25%；当石膏的掺量达到或超过 40% 以后，则水泥用量不宜超过 15% 左右。

（2）水胶比对氟石膏—粉煤灰胶凝材料强度的影响

降低水胶比可以提高氟石膏—粉煤灰胶凝材料的抗压强度，但对早期强度的提高效果不显著。氟石膏—粉煤灰胶凝材料的早期强度低的主要原因是水化产物少，组成材料颗粒间的连接较弱。降低水胶比虽可提高胶凝材料的密实度，但并不能增加早期水化产物的数量，因此，对氟石膏—粉煤灰胶凝材料早期强度的影响较小。

（3）激发剂对氟石膏—粉煤灰胶凝材料强度的影响

掺激发剂可以增加水化初期氟石膏—粉煤灰浆体中 Al^{3+} 和 SO_4^{2-} 的浓度，利于生成更多的钙矾石；同时，激发剂亦可加速无水氟石膏的溶解和水化，并降低二水石膏的溶解度，促进二水石膏的析晶。而上述两种作用的综合结果，增加了水化初期体系中固相水化产物的含量，利于强度骨架的形成，并加强了未水化颗粒间的连接。因此，显著地提高了氟石膏—粉煤灰胶凝材料的早期强度。激发剂掺量适当时，可保证在浆体硬化前消耗完，不会对后期强度造成不利影响。试件中水泥用量较低，石膏在早期的水化程度亦较高，因此，对后期强度的影响较小，原因同前。而后期粉煤灰的水化，使水化凝胶体量进一步增加，氟石膏—粉煤灰胶凝材料的结构趋于密实，故掺激发剂氟石膏—粉煤灰胶凝材料的后期强度不但不降低，而且有较好的增长。

9. 在氟石膏中掺加生石灰和激发剂，会对其产生怎样的影响？

答：① 通过添加适量的生石灰，中和氟石膏中残留的酸及水溶性氟并使其转化为难溶的氟化钙矿物质，掺加 1.5% 的生石灰能有效地实现固氟脱酸。

② 激发剂能使氟石膏胶结材料的强度得到很大的提高，同时缩短了凝结时间，但是当激发剂的含量超过一定的百分比时，强度值反而随着激发剂含量的增加而降低。综合考虑激

发剂的含量应以 0.4% 为宜。

③ 在碱性环境中，矿渣的潜在活性得到充分激发，掺加 10%～20% 的矿渣微粉能明显提高氟石膏胶结材料的强度和耐水性。

10. 激发剂对氟石膏有什么作用？

答： 氟石膏水化活性很低，不能直接用作胶结材。采用激发剂是提高氟石膏水化活性的最有效途径。无机盐，尤其是硫酸盐对氟石膏水化有显著的催化作用。在激发剂的作用下，无水氟石膏水化生成板状或柱状二水石膏晶体，板状或柱状晶体交织在一起，形成了较为致密的水化产物硬化体，对硬化体的强度发挥十分有利。

掺入激发剂后氟石膏的凝结时间大大缩短，强度显著提高。激发剂中的可溶性盐在氟石膏水化过程中与硫酸钙反应，随着氟石膏水化程度的提高，强度增加；另一方面由于 $CaSO_4 \cdot 2H_2O$ 不断结晶，使得浆体形成紧密交织的晶体结构，引起凝结硬化，从而缩短了凝结时间。

但是当激发剂的含量超过 0.4% 后，水化速率减缓，强度有所减弱，激发剂的掺量应以 0.4% 为宜。

11. 不同激发剂对氟石膏胶凝材料的性能有什么不同？

答： 由石膏凝结硬化再结晶理论，加入激发剂可增大无水石膏溶解度，促进微晶颗粒表面生成包括石膏在内的复盐，而后复盐分解生成二水石膏完成再结晶过程，这时晶体颗粒长大变粗，形成针状、片状交错排列的网络结构，产生强度，随着无水石膏水化程度的提高，强度增加。

使用不同激发剂，氟石膏胶结料的性能差别较大。石灰作激发剂需较大掺量，但随其掺量的增加，胶结料强度有所下降，且体积安定性较差。NaCl 和明矾作激发剂，凝结时间均随掺量增加而缩短，强度增大，但掺量过多将引起泛霜。使用复合激发剂所得氟石膏胶结料的凝结时间及强度均能满足抹灰石膏的要求，且成本不高，是理想之选。

12. 生石灰和硫酸铝的复合激发剂对氟石膏胶结料的性能有什么影响？

答： 为了改善氟石膏胶结材料的水化活性，选用生石灰和硫酸铝的复合激发，并掺入多种外加剂来提高氟石膏胶结料的力学性能。

对氟石膏烘干磨细，增加物料的比表面积和活性，使氟石膏水化硬化能力增强，凝结时间缩短，同时加入激发剂并混合均匀。生石灰为碱性激发剂，主要是为了调节氟石膏的 pH 值，中和氟石膏中的残余酸；而硫酸铝可以促进氟石膏的水化。在盐类激发剂的作用下，无水氟石膏水化生成板状或柱状的二水石膏晶体，板状或柱状晶体交织在一起，形成了较为致密的水化产物硬化体，对硬化体的强度发挥十分有利。

13. 矿渣掺量对氟石膏胶结材料的影响是什么？

答： 矿渣具有水硬性，氟石膏可与矿渣中的活性铝组分作用，促进矿渣水化，矿渣水化又能带动和促进氟石膏溶解与水化。因此，矿渣对氟石膏应有较好的改性作用，随着矿渣微粉掺量的增加，胶结材料的早期强度逐渐降低，而后期强度则显著增加。矿渣是高炉炼铁得到的以硅铝酸钙为主的熔融物，它具有较高的潜在活性，但是由于这种活性挥发较慢，导致胶结材料早期强度较低。到了后期，在碱性条件下，矿渣吸收了生石灰与水作用生成的 $Ca(OH)_2$ 等碱性物质，进一步加速玻璃体结构解离，且能促进胶结材进一步水化生成更多有利的 C—S—H 凝胶，当这些网络状的凝胶包裹在 $CaSO_4 \cdot 2H_2O$ 晶体周围时，就可以避免 $CaSO_4 \cdot 2H_2O$ 与水直接接触，其中未水化矿渣颗粒填充孔隙，形成致密的晶胶结构，提高了胶结材的强度。

14. 水泥掺量对氟石膏砂浆的性能有什么影响？

答：在氟石膏砂浆中掺入少量的水泥能够显著提高砂浆的力学性能，尤其对砂浆早期强度的增加有明显的效果，有利于施工和产品的实际应用。

随着水泥掺量的增加，砂浆的力学性能明显提高，干密度也随之增大。氟石膏单独作胶凝材料时，砂浆强度的形成依赖于氟石膏的水化，在激发剂的作用下石膏水化生成二水石膏；由于氟石膏水化速率较慢，砂浆早期强度的增长较慢。砂浆中水泥掺量增加，早期水化产物增多，由水泥水化生成的水化凝胶和钙矾石对砂浆强度有明显的提高。

水泥的掺入，增强了砂浆的水化能力和密实性，使砂浆的强度得以提高，但随着水泥掺量的增加，砂浆的干密度也变大，影响了砂浆的其他性能。因此，要想砂浆在实际中得以应用，应在满足砂浆强度性能的基础上控制水泥的掺量，综合各方面因素考虑，水泥掺量控制在 10％左右为宜。

15. 氟石膏的应用前景如何？

答：氟石膏是氢氟酸制备过程中的副产品，我国目前氟石膏的年产量约为 6.5 万吨，而制造每吨 HF 产生氟石膏约 3.5t，部分氟石膏除用作水泥的外加剂外，还可用氟石膏生产砌块和砖等新型墙体材料，废渣利用量大，生产工艺简单，过程能耗低，既有利于环境保护，也有利于资源的二次开发和综合利用。

氟石膏加气砌块具有体积密度小、导热系数低、保温、隔热、隔声、防火、有足够的机械强度等特点。在建筑上应用后，可减少建筑结构的投资，加快施工进度，大大提高房屋建筑的节能效果，有效地调节室内温度。同时，使用氟石膏加气砌块，还可节约墙体材料运输费用 30％以上，对施工单位和使用单位均有效益。因此该产品的开发利用，不仅有利于环境保护和资源的充分利用，而且对生产厂、用户和施工单位均有较好的经济效益。

氟石膏砖是以氟石膏为主要成分，利用其发生水化反应，生成胶凝产物二水石膏而制成的一种建材制品。根据武汉理工大学的研究，氟石膏砖的参考配方为：氟石膏 60％，粉煤灰 20％，矿渣 15％，生石灰 5％，激发剂等，生产工艺是将上述原料按比例混合均匀，用半干法蒸压成型，成型压力为 15～20MPa，砖坯静停、堆垛、养护 28d 即可。此法生产的石膏砖 28d 强度高达 43.9MPa，软化系数达 0.80。

16. 如何降低氟石膏对人体健康的影响？

答：石膏浸入液氟离子浓度为 49.5060mg/L，直接利用会对环境甚至人体健康造成极大影响。掺加 1.5％生石灰处理后浓度为 2.4283mg/L，从图 1-13 可以看出，未改性氟石膏以及改性氟石膏胶砂试块的浸出液中氟离子浓度远远低于原状氟石膏，均小于 10mg/L，达到课题浸出毒性要求。掺用激发剂进行激发改性的胶砂试块比未改性氟石膏浓度减少了

16.7%～64.7%，其中掺加激发剂 NaF 试块降低较少，这是因为外加了氟离子，且随矿渣掺量增加降低，矿渣掺量在 7.5% 迅速降低，但仍低于未改性氟石膏试块，说明改性后氟石膏的固氟效果较好，减少了对环境的污染以及人体的危害。

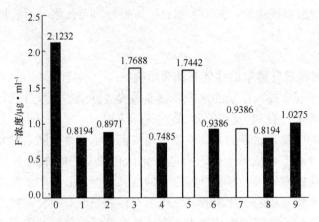

图 1-13　不同配比 28d 胶砂的氟石膏浸出液氟离子浓度

17. 氟石膏的性能影响因素有哪些？如何提高其活性？

答： 氟石膏的水化活性差、水化进程缓慢，在自然环境中历时 2 年才基本完成，结晶水含量为 17.25%，水化率为 82%，因此，氟石膏不能直接应用于建材行业生产，必须采取必要措施提高氟石膏的活性。

（1）掺加激发剂

$KAl(SO_4)_2 \cdot 12H_2O$ 和 K_2SO_4 能明显加快氟石膏水化进程，随掺量增加试样的水化率均出现不同程度增大。对于同等掺量 $KAl(SO_4)_2 \cdot 12H_2O$，水化率增幅随时间延长均匀增长；当 $KAl(SO_4)_2 \cdot 12H_2O$ 掺量少于 1.5% 时增幅较大，超过 1.5% 时增幅变小。对于同等掺量 K_2SO_4，在 1.5d 之前，水化率的增幅较大，1.5～14d 随时间延长水化率增幅很小，当掺量超过 0.9% 后，3d、7d 和 14d 的水化率相差不大。

早强快硬硫铝酸盐水泥能有效提高氟石膏基材料的绝干抗压强度，当硫铝酸盐水泥掺量为 20% 时绝干抗压强度为 14.5MPa；$KAl(SO_4)_2 \cdot 12H_2O$ 激发剂对氟石膏基材料有良好的适应性，当掺加 2.78%$KAl(SO_4)_2 \cdot 12H_2O$ 激发剂和 20% 硫铝酸盐水泥时其绝干抗压强度为 22.4MPa。

（2）适度细磨

延长粉磨时间，可以显著提高氟石膏的比表面积，比表面积可从 3580cm²/g 增加至 4900cm²/g；氟石膏标准稠度用水量则呈上升趋势，标准稠度用水量由 25% 增长到 33%。标准稠度用水量过大将对胶凝材料硬化体的强度产生不利影响。随着氟石膏粉磨时间的延长，氟石膏比表面积增大，氟石膏 7d 水化率逐渐提高，7d 抗压强度则先增大后降低。氟石膏粉磨时间为 25min，比表面积为 4800cm²/g 时，其 7d 抗压强度达到最大值。因此，氟石膏的细度不宜过大，比表面积为 4600～4900cm²/g 时最佳。

（六）钛石膏

1. 钛石膏的产生过程及其性质是什么？

答：（1）钛石膏的产生

钛石膏是采用硫酸法生产钛白粉时，为治理酸性废水，加入石灰中和酸性废水而产生的以二水石膏为主要成分的废渣，其主要成分为二水石膏，其含量为 60%～80%。其处理过程是先用石灰中和至 pH 为 7，然后加入絮凝剂在增稠器中沉降，清液合理溢流排放，下层浓浆通过压滤机压滤，压滤后的滤渣即为钛石膏。

（2）钛石膏的性质

钛石膏的主要成分是二水硫酸钙，含有一定的杂质，一般具有如下几方面的性质：

① 附着水含量高，可达 30%～50%，黏度大。

② 杂质含量高，含有一定量的废酸和硫酸亚铁，TiO_2 含量小于 1%，重金属铅、汞、铬等有害成分含量极低。

③ 呈弱酸性。

④ 从废渣处理车间出来时，先是灰褐色，置于空气中二价铁离子逐渐被氧化成三价铁离子而变成红色（偏黄），故又名红泥，红、黄石膏。

⑤ 有时含有少量放射性物质，我国尚未见有放射性超标的钛石膏。

2. 为什么大量使用钛石膏时必须对其进行系列处理，其具体操作是什么？

答：经过处理的钛石膏可以生产出合格的水泥，含有硫酸亚铁的钛石膏的缓凝作用不变，但是会降低水泥的 3d 强度和 28d 强度。在水泥中加入天然石膏的同时，人为加入硫酸亚铁的试验表明硫酸亚铁的增加对水泥的安定性和强度有较大影响，但是硫酸亚铁含量小于 8% 时对水泥质量基本无影响。所以要大量使用钛石膏必须对其进行系列处理，具体为：

① 调整 pH 值（中性最好）。

② 硫酸亚铁氧化处理。

③ 干燥。

3. 低温煅烧时间对钛石膏复合胶凝材料强度有何影响？

答：当钛石膏在 600℃下煅烧：煅烧时间由 1h 增加到 2h 时，复合胶凝材料的抗折和抗压强度都有较大幅度的增长。而当钛石膏的煅烧时间由 2h 增加到 3h 时，煅烧时间过长对复合胶凝材料的强度不一定有利。从上面分析可知，适当延长钛石膏的煅烧时间可以提高复合胶凝材料的强度，但钛石膏的煅烧时间过长反而会使强度有所降低。在 600℃煅烧时，当钛石膏的煅烧时间为 2h 时，对复合胶凝材料的增强作用较好。

4. 钛石膏煅烧温度对复合胶凝材料强度有什么影响？

答：钛石膏复合胶凝材料可用石灰和水泥共同激发，石灰外掺 3.5%，水泥外掺 1.5%。钛石膏经煅烧后，复合胶凝材料的抗折和抗压强度都比未煅烧石膏有不同程度的提高，而且煅烧温度越高，复合胶凝材料的强度也越高。当钛石膏的煅烧温度从 500℃提高到 600℃时，复合胶凝材料的强度有很大幅度的提高，但当钛石膏的煅烧温度由 600℃提高到 700℃时，复合胶凝材料的强度升高的幅度大大降低。

复合胶凝材料是以水泥为激发剂，水泥外掺 15%，当钛石膏的煅烧温度从 500℃升到 600℃时，复合胶凝材料的强度有很大程度的提高，但当钛石膏的煅烧温度由 600℃升高到 700℃时，复合胶凝材料的强度却有所下降。虽然所掺激发剂的种类不同，但激发剂的掺量增加时，复合胶凝材料的强度增长规律相同，都有大幅度的提高。增加激发剂的掺量可以更好地促进粉煤灰的火山灰反应，也有利于复合胶凝材料强度的提高。

5. 钛石膏煅烧温度对复合胶凝材料的标准稠度和凝结时间有何影响？

答： 钛石膏煅烧后，复合胶凝材料的标准稠度需水量增大。随着煅烧温度的升高，复合胶凝材料的标准稠度需水量降低，这是因为经 500℃ 煅烧石膏的溶解速度较二水石膏快，溶解度也大，600℃ 以上煅烧的石膏，其早期的溶解速度随煅烧温度的升高而降低，且煅烧温度愈高，溶解速度降低愈显著。

钛石膏经煅烧后，复合胶凝材料的凝结时间明显缩短，这是因为，一方面煅烧增大了石膏的溶解速度和溶解度，使浆体液相中 SO_4^{2-} 的浓度增大，SO_4^{2-} 会与水泥水化产生的水化铝酸钙结合生成钙矾石，在碱溶液中与粉煤灰中的活性组分 Al_2O_3 和 SiO_2 反应，生成 C—S—H 凝胶和钙矾石；另一方面煅烧石膏水化生成针状二水石膏，$CaSO_4 \cdot 2H_2O$ 晶体在体系中交叉分布，使复合胶凝材料水化体系发生凝结。

随钛石膏的煅烧温度升高，复合胶凝材料的凝结时间延长，这是因为虽然煅烧石膏的溶解度和溶解速度高于二水石膏，但其活性随煅烧温度的升高而降低，导致溶液中 SO_4^{2-} 的浓度降低，与水化铝酸钙反应生成的钙矾石的量减少；另一方面，由于煅烧石膏溶解度和溶解速度的变化，煅烧石膏水化生成的二水石膏的量也减少，从而不利于浆体的凝结硬化。

6. 钛建筑石膏中掺入各种掺合料对其性能有何影响？

答： 经物理改性后的钛石膏强度性能与天然石膏和其他化学石膏有一定差距，必须添加某些添加剂来改善钛石膏的强度性能。采用的添加剂有脱硫灰、粉煤灰、水淬矿渣、绿矾、减水剂和缓凝剂等。

水淬矿渣作为轻集料使用，在掺量低于 40% 时，不会影响钛石膏产品的强度，能有效降低产品的体积密度。粉煤灰掺量低于 30% 时，对提高钛石膏强度稍有作用，但当掺量超过 30%，则会降低钛石膏的强度，粉煤灰有助于提高钛石膏的后期强度（7d）。脱硫灰能显著提高钛石膏的强度，随着其掺量的增加，钛石膏制品强度可显著提高。绿矾能有效提高钛石膏的强度，当掺量为 3% 时，效果最优。加水量对钛石膏的强度影响明显，随着加水量的增加试样强度大幅降低，因此在保证石膏浆体流动性的同时，加水量越低越好。

水淬矿渣作为轻集料可以改善钛石膏试制品的体积密度，脱硫灰、粉煤灰和绿矾对提高钛石膏强度性能作用明显，因此，选择钛石膏、脱硫灰、粉煤灰作为粉料，水淬矿渣作为轻集料，绿矾、三聚氰胺、柠檬酸作为添加剂，通过改变粉料的配比寻找最佳参数。集料配比为粉料的 40%，添加剂中绿矾配比为粉料的 3%，三聚氰胺、柠檬酸分别为 1%，另加钛石膏 70%、脱硫灰 30% 时，胶凝材料性能较好。

7. 如何制备性能良好的钛石膏复合胶凝材料？

答： 钛石膏在 600℃ 煅烧 2h 后，再与粉煤灰、矿渣和水泥复合，可以使复合材料的初凝时间缩短至 3h，终凝时间缩短至 5h，28d 抗折强度和抗压强度分别达到 4.3MPa 和

13.6MPa。以钛石膏和矿渣为基本组分，采用水泥熟料以及复合早强减水剂能配制出性能优良的胶结材，其强度和耐水性明显优于建筑石膏。研究表明，钛石膏混合胶凝材料自然养护28d的强度可以满足建筑墙体材料和市政道路路基混合材料的要求，其溶蚀率不到建筑石膏的20%，吸水率为建筑石膏的50%左右，表明钛石膏复合胶凝材料具有优良的耐水性。钛石膏—粉煤灰—矿渣复合胶凝材料中若不掺激发剂，则其凝结时间长，早期强度低。在此种复合胶凝材料中掺加适量的水泥，可以明显缩短复合胶凝材料的凝结时间，有利于复合胶结材料强度的增长。

有些研究结果表明，在钛石膏—粉煤灰—矿渣复合胶凝材料中掺加5%的水泥，可以使复合胶凝材料的初凝时间缩短至4h，终凝时间缩短至9h，28d抗折强度和抗压强度分别达到5.8MPa和29.0MPa。用钛石膏、粉煤灰、矿渣和少量硅酸盐水泥或熟料，选择合适的激发剂并采取适宜的工艺措施，可配制生产高性能复合胶凝材料。研究表明，在钛石膏—粉煤灰—矿渣复合胶凝材料中掺加5%的明矾石，可以使复合胶凝材料的初凝时间缩短至1h，终凝时间缩短至2h，28d抗折强度和抗压强度分别达到9.5MPa和53.0MPa，达到了525R矿渣硅酸盐水泥强度标准。

8. 不同种类的激发剂对钛石膏复合胶凝材料的强度有何影响？

答： 钛石膏经煅烧后复合胶凝材料的强度可大大提高。其中以水泥单独激发的复合胶凝材料，28d强度提高了70%，复合胶凝材料的抗折和抗压强度都随水泥掺量的增加而增加。水泥的掺量为15%时，其强度最高。石灰的掺量为15%时，水泥的掺量为零，其强度最低。在煅烧钛石膏—粉煤灰系统中，利用水泥激发更有利于提高系统的强度。

（七）芒硝石膏

1. 什么是芒硝石膏？其主要矿物组成和化学成分是什么？

答： 芒硝石膏是由钙芒硝[$Na_2Ca(SO_4)_2$]生产芒硝（$Na_2SO_4 \cdot 10H_2O$）的副产品。它是钙芒硝矿石经破碎、湿式球磨、搅拌浸取、过滤分离芒硝溶液后的尾渣。尾渣中残存少量芒硝。每生产1t精芒硝就副产约3t芒硝石膏。

主要矿物组成二水石膏约60%、无水石膏约5%、其他为α-石英、白云石、伊利石、绿泥石、镁硅钙石以及少量芒硝等。

芒硝石膏呈黄褐色或淡棕色，细度为200目筛余20%，成膏糊状，含水量随过滤机不同而异，一般在18%~28%之间。其参考化学成分见表1-15。

表1-15　芒硝石膏化学成分（%）

编号	烧失量	CaO	SO₃	SiO₂	MgO	Fe₂O₃	Al₂O₃	结晶水
1	18.52	24.38	31.37	16.05	3.28	1.42	4.02	13.52
2	16.88	26.38	31.94	17.64	1.08	1.97	4.47	11.27
3	19.75	27.77	32.73	15.30	2.23	1.67	3.80	12.81

2. 芒硝石膏炒制成建筑石膏的方法是什么？

答： 利用芒硝石膏炒制建筑石膏的方法是将经过干燥的芒硝石膏用球磨机粉磨至细度为

0.02mm 筛筛余小于15％，煅烧温度250℃、煅烧时间3h。煅烧制度不同，芒硝建筑石膏的物理力学性能也有所不同，其中以经过 250℃，3h 煅烧的芒硝石膏抗压强度最高。

3. 芒硝的含量对芒硝建筑石膏的凝结时间有何影响？

答：芒硝残留大，芒硝建筑石膏凝结时间和初终凝的间隔时间都缩短，试件收缩值增大，并随龄期增加而增大，随含量的增加早期变化小，后期收缩值增大。这是由于芒硝建筑石膏硬化体产生盐析，导致与表面贯穿的毛细孔数量增加。芒硝含量越大，盐析量也越大，贯穿的毛细孔数量也越多，硬化浆体中液体表面张力也越大，早期强度大大降低，后期强度提高，这主要是由于含芒硝后试件在后期产生很大收缩，使硬化体结构密实所致。

芒硝可以缩短芒硝建筑石膏的凝结时间，但含量过多，使早期强度大大下降，盐析量增大，为此，必须控制芒硝建筑石膏中芒硝含量，结合有关资料，芒硝建筑石膏中芒硝残存量以不超过 1％为宜。

4. 掺入水泥和废渣后芒硝建筑石膏的性能有哪些变化？

答：芒硝建筑石膏的耐水性极差，提高其耐水性，掺入水泥和废渣，使其成为一种水硬性和气硬性复合材料，从而提高其耐水性。

掺入水泥和废渣后，生成了钙矾石、C—S—H 凝胶等水化产物，这些凝胶填充在硬化体的孔隙和包裹在二水石膏晶体的表面上，从而使硬化体强度和软化系数提高。建议在建筑芒硝石膏中水泥掺量不超过 10％，废渣掺量不超过 30％。

5. 如何提高芒硝石膏胶凝材料的性能？

答：① 利用芒硝石膏可以炒制芒硝建筑石膏。在实验室内最佳煅烧制度为温度 250℃、时间 3h。该制度下煅烧的芒硝建筑石膏性能已接近或达到三级建筑石膏标准。

② 芒硝可以缩短芒硝建筑石膏的凝结时间，但如含量过多，会使早期强度降低，盐析量增加，试件产生收缩。因此芒硝建筑石膏中的芒硝残存量最好能控制在 1％以下。

③ 在芒硝建筑石膏中掺入少量柠檬酸或硼砂，可使浆体工作性大大增加，但如掺量过多会使强度降低。

④ 芒硝建筑石膏的耐水性很差，但如掺入适量的水泥和废渣粉可使硬化体的强度和耐水性提高。

⑤ 在芒硝建筑石膏中掺入水泥和废渣粉混合料配制的混凝土比单掺水泥的强度高。以芒硝建筑石膏为主的胶凝材料可以配制抗压强度高于 50MPa 的石膏混凝土砌块，但这种砌块的耐水性差，仅适用于干燥地区的建筑物。

（八）盐石膏

1. 盐石膏的来源？其物理性能是什么？

答：氯化钠 NaCl 是化学工业的重要原料，盐场用海水晒盐制造原盐的过程中会产生大量的固体废渣盐石膏（俗称硝皮），其主要成分是二水硫酸钙（$CaSO_4 \cdot 2H_2O$）。

海盐石膏主要成分是 $CaSO_4 \cdot 2H_2O$，多为柱状晶体，并含有 Mg^{2+}、Al^{3+}、Fe^{3+} 等无机盐类和大量泥沙。

矿盐所排出的盐石膏颗粒细小，呈白色的不等粒状菱形晶体，少部分为矩形及粒状晶体。各种晶形的石膏不太均匀地混合在一起，含水量大，呈泥浆状，所含水中存在大量盐分。

2. 盐石膏原料的预处理有什么重要性？

答： 盐石膏是一种在卤水精制（即脱除 SO_4^{2-}）过程中由化学结晶、沉淀而形成的化合物，主要成分为二水硫酸钙（$CaSO_4 \cdot 2H_2O$），还含有少量的 $CaCO_3$、$MgCO_3$ 和黏土性杂质。

原状盐石膏颗粒细小，含水量大，呈泥浆状，所含水中存在大量的盐分，即是富含 Na^+、Cl^- 等物质的浓溶液。要利用盐石膏原料，必须进行预先处理，除去所含的水分和盐分。采用离心脱水同时加喷淋清洗的方法，基本上可达到预期效果。经过处理的盐石膏外观呈白色泥团状，附着水含量小于 15%。

3. 洗涤对废渣盐石膏制作轻型墙体材料有何影响？

答： 洗涤影响石膏材的性能，并直接影响最终产品质量。实验中取定量的盐石膏，加入 2 倍体积量的水充分搅拌，静沉，倒掉洗涤水，反复操作 2～3 遍至洗涤水基本澄清，洗涤后的盐石膏烘干至含水率<20%，备用。

如果废渣未加洗涤直接煅烧，其产品的三项指标劣于国家规定的相关标准；而经过洗涤处理的废渣煅烧物，产品材性达到甚至超过国家规定的相关标准。

（九）硼石膏

1. 硼石膏的形成过程是什么？

答： 硼石膏废渣为灰白色固体，附着水含量较大，硼石膏是用硫酸酸解硼钙石（硬硼钙石 $2CaO \cdot 3B_2O_3 \cdot 5H_2O$ 或硅硼钙石 $2CaO \cdot B_2O_3 \cdot 2SiO_2 \cdot H_2O$）制硼酸所得的以二水硫酸钙为主的废渣，其主要杂质是 B_2O_3，理论上，每生产 1t 正硼酸，副产 0.93t 硼石膏。

其参考化学成分见表 1-16。

表 1-16 硼石膏废渣化学成分（%）

成分\编号	CaO	Fe₂O₃	Al₂O₃	B₂O₃	SiO₂	MgO	SO₃	Na₂O	K₂O	Cl⁻	水分	烧失量	备注
1	25.24	0.74	1.34	7.00	7.74	0.88	35.62	0.10	0.79	0.004	—	20.91	—
2	9.50	0.37	0.68	1.0	6.90	1.50	38.05	0.15	—	—	27.30	—	未干燥
3	28.80	0.65	1.50	11.26	8.98	1.70	44.16	—	—	—	—	2.95	经干燥

注：硼石膏的特有杂质是 B_2O_3。

2. 硼石膏作水泥缓凝剂时对水泥有什么影响？

答： ① 与天然石膏相比，硼石膏有显著的缓凝作用，且凝结时间不随硼石膏中 B_2O_3 的含量而变化，即硼石膏中的 B_2O_3 杂质不影响硼石膏对水泥的缓凝作用。

② 用硼石膏配制的水泥的抗折强度和抗压强度都高于对照水泥试样，且这些强度值都随着硼石膏中 B_2O_3 的减少而提高，即硼石膏中的 B_2O_3 杂质对水泥的强度有影响。

③ 硼石膏对水泥体积膨胀无任何影响。

④ 对硼石膏先进行提纯处理再用于水泥生产是可行的。

（十）再生石膏

1. 怎样制备再生石膏?

答：陶瓷废模主要成分为二水石膏，自由水含量 5% 左右，模具内部会有一些硫酸钠，表面可能会粘有一些陶瓷泥坯。如将铸造成型的和硬化的石膏废模在 120~160℃ 下重新脱水并加以磨细，则同水混合时，石膏又重新具有凝结和硬化的性能。石膏的这种再生作用，可以重复几次，只是二次硬化的石膏，其强度较小而已。石膏可以无数次再生，因为它并不会失去再结晶、凝结和硬化的性能。可是，在调制再生的灰泥石膏浆时，需要较多的水，并且必须把再生石膏磨得很细，这种再生石膏硬化得比较慢。再生石膏凝结后比第一次用的石膏气孔要多，制得的铸件亦比较轻和脆。

2. 陶瓷废模用于再生石膏技术上需要解决哪些问题?

答：① 陶瓷废模的含水率比天然石膏高，其破碎和粗粉碎有一定的困难。

② 与天然石膏相比，陶瓷废模石膏结构疏散、内部孔洞多、孔隙率大，因而炒制后标准稠度水膏比较高、强度较低。

③ 与天然石膏相比，陶瓷废模石膏中含有一定量的硫酸钠杂质和无水石膏，因而再生后强度较低。

3. 再生石膏强度降低的机理是什么?

答：原生石膏在长期地质作用下形成的结晶结构非常致密，而再生石膏比原生石膏结构疏散，内部孔洞多，空隙率大。当再生石膏粉加入水中时，它就会吸收大量水分，这就使得其标准稠度需水量增加，如此大量的剩余水分在硬化体干燥后留下大小不等的大量孔隙，是造成再生石膏强度降低的主要原因。再生石膏的结晶形态、结晶完整程度、晶体大小及排列方向是影响再生石膏强度的另一个因素，但比空隙率的大小对强度的影响要小。

由于空隙率是影响再生石膏强度的主要原因，因此采取合适的工艺措施，降低其标准稠度需水量是提高再生石膏强度的主要方法。采取掺加外加剂的方法对提高再生石膏的强度是可行的，特别是掺加外加剂后，其干抗压强度可提高至 12.8MPa 左右，提高约 61.6%，效果非常明显。

4. 为什么由石膏铸件再生的石膏强度低?

答：由石膏铸件再生的石膏，其强度显著降低的原因，不能看成是物质的化学变化，因为石膏的化学成分在重复加热中，几乎没有什么变化，少量无水石膏的存在，并不影响石膏的强度。但每进行一次加热后，石膏晶体就变得大一些，在石膏加热时，有一部分二水化合物没有发生变化，在调浆时，它成为结晶中心，形成了很大的晶体，从而降低了石膏铸件的强度。加热前，如在磨细的石膏粉中加入 0.25% 矾土，则石膏晶体的粒度就会减小，这就大大提高了石膏的抗拉强度，即使不能恢复到石膏的最初强度，但在再生石膏中加入矾土，还是可以使用一次或两次。

5. 如何提高再生石膏的性能?

答：掺加外加剂可以明显提高再生石膏的性能，与不掺外加剂的试样相比，掺加0.5%的三聚氰胺减水剂后，湿强度抗折和抗压可分别提高1.1MPa和4.0MPa；干强度抗折和抗压分别提高2.9MPa和4.5MPa，效果比较明显。随三聚氰胺减水剂掺量的增加，二次再生石膏的性能也随之提高，但超过0.5%后增幅不明显，综合考虑选取三聚氰胺减水剂掺量为0.5%的比例比较合适。

6. 为什么陶瓷废模石膏是较好的水泥缓凝剂?

答：绝大多数陶瓷废模都被用作水泥缓凝剂。与其他工业副产石膏相比，陶瓷废模石膏与天然石膏一样是块状，易于水泥厂使用，且纯度较高，是较好的水泥缓凝剂。

7. 用陶瓷废模具生产注浆石膏粉有哪些做法?

答：具体做法如下。

① 洗刷废模表层泥灰及其他杂物。

② 用锤式破碎机破碎废模（锤式破碎机筛板孔径为10mm）。

③ 进入间接卧式炒锅脱水，煅烧时间90～120min，出料温度150～160℃。

④ 进入料仓存放24h后，掺加α石膏粉10%～20%，再添加适量减水剂混合后，粉磨至细度大于120目后装袋入库。

六、石膏的应用

石膏的用途有哪些?

答：石膏在不同领域的用途见表1-17。

表1-17　石膏的用途概述

领域	用途	主要应用原理	实例
建筑工业	建筑石膏和高强建筑石膏（胶凝材料）	建筑石膏多用于建筑抹灰、粉刷、砌筑砂浆及制造各种石膏制品；高强建筑石膏主要用于要求较高的抹灰工程、装饰制品和石膏板；高强建筑石膏掺入防水剂还可以制成高强防水石膏；加入有机粘结材料如聚乙烯醇溶液或合成树脂乳液等，可配成无收缩的粘结剂	有机粘结材料复合，再配以适量的缓凝剂、保水剂等化学外加剂，制成内墙粉刷石膏；制造石膏砌块、纸面石膏板等墙体材料和石膏线条、石膏浮雕等装饰构件
	地坪材料用石膏	将天然二水石膏在800℃以上煅烧，使部分硫酸钙分解出氧化钙，磨细后的产品称为高温煅烧石膏，亦称地板石膏，该类石膏硬化后有较高的强度和耐磨性，抗水性也好，可用作石膏地坪和石膏垫层等	石膏地坪材料、自流平石膏地坪材料
	内墙腻子和功能型腻子	使用石膏胶凝材料作为主要成膜物质，添加保水剂、缓凝剂、有机胶粘剂等添加剂和填料，可制成普通型内墙腻子和内墙粉刷材料；加入功能性助剂则制成功能性内墙腻子	如普通石膏基内墙腻子，释放负离子型内墙腻子，内墙调湿腻子和内墙粉刷材料等
	防火材料	当遇火灾时，二水石膏中的结晶水蒸发，吸收热量，在制品表面形成具有良好绝热和一定耐火性能的无水石膏	石膏防火板、石膏防火堵料等

续表

领域	用途	主要应用原理	实例
建材工业	水泥添加剂	石膏在水泥中起缓凝作用，同时可改善水泥的强度、收缩性和抗腐蚀性。通用水泥中一般需要掺加3%～5%的石膏以调整凝结时间	作为水泥工业的缓凝剂、矿化剂等添加剂；作为原料生产特种水泥
	制造水泥	以不同的石膏作为原材料，和其他材料一起能够制备不同的水泥	无水石膏水泥、石膏水泥、石膏矿渣水泥、快凝石膏矿渣水泥和石膏矾土膨胀水泥等
	作为添加剂或活性激发剂	石膏对粉煤灰等的激发作用取决于煅烧石膏的自身活性和激发粉煤灰的效应两个因素。Ⅱ型煅烧石膏初期为活性 CaO 对粉煤灰玻璃网络的解聚作用，后期为结构松弛的 $CaSO_4$ 缓慢溶解产生的 SO_4^{2-} 的硫酸盐激发作用。在碱度较高时，Al^{3+} 呈（AlO_4）形式与（SiO_2）交叉连接，加速了胶凝材料中 C—S—H 的形成，从而提高强度	在1200～1280℃煅烧石膏的产物为活性 CaO 和结构松弛的Ⅱ型煅烧石膏。Ⅱ型煅烧石膏可以作为粉煤灰、矿渣、硅酸盐水泥及灰渣类硅酸盐建筑制品的激发剂，激发这类材料的活性和提高强度
化学工业	生产硫酸和水泥	利用石膏中的 $CaSO_4$ 在焦炭的还原作用下分解为 CaO 和 SO_2，前者与黏土质原料制造水泥熟料，后者用于制造硫酸。化学反应式为：$2CaSO_4 + C \longrightarrow 2CaO + 2SO_2\uparrow + CO_2\uparrow$（反应在900～1350℃进行）。$CaSO_4$ 和焦炭之间需保持一定比例，一般以 C/SO_3（摩尔比）指标控制配料。如 C/SO_3 过低，即焦炭量不足，$CaSO_4$ 就不能完全分解；如 C/SO_3 过高，则会发生副反应，使一部分硫形成 H_2S 或单质 S 而受到损失	
	生产化肥	硫酸铵（俗称硫铵）是一种速效氮肥，将氨和二氧化碳通入石膏的悬浮液制得	
医药与医疗	石膏绷带、固定装置等	石膏加水拌和成浆后具有可塑性，且凝结硬化快，强度增长快，并具有保持刚性所需要的强度。如腿、胳臂骨折，接续后用石膏绷带固定，能够保证接骨不错位	断肢接骨用的石膏绷带、"植物人"固定装置等
	中药	石膏味辛微寒。辛能解肌热，寒能胜胃火；辛能走外，寒能沉内。具有两擅内外的功能	清热泻火药，主治高热烦渴、肺热、喘咳和胃火、牙痛等，煅制者可供外用，可生肌敛疮
轻工业	石膏模具	半水石膏硬化时放出热量，同时体积约增加1%。由于这一特性，因此可以用来生产各种铸模的石膏制件。塑性石膏浆体能够很好地充填到各个部位，留下清楚精确的印痕。用作制陶瓷的模具时，石膏模能够强烈吸收塑造陶瓷坯体中的水分使陶瓷胎器在制模时能够获得很高的强度	陶瓷模具（石膏本身也可以烧制成陶瓷）、雕塑艺术品及其他小型雕刻品、装饰花饰和各种装饰浮雕的模具等
	造纸	石膏的体积稳定、色白（石膏的颜色白度超过其他一切造纸用的填充料，如高岭土、碳酸钙和滑石粉等）、质软，磨成细粉可用于生产致密的上等纸	用于制造高级书写纸、打字纸等

七、石膏质量管理

1. 我国石膏粉企业生产存在的主要问题有哪些?

答: 我国石膏粉企业生产当前存在的显著问题是三粗放:即生产粗放、管理粗放、检测控制粗放。例如:规模产量小,生产设备十分简陋,石膏原料成分波动很大,缺少或基本没有原料、成品的均化设施。管理上的随意性大,没有严格的管理制度,或有了制度不严格执行各项管理制度,操作工人没有接受正规的专业知识和基本技能培训。有的企业没有基本的产品检测仪器和设备,甚至不配备专职质量检测人员,有的企业只有一点简陋的检测仪器,根本不能胜任产品的质量控制任务。如此等等,造成了石膏粉产品质量极不稳定,性能指标偏差很大,强度偏低,尤其凝结时间极不稳定,严重影响了用户的使用,直接影响到企业的经济利益。

2. 石膏产品结构的调整与布局的重要性是什么?

答: 目前国内石膏产品中存在较为明显的产品单一现象,石膏企业生产的半水石膏粉通用性太强,专用产品缺乏,造成一种膏粉制品厂也用,陶瓷厂也行,尤其缺乏高科技含量、高附加值产品,石膏的总体生产水平较低。仅就陶瓷模用石膏而言,国外石膏公司注重产品分类生产,以适应不同类型陶瓷产品的成型需求,如日本三S、中国台湾光邦等公司均有多个品种的模用石膏。因此各企业应根据矿源品位,确定产品方向,细化石膏品种,做到高质量石膏创造高利润。同时注意与其他石膏可应用领域(如造纸、塑料、橡胶等)之间建立科研联系,有的放矢地开发新品种和新的应用领域,增加产品的附加值,从而提高企业的经济效益。

3. 如何建立和完善石膏企业的质量管理制度?

答: 建筑石膏质量管理制度是石膏企业质量管理的根本法规,主要内容包括企业管理的任务和指导思想,质量检验和控制的方法、要求,主要原材料、半成品、出厂产品品质管理的主要指标和技术条件,废品及质量事故的处理,以及有关质量的其他事宜。

化验室是石膏建材企业的专职机构,全权负责石膏及制品生产过程中的质量控制和产品出厂的质量监督,在加强企业经营管理、科学地组织生产活动方面,起着重要的作用。

化验室的职能主要有以下四个方面:

(1) 品质检验

根据国家标准(或行业标准、企业标准),对工艺过程的原材料、半成品和成品进行必要的化学和物理性能检验,随时掌握质量动态,及时提供可靠信息,供生产控制、配料、出厂产品签订的依据。

(2) 质量管理

根据企业产品要求,制订厂内控制标准,按有关制度对生产工艺全过程的质量进行调度和管理,应用数理统计方法掌握其规律性,不断提高其预见性和防范能力,以期各工序的生产活动均能符合厂定品质标准要求,使生产井然有序、经济合理。

(3) 产品监督

通过严格的质量检验,按国家标准签订品质实验报告单,做到不合格品决不出厂。若发生重大质量事故，立即采取应急措施并报告上级主管部门请示处理。

（4）试验研究

根据生产发展和提高产品质量的需要，开展科研工作，协同有关技术部门推广应用新技术、新工艺、新设备，提高企业的质量管理水平。

除此之外，化验室还有开展质量教育，提供和及时公布质量控制指标考核成绩，指导并协助车间质量管理技术业务工作，会同有关单位走访用户，征求意见，改进产品质量等方面的责任。

4. 如何正确运用数据指导建筑石膏的生产？

答：作为石膏质量管理人员，不仅要知道如何制定工艺控制点、如何取样、如何正确检测，更重要的是如何根据试验结果指导企业生产或给厂长提出更合理的生产管理方案。

原料石膏的品位直接影响到建筑石膏的强度，但与煅烧设备、煅烧制度也有直接关系。在给定煅烧设备的情况下，通过调整工艺参数，可改变建筑石膏的相成分，进而改变最终产品的理化性能指标。比如，利用回转窑煅烧石膏，如果想增加产品半水项的含量，可适当降低热源温度、同时降低回转窑转速来实现。

在实际生产中，一般检测建筑石膏的结晶水、标准稠度、初凝、终凝时间和 2h 强度。这些理化指标的变化与检测产品的相组分有直接的关系。可溶性无水石膏含量偏多，一般标稠大些、初凝快、终凝慢、2h 强度低些；不溶性无水石膏含量偏多，一般标稠小些、初凝慢、终凝慢、2h 强度低；二水石膏含量偏多，一般标稠小些、初凝快、终凝快、2h 强度低等。建议采用相成分测试为分析判断手段的质量检测方案，在一定的原料、工艺设备下，绘制自己的对应图表。建筑石膏相组分→结晶水→理化指标在此基础上，才能正确充分利用检测数据去指导生产或研讨相关的技术问题。

5. 石膏基础性研究有什么重要意义？

答：石膏基础性研究工作是石膏工业可持续发展的基础，是提高石膏产品科技含量的根本。这里所讲的石膏基础性研究并不是纯理论性的，而是与生产和应用密切相关的揭示本质的研究工作，它能给生产和应用中出现的现象和问题作出有科学根据的解说，从而指导生产和应用。

具体地说，石膏基础性研究工作就是对石膏（天然或工业副产的二水石膏和无水石膏）的组成、结构、性质以及在脱水、活化、改性、水化和凝结硬化过程中发生的物理化学作用的分析研究。诸如石膏脱水相的种类，结构和性质的研究，石膏脱水相的形成和转化的研究，掺杂改性的研究，杂质的类型、性质和分布的研究，外加剂或激发剂在石膏中作用机理的研究，石膏水化与凝结硬化的研究，等等，都对石膏生产和应用水平的提高和创新有重要意义。

6. 对石膏可开展哪些基础性研究课题？

答：（1）石膏变体的研究

目前公认的石膏变体有七个，即二水石膏、α 型与 β 型半水石膏、α 型与 β 型无水石膏Ⅲ、无水石膏Ⅱ、无水石膏Ⅰ。这里面有两个变体有深化研究的价值：一个是在干湿交替的环境中形成的一种具有 α 型与 β 型之中间性质的半水石膏，常称为低压 α 型半水石膏（α_{BP}—$CaSO_4 \cdot 1/2H_2O$），究竟结构与性能如何？这对石膏粉的生产具有重要意义；再一个是Ⅱ型无水石膏，这类硬石已广泛应用于石膏的产品中，但是对Ⅱ型无水石膏研究得十分浅薄，我们在制备Ⅱ型无水石膏时，常可发现 400℃ 左右的低温下可得到水化活性和强度较高的变体，有人把它称作低温型无水石膏Ⅱ，其结构与特性值得探索。

（2）变体的形成条件与性能关系的研究。我们都知道，用不同产地的石膏，用不同方法生产的 α 型半水石膏和Ⅱ型无水石膏，其强度等性能各不相同，是何原因？并不十分清楚。另外，对在急冷或在真空条件下脱水形成的相的性质也有待更全面的分析研究。

（3）石膏纤维的基本性质和应用性能的研究。这方面的研究文章很少，因此无法与其他纤维性能作出全面评价，用于橡胶、造纸，能否制作摩擦材料、密封材料，适用的场合等尚不十分清楚。只有做好基础性研究，有了全面的认识后，石膏纤维方谈得上推广应用和市场发展。

（4）纳米级石膏粉的基本性质和应用性能的研究。这是一项开创性的新课题，意义非同一般，值得开展研究。

（5）磷石膏中共晶磷的热稳定性和置换转化的研究。其中包括影响热稳定性和置换转化的因素研究，以及转化后的产物对制品性能的影响的研究等，这项工作可为消除共晶磷的危害提供科学依据。

第二章　熟石膏的制备与性能

一、二水石膏的脱水

1. 天然二水石膏煅烧时的脱水转变温度及表现是什么?

答: 由于石膏的脱水温度受很多因素的影响,目前诸多学者对石膏脱水温度的观点也各不相同,并且相差很大。我国学者一般认为石膏的脱水温度是指在常压下石膏颗粒的脱水温度,此时石膏晶体的实际脱水环境基本全部为脱水出来的水蒸气,压力为大气压力或高于大气压力,一般常见的脱水转变温度为:

加压水蒸气条件下 $107\sim160℃\xrightarrow{\text{变为}}\alpha$ 型半水石膏 $150\sim230℃\xrightarrow{\text{变为}}\alpha$ 型无水石膏Ⅲ,大于 $380℃\xrightarrow{\text{变为}}$无水石膏Ⅱ

常压条件下 $125\sim180℃\xrightarrow{\text{变为}}\beta$ 型半水石膏 $280\sim360℃\xrightarrow{\text{变为}}\beta$ 型无水石膏Ⅲ,大于 $380℃\xrightarrow{\text{变为}}$无水石膏Ⅱ

以天然二水石膏煅烧为例,其脱水温度表现为:

① 在相同条件下,石膏的脱水温度与结晶形态和杂质含量有关,晶粒粗大,杂质含量少,脱水温度高。

② 石膏颗粒的脱水温度和周围的水蒸气分压有关,水蒸气分压越低,石膏脱水温度越低。

③ 在低水蒸气分压下,石膏的两次脱水过程可连续完成,不再有明显的界限。

应当注意,当温度提高、脱水速度加快时,在石膏这个不良的热导体中,常造成温度表里不一,很容易形成多相混合物。因此,在熟石膏的制备过程中,不能忽视物相组成分析,只有采取合理的煅烧制度和工艺措施,才能保证产品的质量。

2. 二水石膏在热态时脱水反应特性如何?

答: 二水石膏的脱水分为两个阶段,即前四分之三的结晶水比后四分之一的脱得快,这是二水石膏在热态时的一个重要转变特性。二水石膏有两个温度转变点,第一阶段为 $125℃$,第二阶段的温度为 $160℃$。另外二水石膏品位越高,脱水温度也越高;在煅烧时水蒸气压强越大、脱水温度也越高。二水石膏脱水过程决定于加热的温度和时间,要使二水石膏脱水,必须使放出水蒸气的压力高于周围介质中的蒸汽分压。如果石膏是在敞开容器中加热,其周围介质是空气,具有相对较低的温度,在煅烧过程中,石膏晶体很容易脱水,放出的水成为水蒸气状态而脱出。当石膏在密封的容器中加热压力升高时,介质中水蒸气饱和,此时从石膏中放出的为液态水脱出。

3. 二水石膏脱水转变为 β 型半水石膏的过程可分为哪几个阶段?

答: 二水石膏脱水转变为 β 型半水石膏的过程可分为三个阶段:

第一阶段为二水石膏内部空位迁移阶段。由于实际晶体上存在着许多特殊点，如空位、包晶、裂纹和杂质等。当温度达 100℃时，热起伏将引起结合力较弱的水层空位开始向这些特殊点处迁移，空位迁移到表面后随之消失，形成水分子的出露点。石膏中的水分子将通过这些出露点脱出，并发生收缩裂纹。这一阶段为二水石膏脱水时的最初情形。

水分子的出露点形成的时间，完全取决于二水石膏的加热温度，但是水分子的出露点不是立即出现的，这就是说在水分子的出露点形成时有一段吸收热量聚集能量的过程，即有一个脱水分解的诱导时期，当出露点形成后，诱导期即告结束。

第二阶段为稳定晶核的形成阶段。水分子出露点形成后，很快会在这些出露点四周生成一些半水石膏晶胚。这些晶胚很小，其中一部分很容易分解于二水石膏母体内，但在 120℃温度下，晶胚可在晶体的特殊点处（即界面能的最低处）优先长大，形成稳定的晶核。这种晶核就是新相半水石膏得以生成的基体。

第三阶段是晶核生长扩散阶段。形成稳定的晶核后二水石膏不断分解，热激励将 Ca^{2+} 和 SO_4^{2-} 离子不断迁移到新相晶核的位置上，这样就使晶核迅速向四周生长扩散，直至全部转变成半水石膏。

可见，二水石膏脱水转变成 β 型半水石膏是按成核—扩散机理进行的。

4. 石膏脱水相有怎样的水化过程？

答：常温常压条件下能够独立存在的相只有四个，即二水石膏、半水石膏、无水石膏Ⅲ和无水石膏Ⅱ。第五个相——无水石膏Ⅰ，只能在约 1180℃以上才能存在。这五个相都有各自的晶体结构特征。二水石膏脱水形成的半水石膏、无水石膏Ⅲ和无水石膏Ⅱ遇水后即可水化与凝结硬化，这是石膏胶凝材料所具有的性质。所谓水化即石膏胶结料与水所起的化合作用，也就是石膏脱水相与水化合重新转变为二水石膏的反应；凝结硬化则是脱水相的水化物凝聚、结晶获得力学强度的过程。一般来说，水化是凝结硬化的前提，没有水化，就不可能有凝结硬化。

不同温度下的脱水相，其水化与凝结硬化的速度是不相同的，它在很大程度上取决于脱水的温度、煅烧的时间和石膏产品的细度。

新生成的半水石膏有很强的水化活性，一般 5～6min 即开始水化结晶，30min 基本上水化成二水化合物，2h 内全部转变为二水石膏，形成结晶网络硬化体。无水石膏Ⅲ的水化活性最强，遇水后能立即水化转变成半水石膏，接着则转变为二水石膏，其整个水化过程要比半水石膏长。无水石膏Ⅱ的水化活性较低，随煅烧温度不同，其水化反应能力也有差别。超过 42℃时，从理论上讲，无水石膏Ⅱ就再也不能水化成二水石膏了。因此，无水石膏Ⅱ的水化宜在低于 42℃下进行，这时无水石膏Ⅱ比二水石膏易于溶解，有利于二水石膏过饱和溶液的形成和结晶。

5. 石膏的脱水转变过程是什么？

答：石膏胶凝材料的制备过程主要是二水石膏加热脱水转变为不同脱水石膏相的过程。二水石膏转变为脱水相的温度，由于各种条件的变化，不同的研究者提出过不同的参数。在实验室要得到某一个纯净的石膏相是很困难的，因为半水石膏和Ⅲ型无水石膏是介稳态化合物，并且没有十分确定的相变点。在实验室的理想条件下，二水石膏的脱水转变可以参考图

2-1 所示的温度进行。

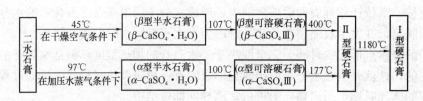

图 2-1　二水石膏的脱水转变温度

6. 石膏的脱水产物有哪些?

答：二水石膏既是脱水物的原始材料，又是脱水石膏再水化的最终产物。

半水石膏有 α 型与 β 型两个变种。当二水石膏在加压的水蒸气条件下，或在酸和盐的溶液中加热时，可以形成 α 型半水石膏。如果二水石膏的脱水过程是在干燥环境中进行，则形成 β 型半水石膏。

Ⅲ型无水石膏也称为可溶性无水石膏。也存在 α 型与 β 型两个变种，它们分别由 α 型半水石膏与 β 型半水石膏加热脱水而成。如果二水石膏脱水时，水蒸气分压过低，二水石膏也可以不经过半水石膏直接转变为Ⅲ型无水石膏。

Ⅱ型无水石膏是难溶的或不溶的无水石膏，它是二水石膏、半水石膏和Ⅲ型无水石膏经高温脱水后在常温下稳定的最终产物。另外，有的研究者在 $400 \sim 600℃$ 加热Ⅲ型无水石膏时，还发现了不同于 $CaSO_4$Ⅲ和 $CaSO_4$Ⅱ的中间相，即低温型 $CaSO_4$Ⅱ。

Ⅰ型无水石膏只有在温度高于 $1180℃$ 时才能存在，如果低于此温度，它会转化为Ⅱ型无水石膏。所以Ⅰ型无水石膏在常温下是不存在的。

7. 不同的脱水条件对半水石膏的结晶形态及强度有何影响?

答：不同脱水条件可获得不同的半水石膏变体，不仅如此，结晶形态也有明显差异，如 β 型半水石膏一般在 $130 \sim 180℃$ 大气中和缺水气环境下进行脱水，因此物料无重结晶过程，基本保持原始二水石膏形态。这种半水石膏内表面积特大，故水膏比也高，因此制品的机械强度无疑很低。如若在大量水蒸气介质（蒸压法）中脱水所生成的 α 型半水石膏，具备一定的溶解再结晶的条件，其制品的机械强度提高约 4 倍。但由于二水石膏不是在溶液中进行溶解再结晶，故膏体发育仍不完全。为了获得 α 型超高强石膏，首先要使物料在大量的水溶液中进行"水热"处理，使其充分溶解重结晶。这是一个先决条件，当然再添加一定量的媒晶剂，这样就可获得完整的短柱状晶体，有较高的强度。

8. 从脱水反应看工业熟石膏的基本成分有哪些?

答：从料温和相变关系中我们不难看出，从二水石膏转化为 β 型半水石膏没有一个固定的平衡脱水温度，石膏系统的脱水反应是非平衡过程，在二水石膏→半水石膏反应完成之前，半水石膏→可溶性无水石膏的反应早已进行着，从而得不到纯净的半水石膏。因此工业熟石膏实际上是一种以半水石膏为主，夹杂着数量不定的可溶性无水石膏、过烧石膏及含量不定的少量二水石膏的一种多相混合体，这就是熟石膏的基本成分。

9. 何为二水石膏的热稳定性?

答:所谓二水石膏的热稳定性,就是指二水石膏开始脱水的最低温度,这个问题涉及实验室中对少量试样的烘干及生产过程制品的干燥温度。

二水石膏在较低的温度下能够脱去结晶水,所以二水石膏试样不能像其他样品一样在100℃下烘去自由水。20 世纪 90 年代之前,建材行业多采用前苏联系统国家的方法,是在60℃下烘干石膏样品,而现在都是采用石膏行业国际标准方法中规定的温度,即(40±2)℃。在这个温度下烘干样品是很慢的,到了雨天潮湿的天气,往往几天时间都难以恒重,给实验室工作带来许多麻烦。所以要在(40±2)℃下烘干,有种观点认为二水石膏在 45℃就要开始脱去结晶水。从纯理论上讲这种现象也许是存在的,但在实用条件下这种脱水现象是否可忽略不计,也就是目前实验室中常用的灵敏度为万分之一的天平能否感觉得出来,如果能感觉得出来,则必须在 45℃以下烘干,若感觉不出来,则可以提高烘干温度。

试验数据表明,无论是化学纯二水石膏或者一级天然石膏,在 45℃和 60℃分别烘 6h,用万分之一的天平测量,没有感觉到质量损失,说明在 60℃以下,各种二水石膏都是稳定的(表 2-1)。

表 2-1　两种二水石膏在不同温度下的热稳定性,试样原始质量 0.5000g

温度 (℃)	45℃ (6h)	60℃ (6h)	70℃ (7.5h)	80℃ (7.5h)
化学纯二水石膏	0.5000	0.5000	0.4963	0.4131
一级天然石膏	0.5000	0.5000	0.5000	0.4251

如不是仲裁试验,仅仅是常规检测,则:

① 在实验室中烘干二水石膏试样是可以在 60℃下进行的,为了更保险起见,试验方法都采用(55±2)℃下烘干试样,在这个温度下烘干样品,分析时间可大大缩短。若在(40±2)℃下操作,则一个星期也许难以完成。

② 企业部门干燥石膏制品时,制品体内的温度不能超过 70℃,否则将引起二水石膏分解,降低产品的强度。

10. 二水石膏部分附着水为什么难干燥?

答:这是不太引人注重的问题,实际应用中却经常碰到。例如石膏制品烘干接近恒重时,少量水分难以烘干而影响强度;二水石膏原料粉的少量附着水在短时间内难以烘干而影响检验精度。该问题可以简单解释如下:

分布于石膏晶体外部的与 Ca^{2+} 或 SO_4^{2-} 结合的 H_2O,具有比游离态 H_2O 更强的极性作用力,会使相同数量或更多数量的 H_2O,由范德华力结合成为有序排列,形成类似"冰点"效应。这些 H_2O 比游离态 H_2O 需要更高的烘干温度或更长的烘干时间脱去。

11. 为什么要控制好半水石膏中结晶水的含量?

答:生产中控制好半水石膏中结晶水的含量对其产品性能影响很大,根据二水硫酸钙的含量应制定相应的结晶水控制指标,结晶水过低(过火),则相应无水石膏Ⅲ型和无水石膏Ⅱ含量增加,表面强度降低,同时凝结时间加快。如果结晶水含量过高(欠火),也可使强度降低，标准稠度增加，凝结时间加快，主要是因为半水石膏中含有大量未脱水的石膏，未脱水的二水石膏在加水后形成晶核，致使石膏凝结加快，成为半水石膏的促凝剂。根据计算，半水石膏中结晶水含量每超过 10%，则二水石膏的含量增加 4.77%，所以控制好结晶水含量是相当重要的。

12. 熟石膏质量不稳定的因素及其改进方法是什么？

答： ① 新炒制的熟石膏是个多相体系，既含有半水石膏，又有残留的再生的二水石膏，还会有Ⅲ型无水石膏，有时还可能出现Ⅱ型无水石膏。这些相的组成比例，不仅取决于原料和煅烧条件，还与环境温湿度密切相关。

② 查明了多相体系中各相的水化性质。通过制备纯相，测定了它们的水化动力学特征以及各相的物理性能。从而得知各相的水化与硬化的性能差别较大：半水石膏水化速度最快，30min 内基本完成水化，早期强度高；Ⅲ型无水石膏水化活性最高，但整个水化过程要经过半水石膏阶段而延长了水化时间，造成硬化慢、早强低；Ⅱ型无水石膏的活性最低，水化速度慢，影响硬化体的形成。残留二水石膏的存在，起着晶种的作用，可以加速半水石膏和Ⅲ型无水石膏的溶解和析晶的过程，可以使早强提高。但晶粒太多，也会使硬化体内的结晶网络接触点太多，强度反而降低。

③ 各相在空气中的稳定程度各不相同。以半水石膏和Ⅱ型无水石膏比较稳定。Ⅲ型无水石膏因结构疏松，在空气中极不稳定，能很快吸水转变为半水石膏。残留二水石膏在常温下稳定，但在干燥空气中，温度超过 45℃时，即可脱水转变为半水石膏。

从而揭示了熟石膏质量不稳的主要因素是Ⅲ型无水石膏和残留二水石膏。而解决熟石膏质量不稳定的途径就是通过陈化（或均化）处理，其目的是促使Ⅲ型无水石膏和二水石膏转变为半水石膏，使比表面积下降，初始水化速度减慢，凝结时间趋于正常，强度得到提高。

因此制粉厂都把陈化处理作为提高产品质量的重要措施。

二、二水石膏的煅烧

（一）煅烧设备

1. 连续式回转窑有哪些特点？

答： 连续式回转窑又分为顺流和逆流二种煅烧方式。连续式回转窑有一个 3%～5% 的倾角，在运转中向前推进物料，由于物料颗粒的不均匀性，都要在较短的时间内通过窑炉烧成带，因此在颗粒中产生温度梯度，由此而产生了它们反应活性的梯度，在热工制度一定的情况下，再加上物料板的推进速度不一，粗粉前进距离大、而微粉前进距离小，因而这种混流煅烧设备不能保持顺序平衡脱水；另外顺流式回转窑还受天气季节气候影响，特别是出料温度波动大，可达 50℃，这些就是连续式回转窑的主要致命缺陷，从发展趋势看，顺流回转窑有可能被制粉行业淘汰。

逆流式的特点是物流和热流是相悖流动的，这样就使生冷物料，从低温到高温有效长时间均匀煅烧，从而煅烧的产品质量，比顺流式高温煅烧、快速脱水的好，从能源角度讲，也有效地充分利用了余热，从而降低了能耗。

2. 间隙式回转窑有哪些特点?

答: 间隙式回转窑在煅烧过程中,物料始终不离开烧成带,只有搅拌发生,因而在窑物料中,煅烧传热比连续式的要好,出料温差也小得多(<10℃);如果在进料中保持一定的温度,在煅烧过程中还能起到一定的蒸压作用,有利于提高产品的性能,因而目前被广泛应用。但是大小颗粒混烧,温差仍然存在。综上所述,顺流式连续回转窑和间隙式回转窑都属于高温混流煅烧,短时间快速脱水,不符合石膏煅烧过程中热反应动力学特性,更没有遵循干燥原理的三个阶段顺序平衡脱水,所以产品质量档次低。

3. 间隙立式火管炒锅有哪些特点?

答: 间隙立式火管炒锅与间隙回转窑的不同之处在于传热面积扩大,全封闭煅烧,热效率高、能耗低(<70kg/t粉),出料温差能准确控制在±1℃,环境卫生好,在相同情况下,熟粉水膏比比回转窑小,初凝时间延长,可满足不同用户的需求,这是间隙立式火管炒锅的优点。

4. 连续立式沸腾炉有哪些特性?

答: 连续立式沸腾炉具有以下四大优点:

① 加入的生石膏绝大部分不与炽热炒锅表面接触,而与恒温下的石膏接触,并处于稳定的温度场内,物料以层流煅烧、均匀下沉。窑中三个煅烧脱水阶段始终稳定不变,粉体顺序通过三个温度场,最大限度地满足石膏脱水生成条件,能保证制得的 HH 石膏具有良好的晶体结构。

② 物料在恒速脱水阶段时,始终保持低温、高湿度、长时间顺序平衡脱水最佳条件。研究表明,在高湿度环境中煅烧,能使半水石膏的吸热谷向高温方向位移,与二水石膏的吸热谷彻底分开,即在完成二水石膏向半水石膏转化时,有效地抑制了半水石膏向无水石膏(AⅡ)的反应,物料在 120~160℃ 下和在高湿度的环境中热处理,能获得较纯的半水石膏,可有效地提高产品质量。

③ 由于炉内料层高、压力大(粉体重和水蒸气压力),热处理石膏的脱水蒸发具有自行蒸压法的效果,这样就较经济地接近 α-型高强石膏加工方法之一,这也是其他煅烧设备无法达到的。在不影响排汽的情况下,适当增大水蒸气压强,可获得更多 α 组分的半水石膏。

④ 由于沸腾炉连续上料配套设备要求完善,但燃煤能耗低(<42~46kg/t粉),料温控制准确可达±1℃。

5. 载热体燃煤加热炉有什么特点?

答: 这一种供热设备是燃煤锅炉将工业用油加温到300℃以上,通过压力油泵供热油至煅烧设备,与石膏进行热交换的一个热循环系统。工艺流程如下:油泵→载热体燃煤加热炉→干燥煅烧设备→油泵。整个煅烧脱水在煅烧炉内进行,经过热交换的低温油又回到燃煤加热炉进行再加热,因而没有余热排放,又能使用廉价煤炭资源,只是增加了一台载热体燃煤锅炉。

6. 干燥器选型前应考虑哪些问题?

答: 选型前需考虑的问题如下:

① 物料的形态。这是选择干燥器首先需了解的问题。

② 物料的物理特性。它包括密度、堆密度、粒径分布、热容、粘附性等。

③ 物料的热敏性。它决定了物料在干燥过程中的上限温度。

④ 物料与水的结合状态。它决定了干燥的难易和物料在干燥器内停留的时间。

⑤ 物料的湿度及波动范围。

⑥ 对产品的一些特殊要求。如产品的价值、产品的污染情况等。

⑦ 生产工艺流程的要求。

⑧ 环境的湿度变化。环境的湿度变化对排风温度较低的热风干型干燥器影响最大。如干燥的冬季和潮湿的夏季，生产能力可相差 50%。

干燥设备的选用还需要注意的是：一方面要借鉴目前生产上采用的干燥设备；另一方面可利用干燥设备的最新发展，选择合适的新设备。最终达到选择的干燥器在技术上可行，经济上合理，产品质量优良的目的。

7. 选择石膏煅烧方式和设备的原则是什么？

答： 首先要依据石膏的种类和性状：是天然石膏还是工业副产石膏；是颗粒状还是粉状，如果是粉状，也可选快速煅烧设备，如果是颗粒状，则宜选用在窑内停留时间较长的设备。

终端产品的种类：如果是生产石膏建材制品，如各种石膏板材、砌块等，宜选用快速煅烧设备，因用快速法生产的建筑石膏凝结硬化快，可提高生产效率，加速模具的周转；如果是生产石膏胶凝材料，如抹灰石膏、石膏粘结剂、石膏接缝材料等，宜选用慢速煅烧设备，因用慢速煅烧的产品凝结硬化较慢，有利于减少外加剂的掺量，降低生产成本；如果两类产品都生产，则首选慢速煅烧的产品。

最终，还应权衡比较各类煅烧设备的性价比等综合技术经济指标。

8. 煅烧设备对建筑石膏性能有什么影响？

答： 由于炒锅以高温烟气为热源，烟气与物料进行间接换热，煅烧石膏时物料温度比较容易控制，当控制物料温度为 145~165℃时，煅烧出的建筑石膏以半水石膏为主，其力学性能、相组成等均较为稳定，适合生产纸面石膏板。但炒锅的有效换热面积、搅拌转速和搅拌翅的搅拌方式以及进料的粒度和结构等对传热效率影响很大，而且必须保证石膏粉料在达到一次沸腾时保持流态化，否则炒锅内部会出现脱水速度不均一的情况，从而影响建筑石膏物理化学性能的稳定性。

粉磨煅烧一体化的彼得斯磨（Peters-mill），由于烟气与物料直接接触，换热强度较高，煅烧出的建筑石膏中可溶性无水石膏相含量很高，占到 1/2~2/3，同时较难控制磨内脱水速度的均一性，从而影响建筑石膏相组成的稳定性，进而影响生产工艺的稳定控制。可溶性无水石膏具有强的吸水性，彼得斯磨煅烧出的建筑石膏经过合理的陈化后，可溶性无水石膏将转化为半水石膏，而且彼得斯磨设备结构紧凑、占地面积小、能耗较低，但用于脱硫石膏煅烧时需对彼得斯磨设备进行改进才能使用。

采用蒸汽回转窑煅烧石膏，煅烧产品具有活性好、强度高的特点。由于用蒸汽作为热介质，温度较低，反应速度慢，料温极易控制，煅烧出的建筑石膏中极少含有可溶性无水石膏，大部分为半水石膏，其力学性能、相组成等均较为稳定，从而使制板的生产工艺易于控制，适合生产纸面石膏板。如果把蒸汽余热再利用于脱硫石膏的预烘干，可进一步降低煅烧能耗。与脱硫石膏烘干、煅烧两步法相比，蒸汽回转窑煅烧能耗较低，所得建筑石膏的初、终凝时间与炒锅煅烧制得者基本相似。

快速气流煅烧与彼得斯磨煅烧基本类似，都属于快速煅烧，其煅烧质量基本相同，只是快速气流煅烧更适合于脱硫石膏，其优点是煅烧能耗低、设备全部国产化，与彼得斯磨设备相比投资更省，也容易维护和控制，适合在国内推广。

流化煅烧机又称"沸腾炉"，是采用低温间接换热煅烧，石膏不易过烧，煅烧出的建筑石膏中不再含有可溶性无水石膏，大部分为半水石膏。

尽管煅烧设备有多种，但影响煅烧产品品质的主要因素是"换热方式"——即直接换热和间接换热。采用前者所获得的建筑石膏是多相组成的混合物，若用来制备纸面石膏板，应进行冷却、陈化，使其相组成达到一定稳定性后再使用。采用后者，一般生产出的建筑石膏冷却到一定温度（80℃）以下即可使用。

总体来说，无论采用哪种煅烧设备，只要工艺制度合理，生产控制严谨，都可生产出合格的建筑石膏。

9. 为什么石膏煅烧设备需设冷却装置?

答： 冷却熟石膏有两个目的：① 增强熟石膏的稳定性，主要用于过烧状态下的熟石膏在储库存放时不再脱水转变。② 使它在后期处理包装、使用等过程中，具有可操作性，这点是不可忽略的，因此需要进行冷却陈化。熟石膏的冷却可用间接冷却的多管回转冷却器，或用立式直冷式的冷却装置。回转冷却器占地和投资较大，效果也要好一些。冷却器把熟石膏从160℃冷却到80℃以下，使熟石膏中的Ⅲ型无水石膏转化为半水石膏。表2-2列举无冷却器和有冷却器制成的石膏性能对比，供参考。

表2-2　无冷却装置与有冷却装置制成的石膏性能对比

指标	标稠（%）	初凝（min）	终凝（min）	2h抗折（MPa）	结晶水含量（%）
无冷却装置石膏	75	4	6	2.7	2.1
有冷却装置石膏	64	8	12	3.6	5.2

10. 建筑石膏常用煅烧设备有哪些?

答： 国外对石膏煅烧设备的选择主要随着石膏制品，特别是纸面石膏板的快速发展和节能、环保的要求不断革新、改造。美国20世纪90年代之前主要以连续炒锅为主，90年代中期，已有将近50%的生产线改成了以彼得斯磨、Delta磨为主的快速煅烧设备；原连续炒锅则主要用于生产石膏板嵌缝腻子、粘结剂等石膏基辅料。英国以连续炒锅、埋入式炒锅、锥形炒锅为主。德国为炒锅、回转窑、粉磨煅烧一体的彼得斯磨等。日本有炒锅、回转窑及蒸汽间接回转窑等。澳大利亚多用外国引进的煅烧设备，近两年发展了沸腾煅烧。

国内对规模化、现代化煅烧设备的开发同样伴随纸面石膏板等制品的发展和节能减排等宏观政策的指导，已经取得了长足的发展。目前，年产20万吨以上的选用石膏流化煅烧机、直热式回转窑已有几条投入了生产；其中，单台最大台时 60t 石膏流化煅烧机在泰和股份的使用已非常成熟。

现就石膏流化煅烧机和其他常用煅烧设备做一简要介绍。

（1）石膏流化煅烧机

① 石膏流化煅烧机的结构（图 2-2）。

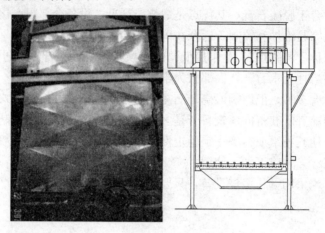

图 2-2　石膏流化煅烧机结构图

石膏流化煅烧机的床层状态属于鼓泡床，因此将这种炉子形象地称作"沸腾炉"。其主体部分为一个立式箱式容器，在其底部装有一个气体分布板，目的是在停止工作时支撑固体粉料不致漏粉，在工作时使气流从底部均匀地进入床层。在床层的上界面以上装有连续进料的投料机。在床层上界面处的侧壁上有溢流孔，用于出料。在床层内装有大量的加热管，管内的加热介质为蒸汽或载热油，热量通过管壁传递给管外处于流态化的石膏粉，使石膏粉脱水分解。在煅烧部分上部，装有一个静电除尘器，气体离开流化床时带出来的少量粉尘，由静电除尘器收集后自动返回流化床，已除尘的尾气由袋式除尘器净化后排入大气。

② 石膏流化煅烧机的工作原理：

石膏流化煅烧机正常工作时，从主体底部鼓入空气，通过气体分布板进入流化床。鼓入的空气不需要很多，稍稍超过临界气速，使床层实现流态化即可。此时淹没在流化床中的加热管向物料传递大量的热量，使二水石膏粉达到脱水分解的温度，二水石膏就在流化床中脱去结晶水并变为蒸汽，这些蒸汽与炉底鼓入的空气混合在一起，通过床层向上运动。由于蒸汽量比鼓入的空气量多得多，所以整个鼓泡床的流态化主要是靠石膏脱水形成的蒸汽来实现的。由于在流化床中粉料激烈的翻滚、混合，连续投入的生石膏粉，一进入床层，几乎瞬间就与床层中大量热粉料混合换热，在热粉料中迅速脱水分解。为了避免刚加入的生料未完成脱水过程就过早短路排出，设计时在炉子中加了一块隔板，将流化床分成主、副两部分，两部分底部是连通的。生石膏粉先进入主室，在此脱掉大部分结晶水，然后通过下部的通道进入副室，在这里完成最终的产品要求，再由床层上部自动溢流出主体。

③ 石膏流化煅烧机的特点：

a. 设备小巧，生产能力大

石膏流化煅烧机生产能力的大小实质上由热源通过加热器壁传递给物料的热量多少来决定。由于物料实现了彻底的流态化，因此煅烧机内不需要安装搅拌设备。在主体内就可以高密度地安装很多加热管，因此尺寸不大的炉子就可以有非常大的传热面积。另外，沸腾炉采用的热源为蒸汽或导热油，其传热系数比热烟气为热源的传热系数高出一个数量级。从传热方程式就可看出，由于传热系数和传热面积都较大，总传热量也就大。因此沸腾炉的生产能力比较大，比如产量为20t的石膏流化煅烧机，其直径也只有2m就足够了，这是其他传统的外热式煅烧设备无法相比的。

b. 结构简单，不易损坏

由于物料实现了流态化，石膏流化煅烧机就不需要有转动的部件，主体的结构就简单得多。不但制造方便，投产后也几乎不需要维修保养。由于用的是低温热源，炉子在任何情况下都没有被烧坏的危险，设备使用寿命也特别长。

c. 设备紧凑，占地少

石膏流化煅烧机是立式布置的设备，除尘器套在炉体上方，与炉子连成一个整体，设备非常紧凑。不但占地少，除尘粉料直接落入主体内，还可以避免除尘器结露。

d. 能耗较低

石膏流化煅烧机的热能消耗和电能消耗都较低。热能方面：从热源传递给物料的热能，除了小部分用于加热炉底鼓入的冷空气以及少量的炉体散热损失外，几乎都有效地用于物料的脱水分解。炉子本身的热效率在95％以上。目前石膏流化煅烧机的热耗指标为 7.7×10^5 kJ/t 建筑石膏。电能方面：沸腾炉不需要转动，也没有搅拌机，物料主要是靠石膏脱水产生的蒸汽来实现流态化的，需要在炉底鼓入的空气也很有限，因此鼓风机的功率也很小，因此沸腾炉的电能消耗比传统的煅烧设备少得多。如生产10万吨建筑石膏粉所用石膏流化煅烧机的装机容量为20kW左右。

e. 操作方便，容易实现自动控制

操作中只要控制出粉物料一个设定温度，就可以连续稳定地生产出合格产品。单一的控制参数，很容易实现自动控制。

f. 产品质量好，熟石膏相组成比较理想，物理性能稳定

由于采用低温热源，石膏不易过烧，只要控制出料温度合适，成品中二水石膏，无水石膏Ⅲ都可以控制在5％以内，其余均为半水石膏。这样的相组成很理想，物理性能也很稳定。

g. 必须采用二次热源

必须采用二次热源，是沸腾炉的局限性。既然要求采用二次热源，工厂就必须有蒸汽或载热油锅炉与之配套。

石膏流化煅烧机经过不断发展，在自动控制、规模化、自清洁、环保、节能等方面，具有较高的性价比。

（2）内加热管式回转窑

回转窑内设有许多内管，管内通热蒸汽或导热油，物料在窑内间接受热，料在窑内停留时间较长，属低温煅烧，产品质量均衡稳定。日本的部分公司采用此法煅烧天然和工业副产石膏。我国山东从国外引进了一套以蒸汽为燃料的煅烧设备，这种方法对于有蒸汽源的地方较合适。

（3）气流煅烧方式

气流煅烧即热气体与粉料直接接触，二水石膏迅速脱水而成半水石膏。这种方式热利用

合理、设备紧凑、使用简单、功效高，适用天然石膏和工业副产石膏。德国沙司基打（Salzgitter）公司及美国 BMH 公司都有这类炉型，前者就叫沙司基打磨，后者称 Delta 磨。这种"磨"采用高速旋转的锤子将物料抛起并击碎、撞细，同时与气流相汇，完成干燥、煅烧的过程。上述两个设备中锤体的安装方式、锤头的数量、分级器放置的方向等有所不同，但其工作原理是相同的。

① 沙司基打磨：

已在德国、美国、挪威、荷兰、印度、韩国和我等国建立了不同规模的生产线，已有从 2～30t/h 不同规模的系列产品，用油、气做燃料。据资料介绍，当煅烧品位 95％ 的天然石膏，每吨产品热耗为：24 万 kcal/t 成品，电耗：30kWh/t 成品。

北京国华在从德国引进脱硫装置的同时，配套的引进了一套 6t/h 的脱硫石膏煅烧设备，燃料为重油，运转已多年，尚未达到设计能力。设备价包括一条年产 40 万平方米的石膏砌块生产线，总价格约 7800 万人民币。该煅烧设备外形体积较小，构造简单紧凑，产品质量较稳定。该设备在充分消化吸收后，在国内应很有发展前途。

② Delta 磨：

该磨是冲击磨，水平方向有两个室，一个锤磨转子室，一个是分级器室。料先进入锤磨室，高速旋转的锤子将物料打散并"击细"，同时与热气流相汇，进行干燥和煅烧，热烟气将磨细了的料带入系统内的分级器，旋转叶片将较大的颗粒甩回锤磨室继续粉磨，合格细料经高温收尘器收入料仓。

这种磨在煅烧 80％ 天然石膏，游离水 3％ 时的热耗为 22.0 万 kcal/t 成品，若用于游离水为 10％ 的脱硫石膏（90％ 以上）时，热耗约为 28430 万 kcal/t 成品。据 BMH 公司介绍此磨设计合理、功效高、设备运行率高、故障少。产品的细度可调节、设备紧凑占地少、热效率高、能耗低、煅烧的建筑石膏均匀一致。

③ 斯德动态煅烧炉：

该炉外形为立式圆柱体，底部带有打散器的立轴与电机相连，产生旋转运动，一个侧面中下部进料，另一侧面下部通入热风，顶部出料至除尘器进行气固分离后，机械输送至储料仓。

基本原理是：物料和热气体快速混合，在炉体轴向产生旋转运动，使物料与热载体急速换热，达到二水石膏脱水的目的，这种方式也可称闪蒸式煅烧。特点是：连续作业，热交换速度快，从进料到出料仅需几秒钟。

(4) 直热内烧式回转窑

直热内烧式回转窑的煅烧方式是热介质与石膏物料在窑内直接接触使之脱水而成半水石膏或无水石膏。石膏物料在水平带小角度倾斜的圆筒中旋转前进，热介质与其同方向或反方向运动，在运动过程中完成石膏脱水，喂料与出料为连续作业。由于采用直火，其热效率要比外烧回转窑高，燃料可用气、油、煤。近几年在河北、山东等地均有不同规模的回转窑生产，目前我国已正式投产运行的直热式回转窑都是燃料为煤，煅烧能耗约在 22～23 万 kcal/t 成品，产品质量以顺流式，若用直热式回转窑煅烧工业副产石膏，在煅烧前可不必进行干燥处理，但应有一定长度的干燥带，排湿和收尘要重点设计。煅烧脱硫石膏热耗应低于 30.0 万 kcal/t 成品。回转窑设备结构较简单，是国内成熟设备，制造厂较多。

（5）流化床式煅烧炉

流化床式煅烧炉外形为立式圆柱体，一侧中部进料，炉体下部为流化床，床底部设有气流分配器，使热气流从炉的另一侧下部进热风，并按要求达到不同速度梯度，将石膏粉吹起使之处于悬浮状态，同时进行热交换，使其脱水而成半水石膏。该工艺的关键技术是严格控制床层温度和气体压力，使床层中的料层温度和停留时间控制在二水石膏最大限度地转化为半水石膏的范围内，从而保证了产品的质量。

脱硫石膏的煅烧能耗为：

当纯度大于 90%，游离水 10% 时，其热耗为 1467GJ/t 成品（35 万 kcal/t），电耗为 30kWh/t 成品。

（6）选择建筑石膏煅烧设备的几点建议

决定建筑石膏理化指标的关键在于建筑石膏的相组分和表面活化能。

采用慢速煅烧设备，比如石膏流化煅烧机、连续炒锅、回转窑等，在工艺参数控制合理的前提下，建筑石膏基本以半水相为主，性能指标比较稳定。

快速煅烧设备，比如彼得磨、Delta 磨等，在工艺参数控制合理的前提下，建筑石膏基本以半水相和无水Ⅲ为主，性能指标经陈化后比较稳定。在纸面石膏板生产线设计上，主要缩短成型距离，但要加长干燥入段的长度，满足建筑石膏的水化要求。

11. 不同煅烧设备在生产建筑石膏中的影响有什么？

答： 石膏的煅烧工艺是生产石膏制品的关键，而作为煅烧所使用的设备也自然成为石膏生产中的重要设备，它的性能好坏直接影响到石膏产品的质量，所以在石膏生产中制造或选择一套性能先进、适合产品需求的煅烧设备十分关键和必要。

（1）煅烧设备的优劣对石膏制品性能的影响

天然石膏或化学石膏可以随加热温度与条件不同，分别得到含水和无水硫酸钙的各种变体，其密度、结晶形状与大小、水化热等均有所区别。变体的稳定状况及其相的转化，与热处理条件有着密切关系。所以在生产中选择合适的热处理条件，对建筑石膏性能影响很大。根据所需建筑石膏产品不同，选择不同的干燥煅烧模式，严格控制煅烧温度及时间，以达到生产优质产品的目的。因此，煅烧设备的优劣直接影响到所生产出的建筑石膏制品性能的好坏。

（2）煅烧设备对生产线规模及机械化和自动化程度的影响

从煅烧设备的分类可知，有间歇式和连续式，慢速煅烧和快速煅烧等形式，而现代化石膏生产工艺往往要求产量大、机械化和自动化程度高。因此，选择何种形式的煅烧模式，将直接影响到生产线的机械化和自动化程度及生产规模。

12. 煅烧设备对企业生产成本和环保有何影响？

答： 煅烧设备选用何种热能、设备保温状况如何、设备尺寸大小、是否连续生产等因素都将影响生产成本及环保能否达到要求。根据燃料的不同，热处理设备可选择间接加热和直接加热两种模式。不清洁燃料采用间接加热、慢速脱水煅烧工艺，其能耗高，热效率低，实际生产中采用优质保温材料对设备进行保温来降低热损耗；而清洁燃料则采用直接加热，快速脱水煅烧工艺，其热效率高，成本低。再有间接加热煅烧设备还可以选用废蒸汽、废煤气、瓦斯气、烟道热气等废弃热源进行热处理，不但可以降低生产成本，而且有利于环保。除燃料的种类影响成本外，设备热处理规模大小、机械化自动化程度高低，也直接影响成本的高低，设备单机热处理能力大，机械化自动化程度高，单位成本就低；反之，成本就高。

13. 石膏粉磨的作用及不同的破碎方式对石膏活性有什么影响？

答：石膏粉磨主要是将石膏磨细，提高水化活性；同时它还起着脱水的作用。实验证明：石膏经长时间粉磨，可逐次转变为半水石膏、Ⅲ型无水石膏和Ⅱ型无水石膏。所以粉磨的时间也不宜过长，应与颗粒细度和物相组成相匹配。

不同的磨机所得的石膏活性相差较大。一般辊压式磨机所得的物料没有球磨机所得的物料水化活性高，因此水泥厂至今仍采用球磨机作为最终粉磨使用。根据磨机的破碎原理，物料有五种受力情况，即挤压、冲击、磨剥、劈裂和折断。从测试情况看，有利于石膏活性发挥的破碎力以冲击、劈裂为最好，其次是折断和磨剥，最差的是挤压力。这是因为冲击、劈裂可顺着石膏的节理或裂纹进行破碎，这不仅增加石膏的表面积，同时造成大量的断键，增加物料表面的能量。而挤压力则正好将活性高的表面压实，将断键消除，表面能降低。球磨机内物料所受的力主要是冲击的磨剥，而辊压式磨机则以挤压力的磨剥为主，所以两者磨出的物料在性质上具有较大差别。以挤压力为主的磨机不适合做胶凝材料的粉磨用，最好选用以冲击和碰撞为主的磨机，如球磨、离心磨、气流磨等。

（二）煅烧工艺

1. 如何控制好建筑石膏的结晶水含量？

答：由于煅烧石膏中的一些相的生成温度区域相互交错，因此在一定条件下生产的石膏都是以某相为主的混合相，其中可能包括二水石膏、半水石膏、可溶性无水石膏及无水石膏AⅡ。结晶水是控制建筑石膏质量的一个重要指导参数。从理论上讲，要使二水石膏尽可能多的生成半水石膏，也就是要使建筑石膏结晶水尽可能多的接近于 6.2%。而实际生产中所用石膏的纯度几乎不可能是 100%，如果用于建筑石膏纯度一般为 75%～90%。因此要达到产品的最好质量，就需要更加准确、精密地控制建筑石膏结晶水含量，使其尽可能接近于 $6.2\% \times a\%$（$a\%$ 为所用石膏的实测纯度）。例如，如果生石膏的实测纯度为 85%，则建筑石膏结晶水含量的实际理论值为 5.27%。也就是说，用纯度为 85% 的石膏生产建筑石膏，为得到尽可能多的半水石膏，其结晶水应尽可能地接近 5.27%。

如果实际生产出的建筑石膏的结晶水高于 5.27%，则说明建筑石膏欠烧，其中含有残余的二水石膏；如果建筑石膏的结晶水低于 5.27%，则说明建筑石膏过烧。无论过烧还是欠烧，都会降低建筑石膏中半水石膏的含量。而在实际生产中不可能将结晶水严格控制在 5.27% 这样的理论值上，总是欠烧或者过烧。在这种情况下，根据有关资料及试验证明，在生产过程中，宁过烧勿欠烧。由于欠烧石膏中含有较多的二水石膏，导致建筑石膏的用水量较大，凝结时间加快且不稳定；硬化体的强度下降。过烧石膏中几乎不含二水石膏，较多的可溶性无水石膏可吸收水分转化为半水石膏，因此，经过均化、陈化后可使得在一定程度内过烧的建筑石膏的相组成较稳定，其物理性能也较高。但过烧程度必须严格控制，否则生成太多的可溶性无水石膏，甚至因煅烧温度过高生成无水石膏AⅡ，对建筑石膏的凝结硬化性能将造成不利影响。

2. 煅烧石膏工艺技术和工厂设计存在哪三个平衡问题?

答:煅烧石膏工艺技术和工厂设计要解决"三个平衡"问题,即热量平衡、质量平衡、能量平衡。

(1)热量平衡

煅烧石膏是一个吸热的化学反应,首先是"热量平衡"。湿法生产的工业副产石膏含有附着水和结晶水分,祛除表面水分称作"烘干",在干燥器中进行,祛除一个半结晶水的过程,称作"煅烧",在煅烧炉中实现。计算烘干和煅烧所用的热量,即热量平衡,是选择热力设备、风机、管路、阀门、容器、除尘器等设备的基础。

热量平衡中应注意提高热能利用率。

(2)质量平衡

由二水石膏到半水石膏的转变过程,也是质量平衡的过程。计算每个过程的石膏质量变化,是合理选择输送机械、容器、计量装置的依据。石膏的物理化学性质,是正确选择输送机械等设备必须考虑的因素。

(3)能量平衡

各种机械都要使用动能,计算各种动能消耗,是选择电源、热源、水源等能源的依据,也是布置电气线路、供热管道、各种液体管道的依据。

根据以上三个平衡的结果,对石膏生产线要做优化设计。在此基础上,做好工艺设计和设备选型。

3. 石膏生产线除考虑"三个平衡"的设计外,还应注意什么问题?

答:石膏生产线设计是系统工程,在"三个平衡"的基础上开展各种设计,还有"统筹兼顾"的问题。

比如在质量平衡时,各种储仓、储罐、容器的设计要统筹,输送机械也要优化设计,减少重复和避免增加不必要的环节。

在热量平衡时,要考虑热能的梯级利用和回热利用,减少传热温差,提高热能的利用率。在系统中做到热能的充分利用,只有在本系统的热能不能满足传热推动进行时,才考虑增加新的高品质热源,避免热能损失,提高热能使用率。

在能量平衡时,尽量减少"大马拉小车"现象,减少气体、液体输送工程中的各种损失,都是节能必须考虑的。

各种过程的控制、各种参数的测量和计量,也要统筹考虑,做到既能满足需要,又减少不必要的剩余。

4. 建筑石膏生产过程中精密控制的保证措施有哪些?

答:(1)原材料控制

首先对所用石膏矿石的整体质量要有一个评价,做到心里有数。除了经常对所用石膏原料进行化学全分析外,生产控制中更简单易行的方法是采用结晶水分析法来控制石膏质量。这种方法分析成本低、快速,仪器设备仅需天平、马弗炉(或烘箱)即可。

例如:均匀取石膏样1g,经230℃灼烧2h,冷却,称重。两者之比即为结晶水含量。

$$结晶水含量=\frac{试样重-煅烧后试样重}{试样重}\times100\%$$

石膏原料的化学成分也是在不断变化的，每批原料进厂都要进行结晶水含量分析，及时掌握石膏质量波动情况，为下道工序提供准确的数据。取样时一定要平均取样，使样品具有代表性。

（2）石膏脱水过程控制

石膏脱水控制是石膏生产中最重要的控制，半水石膏结晶水的含量直接反映了脱水程度（即物料脱水温度和脱水时间的变化）。石膏脱水温度和脱水时间是两个重要的工艺参数，因石膏煅烧设备及石膏矿石结晶水含量的不同而不同。正确的脱水温度和时间一般必须经过试验来确定。煅烧设备的测温探头一定要接触物料，出料温度波动范围不能超过±5℃，如出料温度波动较大（超过5℃），就会导致产品质量出现大的波动，每批或每窑物料的性能出现较大差异，从而影响整个产品质量的稳定性。

为排除人为因素和经验主义，最新的温控仪器已可以实现集中微机控制，生产过程中的温度变化可及时、直观、准确地记录下来，并及时调整。

为了做到石膏脱水过程的精密控制，除了必须严格地控制物料的煅烧温度、出料温度及煅烧时间外，还必须严格控制物料进煅烧设备的进料量或进料的连续稳定性，尤其对于间歇式设备，必须严格地控制每一次的进料量（波动范围不能超过±100kg），并尽可能地缩短进料时间和出料时间。煅烧过程中的每一个步骤都可能影响到产品质量，为了保证产品的质量及质量的稳定性，必须严格、精确地控制该过程中的每一个工艺参数。

（3）半水石膏结晶水含量的控制

石膏的加热脱水过程实际上是一个由二水石膏转变成半水石膏的化学反应过程。在这个反应过程中，要脱掉$1\frac{1}{2}H_2O$结晶水（14.73%），半水石膏中只含有半个分子的结晶水（6.2%）。从理论上讲要使二水石膏尽可能地生成半水石膏，也就是说，要使半水石膏中结晶水的含量最大限度地靠近6.2%，这样才能达到产品的最好质量。那就需要更准确、精密地控制半水石膏中结晶水的含量。

但在实际生产过程中二水石膏不可能是非常纯的，总含有许多其他杂质，如：硅、铝、铁等，结晶水含量也不可能达到20.93%，所以每批二水石膏都有它的一个实测值，根据此实测值再推导所生成的半水石膏结晶水含量的理论值，然后将实际测得的半水石膏结晶水含量与理论值进行比较：

$$半水石膏结晶水含量的理论值=\frac{实测二水石膏结晶水含量}{3.375}\times100\%$$

例如：实测二水石膏矿石结晶水含量为19.3，那么它生成的半水石膏结晶水含量的实际理论值为：

$$\frac{19.3}{3.375}\times100\%=5.72\%$$

要求用这批石膏原料生产的半水石膏粉的结晶水含量尽可能地靠近此理论值，过高、过低都不好，靠得愈近，产品质量愈好。若高出此理论值，即表明煅烧后的熟石膏中仍有一定量的二水石膏。

二水石膏在半水石膏粉中是一种促凝剂，使凝结时间加快、标稠提高、强度下降。所以，控制熟石膏中结晶水的含量是非常重要的。

（4）产品均化控制

石膏生产企业一般只注意石膏产品的陈化处理，而很少注意石膏产品的均化处理。均化处理在产品的质量稳定方面起着举足轻重的作用。许多石膏企业产品质量不稳定，忽高忽低、忽快忽慢，都是均化不足引起的。尤其在间歇式煅烧设备生产工艺中表现最为明显。控制办法为多窑搭配，均衡入库，机械倒库。尤其新建石膏企业在工艺设计时要考虑到均化问题，设立均化库。老企业进行技改，设立均化库或仓，亦可解决问题。

5. 建筑石膏生产过程中的控制点及控制方法是什么？

答：建筑石膏生产过程质量控制是一项系统工程，从主要原料管理入手，到产品出厂为止，均应进行严格的控制。局部主要环节应采取精密控制，生产中主要有以下环节或工艺参数需要实行控制：

① 生产原料的控制（控制石膏矿石中 $CaSO_4 \cdot 2H_2O$ 的含量）。

② 石膏煅烧过程的工艺参数控制（温度、入料量、煅烧时间、进出料时间等）。

③ 熟料的陈化、粉磨及均化控制。

其控制方法是：

① 原料精选，控制原料中 $CaSO_4 \cdot 2H_2O$ 的含量。

② 半水石膏粉结晶水快速测定。

③ 相分析快速测定。

④ 标稠、凝结时间、强度与各工艺参数的曲线关系。

⑤ 产品的常规物理性能检测。

以上八条，均是石膏粉生产过程中与产品质量有密切关系的重要控制环节或控制方法。

从整体上说，整个控制分为三大部分，即：原材料控制、石膏脱水过程控制和产品陈化、均化控制。

6. 熟石膏干燥系统的节能从哪几方面进行？

答：多年来，人们对干燥过程中的节能技术研究一直在进行之中。通过理论研究、试验和工业化生产都积累了许多节能的经验，目前熟石膏干燥系统的节能有以下几方面：

（1）干燥系统的优化

以对流干燥系统为例，通过空气将热量传递给物料，水分蒸发后水蒸气又迁移到空气中并带离干燥器。在这个过程中，产生的蒸汽通过物料表面的气膜以对流方式向空气中扩散，与此同时，在热空气与物料温差的作用下，热量还要向物料内部传送。另一方面，由于物料表面水分的不断汽化，物料内部和表面产生了湿度差，从内向外依次降低。在湿度差的作用下，内部水分将以液态或气态形式向外表扩散。干燥速率的差异、干燥热效率取决于物料内部或外部传热传质能力的强弱。如果物料外部对流传热传质速率小于内部，即干燥过程由内部因素控制，此时提高热效率的方法就是强化外部的对流传热传质过程，使之适应内部传热传质速率，可以降低尾气排出温度，热效率能够提高。相反，如果干燥过程由外部条件控制，则应强化内部的传热传质过程，从而有效地提高总体热效率。事实上，改变外部条件比较容易做到，而改变物料内部条件相对难一些。

（2）尾气部分循环

利用尾气部分循环，是节能的另一个措施。方法是把尾气排出的气体中的一部分回收，重新与冷空气混合，送入加热器中，加热到同样温度后再送入干燥器中作为干燥介质。回收的尾气中也带回了一些水分，使进入干燥器介质总的湿度增加，干燥过程推动力降低了，干燥速率减慢。因此，若保持相同的蒸发能力，就必须在干燥过程中强化物料外部对流传热传质作用，或者增大干燥室的尺寸。前者可能要消耗部分能量，后者也要增加系统投资。所以在采取本方案时，要进行经济核算，否则会得不偿失。

（3）回收尾气中的余热

由于尾气带走了大部分热量，造成能量的大量流失，如果能回收其中部分余热，则可以有效地提高干燥热效率。目前，比较成熟的尾气余热回收设备有热管、热泵、液体耦合热回收器等。

（4）操作条件的控制

① 控制进出口气体温度

对流干燥进出口热风温度与水分蒸发量有密切关系，在相同干燥容积、相同出口温度下，空气进口温度高则蒸发强度也高，水分蒸发量也越大。提高热风进口温度，降低尾气出口温度，是决定设备热效率的重要因素。例如，热风进口温度为 $200℃$，尾气排出温度为 $80℃$ 时，热效率为 63.2% 左右，当尾气温度为 $140℃$ 时，热效率仅为 31.6% 左右，热效率降低了约 50%。

② 进料含固率

在相同生产能力条件下，提高料液的含固率，可减少干燥过程中水分蒸发量，因而减少能耗。

7. 石膏煅烧中影响电除尘的主要因素是什么？

答：（1）粉尘颗粒的影响

根据不同的石膏粉磨和煅烧工艺，粉尘的粒径不统一。一般来说，粉尘的粒径越大，沉降速度越快，粘附性小，收尘效率越高；粒径越小，因絮流气体扰动，被电场捕集的概率越小，就越容易从除尘器中逃逸。

（2）废气含尘浓度影响

废气的含尘浓度太高，产生电晕封闭，影响电除尘器的性能；废气的含尘浓度太低，粉尘不易收集。因此，对于排放粉尘浓度较大的工艺和部位，可以采取预收尘措施将部分粉尘收集后再进入电场。

（3）废气的温、湿度影响

由于石膏煅烧后排放的废气都具有一定的温度和湿度，因此废气的温、湿度对电除尘器的除尘效果也有一定影响。粉尘在 $180℃$ 左右时比电阻最大，温度太高或太低粉尘的比电阻将会下降，如果废气温度过高，应使之降至 $110\sim150℃$。石膏煅烧过程中需要去除附着水及石膏晶体中的部分结晶水，因此，所排放的废气中不可避免的含有一定量的水分。废气湿度主要通过影响粉尘比电阻和影响火花放电、电压及伏安特性这两种途径来影响除尘效率，废气中水含量上升，露点上升，粉尘的比电阻下降，除尘器的效率上升；在相同电晕电压下，电晕电流随着废气含湿量的增加而减小。

（4）废气成分的影响

在利用烟气直接煅烧石膏的工艺中，石膏粉尘和烟气粉尘可以共用一电除尘器，这样废气中 SO_2、CO_2 的含量高，会对放电极起晕产生有利影响，有利于电除尘效率的提高。

（5）气流速度的影响

气流速度的大小对除尘效率有较大影响，风速增大，容易产生二次扬尘，除尘效率下降。但是风速过低，需要的电除尘器体积大，投资增加。

8. 煅烧石膏中的收尘现状及应注意的问题?

答：石膏在加工过程中，收尘效果的好坏非常重要；它既影响到生产环境，又影响到半水石膏产品的质量。由于煅烧石膏时逸出的粉尘，含有大量的水蒸气，加之煅烧后的石膏易吸收水分，在短时间内凝结硬化；另外，石膏在煅烧沸腾时，粉尘处于飘浮状态，极易随气流浮游。因此，使用一般的除尘设备易结露、堵塞。

根据目前掌握的情况，袋式除尘器在石膏工业中没有得到较好的推广，其主要原因是：当温度在 110～120℃时布袋易焦化，脆而易碎，且易被粉尘填塞失去弹性，致使其使用寿命短，收尘效果随使用时间变长而恶化。虽然有较多单位采用玻纤布袋，解决了耐温问题，但仍不能解决粉尘填塞问题。因此，在收尘设备选型时，必须考虑粉尘对收尘设备所造成的影响。此外，收尘气量与设备的匹配也至关重要。

电收尘器用于石膏煅烧收尘中，与该设备用于水泥熟料煅烧收尘相比，有较大的差别。

在使用电收尘器过程中，还需要解决以下问题：

第一，石膏粉的黏性大，粉尘易粘在电极上，不易振开，致使粉尘堆集增多后，造成放电现象，使电收尘器收尘失效。

第二，石膏粉尘的比电阻，适合电收尘器工作的比电阻范围在 10^4～10^{10}。然而，石膏粉尘的比电阻受温度的影响大，随温度增高，其比电阻增强较快。当温度在 80℃时，其比电阻在 10^4 左右，而当温度由 80℃升高到 170℃时，其比电阻值则升至 10^{13}，已超出电收尘器使用范围内的比电阻值。

第三，保温是电收尘器使用时的另一重要问题。要保证比电阻在最佳工作值范围内，不结露、不粘结，保温非常重要。据测试的数据，107～120℃的温度，为电收尘器正常工作的适宜温度。

第四，选择宽极距、增大电压等专门设计的电收尘设备。

9. 为什么要用优选法选择石膏煅烧最佳工艺参数?

答：无论使用天然石膏还是使用工业副产石膏生产建筑石膏，都要进行烘干和煅烧，去掉表面附着水分和一个半分子的结晶水。由于干燥煅烧设备不同，影响石膏中半水石膏含量的因素也不同。如果不对这些因素加以分析和控制，产品中就可能夹杂过量的二水石膏或无水石膏。用行业术语说就是欠烧和过烧。运用"优选法"对影响欠烧和过烧的因素进行筛选、调整和优化，可以大大提高半水石膏的含量，提高建筑石膏的稳定性。

10. 在天然石膏炒制锅中加食盐有什么优点?

答：在石膏炒制锅中掺加食盐，能减少石膏产品的需水量，提高石膏产品的强度。根据

B·A·伊帕齐耶夫的资料，当掺加的食盐为石膏量的10%时，标准稠度会降低至45%～50%，产品的强度会提高15%以上。

11. 过热蒸汽利用的热能值是多少?

答: 过热蒸汽热交换后排出100℃的热水，根据表2-3可计算出300℃左右的过热蒸汽可利用的热能值为600kcal/kg，其中汽化热为539kcal/kg，汽化水热焓释放比例为88.7%，蒸汽降温释放出的热能为61kcal/kg，比例为11.3%；而250℃左右的过热蒸汽可利用的热能值为580kcal/kg，其中汽化热为539kcal/kg，汽化水热焓释放比例为92.4%，蒸汽降温释放出的热能为41kcal/kg，比例为7.6%

表2-3　不同温度的过热蒸汽和100℃热水的热焓值

温度（℃）	热焓（kcal/kg）
100（液体）	100
100（蒸汽）	639
200	650
220～260	680
280～320	700

12. 在煅烧建筑石膏过程中热消耗节能的方案?

答: 煅烧建筑石膏过程中有多种热消耗节能的方案，图2-3是其中的一种方案。

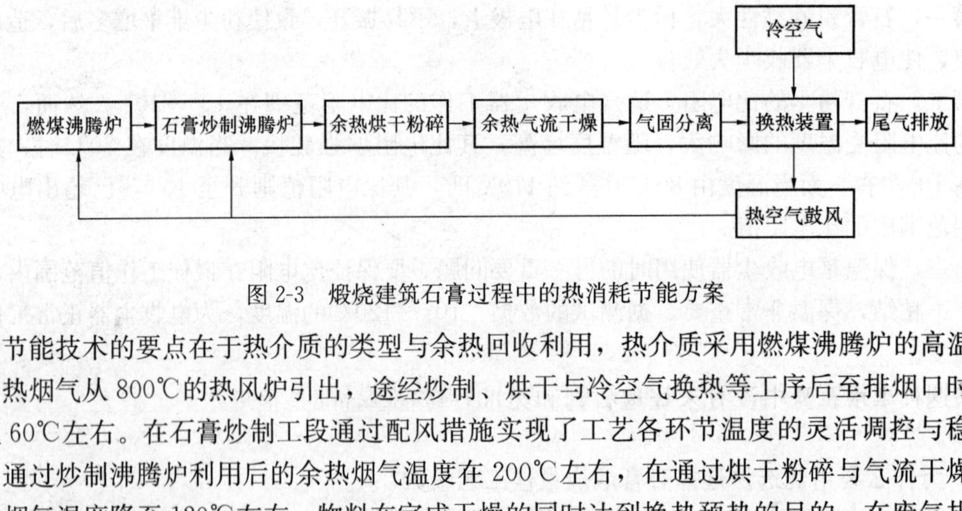

图2-3　煅烧建筑石膏过程中的热消耗节能方案

节能技术的要点在于热介质的类型与余热回收利用，热介质采用燃煤沸腾炉的高温热烟气，热烟气从800℃的热风炉引出，途经炒制、烘干与冷空气换热等工序后至排烟口时温度降至60℃左右。在石膏炒制工段通过配风措施实现了工艺各环节温度的灵活调控与稳定运行。通过炒制沸腾炉利用后的余热烟气温度在200℃左右，在通过烘干粉碎与气流干燥工序时，烟气温度降至120℃左右，物料在完成干燥的同时达到换热预热的目的。在废气排放的过程中设置冷空气换热装置，将烟气温度降至60℃左右排出烟道，冷空气经预热后用于燃煤沸腾炉和炒制沸腾炉的鼓风。该方案热能的利用方式高效合理，节能效果明显。

13. 建筑石膏低温慢速煅烧的特点是什么?

答: 指煅烧时物料温度小于160℃，物料在炉内停留几十分钟或1h以上的煅烧方式。如连续炒锅、沸腾炉流化床式焙烧炉。这种煅烧方式是二水石膏受热时逐步脱水而成半水石膏，根据二水石膏纯度，选定最佳脱水温度，自控系统将炉内温度、水蒸气分压、物料停留时间等调整到最佳稳定状态，使煅烧产品质量均一而稳定。其煅烧产品中绝大部分为半水石膏、极少量的无水石膏Ⅲ、二水石膏及无水石膏Ⅱ，结晶水含量一般在 5.0%~5.8%，个别为>4.0%。

14. 建筑石膏快速煅烧的特点是什么？

答： 指煅烧物料温度大于170℃，物料在炉内停留几秒到十几秒的煅烧方式。已在国外应用多年，广泛用于高速的纸面石膏板生产线及石膏砌块等产品。

这种煅烧方式是二水石膏遇热后急速脱水，很快生成半水石膏或无水石膏Ⅲ，由于料温较高甚至无水石膏Ⅲ的比例较大，而Ⅲ型无水石膏是不稳定相，在含湿空气中很容易吸潮而成半水相，因此在这种煅烧方式中加有冷却装置。对于快速煅烧，炉内的气氛很重要，当炉内热气体的含湿量很小时，煅烧的成品物相中无水石膏Ⅲ相对较多，产品处于"过火"状态。经过冷却陈化后，相组成有所改变，半水相增加了。另一方面是含湿"废气"的合理循环利用，使炉内水蒸气分压加大，有利于相组成的转变和稳定。因此，快速煅烧方式除应调整最佳脱水温度外，还应根据燃料的种类，计算出燃烧气体的含湿量，判断炉内水蒸气分压的大小，若分压很小时，则应采取外加湿的方法以提高炉内的气氛湿度。

快速煅烧最突出的特点是生产效率高、能耗低。生产中通过良好的冷却和陈化环节可使产品质量得到保证。

15. 建筑石膏中速煅烧的特点是什么？

答： 这是物料在窑内停留时间在几分钟、十几分钟，物料温度在140~165℃之间，这种方式介于慢速与快速二者之间。典型的煅烧设备是回转窑和良好的陈化措施，产品质量能有所保证。

煅烧工业副产石膏时，除在设计窑时考虑一定的干燥带外，还应根据物料的颗粒级配选择合适的粉磨设备，以改进煅烧前后颗粒级配的比例，使产品物性更加优势。

16. 为什么要根据熟石膏性能要求选择不同的粉磨与煅烧工序？

答： 在熟石膏工业中，现有的各种粉磨与煅烧工序，都能生产出反应活性截然不同的两种产品，工业上称它们为半水石膏或过烧石膏。在用沸腾炉生产的半水石膏作抹灰石膏时，如果在这种半水石膏中没有未烧透石膏和无水石膏Ⅲ型，那是很理想的。若要生产预制构件，最好使用在回转窑内用明火直接焙烧的半水石膏，因为它具有良好的反应活性。

17. 天然石膏先煅烧后粉磨和先粉磨后煅烧各有什么特点？

答： 先煅烧从原料粒度来讲，一般对天然石膏矿采用锤破，原料粒度为 0.10mm，石膏是一种热的不良导体，它在改性转变过程中，要吸收大量的热量，由于粒度相差悬殊，煅烧脱水反应不一致，必定在煅烧过程中，存在欠烧和过烧，从而影响产品质量；后期必须通过陈化效应来稳定产品质量。

而先磨后煅烧就不存在此缺点，并有煅烧均匀、能耗低的特点，有效地保证了煅烧质量。由于先磨后煅烧原料是常温，对磨机来说运转部分的寿命将延长，提高了磨机的使用寿命。不过先磨后煅烧应在封闭的立式火管式的沸腾炉中煅烧才能减少尾气收尘。

18. 煅烧温度对石膏颗粒有什么影响?

答: 石膏在整个煅烧过程中均处于一种运动状态,高温煅烧对石膏颗粒的影响较为短暂,这种影响对较大的石膏颗粒,不像对最小的石膏颗粒那样明显,仅在很短时间内,便完成脱水而变成无水石膏。

由于石膏导热性较低,大的颗粒需要较长时间才能均匀烧透,而小的颗粒经过长时间煅烧就会出现过烧。为了避免此种情况,石膏煅烧的颗粒应尽量均匀合理,一般间接加热回转窑,要求进料颗粒应在 5mm 以内,为了均匀煅烧,进窑石膏颗粒应有一定的级配。

19. 不同的煅烧温度对石膏的凝结和溶解速度有什么影响?

答: ① 在 115℃和 125℃温度下煅烧的石膏,其溶解度提高得很快,并且能迅速形成 $CaSO_2 \cdot 2H_2O$ 的强烈过饱和溶液;之后,溶解度开始降低,起初急剧降低,而后较为缓慢,经 1 昼夜后,达到微过饱和溶液。

② 在 200℃和 300℃温度下煅烧的石膏,可形成过饱和溶液,在 100mL 水中溶解达 0.232g 和 0.259g;在 300℃下煅烧的石膏,可溶性无水石膏很多。

③ 在 400℃和 500℃温度下煅烧石膏的溶解速度,有着显著的差别。在 400℃下煅烧的石膏,能形成过饱和溶液,而且凝结得较快(凝结取决于过饱和溶液的结晶作用)。而在 500℃下煅烧的石膏,则不能形成过饱和溶液。

④ 所谓"死烧"石膏的生成,和过饱和溶液的范围相符。

⑤ 煅烧石膏可以认为是由两部分组成的:能很快变成溶液的可溶部分和不溶部分。"不溶性"无水石膏缓慢的溶解过程,开始发生于可溶性交体石膏已经变成溶液的时候。

⑥ 在 500℃至 800℃温度下煅烧的石膏,其溶解度开始时提高得很快,这是由于在"死烧"石膏中存在有大量可溶性变体的缘故。

⑦ 在不同温度下煅烧的石膏的溶解过程不能完全解释清楚凝结作用实际上的中止。应该容许有这样的说法,即不溶性变体石膏会阻碍凝结,它夹杂于晶体之间,并妨碍晶体的结合。

⑧ 由一种变体石膏转变成另一种变体石膏的明显转化点,是不存在的,因为石膏的溶解度在不断地减慢。"死烧"石膏即为在技术实践中要求凝结时间最长的石膏。

⑨ 煅烧石膏变成可溶性变体石膏的速度小于二水化合物结晶的速度。

20. 熟石膏的细度与凝结时间有何关系?

答: 石膏凝结时间均随细度增加而缩短,但当石膏比表面积达到 11236cm²/g 时,凝结时间却又有略升高。石膏掺加缓凝剂后,石膏细度从 5265cm²/g 增加至 8164cm²/g 时,石膏凝结时间大幅度缩短,比表面积的增大对缓凝剂的作用效果具有一定的抵消作用。当细度达到 8164cm²/g 后,凝结时间与细度关系不大。掺加缓凝剂后石膏颗粒比表面积在 5265~8164cm²/g 时,石膏细度对石膏凝结时间影响显著。建筑石膏细度的变化对石膏硬化体的绝干强度影响不如对凝结时间影响显著。随着石膏细度的增加,石膏硬化体的绝干强度基本都呈现下降趋势。但对不掺缓凝剂和掺柠檬酸的建筑石膏,当比表面积从 5265cm²/g 增加到 8165cm²/g 时,石膏强度有所增加。

21. 天然半水石膏细度对制品强度有什么影响?

答：天然建筑石膏经过粉磨后均能通过 100 目的筛。因此，细度为 60 目和 100 目的粉末粒度分布大致相同，水化时标稠需水量也基本不变。制品中大小粒子搭配适当，搭接点多。制品中晶粒分布均匀，晶粒尺寸起伏不大，且在此细度范围内，一般大颗粒的比例较大。大颗粒中，可能存在一定比例的二水石膏，对结晶过程有诱导加速作用，标稠需水量小。大颗粒会造成制品孔隙率较高，降低其强度。然而，此时由孔隙率引起的强度下降，并不能起主导作用，因而在此粒度范围内，总的效应导致了制品强度达最高值。

细度在 100～120 目范围内，强度对粒度的变化很敏感。标稠需水量改变也非常迅速。此时，由于粒子变小，粒子表面较粗糙，松装密度较大，比表面积增加，导致吸水量增加。同时，细小颗粒在脱水过程中产生的过烧现象相应增加，有Ⅲ型无水相出现，吸水量也增加，粒子之间以范氏分子力相结合，破坏了结晶结构网络，孔隙率下降速度减缓，制品强度急剧下降。

细度在 120～160 目范围内，细颗粒增多，脱水过程中过烧程度增加，Ⅲ型无水相比例增大，严重破坏了结晶的结构网络，降低了制品的致密度，结构松散，孔隙率上升，出现强度下降的现象。水化过程中初凝时间和终凝时间增长，细小粒子与水反应的表面增大，水化速度加快，从液相中析出大量比表面积较大的水化新生物，它们因表面能的不饱和，而相互间接触点的强度很低。而因过烧而出现的少量Ⅲ型无水相，使标稠需水量随细度增加变得缓慢。

细度在 160～180 目范围内，粉末变得更细，制品致密度显著增加，孔隙率下降，标稠需水量随细度增加而趋于饱和。此时，孔隙率对强度的影响起主导作用。由于孔隙率的下降，导致制品强度有所上升。

用 β 型半水石膏生产制品，石膏粉的细度不宜过大，以 100 目为最佳。若要选取细度大于 160 目的粉来提高强度，如非特殊需要，一般很不经济。

22. 熟石膏生产工艺中石膏脱水转变温度是怎样的?

答：生产熟石膏粉需要一定的温度范围，见图 2-4。

图 2-4　一般工业常见的石膏脱水转变温度

23. 如何解决建筑石膏生产中过热蒸汽热交换温度偏低的问题?

答：要想达到生产 β 型半水石膏的最低温度条件，必须比生产 α 型半水石膏多用 1.5 倍的 250℃过热蒸汽（其中 1.5 倍的蒸汽无效排放）；因此，脱硫石膏在用蒸汽作热源时，只适合 α 型半水石膏那种封闭有压力的生产工艺。

当进口过热蒸汽为 300℃、出口过热蒸汽为 200℃ 以下时，煅烧温度范围符合生产 β 型半水石膏的要求；过热蒸汽在换热时只能散发出 50kcal/kg 的热能；同时，以含附着水为 5% 的二水石膏为原料，正常情况下生产 1kg 熟石膏粉的热耗为 0.06kg 标煤（国家标准是 0.04～0.07kg，原料不含水分，这里取平均值），以标煤的热能值为 7000kcal/kg 计算，生产 1kg 熟石膏粉的能耗为 420kcal。由此可计算出，生产每千克 β 型半水石膏需要 8.5kg 过热蒸汽的流量，生产 β 型半水石膏就必须加粗蒸汽散热管，即增大散热面积与换热空间的比例，加大煅烧设备的投入；并且煅烧设备的过热蒸汽流量还必须与下游蒸汽使用量相近；下游使用量过小，影响熟石膏的生产量；使用量过大，经过煅烧设备的过热蒸汽已经降压，无法再回到原蒸汽管道中。

24. 煅烧石膏时第一、二、三次沸腾有什么明显变化？

答： 由于石膏的脱水受水蒸气分压所控制，因此在煅烧期间石膏的脱水是一个不连续的过程。在工业上称之为"第一、二、三次沸腾"的几个变化，在时间/温度曲线上都能观察到。各种物理方法结合使用，清楚地显示出烧石膏、石膏料浆、浇注石膏在脱水处理过程中所发生的变化。在"第一次沸腾"结束之前，煅烧的物料中还有二水石膏存在，它在水化时起晶核作用，使诱导期和凝结时间都短，而此阶段的浇注石膏的机械强度得到了充分的发展。

"第一次沸腾"结束后，曲线有一段表示半水相的平稳段，半水相在料浆系统中产生大量的水化热。然而，无石膏晶核时，半水物的水化是缓慢的，它表现为诱导期长，料浆的凝结时间长，同时它的需水量较大，容积值也高。

在"第二次沸腾"点，煅烧物料的活性又提高，这可以从它相当大的比表面积看出。但在"第二次沸腾"点后，水化热、凝结时间、需水量、半水物含量都减少，这对于其他物理性质没有显著的影响。在此阶段，浇注试样的机械强度没有变化。"第二次沸腾"结束时，生成了由 45% 的半水物和 55% 可溶性无水物组成的混合相。在此阶段，诱导期、水化热、凝结时间、需水量、比表面积和容积值都减少了，但浇注材料的强度没有显著减弱。

在"第三次沸腾"（375℃）期间，当物料迅速转变成可溶性无水物时，除了比表面积以外，所有物理特性都显著降低。在此阶段，物料的水化热很低，诱导期短，需水量低，容积值小，浇注试样实际上没有强度，这种物料不适合做烧石膏制品。

"第二次沸腾"开始时的石膏，具有高的反应活性、高容积值、长的凝结时间和高需水量，用它制得的石膏浇注体强度很高。然而，在大大高于"第二次沸腾"点制得的物料是相等量分子的半水物和无水物的混合物，也具有高的反应活性。但其诱导期短、凝结时间短、容积值小、需水量低。其浇注石膏硬化体的强度仍然很高。它适用于制造粘结石膏、机械喷涂石膏和潮湿地区及地板的浇注石膏板。

26. 在建筑石膏中含有二水石膏的原因是什么？

答： 半水石膏中常含有少量二水石膏，二水石膏产生的主要原因有两个：其一是煅烧半水石膏时温度过低，颗粒状物料中心的二水石膏没有脱水，残留在半水石膏中；其二是由于半水石膏在运输、贮存中潮解生成的二水石膏。二水石膏在石膏水化过程中起促凝作用，较多的二水石膏使缓凝剂用量成倍增加，甚至调整不出较理想的凝结时间。因此生产单相型抹灰石膏，必须严格控制二水石膏相，即煅烧时采用过烧的方法，再通过陈化处理，包装、运输、贮存中严禁受潮，一旦发生半水石膏潮解，就不能用于抹灰石膏。

三、熟石膏的陈化效应

1. 什么叫熟石膏的陈化？

答：对于一般刚煅烧出的熟石膏，其物相组成不稳定、内含能量较高、分散度大、吸附活性高，从而出现调制后标稠需水量大、强度低及凝结时间不稳定等现象。改善这种状况的办法是使新煅烧得到的熟石膏，在密闭的料仓中存放，利用物料的温度（107℃以上），可以使物料中残存的二水石膏吸热，进一步转变为半水石膏，同时其中的可溶性无水石膏（AⅢ）也可以吸取物料周围的水分转变为半水石膏，这种相组分的转变，以及晶体的某些变化，就是熟石膏陈化的实质。

2. 熟石膏陈化的条件及方法是什么？

答：通常熟石膏的陈化条件是：当其吸附水含量小于 1.5％时，是无水石膏 AⅢ 转化为半水石膏的有效期；若吸附水含量大于 1.5％时，半水石膏就会吸收水而成二水石膏。因此，陈化条件是很重要的。陈化的方法有自然法和机械法，机械陈化法要增加设备，如采用风动、螺旋冷却陈化设备或回转筒冷却陈化设备，陈化时间短效率高，但设备投资和能耗均高。自然陈化法是靠自然条件来陈化达到稳定熟石膏质量的目的。自然陈化过程中料层不能太厚，否则陈化作用不均匀，冷空气和余热的交换不充分，难以使熟石膏的相变过程趋于稳定。为此，自然陈化时应加以人工搅拌料层。自然陈化周期长，效果差。环境温度高对加快陈化有利。二水石膏在一定温度下脱水而得的以半水石膏为主的产物即为建筑石膏，实际上，石膏工业上所称的建筑石膏是二水石膏在一定温度下脱水分解的产物经过陈化才被称为建筑石膏。因此，严格地讲，半水石膏、熟石膏、建筑石膏应该是三个不同的概念。建筑石膏则是熟石膏经过陈化过程使其相变和物理力学性能稳定，能够直接用于石膏制品工业生产的成品。

3. 熟石膏的陈化过程机理及相变因素有哪些？

答：有些熟石膏经过陈化能使物理性能得到不同程度的改善，然而有的熟石膏经过陈化却达不到此目的。究竟熟石膏是否需要陈化以及陈化作用的机理如何。欧洲石膏协会把陈化机理的研究列为石膏板生产的重要科研项目，足见熟石膏陈化机理的研究对于稳定石膏板生产的质量具有重要的意义。

陈化过程中发生的相变有下述三种类型（图 2-5）：

① 可溶性无水石膏吸取空气中水分转变为半水石膏。

② 二水石膏继续脱水转变为半水石膏。二水石膏在余热作用下继续脱水，贮存于料库中的石膏在很长一段时间内维持较高的温度，这有利于残存于熟石膏中的二水石膏继续脱水。

③ 半水石膏转变为再生二水石膏。在陈化失效期内，由于半水石膏转变为二水石膏，使 DH 含量增加。

熟石膏陈化过程中物理性质与相变性质的关系（图 2-6）：

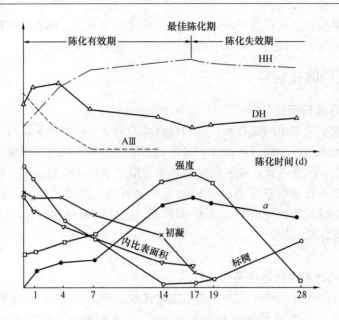

图 2-5　M 熟石膏陈化过程中物相、物性变化、
水化液相饱和度变化关系示意图

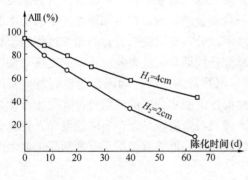

图 2-6　料层堆积度对相变的影响

（1）标准稠度变化

陈化有效期内，标准稠度是下降的，而自陈化失效期开始则逐渐复升。在陈化有效期内，标准稠度、比表面积变化规律是一致的。在陈化中，随着无水石膏Ⅲ的转变、吸附水分的增加以及石膏晶体表面裂纹的弥合，都使比表面积逐级减少。陈化初期，由于无水石膏Ⅲ转变迅速，致使标稠快速下降。在陈化失效期到来之后，因再生二水石膏晶核生成较多，从而导致水化速度加快，凝结加快，标准稠度增大。

（2）凝结时间变化

石膏的凝结时间与水灰比、温度、搅拌速度等因素有关，但从本质上看，我们认为陈化过程中凝结时间的变化是与液相饱和度及二水石膏的变化有关。由于半水石膏转变而生成的再生二水石膏晶核的增多，因此仍然使凝结时间缩短。

（3）强度变化

① 陈化过程中强度变化规律

当熟石膏制备温度较高时，强度提高显著；当制备温度较低时，强度提高不显著，甚至反而降低。

② 强度变化与标准稠度之间的关系

陈化过程中，标准稠度是影响强度变化的一个重要因素，但并不是唯一因素。

③ 强度变化与水化性质变化之间的关系

熟石膏在陈化过程中水化液相饱和度与强度之间关系密切，从熟石膏陈化过程中水化晶体大小的变化，也可看到这点。当水化速度超过一定限度，结晶接触点过多，结晶应力相应增大，强度反而降低。这就是熟石膏在陈化过程中强度增加的另一个重要因素。

④ 再生二水石膏对强度的影响

再生二水石膏对熟石膏物理性能的影响是十分显著的，虽然陈化过程中，再生二水石膏生成量有限，但其对陈化过程中熟石膏物理性能的变化却产生了决定性的影响。在湿度大的空气中陈化，A Ⅲ 转变速度快，再生二水石膏的生成速度大于脱水速度，使陈化强度出现降低；而密封陈化时，A Ⅲ 变慢，再生二水石膏的生成速度也慢。由于较多的 A Ⅲ 的存在，使再生二水石膏脱水速度超过生成速度，强度才提高。

我们认为熟石膏的陈化，应理解为能够改善熟石膏物理性质的储存过程。一般当石膏中含有一定量的可溶性无水石膏和少量性质不稳定的二水石膏时，使熟石膏的需水量大、凝结时间不稳定、强度低，此时即需要经过陈化。在陈化过程中主要发生了三种类型的相变：

一是新炒制的熟石膏中存在一种粒状高折射率物相，它能在陈化初期吸湿而直接转变为再生二水石膏。

二是可溶性无水石膏吸取水分转变为半水石膏。

三是二水石膏继续脱水转变为半水石膏。

陈化的结果使比表面积下降，水化液相饱和度增大及持续时间增长，从而使熟石膏的物理性能得到改善，即需水量降低、凝结时间趋于正常、强度随之提高。

陈化过程分成陈化有效期和陈化失效期。在有效期内，由于可溶性无水石膏转变为半水石膏，半水石膏含量相应地增加；二水石膏在余热的作用下继续脱水变成 β 型半水石膏。在失效期内，由于半水石膏吸水变成二水石膏，使 $CaSO_4 \cdot 2H_2O$ 增加。熟石膏陈化过程中物相、物性及水化性质都在变化。

熟石膏通过陈化过程可以使其中的相变过程趋于稳定，改善熟石膏的物理力学性能，能够正常用于建筑石膏及制品生产。熟石膏陈化过程的长短、陈化效果的好坏，与所选用的陈化方式、熟石膏堆积料层厚度、颗粒大小、环境湿度等都有直接关系。工业生产中常用的陈化方式有自然陈化法和机械陈化法。

4. 石膏陈化的一般时间及其对产品性能有什么影响？

答：熟石膏经过陈化的结果，可使其中的相变过程趋于稳定，物相趋于均化，提高半水石膏的含量，降低比表面积和内部能量，促使标准稠度需水量降低，凝结时间正常，强度提高，从而大大改善了熟石膏的物理性能，提高了产品质量，使其能够正常用于建筑石膏及制品的生产。

陈化后与陈化前其产品的物理性能有较大的改善，性能较为稳定，但由于陈化15d与陈化7d相比，性能变化不大，因此，熟石膏生产石膏建材应用时陈化时间一般在 7～10d 为宜。

5. 陈化时间和产品强度、标准稠度需水量的关系如何？

答：随着陈化天数的增加、产品强度逐步提高，标准稠度需水量逐步减少，见图 2-7、图 2-8。最佳陈化时间为 45d，这时强度最大，标准稠度需水量最小。

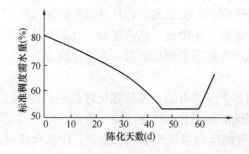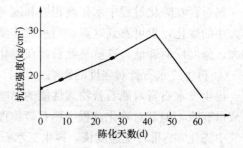

图 2-7 经过陈化作用标准稠度需水量变化情况　图 2-8 经过陈化作用强度变化情况

四、熟石膏的水化与硬化

1. β 型半水石膏浆体的结构强度随时间的发展可分为哪几个阶段?

答: 第一阶段,即 5min 以前,此时浆体的塑性强度(即极限剪应力)很低,且增长速度相当慢,该阶段对应于石膏浆体中形成的凝集结构,在此阶段,石膏浆体中的微粒彼此之间存在一个薄膜,粒子间就通过水膜以范德华分子引力相互作用,因此强度很低,不过这种结构具有触变复原的特性。第二阶段,即 5min 到 30min,此阶段强度迅速增长,并发展到最大值,该阶段相当于结晶结构网的形成和发展,在这阶段,由于水化物晶核的大量生成、长大以及晶体之间相互接触和连生,使得在整个石膏浆体中形成一个结晶结构网,它具有较高的强度,但不再有触变复原的特性。最后,进入到第三阶段,它分为两种情况,即如果已经形成的结构处于正常的干燥状态下,已形成的结晶接触点保持相对稳定,因此结晶结构网完整,所获得的强度相对稳定。若结构处于潮湿状态,则强度下降,其原因一般认为是由于结晶接触点不稳定引起的。通常,在结晶接触点的区段,晶格不可避免地发生歪曲和变形,因此它与规则晶体相比较,具有较高的溶解度。所以,在潮湿条件下,产生接触点的溶解和较大晶体的再结晶,伴随着这个过程的发展,则产生石膏硬化浆体结构强度的不可逆地降低。

2. 半水石膏的水化可分为哪几个阶段?

答: 半水石膏的水化可以分为以下四个连续的阶段:

第一阶段(Ⅰ):初始期。在此阶段,半水石膏颗粒的表面被水润湿快速溶解并达到饱和浓度。这一阶段的水化放热很快,时间较短一般仅为 20~30s,说明过程进行得十分迅速。

第二阶段(Ⅱ):诱导期。此时液相离子浓度已经达到半水石膏的饱和浓度,即二水石膏的过饱和溶液,并开始生成二水石膏晶核,因此此阶段为晶核控制阶段。此阶段一般持续 5min 左右。当溶液中的二水石膏晶核迅速长大时诱导期结束。

第三阶段(Ⅲ):加速期。此阶段中二水石膏晶核不断长大。由于二水石膏结晶、生长,液相的 Ca^{2+}、SO_4^{2-} 浓度迅速降低,因此,半水石膏继续溶解、水化放热速率迅速增大。随着水化的进行,浆体开始稠化凝结、强度增加。半水石膏的初凝、终凝都在此阶段。

第四阶段(Ⅳ):减速期。这是水化逐渐减慢的阶段,半水石膏继续溶解、二水石膏晶体继续长大,但水化程度已经很高,半水石膏含量减小,水化速度减慢。

在半水石膏水化的不同阶段，水化速度的控制因素是不同的。第一阶段初始期，水化速度主要由颗粒的表面能和比表面积控制，颗粒的表面能越高，比表面积越大，初始反应速度越快。第二阶段诱导期为晶核生成阶段，此时反应速度主要由液相的 SO_4^{2-} 浓度和 Ca^{2+} 浓度控制，提高液相离子浓度则可缩短诱导期，反之则要延长诱导期。第三和第四阶段为晶体生长阶段，是 SO_4^{2-} 和 Ca^{2+} 由半水石膏颗粒上溶解出来，并向二水石膏晶体表面扩散生长的过程，因此这一阶段的水化速度主要由半水石膏的溶解速度所控制。

3. 熟石膏的凝结过程分为几个阶段？

答： ① 溶解作用。在这种作用下，溶液逐渐被各种溶解物所饱和。半水石膏晶体结构中内的残余力将水吸附在半水石膏颗粒的表面上。

② 水进入半水石膏的毛细孔内，并保持物理吸附状态，结果形成了胶凝结构，这就是初凝。

③ 凝胶体产生膨胀，水进入分子间或离子间的孔隙内。

④ 由于水从物理吸附状态过渡到化学吸附状态，就产生了水化作用，伴随着溶液温度的升高，从而形成了二水石膏晶体。这些晶体逐渐长大，交错共生形成了一种密实的物体，这就是终凝。

⑤ 胶凝作用：在这阶段内，化学反应的所有生成物都呈胶凝状态，这就是初级阶段。

⑥ 结晶作用：此阶段胶体转变成大晶体核，这就是硬化阶段。

4. 建筑石膏水化放热分为几个阶段及缓凝剂对水化放热进程有什么影响？

答： 建筑石膏水化放热分为三个阶段。第一阶段石膏与水接触释放出溶解热，水化温度升高，但在一定时间内水化温度增长缓慢。第二阶段为加速期，水化温度迅速升高。第三阶段水化速率减慢，温度达到峰值。水化温度的加速阶段对应于石膏初凝到终凝时期，温度峰值出现在终凝时间之后。掺入缓凝剂后，在初凝后开始加速升温，终凝时开始大量放热，温度迅速升高，温度峰值出现在终凝后，表明在初凝之前的诱导期是结晶准备阶段，晶核尚未长大与相互搭接，在初凝之后开始急剧结晶，终凝之后晶体大量搭接，形成结晶结构网。与空白样比较，高蛋白使石膏初期水化温度明显降低，表明它对建筑石膏水化初期有明显的抑制作用。

5. 过烧石膏的活性是如何判定的？

答： 熟石膏中的半水石膏对过烧石膏的水化具有催化作用。一般来说，在水溶液里 7d 能产生水化反应的过烧石膏，称之为活性过烧石膏。水化期超过 7d 的则为"惰性填料"，它对熟石膏的晶体结构就没起到加强作用。

6. 影响熟石膏水化过程的因素有哪些？

答： 影响熟石膏水化过程的因素有多种，通过对这些因素的合理利用和控制，可获得所需要的建筑石膏性能。

（1）陈化效应

经过陈化的熟石膏，内部发生了相变，比表面积也发生了变化，需水量较少，凝结速度加快，硬化后的强度高。

（2）熟石膏的颗粒度

颗粒度（粒径）大小对水化也有一定的影响。颗粒形状、颗粒度和比表面积的大小在某种程度上影响到标准稠度用水量。颗粒度小，则熟石膏与水接触的面积大，形成饱和溶液也就快。但颗粒度太小则会加大标准稠度用水量。另外，水化速度过快，生成的二水石膏晶体不均匀，会使硬化后的石膏制品强度降低。现行国家标准《建筑石膏》GB/T 9776—2008对建筑石膏有专门的细度要求。

（3）温度

水化温度直接影响水化速度及硬化后的石膏制品强度，石膏硬化体的抗压强度与水化温度的关系有一个临界温度点，在此点以下，水化速度和强度随温度升高而增加，超过这一临界点，随水化温度变化而在水化速度和强度上出现降低。这一临界点温度一般在 25～40℃之间变化。

（4）水膏比

α 型半水石膏需水量比 β 型半水石膏小。拌制石膏浆时，α 型半水石膏浆体凝结速度稍慢于 β 型半水石膏。这是由于 β 型半水石膏比表面积大于 α 型半水石膏，需水量大，即水膏比大，水化速度快，硬化后制品内部的孔隙率较高，强度较低。

（5）外加剂

当熟石膏水化时，加入某些外加剂可以改变一些脱水相的溶解度或溶解速度。根据对石膏水化作用的影响不同以及工业生产上的实际需要，常用的外加剂有促凝剂、缓凝剂、激发剂、纯化剂等。

7. 可溶性和不溶性石膏的存在对石膏凝结速度、强度有何影响？

答：可溶性和不溶性石膏的存在，都会改变石膏凝结速度。结晶的形状、大小和密度都会影响成品的强度。石膏凝结得越慢，其二水化合物的结晶体越大，调拌石膏用的水越少，制出的石膏试件越致密。在石膏中加入适当的外加剂，有利于形成较坚固的铸件和较大的结晶体。温度和水量均能影响石膏制品强度的提高。

8. 熟石膏的干燥收缩率与水化膨胀率的对比如何？

答：干燥收缩率最多仅有水化膨胀率的十分之一。熟石膏与水泥的性能截然不同。因为水泥的干燥收缩率与其水化膨胀率基本处于同一数值范围。

硬化的和干燥的熟石膏在润湿时的膨胀率很小，约为万分之二。

9. 石膏的凝结和硬化时间与哪些因素有关？

答：石膏的凝结和硬化时间取决于原料的性能及其制备的条件、保存的时间和条件、加水量（水膏比）、凝结料和水的温度，搅拌条件以及采用何种外加剂等。

五、熟石膏的物理性能

1. α 型、β 型半水石膏性能有什么差别？

答：α 型半水石膏与 β 型半水石膏具有相同的化学组成，但在形成过程、微观结构、宏观性能等方面却存在着较大的差别：

①形成过程：二水石膏在高压下或在液相中，以液体形式脱水，通过溶解再结晶方式得到 α 型半水石膏。二水石膏在常压下以气态形式脱水得到 β 型半水石膏。

②微观结构：在显微镜下可以明显观察到这两种半水石膏的区别，α 型半水石膏为形状规则的晶体，一般为短柱状；β 型半水石膏的微观晶体呈松散聚集的微孔隙固体。α 型半水石膏的晶体缺陷少，而 β 型半水石膏的晶体缺陷多。

③P_2O_5 含量：α 型半水石膏在液相中生成，发生了重结晶作用，使晶格中的 P_2O_5 被释放出来，经过滤和洗涤使有害杂质影响降到最小，同时人为控制了结晶的形态，使需水量较小，所以强度很高。β 型半水石膏在气相条件下脱水，保持原来的晶体形态，结晶格中的 P_2O_5 在水化时才释放出来，影响了制品的性能。

④脱水转变温度：α 型半水石膏和 β 型半水石膏脱水转变为Ⅲ型无水石膏的温度相同，而 α 型半水石膏中Ⅲ型无水石膏进一步转变为Ⅱ型无水石膏的放热峰在 220℃，但 β 型半水石膏的进一步转变温度则为 350℃。

⑤宏观性能上：由于 α 型半水石膏的内比表面积比 β 型半水石膏的大，所以其标准稠度比 β 型半水石膏的小，因而其水化后转变为二水石膏制品的密度比 β 型半水石膏的大，其强度高于 β 型半水石膏，而吸水率低于 β 型半水石膏。实际生产中得到的 α 型半水石膏硬化体的抗压强度比 β 型半水石膏硬化体高 3～5 倍。

2. 半水石膏（HH）与复水半水石膏（HH′）的性能有何不同？

答：就半水石膏而言，可以分为一次半水石膏（HH）和复水半水石膏（HH′）。所谓一次半水石膏，就是由二水石膏部分脱水，失去 3/2 个水分子，形成带有 $1/2H_2O$ 的半水石膏；而复水半水石膏，则是由二水石膏完全脱水形成Ⅲ型无水石膏后，经过陈化吸附 1/2 水分子，所形成的半水石膏。过去一般认为，这两种半水石膏对硬化体的宏观性能是相同的。但近几年的研究发现，在石膏的炒制工艺中，如果使熟石膏粉中含有一定量的Ⅲ型无水石膏，然后经过适当的陈化，往往可使熟石膏粉的性能得到很好的改善。

在熟石膏粉的生产工艺中，通过采取适当的工艺措施和陈化制度，使熟石膏粉中含有一定量的 HH′ 相，既可改善熟石膏粉的工作性能，延长凝结时间，又可提高熟石膏粉的力学性能，以满足不同厂家的需求。

3. 如何控制半水石膏胶结料的凝固时间？

答：半水石膏凝固时间是一个至关重要的技术参数，按半水石膏凝固硬化的特点，可分为快无水石膏胶结料（如建筑石膏、高强石膏、模型石膏、医用石膏等）和慢无水石膏胶结料（如无水石膏、高温煅烧石膏、工业模型用低膨胀石膏等）。根据使用工艺的不同，对半水石膏凝固时间要求也有较大差异。影响半水石膏凝固时间的因素很多，诸如原料的性能、制备条件、结晶水含量、颗粒度、保存时间和条件、水膏比、调和胶结料的水温以及搅拌胶结料的速度等。因此除了在生产过程中进行严格控制外，一般均在石膏胶结料中掺入外加剂来改变石膏胶结料的凝固时间。加速半水石膏水化速度的为促凝剂，反之降低溶解度而延缓水化速度的为缓凝剂。

用添加剂可以调整石膏的凝结时间。很多无机酸和盐可用于促凝，尤其是硫酸及其盐。

典型的是二水硫酸钙，磨细的二水硫酸钙是强促凝剂。其促凝机理是因为增加了硫酸钙的溶解度、溶解速率及硫酸钙的晶核数量。有机酸及其盐和生物高分子聚合物（如蛋白质）分解而得的有机胶体还有盐酸、硼酸等可作缓凝剂。其缓凝机理是因为高分子胶体延长了石膏水化硬化的诱导期。能降低半水石膏溶解度和溶解速率的物质或能降低二水石膏晶体生长速率的物质都能起缓凝作用。

4. 为什么用水量过多时石膏浆体产生不终凝的现象？

答：所谓终凝就是净浆继续变稠失去可塑性，而这时还没有显著的机械强度，当用水量过大时，下层首先变稠，浓缩失去可塑性而初凝，但由于比重小的浆体上浮，最上层的浆体中含水量更大，长时间的处于可塑状态，机械强度极小。

5. 用不同方式生产的 β 型半水石膏需水量有什么不同？

答：用回转窑生产的 β 型半水石膏比用沸腾炉生产的标准稠度需水量大，而用沸腾炉生产的 β 半水石膏又比多相石膏的标准稠度需水量大。

刚生产的石膏粉的内比表面积较大，陈化一段时间后，其内比表面积就会缩小。因此陈化一段时间后石膏粉的标准稠度需水量就会变小。

6. 半水石膏放热速度和热量对其强度有何影响？

答：在各种石膏变体中，α 型和 β 型半水石膏的凝结硬化很快，初终凝时间只有 $2\sim12\mathrm{min}$，早期强度发展很快，一个半小时的强度可以达到烘干强度的 $1/2\sim1/3$。这与它们的放热速度和热量有关。半水石膏的水化放热时间是在终凝后 $5\sim10\mathrm{min}$ 开始，持续 $10\sim20\mathrm{min}$ 结束，放热时的最高温度可达 $49℃$ 左右。如此之多的热量和温度，使存在于石膏体内的附着水迅速蒸发出去，强度随之迅速增长。在放热期间，由水化热量所蒸发的附着水量占总水量的 $20\%\sim30\%$。

7. 养护条件对半水石膏的强度有何影响？

答：养护条件的好坏，也会影响到石膏胶材的活性，正常养护条件应该是：湿度在 $10\%\sim15\%$，温度 $20\sim25℃$ 为宜，在任何情况下，都应该保证使试体达到恒重强度，特别是在冬季更应注意，没有养护室时，一般试体 7d 强度也不能达到它的恒重强度。

8. 用水量对石膏强度有何影响？

答：半水石膏变成二水石膏的反应中，仅需石膏重量 18.6% 的水，而拌和水一般达石膏重的 $60\%\sim100\%$，未参加反应的过剩水分在干燥时蒸发，使试件中形成许多空隙，用水量越大、空隙越多，则石膏制品的容量越小、机械强度也越低。

9. 含水状态对石膏强度的影响有哪些？

答：在影响石膏强度的诸多因素中，含水状态是最重要的因素之一。因此，在研究石膏的强度问题时，应该在某种统一的严格的含水状态下进行。否则，含水不同引起的强度波动往往大于所研究的因素本身对强度的影响，从而总结不出其应有的规律。例如：同样标准养护的试件，完全不浇水、不受水滴的平衡含水率仅约 0.4％，而浇水或受水滴的含水率则很大（可＞30％）；而室内养护试件，含水率很小，但空气温湿度稍有变化，含水率也会有微小变化。含水率的变化，都会引起强度极大的波动。因此，在测定石膏强度时，一定要在一个严格统一的含水状态下进行。

10. 影响石膏浆体结构强度发展的因素有哪些?

答: 石膏浆体在其硬化过程中存在着结构的形成和结构的破坏这一对矛盾。其影响因素虽然是多方面的，但最本质的因素还是与石膏在水中的过饱和度有关。因此，石膏浆体的结构强度发展受温度、水固比和半水石膏的细度等因素的影响。

11. 温度对浆体结构强度发展的影响是什么?

答: ① 硬化浆体的最大塑性强度随浆体硬化时的温度而变化，60℃时比 20℃时大。

② 硬化浆体产生初始结构强度时，所需的水化物也随硬化时的温度而变，60℃时为25％，20℃时仅为 10％左右。

③ 在温度为 60℃时，硬化浆体达到最大塑性强度的时间（t_1）与水化过程结束的时间（t_2）基本一致；而在温度为 20℃时，硬化浆体达到最大塑性强度的时间早于水化过程结束的时间。

12. 水固比对石膏浆体结构发展的影响是什么?

答: 当水固比大时，浆体硬化温度为 60℃时的结构强度反而比硬化温度为 20％时的低，这是因为水固比较大时，它不仅使硬化体结构内部的空隙率提高，而且也由于浆体充水空间大，要在整个浆体内形成结晶结构网所需要的水化物数量也大大增加。因此，在结晶结构内部产生结晶应力的可能性减少了或者不存在了。但由于硬化温度为 60℃时的过饱和度低，形成的晶核数量较少，结晶接触点也较少，因而其结构强度较低。由此可认为，在石膏浆体结构形成的过程中，对于水固比较大时，则要求提高过饱和度及其持续时间，才能保持硬化浆体的结构正常发展。

13. 半水石膏原始分散度（细度）对石膏浆体结构的影响是什么?

答: 在一定分散度范围内，最高强度随分散度的提高而提高。但超过一定值后，强度就会降低。原因是半水石膏的溶解度与其原始分散度有关，分散度越大，溶解度也越大，而相应的过饱和度也越大。当随着分散的增加其过饱和度的增长超过一定的数值时，则会产生较大的结晶应力，这时硬化浆体的结构会受到破坏。

14. 石膏硬化结构的强度受什么影响?

答: 石膏硬化结构的强度，不仅与过饱和度有关，而且与过饱和度形成的速度有关，也就是与半水石膏胶结料的溶解度和溶解速度有关。溶解速度快，过饱和度形成得快，有利于初始结构的形成。溶解速度慢，过饱和度持续的时间长，则在初始结构形成之后，水化物仍继续增加，开始可使结构密实，但到一定界限值后，水化物的增加，将引起内应力的增大，最后导致最终强度的降低。因此，为了得到较高的结构强度，必须创造良好的水化条件，例如适宜的温度、物料的细度和水膏比等，以保证在结晶结构的形成和发展过程中，结晶体的数量和大小要增长适度，既不致产生破坏结构的内应力，又应有足够数量的结晶体使结构密实，接触面积增大。

15. 半水石膏硬化体的结构分类及其对强度有什么影响？

答： 它的性质为二水石膏晶体的特性以及接触点的特性和数量所决定。即半水石膏硬化浆体强度取决于：① 晶体的大小和形态；② 晶体之间的接触点强度；③ 组成晶体的杂质；④ 硬化体中孔隙的数量。α型半水石膏水化之后之所以具有较高的强度，就是因为其水化生成的二水石膏晶体形貌为短粗的针状晶体，晶体之间的搭接程度相对较高。

16. 石膏硬化体的强度主要受哪些因素的影响？

答： 石膏硬化体的强度主要受其密度及气孔率和气孔尺寸的影响，因此可以说标准稠度需水量是影响石膏硬化体的主要因素。在密度相同的情况下，石膏硬化体的强度受其湿度的影响，湿度超过5％时其强度随干燥程度而提高，湿度为5％时的强度达到干燥强度的一半。湿度在1％～5％时，强度随干燥程度的提高而显著提高。

17. 水化生成的二水石膏的显微结构及结晶接触点对硬化体强度有哪些影响？

答： 水化生成的二水石膏的显微结构对硬化体强度有很大的影响：二水石膏因生长环境不同，可成为针状、棒状、板状、片状等不同形态。一般认为针状二水石膏晶体和相关的能产生有效搭接的晶体对石膏的抗折强度非常重要；而短柱状的二水石膏晶体则能产生较高的抗压强度，但对抗折强度的作用很小；而板状、片状、层状晶体结构则相对松散，对力学强度不利。

除了晶体的形态，晶体之间的结晶接触点也对宏观性能产生重要的影响。石膏硬化体在形成结晶结构网以后，它的许多性质为接触点的特性和数量所决定。硬化体的强度为单个接触点的强度及单位体积中接触点的多少所决定。晶体越细小，晶体之间的搭接越密实，单位体积的结晶接触点越多，则强度越高。

18. 建筑石膏的膨胀特性与存在的可溶性无水石膏有什么关系？

答： 建筑石膏的膨胀特性还取决于其内是否存在可溶性无水石膏。半水石膏硬化时，膨胀率为0.05％～0.15％；而可溶性无水石膏硬化时膨胀率0.7％～0.8％。高含量的可溶性无水石膏和在高温下煅烧的石膏，就具有较大体积增长的特点。高强石膏的膨胀一般在0.2％以下，用掺加生石灰的方法可以控制体积膨胀（掺加1％生石灰，膨胀率可降至0.08％～0.1％以下）。当进一步硬化和干燥时，会发生0.05％～0.1％的收缩。

19. 石膏制品在荷载作用下的塑性变形情况如何？

答： 硬化半水石膏（建筑石膏和高强石膏）及其制品有明显的塑性变形的性能，特别是荷载作用下的塑性变形（一般称之为蠕变）。此种制品处在干燥状态时，这个变形是相当小的，但当石膏含水量达到0.5％～1％时（特别达5％～10％以上时），就会极大地提高不可逆变形。尤其在弯曲荷载作用下，蠕变显得更严重，因此它们限制使用于非承重结构中。

20. 熟石膏中加入水硬性材料起什么作用？

答：用水硬性材料对石膏改性，既可提高制品的强度，又能大大改善其抗水性。

当普通石膏制品处于饱和水状态时，强度损失可达 70%，这主要是石膏硬化浆体中的水化产物具有较大的溶解度，特别是浆体中的结晶接触点处更大。在制品中掺入适量能与石膏反应，并形成低溶解度、高结合力的水硬性物质，将有利于石膏制品的性能改善。

石膏制品掺入 2%～6%的硫铝酸盐水泥，能使抗压强度提高约 50%、抗折强度提高 13%左右，并可提高抗水性，这是因为硫铝酸盐水泥中的铝酸三钙与石膏反应生成了钙矾石，钙矾石是一种难溶于水的针状晶体结构，具有很高的强度及稳定性。但硫铝酸盐水泥掺量大于 6%时，有可能因膨胀率太大而导致石膏制品的开裂。

掺入不同量高铝水泥的石膏制品与纯石膏制品相比可使制品的抗压强度几乎是直线上升，而抗折强度则表现为开始增幅大，而后变缓的趋势。综合考虑对抗折、抗压的影响，其掺量在 4%～8%之间可取得较好的效果。

抗折强度的影响规律，可能与钙矾石形成特点有关，在少量钙矾石形成时，由于它分布于结构体内，且以针状晶体出现，体积也有一定的膨胀。因此，加强了结构体的强度，特别是抗折强度。随着晶体含量的增加，过多的膨胀则抵消了新相生成所带来的作用，因此抗折强度变化率较小。

随着水泥加入量的增加，石膏制品的软化系数和恢复系数显著增加。很显然，由于制品中适量的不溶水化物的出现，大大改善了制品的抗水性，并且绝对强度大大高于纯石膏制品。

21. 熟石膏中可溶性无水石膏（AⅢ）的稳定性是怎样的？

答：熟石膏粉中的可溶性无水石膏 AⅢ（以下简称 AⅢ）相结构亲水性强，接触潮湿空气后，很容易转化为半水石膏。通过试验发现，在常温条件下密封 28d 内，熟石膏粉中的 AⅢ 含量基本不变。表明在常温密封条件下，AⅢ 相是稳定的。

在实际生产中，熟石膏粉需要输送和贮存，不可能和空气隔绝，熟石膏粉中的 AⅢ 吸收水分后，会逐渐向半水相（HH）转化。

熟石膏粉的存放时间、和空气接触的面积及空气相对湿度对 AⅢ 的转化率均有影响，其中以和空气接触的面积的影响最为明显。当含 AⅢ 的熟石膏粉与空气接触面积为 $0.2cm^2/g$，空气相对湿度为 30%，存放时间为 2h，AⅢ 转化率最低。

实际生产中，熟石膏粉料仓的贮存条件和试验中 $0.2cm^2/g$ 的空气接触面积相似。在此仓储条件下，除表层的 AⅢ 易吸收水分转化为 HH 外，绝大部分 AⅢ 不易转化，熟石膏粉组分基本保持不变，不会造成生产的不稳定。

输送过程中，熟石膏粉和试验的 $1cm^2/g$ 空气接触面积近似，正常情况下，会吸收空气中的水分而转化。如果长时间停机，熟石膏粉暴露在空气中，会有更多的 AⅢ 转化为 HH，可能导致生产不稳定。

熟石膏粉中 AⅢ 含量和标准稠度需水量成正比，有较好的线性关系。熟石膏粉中 AⅢ 含量和初凝时间、促凝剂加量成反比，也有较好的线性关系。熟石膏粉中 AⅢ 含量对抗折、抗压强度、淀粉添加量，发泡剂添加量的影响较小。

采用高 AⅢ 含量的熟石膏粉生产石膏板，拌和水和熟石膏粉（水膏比）的比例应有所提

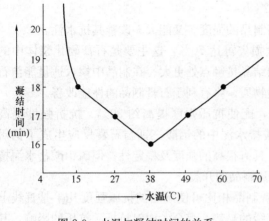

图 2-9 水温与凝结时间的关系

高，从标准稠度需水量看，拌和水量需增加5％以上。这将使石膏板的干燥能耗有所增加。

因高 AⅢ 含量的熟石膏粉凝结时间较短，生产中促凝剂用量可适当减少。

由于水膏比加大，有更多的水占用空间，可减少发泡剂用量，其他添加剂用量基本不变。

用高 AⅢ 含量的熟石膏粉生产纸面石膏板，与采用普通粉生产的纸面石膏板相比，抗折、抗压强度变化不大。

22. 建筑石膏的凝结时间与水温有什么关系？

答：水温与凝结时间的关系见图 2-9。

23. 影响建筑石膏强度的因素有哪些？

答：（1）建筑石膏本身的性质

① 石膏品位，石膏的纯度对建筑石膏的强度有显著的影响。石膏中所含杂质的种类及含量对二水石膏晶体的形貌、标稠需水量等都有一定影响，并可导致强度降低。

② 细度，细度对石膏的水化有一定的影响。颗粒度小，石膏与水接触面积大，溶出速率较快，形成过饱和溶液也就快，有利于石膏晶体的成核，从而提高石膏硬化体的强度。但随着颗粒度进一步减小，比表面积增加，颗粒在液体中团聚程度明显增加，难以分散，标准稠度用水量也相应增加，导致石膏硬化体孔结构劣化。因此，生产实践中石膏的细度应适度。

③ 相组成。在通常的建筑石膏生产过程中，除产生主要成分 β 型半水石膏外，还有一定量的未脱水的二水石膏和可溶性无水石膏（Ⅲ型无水石膏），它们的存在都会对建筑石膏的性能产生影响。适量的二水石膏可以作为晶胚，缩短石膏水化的诱导期，加快其凝结速度，具有一定的促凝效果，其促凝效果随二水石膏表面积和粗糙度增加而增加，有可能导致石膏水化过快。Ⅲ型无水石膏在陈化过程中可以很快吸收空气中的水分而转化为半水石膏。这种半水石膏由于是二次形成的，与一次形成的半水石膏相比，具有较少的表面裂隙和较低的分散度，比表面积相对减少，有可能导致熟石膏初始水化过快，需水量不易掌握、凝结时间不正常、质量不稳定等；未脱水二水石膏的晶种作用也是造成熟石膏水化过快的重要原因。因此，在生产实践中一定要控制它们的含量。

（2）水化条件

① 水化温度。不同温度时，半水石膏的溶解度不同，二水石膏的析晶速度也不同。石膏溶解度随温度而变化，石膏过饱和度随温度的提高而降低。在水灰比适当而又不变的条件下，当温度较高时，石膏浆体系的过饱和度较小，则液相中形成的晶核少，晶体较粗大，晶粒接触点少，强度较低。

② 水膏比。对胶凝材料来说，水胶比是一个重要的参数。一方面，水胶比直接影响胶凝材料新拌浆体的流动性能；另一方面，水胶比又对胶凝材料硬化体的性能（强度、容重、

耐久性等）产生重要的影响。水膏比对石膏硬化体的孔隙率有很大影响，石膏硬化体的抗折强度和抗压强度随着孔隙率的降低而升高。而孔隙率又主要取决于材料的组成和水膏比。

（3）外加剂

石膏应用时，往往并不是单一组分，常常会加入多种外加剂以改善石膏的性能。缓凝剂是使用最多的外加剂之一，其目的是为了调整石膏的凝结硬化时间，以满足施工的需要。尽管对缓凝剂的作用机理说法不一，但有一点已被证实，缓凝剂可以改变二水石膏晶体形貌，使晶体普遍粗化，从而显著降低石膏硬化体的强度。减水剂可以在保持石膏浆体流动度不变的情况下大幅度降低拌和用水量，提高成型后的密实度，从而提高强度。另外，其他外加剂如促凝剂、粘结剂也会对石膏硬化体的强度产生影响。

（4）使用环境

石膏制品的使用环境（温度和湿度）对其强度也会产生一定的影响。建筑石膏属于气硬性胶凝材料，耐水性很差，在潮湿环境中其强度会大大降低。

综上所述，石膏硬化体的强度受胶凝材料的品质、水化条件、外加剂等多方面的影响，其中水膏比和外加剂的影响最为显著。

24. 影响 α 型石膏粉物理性能的因素有哪些？

答：（1）石膏品位

在自然界中，石膏（$CaSO_4 \cdot 2H_2O$）因其成因和产地的不同，其晶体形态、结构致密程度、种类及品位均不同。在熟石膏粉的制备工艺中，熟石膏粉物理性能主要取决于熟石膏中的活性成分（有效成分）半水硫酸钙的含量，石膏中的品位越高，熟石膏中的有效成分半水硫酸钙（α 型、β 型）含量也越高。

不同种类的石膏，品位越高（即 $CaSO_4 \cdot 2H_2O$ 含量越高），α-熟石膏粉硬化体的强度也越高；相同类型的石膏，其晶体结构的不同，对物理性能的影响也不同，高品位石膏，其强度也高。

（2）制粉工艺参数

石膏颗粒大小是影响熟石膏粉物理性能的一个重要因素，在 α 粉生产过程中，为确保蒸压过程中二水硫酸钙的溶解再结晶过程，即石膏的脱水反应，必须要求蒸压釜中天然石膏之间有一定的空隙，以确保蒸汽温度易于传至颗粒内部。因此必须选择适宜的石膏块度，块度太大，二水硫酸钙再结晶过程只能在表面发生，石膏块度在 6～10cm 时，石膏脱水反应完全，可获取物理性能优良的 α 型半水石膏晶体，并且通过适当石膏块度的调整，可有效控制熟石膏浆体的凝结时间、流动性。

在 α 型石膏粉生产实践中，其物理性能与石膏块大小、蒸压压力、蒸汽温度、蒸压时间、烘干温度、烘干时间的关系比较密切，石膏块度大，蒸汽温度高，烘干时间长，产生无水石膏相多。通过显微镜下对获得的 α 型石膏晶体结构进行观察，采用低压（0.13～0.18MPa）蒸压脱水，制取的熟石膏晶体为短柱状，晶体结构完整（需水量小），强度高。

25. 影响建筑石膏粉物理力学性能的主要因素有哪些？

答：（1）混水量

一般来说，增加混水量时，如能充分搅拌，即使外观凝结时间（初凝）晚，其终结时间

（终凝）也不变。

当混水量增加时，石膏硬化体强度则明显降低；混水量减少时，强度则增加。当混水量增加时，则石膏硬化体膨胀率变小；反之，当混水量减少时，则膨胀率增大。

（2）搅拌方法

石膏浆的搅拌方法大致可分手工搅拌、机械搅拌和真空搅拌三种。对熟石膏粉物理性能有影响的除搅拌方法、搅拌机的类型、转速外，还有搅拌翅的形状、大小、安装角度和桶的大小等。如果搅拌机、搅拌翅和桶等因素不变，则受搅拌方法和转速的影响。

一般在混水量和搅拌时间一定的情况下，凝结时间以手工搅拌为最快，真空搅拌比机械搅拌和手工搅拌时间稍长。但搅拌时间过长，会产生如下情况：

① 凝结时间快。

② 强度提高，膨胀率大。

③ 吸水率低，吸水速度慢。

一般手工搅拌和机械搅拌对硬化体强度没多大影响，真空搅拌稍有提高。硬化体膨胀率以手工搅拌时大，其次按机械、真空搅拌递减。

一般在混水量和搅拌时间一定的情况下，转速越高则硬化体强度越大，膨胀率也越高，吸水性则随着转速的提高而下降。一般为适应强度、膨胀率和吸水性的要求，转速可取 250～300rpm。

（3）搅拌时间

搅拌时间不变增减混水量：

① 混水量增加，凝结时间明显变慢。

② 混水量增加，强度降低。

③ 混水量增加，膨胀率变小。

④ 混水量增加，吸水率提高，吸水速度加快。

在混水量不变的前提下，随搅拌时间的增加，凝结时间明显加快、强度增大、膨胀率增大、吸水率降低、吸水速度变慢。

（4）水温、室温

水温和室温对熟石膏粉物理性能的影响：当水温、室温高，则搅拌时间短，凝结速度加快，而强度和膨胀率却随着水温、室温的提高而减小。

六、熟石膏的检验分析

1. 为什么熟石膏要进行相组成分析？

答： 在熟石膏系统中，相组成是指独立存在于混合料中的四种矿物成分即 $CaSO_4 \cdot 2H_2O$（DH）、$CaSO_4 \cdot 1/2H_2O$（HH）、$CaSO_4$（Ⅲ）（AⅢ）和 $CaSO_4$（Ⅱ）（AⅡ）。由于生产设备的不同，生产出的熟石膏的相组成是不同的，例如用沸腾炉生产的熟石膏，只有前三者，不可能出现 $CaSO_4$（Ⅱ），炒锅生产的物料除前三者外还有少量 $CaSO_4$（Ⅱ）。即使用同一生产设备，在投产调试阶段，或因原料工艺的调整，物料的相组成也可能出现异常。相分析就是运用各种物理化学的方法，定量测出上述四种矿物成分。

在工业生产中，要想获得单一矿物成分 HH 的物料是很困难的，一般都是几种材料的组合：

（1）HH＋AⅢ　　　　　　　　　正烧

（2）HH＋AⅢ＋DH　　　　　　　欠烧

（3）HH＋AⅢ＋AⅡ　　　　　　　过烧

（4）HH＋AⅢ＋DH＋AⅡ　　　　局部欠烧＋局部过烧

在这些组合中各相含量的比例关系将极大地影响材料的工艺性能，不合理的比例关系将使材料工艺性能和物理性能变差，甚至成为废品。例如 AⅢ 太多，则材料工艺性能极不稳定，必须经陈化处理才能用，若 DH 太多，或者凝结时间过快而无法成型，或者干脆不凝固而成为废品。若 AⅡ 太多，则使材料强度降低，必须加激发剂才能应用。所以在生产过程，特别是燃烧设备试运行阶段，需要随时进行相分析，根据相分析的数值，调整工艺参数，以便获得好的相组成。

2. 熟石膏相分析的局限性有哪些？

（1）相分析方法不能成为行业的标准方法

由于材料中的 AⅢ 是一种极不稳定的矿物，随时都会吸收环境中的水分转化成 HH，所以同一种样品，由两个化验人员去测试，其结果往往差别很大，即使同一个人称取两份样品做平行试验，其结果也很难一样。所以相分析只能作为生产控制的一种手段，不能成为行业的标准方法。

（2）AⅡ 的准确测定目前仍有困难

从理论上讲，AⅢ，HH 和 DH 都可准确地定量分析出来。按目前的方法 AⅡ 只能测定一个参考数值。AⅡ 稳定存在于 $350 \sim 1180℃$ 的很大的温度区间内，形成温度不同或者在同一温度下经历的时间不同，其水化能力有很大差异。AⅡ 在几个小时之内根本不能水化完全，几天之内也只能部分水化。

根据德国克脑夫公司的资料，按 AⅡ 的水化能力，人为地将 AⅡ 分为三个亚种：水化 3d 测出的数值为易溶性 AⅡ-S，水化 7d 测出的数值为难溶性 AⅡ-U，7d 还未水化的部分为不溶性 AⅡ-E。这样，完成一个相分析要十几天时间，失去了生产控制意义。

目前有两种方法都可近似地快速测出 AⅡ 的总量：一种是用 $BaCl_2$，溶液沉淀硫酸根离子法，测出样品中 SO_3 的总量，减去 DH，HH 和 AⅢ 中的 SO_3 量，由其差值计算 AⅡ 的总量，但当样品中有天然 AⅡ 和其他硫酸盐，这样测定是不准确的。另一种方法是加 K_2SO_4 或 $Al_2(SO_4)_3$ 等激发剂，使 AⅡ 在几个小时内水化完毕，根据水化增量计算 AⅡ 含量。当样品中有天然 AⅡ，这种方法也不准确，而且方法本身还有不确定性，操作也比较麻烦，所以在我国很长一段时间以来只做 AⅢ、HH 和 DH 的三相分析，而不测 AⅡ，因为从三相分析的数值也能基本了解窑炉的煅烧情况和煅烧成品的性能。

3. 煅烧天然石膏温度和相变之间存在什么关系？

答： 根据相组成图，可对石膏转化区域作如下划分：$105 \sim 130℃$ 为 DH 石膏向 HH 石膏转化区，$130℃$ 时 HH 石膏达最高值，这时产生第一次沸腾。$130 \sim 160℃$ 为 HH 石膏稳定存在区，是生产 HH 石膏的最佳温度，这时 HH 石膏的总量基本保持不变，少量 HH 石膏向可溶性无水石膏（AⅢ）转变的速度与残余的 DH 石膏向 HH 石膏转化的速度基本相等，达到了动平衡。此时物料的含水量降至临界水分，因此所需的热量随之减少，物料温度上升到＞165℃，这时产生第二次沸腾，160～200℃为 HH 石膏向可溶性无水石膏（AⅢ）转化区；温度 200℃时，可溶性无水石膏（AⅢ）达最高值；200℃以后由于难溶性无水石膏（AⅡ）的出现，无水石膏（AⅢ）的含量逐渐降低；700℃以后出现不溶性无水石膏（AI）。由于煅烧设备、煅烧制度、天然石膏纯度不尽相同而有所区别。

4. 酒精水溶液的临界浓度对相变的影响是什么?

答：β 型半水石膏在水化点以上的酒精溶液中是稳定的相，但是烧石膏相分析试验不能采用水化点以上的任意初始浓度。即使采用高于水化点很多的 78％的浓度，也会使 β 型半水石膏水化，造成试验结果的偏差。

96.47％为临界浓度，只有采用 96.47％以上的初始浓度才是可靠的，在该浓度以下都有可能使半水石膏水化而产生偏差。

5. 烧石膏的相分析操作方法是什么?

答：（1）样品制备

取细度为 900 孔筛余小于 15％的新煅烧或陈化后的烧石膏试样约 100g，放入带磨口塞的样品瓶内，于干燥器中保存待用。

（2）测定方法

① 吸附水和可溶性无水石膏（AⅢ）的测定

操作步骤：

称取上述试样约 1g，设为 W_1，平铺于已在（55±2）℃恒重过的称量瓶内，加入约 1mL 90％～95％的酒精水溶液，用坩埚钳夹起称量瓶轻轻摇动，使物料润湿均匀，稍定片刻，将称量瓶放入（55±2）℃的烘箱中，2h 后取出称量瓶立即盖上瓶塞，放入盛有新鲜硅胶的干燥器中，冷却 30min 后取出称重，再放入烘箱烘 1h，再冷却称重，如此反复，直至前后两次称重之差不大于 0.2mg 为恒重，设为 W_2（保留试样作测定二水石膏用）。

计算：

a. 若 $W_1 > W_2$，则：

吸附水含量为：$a = \dfrac{W_1 - W_2}{W_1} \times 100\%$

可溶性无水石膏（AⅢ）含量为 0。

b. 若 $W_1 < W_2$，则：

吸附水含量为 0，可溶性无水石膏 AⅢ 的吸水量为：

$$b = \dfrac{W_2 - W_1}{W_1} \times 100\%$$

可溶性无水石膏 AⅢ 含量为：

$$AⅢ（\%）= 15.11b$$

式中　W_1——酒精溶液水化前的试样原始重量；

$\quad\quad W_2$——酒精溶液水化后的试样重量。

② 二水石膏（DH）的测定

操作步骤：

在测定吸附水和 AⅢ后，将称量瓶放入烘箱，升温至（130±2）℃，恒温 1h［或（100 ±2）℃，恒温 3h］，取出称量瓶于空气中冷却至室温，加入约 1mL 90%～95% 酒精水溶液，稍停片刻，使充分润湿，使可溶性无水石膏还原为半水石膏，再放入温度已调到（55±2）℃的烘箱中烘干 2h，取出立即盖上瓶塞，放入盛有新鲜硅胶的干燥器中冷却 30min 后取出称重，再放入烘箱烘 1h，再冷却称重，直至前后两次重量之差不大于 0.2mg 为恒重，设为 W_3。

计算：

二水石膏含量：DH（%）$= \dfrac{\dfrac{4}{3}(W_2 - W_3)}{W_1} \times 478$

式中　W_1——酒精溶液水化前的试样原始重量；

　　　W_2——第一次酒精溶液水化后的试样重量；

　　　W_3——第二次酒精溶液水化后的试样重量。

③ 半水石膏（HH）的测定

操作步骤：

称取上述试样约 1g，设为 W_4（最好与 W_1 同时称量），平铺于已在（55±2）℃恒重过的称量瓶内，加入 1mL 蒸馏水，用坩埚钳夹起轻轻摇动，使物料润湿均匀，静停 20min 左右，将称量瓶放在（55±2）℃的烘箱中，烘 3h 后取出称量瓶，立即盖上瓶盖，放入盛有新鲜硅胶的干燥器中，冷却 30min 后称重，再放入烘箱烘 1h，再冷却称重，如此反复，直至前后两次称重之差不大于 0.2mg 为恒重，设为 W_5。

计算：

试样经蒸馏水水化后的吸水率 c 为：

$$c = \dfrac{W_5 - W_4}{W_4} \times 100\%$$

半水石膏 HH 含量为：HH（%）$= 5.37（c+a-4b）$

式中　W_4——蒸馏水水化前试样原始重量；

　　　W_5——蒸馏水水化后试样重量。

④ 易溶 AⅡs 的测定（是指 1d 内能水化的 AⅡ中的一部分）

操作步骤：

在测定 HH 后的样品 W_5 中加入 1mL 蒸馏水，盖上瓶塞，密封放置 24h，然后在（55± 2）℃的烘箱中烘 3h，取出放入盛有新鲜硅胶的干燥器中冷却 30min，称取重量后再放入烘箱烘 1h，再冷却称重，如此反复，直至前后两次重量之差不大于 0.2mg 为恒重，设为 W_6。

计算：

AⅡs 的吸水率 d 为：

$$d = \dfrac{W_6 - W_5}{W_4} \times 100\%$$

AⅡs 的含量为：

$$AⅡ_s = 3.78d$$

式中 W_4——测量 HH 时的试样原始重量；

W_5——测量 HH 时用蒸馏水水化后的试样重量；

W_6——测量 HH 后试样再加蒸馏水水化 24h 后的重量。

⑤ 不溶 $AⅡ_U$ 的近似计算（$AⅡ$ 总量减去 $AⅡ_S$ 的部分）

$$AⅡ_U（\%）=（P-f）-（AⅢ+HH+DH+AⅡ_S）$$

式中 P——原料石膏的品位（%）；

f——品位修正值：

$$f=P-\frac{0.843P}{0.843P+（100-P）}×100$$

⑥ $AⅡ$ 的总量 $AⅡ_总$ 的近似计算（若不测 $AⅡ_S$ 可近似计算 $AⅡ$ 的总量）

$$AⅡ_总=（P-f）-（AⅢ+HH+DH）$$

式中 P——原料石膏的品位（%）；

f——品位修正值：

$$f=P-\frac{0.843P}{0.843P+（100-P）}×100$$

（3）仪器和药品

① 烘箱，最高温度 300℃。

② $\frac{1}{10000}$ 分析天平。

③ 称量瓶，$\phi 40mm×15mm$。

④ 微量移液管，体积为 1～2mL。

⑤ 100mL 底口塞样品瓶。

⑥ 干燥器，盛有硅胶。

⑦ 带盖瓷盘，15cm×23cm。

⑧ 坩埚钳。

⑨ 90%～95% 酒精溶液。

⑩ 蒸馏水。

6. 建筑石膏标准试验条件的要求是什么？

答：建筑石膏标准试验条件的要求如下：

（1）试验环境

试验室温度（20±2）℃，试验仪器、设备及材料（试样、水）的温度为室温；空气相对湿度 65%±5%；大气压：860～1060hPa。

（2）样品

试验室样品应保存在密闭的容器中。

（3）用水

全部试验用水（搅拌、分析等）应用去离子水或蒸馏水。

（4）仪器和设备

拌和用的容器和制备试件用的模具应能防漏，因此应使用不与硫酸钙反应的防水材料

（如玻璃、铜、不锈钢、硬质钢等，不包括塑料）制成。

由于二水硫酸钙颗粒的存在能形成晶核，对建筑石膏性能有极大影响，所以全部试验用容器、设备都应保持十分清洁，尤其应清除已凝结石膏。

7. 建筑石膏的出厂检验有哪几项？

答：产品出厂前应进行出厂检验。出厂检验项目包括细度、凝结时间和抗折强度。

8. 建筑石膏的型式检验有哪几项？

答：型式检验项目包括组成成分 β 型半水石膏的含量、物理力学性能（包括细度、凝结时间、2h 的抗折强度与抗压强度）、放射性核素限量的检验。

遇有下列情况之一者，应对产品进行型式检验：

① 原材料、工艺、设备有较大改变时。

② 产品停产半年以上恢复生产时。

③ 正常生产满一年时。

④ 新产品投产或产品定型鉴定时。

⑤ 国家技术监督机构提出监督检查时。

9. 对建筑石膏的批量确定和抽样是怎样进行？

答：批量：对于年产量小于 15 万吨的生产厂，以不超过 60t 产品为一批；对于年产量等于或大于 15 万吨的生产厂，以不超过 120t 产品为一批。产品不足一批时以一批计。

抽样：产品袋装时，从一批产品中随机抽取 10 袋，每袋抽取约 2kg 试样，总共不少于20kg；产品散装时，在产品卸料处或产品输送机具上每 3min 抽取约 2kg 试样，总共不少于20kg。将抽取的试样搅拌均匀，一分为二，一份做试验，另一份密封保存三个月，以备复验用。

10. 对建筑石膏的运输贮存要求是什么？

答：建筑石膏在运输和贮存时，不得受潮和混入杂物。

建筑石膏自生产之日起，在正常运输与贮存条件下，贮存期为三个月。

第三章 α 型高强石膏

一、α 型高强石膏基础

1. 什么是 α 型高强石膏?

答: α 型高强石膏是二水硫酸钙（$CaSO_4 \cdot 2H_2O$）在饱和水蒸气介质或液态水溶液中，且在一定的温度、压力或转晶剂条件下得到的以 α 型半水硫酸钙（$\alpha\text{-}CaSO_4 \cdot 1/2\,H_2O$）为主要晶体形态的粉状胶凝材料。

2. 生产 α 型高强石膏应选用何种原料?

答: 生产 α 型高强石膏用天然二水石膏应符合 GB/T 5483—2008《天然石膏》中一级品（二水硫酸钙含量≥85%）以上的要求。

3. 对 α 型高强石膏技术性能有哪些要求?

答:（1）细度

α 型高强石膏的细度以 0.125mm 方孔筛筛余量百分数计，筛余量不大于 5%。

（2）凝结时间

α 型高强石膏的初凝时间不小于 3min，终凝时间不大于 30min。

（3）强度

α 型高强石膏分为 α25、α30、α40、α50 四个强度等级，且均不小于表 3-1 规定的数值。

表 3-1　α 型高强石膏的强度等级

等　　级	2h 抗折强度（MPa）	烘干抗压强度（MPa）
α 25	3.5	25.0
α 30	4.0	30.0
α 40	5.0	40.0
α 50	6.0	50.0

（4）浇筑时间、硬度、结晶水、膨胀率、白度

由供需双方商定。

4. 天然石膏碎块的尺寸对蒸压法生产 α 型高强石膏的质量有什么影响?

答: 天然石膏碎块的粒度太大或太小都会影响到产品质量。粒度过大、蒸汽与料块热交换不充分，使物料内部不能完全脱水成为 α 型半水石膏。因二水石膏存在，所以稠度大、强度低。但若粒度过小至粉末状，则物料的空隙太小，蒸汽不易透入，内部石膏也难以脱水，因而必须选用合适的粒度。用固定式蒸压锅粒度一般是 40～80mm，用旋转式蒸压锅粒度宜在 10～30mm。

二、生产工艺

1. 如何判断α型半水石膏生产工艺（制备）是否合理成熟?

答: 在α型半水石膏生产工艺（制备）中，判断某一工艺是否合理成熟，应着眼于产品质量、工艺循环周期、工业化生产的可操作性、经济性等，以生产价廉而高性能，具备工业化规模的α型半水石膏产品为前提。

2. α型半水石膏生产工艺有几种? 各种工艺的主要特点何在?

答: 二水石膏生成α型半水石膏的条件是在饱和水蒸气中或在一定的温度、压力的液态水溶液中，使二水石膏脱去1.5个水分子并以液态水溶液排出，然后半水石膏溶解于其中达到过饱和，经成核作用或在晶种作用下形成α型半水石膏晶体。

α型半水石膏的生产工艺有以下两种:

（1）蒸压法

按脱水与干燥是否在同一设备内进行，又可分为以下两种方法:

① 将块状石膏置于金属网篮中放入蒸压釜内，在1.3~3大气压蒸煮6~8h，待釜内压力降至常压后，再取出网篮使之进入干燥设备内加热干燥，待附着水挥发殆尽，取出冷却进行粉磨。

② 块状石膏的蒸压与干燥在同一设备内进行。分解二水石膏所用蒸汽可直接通入釜内，或由外部加热使二水石膏脱水。经蒸压处理后再在釜内通入热空气进行干燥，干燥后的物料再经粉磨。

采用以上方法，若用工业副产石膏为原料，均应压制成块状再进行蒸压，为获得晶形合适的α型半水石膏，应在蒸压前将块状石膏在加有转晶剂的溶液中预先浸泡。

（2）水热法

水热法又称水溶液法，使磨细的二水石膏或粉状的工业副产石膏在某些酸类或盐类的水溶液中通过加热蒸煮进行脱水，转变温度为97~107℃。根据蒸煮时的压力，又可分为以下两种方法:

① 常压法:使石膏粉在常压下，在一定浓度、一定温度的酸类或盐类溶液中转变成α型半水石膏后，再经过滤、洗涤、干燥与粉磨，由于酸类溶液有一定腐蚀性，故常用某些盐类溶液。为获得晶形合适的α型半水石膏，在溶液中应加入转晶剂。

② 加压法:将石膏粉加入到含有转晶剂的水溶液中制成悬浮液，对此悬浮液进行加压、加热，并不断搅拌，再经过滤、洗涤、干燥与粉磨。为加速二水石膏脱水并获得较粗大的α型半水石膏，可在悬浮液中加入晶种（α型半水石膏结晶体）。此法更适用于工业副产石膏、次生石膏和含大量杂质的天然石膏。

3. 用常压法制备α型半水石膏的过程是怎样的?

答: 常压法是将磨细的二水石膏加到氯化钙的水溶液中（浓度为20%~25%），并掺入0.1%~6%溶液的纸浆废液或亚硫酸酵母麦芽汁与$FeCl_3$或KCl组成的复合转晶剂，在常压及108~138℃温度下进行脱水制得α型半水石膏，接着进行清滤、洗涤、干燥及粉磨。为了加速与简化清滤、洗涤（必要情况时）及干燥工序，同时为了减少生成二水石膏或可溶无水石膏的概率，必须使结晶体较粗大的 α 型半水石膏干燥后，强制粉磨至适宜的颗粒组成。

4. 水热法制备 α 型半水石膏的方法是什么？

答：① 用水热法制备 α 型半水石膏，转晶剂单掺时具有很好的转晶效果，能够使 α 型半水石膏的晶体形状转变为短柱状或六方粒状，并能显著地提高 α 型半水石膏的强度。

② 用水热法制备 α 型半水石膏时，采用湿粉成型或湿料成型的方法是可行的，误差比较小。这两种成型方法均能够得到稳定的、优质的石膏制品。该方法省去石膏粉干燥工序，可降低 40% 的热耗，且有利于生产环境。

③ 对于石膏制品的湿粉抗压强度来说，水热法制备 α 型半水石膏的工艺参数中料浆浓度影响较大，α 型半水石膏的制备工艺参数为：料浆浓度 30%～40%；蒸压温度 135～155℃；蒸压时间 1～1.5h。

5. 用水热法制取 α 型半水石膏时主要影响因素有哪些？

答：（1）pH 值的影响

反应中 pH 值的影响是极其重要的。当 pH 值在 3 以下时得到的晶体是针状的，在 4～5 范围内是棒状晶体，并且随着 pH 值的增大得到更好的晶形结构。对晶体而言，从针状到棒状到短柱状，晶体的抗压与抗拉强度逐渐增大，但反应时间也变长。pH 值为 4 时，晶体是长棒状的，形成的时间较短。pH 值为 4.5 时，晶体为长棒状和立方颗粒的混合状。pH 值为 5 时，晶体绝大部分是立方颗粒状，也存在极少数的长棒状，形成时间较长。pH 值接近中性时，形成 α 型半水石膏的时间长，工业上不实用。而且 pH 值对反应只是在前期阶段起作用，前阶段 pH 值低，晶体就呈针状，即使在后阶段增大 pH 值，晶体形状也不发生改变。

（2）转化温度与时间的影响

二水石膏在水溶液中转化为 α 型半水石膏并能稳定存在主要取决于温度，当温度达到150℃以上时则会导致半水石膏转变成无水石膏。二水石膏在纯水中转化为半水石膏的速度很快，当温度达到 140℃后，3～5min 即可转化完毕，所生成的半水石膏均为典型的针状小晶体。当有转晶体存在时，因对二水石膏转化为半水石膏有抑制作用并改变了原有晶体的习性，使结晶中心减少，结晶速度迟缓，因而可形成粗大的晶体，转化时间要显著延长。因此，转化温度宜在 140℃左右，恒温时间在 90～120min 之间。

（3）转晶剂的影响

采用水热法制作 α 型半水石膏，必须加入某种转晶剂来改变 α 型半水石膏的结晶形态。转晶剂在晶体的某个晶面上有选择性的吸附，阻碍某一晶面的生长，而其他晶面的生长仍然正常。由于不同的转晶剂对半水石膏晶体的晶面有不同的吸附作用，从而导致所生成的 α 型半水石膏晶体形态和大小有明显的差异，为此，必须通过试验来选定合适的转晶剂。

（4）固液比的影响

固液比是影响石膏脱水速度的次要因素，但对晶体的生长有不容忽视的影响。固液比越高，传质阻力越大，只能生成细小的不均匀的颗粒。但固液比越小时，产量相应减少，实际应用价值不大。所以固液比一般应控制在 1:3～1:5 之间。

（5）盐溶液浓度的影响

加入的盐溶液浓度升高时，沸点升高，晶型转化加快。但浓度升高会造成新的废液污染，导致后处理难度增大，故盐溶液浓度一般应控制在18%～25%之间。

（6）搅拌速度的影响

搅拌可加速物质从溶液主体向晶体表面扩散，从而使表面液体层厚度减小。可见，搅拌的影响与系统中物质的传质条件有关。

6. 利用工业副产石膏生产α型半水石膏的工艺特点是什么？

答： 利用工业副产石膏生产α型半水石膏的主要特点是：生产过程是在液相中或潮湿状态中进行，具有自身净化的能力，所以对处理工序要求较低；转化过程中，可用转晶剂控制晶体形态，使水膏比变小，强度提高。

7. 干燥温度对用蒸压法制成的α型半水石膏有何影响？

答： 因为蒸压法制成的α型半水石膏含有一定量的液态水，如温度降低，会很快水化成二水石膏，所以必须迅速进行烘干。其烘干温度要适当，若温度过低会使部分半水石膏水化，过高则又会使半水石膏脱水成无水石膏，这些都不同程度地影响α型半水石膏的强度和其他性能。一般干燥温度宜在110～130℃之间，因半水石膏在130℃左右就已开始脱水，所以干燥温度不宜高于130℃。

8. 恒温时间对α型半水石膏有何影响？

答： 从晶体生长的角度分析，一定的恒温时间对于促进晶体长大、晶形发育完整是有利的。采用相同的压力及转晶剂，随着恒温时间的增加，α型半水石膏的晶形会从较小而逐渐变短变粗，趋于完整，当恒温时间长达4h时，晶体发育已经比较完好，继续延长时间，晶形长大并不十分显著，因此采用适当的恒温时间是必需的。

9. 用蒸压法制取α型半水石膏，为什么要控制好物料从出蒸压釜到烘干机的时间间隔？

答： 物料从出蒸压釜到烘干机的时间间隔也是影响α型半水石膏性能的重要因素。时间间隔越短，α型半水石膏性能越好。二水石膏与半水石膏的溶解度曲线在107℃相交，该温度表示半水石膏水化的可能极限。当温度高于107℃时，α型半水石膏溶解度与二水石膏相同，不会产生二水石膏结晶；当温度低于107℃时，α型半水石膏溶解度高于二水石膏，使溶有半水石膏的液相成为过饱和状态，产生α型二水石膏结晶，而二水石膏的存在对α型半水石膏性能产生不利影响。因此离开蒸压釜时，要迅速拿出仍保持较高温度的α型半水石膏，并立即放入至少升温至107℃的烘干机中，尽量缩短时间间隔，以提高α型半水石膏转化几率。

10. 不同蒸汽压力对α型半水石膏结晶和性能有什么影响？

答： 在α型半水石膏生产过程中，不同的工艺参数对其结晶和性能有一定程度的影响。正确、严格控制工艺参数是制取质量好的α型半水石膏的首要条件。

11. 蒸压制度对α型半水石膏晶体生长有什么重要性？

答： 蒸压温度必须大于二水石膏转化为半水石膏的温度，同时应小于转化为Ⅲ型无水石膏的温度。蒸压釜中温度（或压力）过高或过低，都会使得二水石膏的脱水溶解速度与α型半水石膏结晶成长速度不一致，影响α型半水石膏晶形发育成密实完美的晶体。另外，蒸压时间和料浆浓度也会对α型半水石膏晶体生长产生影响，一般情况下蒸压温度较低时，蒸压时间就应该稍长一些；而蒸压温度较高时，在短时间内就可使晶体发育完成。在一定的转化温度与时间下，若料浆浓度过高，则使晶粒变小，比表面增大，这样会使α型半水石膏的需水量增大，因而石膏制品的强度较低；而过低的料浆浓度虽有利于α型半水石膏的晶体长大，但生产效率低下；因此选用合理的蒸压制度对α型半水石膏的晶体生长是有利的。

12. 蒸压法生产α型半水石膏的整个转变过程有哪几个阶段？

答：蒸压法生产α型半水石膏的重要条件是温度和带有一定压力的饱和水蒸气，在密闭容器中经过一段时间的反应，使二水石膏晶体转变成为α型半水石膏晶体，整个转变过程可分为以下四个阶段：

（1）热交换阶段

石膏在蒸压釜内与蒸汽进行热交换，石膏块体由室温逐渐上升到125℃左右，水蒸气变成大量冷凝水排出。在进行热交换的同时，部分水被吸附在石膏块体上，并在压力和温度作用下，水分和热量从块体表面向内部渗透，二水石膏晶体开始进入向α型半水石膏晶体转变前的溶解阶段。

（2）溶解阶段

二水石膏在125℃的热水中溶解度可提高到 6g/L。在这种状态下，其中 $\frac{3}{2}$ 结晶水由固态逐步转向液态析出，所生成的α型半水石膏雏晶很快溶解于液态水中。

（3）结晶阶段

当溶解在液态水中的α型半水石膏达到饱和程度时，晶体开始形成，并部分析出α型半水石膏晶体。当整个浓度低于α型半水石膏的析晶浓度时，析晶过程将随之停止。α型半水石膏的细小晶胚就是在这一阶段生成的，直至二水石膏晶体全部转变成α型半水石膏晶体。

（4）脱水阶段

二水石膏在完全溶解后，石膏块体即转入脱水阶段。排出多余的饱和水蒸气，压力降低。同时供给脱水所需要的热量。这时石膏块体内部的液态水在热量的作用下转变成为水蒸气，并逐步排出石膏块体外。

随着压力的消失，液态水的蒸发，石膏块体内的溶液浓度逐步降低，α型半水石膏的晶体随着浓度降低而大量生成，晶体发育趋向完全。随着最后一些液态水的排出，整个石膏块体完全转变成α型半水石膏。其石膏块体的表面和内部形成一层密密麻麻、纵横交错的细长针状形结晶体。在低倍显微镜下可观察到结晶体的长径比约在 20～30 倍之间。

13. 溶液中二水石膏的浓度对α型半水石膏晶体的发育有何影响？

答：水热法制α型半水石膏的基本原理是一个溶解再结晶的过程，而结晶粒子大小和发育情况与性能直接有关系，若采用同样制作条件和同种原始结晶的二水石膏以及转晶剂，在很大程度上还取决于溶液的二水石膏浓度。随着二水石膏浓度递增，相应结晶中心增加，导致结晶粒子逐渐减小而且发育也不完全，在添加同种转晶剂的情况下，由于二水石膏的含量逐渐递增，制品性能明显下降，当二水石膏含量从 15％提高到 30％，α 型半水石膏水膏比明显增加，随着二水石膏浓度的增加，添加单一的转晶剂尚不能达到预期效果。为了进一步提高溶液中二水石膏的含量，不仅要提高二水石膏的溶解度和增加其饱和度，同时，尚需抑制结晶中心的增加以及减小粒子间互相干扰作用，促使晶体缓慢发育壮大。因此，除添加转晶剂外，尚需添加一种表面活性剂。

14. 溶液的运动速度对 α 型半水石膏的结晶形态有何影响？

答： α 型半水石膏的结晶形态主要取决于转晶剂的选择，但其结晶粒子形状与大小除了与溶液中含二水石膏浓度有关外，还与溶液的运动速度有关。

采用同种形式的浆液和转速，随着容量的增大液体运动速度加快，α 型半水石膏结晶粒子明显缩小，这可能是因为随着溶液运动速度增大，加速了粒子间的相互摩擦，提高了结晶中心的增加，以及硫酸钙分子与晶胚结合的机会。

15. 用水热法生产 α 型半水石膏中为何必须使用转晶剂，应选用何种转晶剂？

答： 水热法是在常压或一定压力下使二水石膏在一定温度的液相中转化为 α 型半水石膏，当液相中不加转晶的外加剂时，所得出的 α 型半水石膏为典型的针状小晶体。因此要提高 α 型半水石膏的强度，必须添加一种有利于 α 型半水石膏晶体发育的外加剂，使其生成短柱状的晶体，此时它的硬化体强度可达 $60\sim100MPa$。常用的转晶剂有无机盐、有机盐或有机与无机复合的盐类，如 Mg^{2+}、NO_3^-、I^- 对于 α 型半水石膏具有良好晶体造型作用；也可采用阴离子型的表面活性剂，如具有 COOH 基团的有机盐及其衍生物；阴离子表面活性剂与盐类（如硫酸盐、氯盐等）的复合可获得理想的短柱状的 α 型半水石膏的结晶形态。不仅要选择有利晶体发育的高效转晶剂，还应注意转晶剂本身的 pH 值，一般当溶液 pH 值＞10 时，晶体主要纵向发展，最终获得的是棒状或纤维状晶体。这类晶形的 α 型半水石膏硬化体强度较差。因此，在选择转晶剂时应使溶液 pH 值保持在 $2\sim3$，以利于获得短柱状晶体。

16. 无机盐类转晶剂对 α 型半水石膏晶体的形貌有什么影响？

答： 在无机盐转晶剂中，高价无机盐类转晶剂效果最佳。向脱硫石膏反应体系中分别加入 2％硫酸铝和明矾，可使 α 型半水高强脱硫石膏晶体发育良好，呈棒状。这主要与 α 型半水脱硫石膏晶体的生长习性有关，长轴相对生长速率较快，在无转晶剂作用下自由生长成为棒状产物。加入硫酸铝和明矾后，晶粒略有细化，晶体长径比略有增加，但晶形基本不变，以棒状或针状为主。

17. 丁二酸对 α 型半水石膏晶体的形貌有什么影响？

答： 丁二酸的调晶效果非常显著。在极低掺量（0.01％）下，α 型半水脱硫石膏晶体发育成均匀的短柱状，随着掺量的提高，α 型半水脱硫石膏晶体从短柱状向不规则的球粒状发展。掺量进一步提高，晶体发育成片状或板状，但柱面轮廓清晰，说明丁二酸强烈地抑制了 α 型半水脱硫石膏晶体长轴方向的生长，使得短轴与长轴的相对生长速度逐渐接近，晶体逐渐转化为柱状。当掺量达到 1.0％时，α 型半水脱硫石膏晶体呈片状，并且有大量未反应的二水脱硫石膏晶体，说明二水石膏脱水反应和 α 型半水石膏晶体长轴方向的生长受到强烈抑制，抑制原因是羧酸基团和钙离子的络合作用及其在石膏晶面上的选择吸附有关。

18. 明胶对 α 型半水石膏晶体的形貌有什么影响？

答： 明胶对 α 型半水脱硫石膏晶形貌的影响主要表现在：晶体由棒状转变为轮廓分明的典型六棱柱状。明胶为蛋白质类混合物，分子链上含有羧基、羟基和氨基等官能团，容易与钙离子发生络合作用，延缓 α 型半水脱硫石膏晶体的生长。α 型半水脱硫石膏各个晶面发育非常充分，表面完整光洁。掺量进一步提高，柱高大幅度降低，但柱形不变，明胶对晶体长轴方向生长有显著的抑制作用，聚晶现象非常明显，这可能与明胶的胶体保护作用有关。

19. 常压法制备 α 型半水石膏用转晶剂的种类和适宜的转晶剂有哪些？

答： 生石膏的纯盐溶液在常压下进行水热处理，虽可得到 α 型半水石膏，但只有在合适的转晶剂的作用下才可形成理想的晶形，水化后方能具有较好的力学性能，转晶剂的种类很多，应用较广的主要有：①表面活性物质，如烷基芳基磺酸钠、CMC（羧甲基纤维素）等；②多元有机酸（盐），如柠檬酸、琥珀酸、草酸、酒石酸、马来酸、丙二酸等；③蛋白质水解物，如角蛋白、酪蛋白、白（清）蛋白的水解物；④高价阳离子，如 Al^{3+}、Fe^{3+}；⑤亚硫酸盐；⑥复合转晶剂，如多元有机酸与高价阳离子的复合物。宜选择柠檬酸钠与 Al^{3+} 等的复合物（占盐介质水溶液的质量分数为 1.0%）为适宜的转晶剂。

20. 表面活性剂对晶形的影响有哪些？

答： 表面活性剂具有降低表面张力，增大表面活性的作用。随着表面活性剂的加入，能降低晶体的成核速率，增大晶体的成长速率，晶体成长速率的最高点与晶体成核速率最低点相对应。表面活性剂容易在晶体的某些晶面和边缘棱角处选择性吸附，抑制该部位的成长，从而使结晶习性发生改变。表面活性剂在小晶体上容易吸附，因而阻止小晶体的成长较阻止大晶体的成长要显著。添加表面活性剂可以生成较大的晶体，从晶体外形来看，加表面活性剂后使晶体的长径比变小。

21. 结晶形态对 α 型半水石膏的质量有何影响？

答： 由于 α 型半水石膏是在饱和水蒸气和密闭容器中，经溶解结晶生成的，那么它的晶体发育好坏对其质量也有一定的影响，有些在生产中不按操作规定和要求去做，例如蒸压时间过短、温度过低、使用过热蒸汽等原因，都能对晶体的形成产生不良影响，晶体发育不完全、不规则。虽然结晶水含量控制在要求指标内，但在强度、标准稠度、凝结时间方面仍存在很大问题，表现为标准稠度高、强度低、急凝等现象。

关于 α 型半水石膏强度的影响原因可以归结为无机盐对其硬化体显微结构的影响。一般认为，结晶细小的针状二水石膏晶体和相关的能产生有效搭接的晶体对石膏的强度非常重要，而板状、片状、层状晶体结构则相对松散，对力学强度不利。对于相同晶型，这主要取决于石膏硬化体形成的结晶结构网中接触点的特性和数量，硬化体的强度为单个接触点的强度及单位体积中接触点的多少所决定。晶体越细小，晶体之间的搭接越密实，单位体积的结晶接触点越多，强度就会越高。

22. 为什么α型半水石膏硬化体的强度高于β型半水石膏硬化体的强度?

答: 当用水拌和α型半水石膏时,达到浆体所要求的流动度,其用水量比β型半水石膏低。因此,用α型半水石膏拌制的石膏制品比β型半水石膏有较高的密实度和强度。如果用同样的水量拌制α型半水石膏和β型半水石膏,则得到石膏的强度值是彼此接近的。

23.β型半水石膏与α型半水石膏在比表面积和结晶形态方面有什么不同?

答: β型半水石膏因在过热非饱和蒸汽下快速脱水而形成,所以晶体疏松、细小,有着非常发育的内表面;而α型半水石膏则在有液态水存在的环境中脱水、重结晶形成致密粗大的晶体。因此,两种变体在比表面积上相差甚大(β比α约大2~8倍),并使两种硬化体的密度、折射率、膨胀率、水化热、标稠用水量和强度等性能呈现明显差异,就连半水石膏中结晶水的形态也不同。可以认为,β型半水石膏因结晶细小,结晶格子有一定数量的缺陷和畸变,才使其中的水分子类似于沸石水的结合;而α型半水石膏则因结晶粗大,晶格比较完整,所以水分子结合得比较牢固,类似于结构水的结合。综上可知,α型半水石膏与β型半水石膏的晶体形态、分散度和比表面积的不同是引起其性能差别的原因所在。

24. 不同标准稠度对熟石膏的凝结膨胀率有什么影响?

答: ① 一般情况下标准稠度水膏比越小,凝结膨胀率越大。

② 膨胀一般在终凝后开始。

③ 膨胀率曲线前期较陡,后期平缓,一般在前1h急剧上升到接近最大值,后1h平缓上升或基本不变。

④ 同种石膏不同水膏比的凝结膨胀率不同。

为了便于在使用熟石膏粉时能在小范围内调整凝结膨胀率,测试了熟石膏在不同水膏比时的凝结膨胀率,见表3-2。

表3-2 不同标准稠度对熟石膏的凝结膨胀率的影响 %

时间(min)	β型半水石膏	α型半水石膏(50%)+β型半水石膏(50%)	α型半水石膏(70%)+β型半水石膏(30%)	α型半水石膏	德国α型熟石膏	超硬熟石膏
0	0.00	0.00	0.00	0.00	0.00	0.00
5	0.00	0.00	0.00	0.00	0.00	0.00
10	0.00	0.00	0.00	0.07	0.00	0.00
15	0.02	0.00	0.24	0.13	0.00	0.01
20	0.06	0.03	0.10	0.18	0.06	0.03
25	0.07	0.09	0.16	0.22	0.10	0.04
30	0.07	0.13	0.21	0.24	0.15	0.06
35	0.07	0.15	0.24	0.26	0.18	0.07
40	0.07	0.17	0.25	0.28	0.22	0.08
45	0.07	0.18	0.26	0.30	0.24	0.08
50	0.07	0.18	0.27	0.31	0.26	0.09
55	0.08	0.18	0.27	0.32	0.28	0.09

时间（min）	β型半水石膏	α型半水石膏（50%）+β型半水石膏（50%）	α型半水石膏（70%）+β型半水石膏（30%）	α型半水石膏	德国α型熟石膏	超硬熟石膏
60	0.08	0.18	0.27	0.32	0.29	0.09
70	0.08	0.19	0.27	0.32	0.31	0.10
75	0.08	0.19	0.27	0.32	0.32	0.10
80	0.08	0.19	0.27	0.32	0.34	0.10
85	0.08	0.19	0.27	0.32	0.35	0.10
90	0.08	0.19	0.27	0.32	0.35	0.10
95	0.08	0.19	0.27	0.32	0.36	0.10
100	0.08	0.19	0.27	0.32	0.37	0.10
105	0.08	0.19	0.27	0.33	0.38	0.11
110	0.08	0.19	0.27	0.33	0.39	0.11
115	0.08	0.19	0.27	0.33	0.39	0.11
120	0.08	0.19	0.27	0.33	0.39	0.11
初凝（min）	8	8	7	7	8	7
终凝（min）	13	14	13	12	14	11
标稠（%）	68	59	55	50	37	28

由上表得出如下结论：就同种熟石膏而言，标准稠度越小，凝结膨胀率越大。

25. 粉磨时间对蒸压 α 型脱硫石膏性能的影响是什么？

答： 从图 3-1 中可以看出，随着粉磨时间的增加，制备的 α 型脱硫石膏的比表面积逐渐增加，但是随着细度的增加，抗压强度出现了先增加后减小的趋势，粉磨后 α 型脱硫石膏的比表面积为 $4644cm^2/g$ 时（表 3-3），石膏粉的力学性能达到最优。粉磨时间较短时，石膏粉的细度较小，在水化过程中，石膏粉中的 α 型半水石膏反应不充分。但粉磨时间过长时，石膏粉的细度太大，要想加水后的石膏粉具有同样的工作性能则需要更多的水，因此石膏粉太细或太粗都不利于其力学性能的提高。

表 3-3 粉磨时间对脱硫石膏性能的影响

粉磨时间（min）	细度（cm^2/g）	抗压强度（MPa）
20	3849	5.60
40	4644	12.37
60	5888	11.13
80	6563	11.08
100	7403	9.06
120	8138	5.61

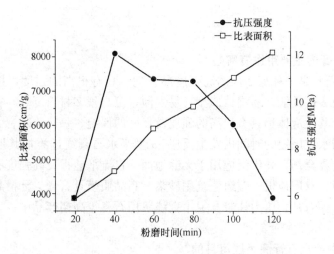

图 3-1　粉磨时间对 α 型脱硫石膏的影响

26. 如何利用工业副产石膏生产 α 型半水石膏?

答: ① 不论使用的是脱硫石膏还是天然石膏作为原料来制备 α 型半水石膏,都是随着蒸压温度的增加,制备出的石膏粉的力学性能先提高后降低,当蒸压温度为 120℃时,力学性能达到最优。用天然石膏作为原料来制备 α 型半水石膏的力学性能通常高于用脱硫石膏制备 α 型半水石膏粉力学性能。

② 利用磷石膏通过蒸压法很难制备出性能较为优异的 α 型半水石膏。通过蒸压用磷石膏制备 α 型半水石膏,在不掺任何转晶剂的情况下,α 型半水石膏晶体的大小在 $0.5 \sim 10\mu m$ 范围内;在掺烷基苯磺酸钠的情况下,α 型半水石膏晶体为针柱状结构,长径比要比不加转晶剂制备的 α 型半水石膏小得多,但自形程度相对较差。

③ 通过蒸压法制备的 α 型半水石膏多为柱状,无定形的小颗粒较少,并且随着蒸压温度的升高,自形程度逐渐增加,同时 α 型半水石膏柱状结构的长径比也逐渐增加。α 型半水石膏的力学性能不仅与其本身的自形程度有正比例关系,而且还与 α 型半水石膏的长径比有反比例关系,即要使制备出的 α 型半水石膏的力学性能达到最优,就要求制备的 α 型半水石膏自形程度高,长径比小。当蒸压温度为 120℃左右时,通过蒸压法制出的 α 型半水石膏的微观结构自形程度较高,同时长径比也较小。

④ 转晶剂的作用是使二水石膏脱水时生成柱状结构形态的 α 型半水石膏。掺入到石膏中的转晶剂吸附在颗粒的表面上,阻止晶形向纵向发展,改变石膏晶形的大小,从而降低用水量,提高强度。转晶剂的种类不同,对石膏晶形有很大的影响,并影响其强度。在脱硫石膏中加入烷基苯磺酸钠和硫酸铝可以制备出性能较为优异的 α 型半水石膏粉。

⑤ 在烘干过程中,必须严格控制物料的烘干温度。温度过高会使半水石膏继续脱水,生成可溶性的无水石膏,强度降低;温度过低又会使部分半水石膏转化为二水石膏,凝结时间加快,同样降低强度,一般干燥温度宜选择略高于工业副产石膏脱水的温度点。

⑥ 利用脱硫石膏通过蒸压法制备出的 α 型半水石膏粉,为了使其具有较优异的性能,在粉磨过程中要严格控制石膏粉的细度。

三、应用

1. α型半水石膏的主要用途有哪些?

答: α型半水石膏是一种高活性的高强度黏合剂,具有很高的强度,抗折性能尤佳,并有一定的耐水性及表硬性能,易浇铸成型,易发泡,可与很多材料复合,很适于做各类建筑板材及浇铸制品。其发泡体仍具有较高的强度及良好的保温、隔热、隔音等性能。无需催化剂就可以与水在极短的时间内发生反应。α型半水石膏通过添加其他有效的集料和添加剂可以生成一种黏合剂,并广泛应用于无缝地面、自流平地板、高强度石膏板、预铸式玻璃纤维加强石膏板、双层地板、隧道建筑用砂浆、高品质模具石膏、牙模超硬石膏、工业模具用石膏、陶瓷母模石膏、压力注浆及卫生瓷注浆用石膏等高档产品中。

2. 如何使α型半水石膏满足医用目的?

答: α型半水石膏用作骨移植替代材料的探索已长达一个世纪之久,大量的临床及试验发现,纯度高、晶体结构均一、强度高的半水石膏具有良好的生物相容性、生物可吸收性、骨传导性、快速吸收特性、易加工性和高力学性能等优点。它的基础物质由特定大小和形状的α型半水石膏晶体组成,适宜作骨移植的替代材料。目前,制备α型半水石膏的方法有多种,而获得强度大于50MPa的高强石膏,较多采用的是加压水溶液法。半水石膏在没有外界因素干扰的情况下,通常自由生长成针状晶体。为改变半水石膏晶体的生长习性,获得短柱状的晶体,通常在溶液中加入改变晶体生长习性的转晶剂。近年来,对转晶剂的研究有了很大的进展,主要采用不同价态的无机盐和有机羧酸盐类来改变晶体的生长习性,从对α型半水石膏晶体形貌的影响来看,二者复合使用的效果较好。

四、检验分析

1. 怎样测定α型高强石膏的浇注时间?

答: 称取试样400g,按标准稠度用水量称量水,并把水倒入搅拌碗中。在5s内将试样倒入水中,静置5s,快速搅拌30s。在注浆前30s,边搅拌边迅速将料浆注入稠度仪筒体,用刮刀刮去溢浆,使浆面与筒体上端面齐平,将筒体迅速向上垂直提起,测量料浆扩展成的试饼两垂直方向上的直径不小于160mm。

以试样倒入水中至筒体提去后所测试饼直径不小于160mm的时间间隔表示浇注时间,精确至min。

2. 怎样测定α型高强石膏的强度?

答: (1)试件成型

从密封容器内取出1500g试样,充分拌匀。称取试样(1400±1)g,按标准稠度用水量称量水,并把水倒入搅拌容器中。在10s内将试样均匀地撒入水中,静置20s,用拌和棒在30s内搅拌30圈。接着以30r/min的速度搅拌,使料浆保持悬浮状态,然后搅拌至料浆开始稠化,用料勺将料浆灌入预先涂有一层矿物油的试模内。试模充满后,将模具的一端用手抬起约10~30mm,使其自由落下,如此振动10次,用同一操作将试模另一端振动10次,以排除料浆中的气泡。在初凝前,用刮平刀刮去溢浆,但不必抹光表面。待水与试样接触开始至 1h 时，在试件表面编号并拆模、备用。

（2）2h 抗折强度的测定

脱模后的试件存放在试验条件下，至试样与水接触开始达 2h 时，进行抗折强度的测定。试验用试件三条。

将试件置于抗折试验机的两根支撑辊上，试件的成型面应侧立。试件各棱边与各辊保持垂直，并使加荷辊与两根支撑辊保持等距。开动抗折试验机后逐渐增加荷载，最终使试件断裂。

记录试件的断裂荷载值或抗折强度值，精确至 0.1MPa。

（3）烘干抗压强度的测定

采用（1）中的方法制备三块试件，试件脱膜后存放在试验条件下 24h，再将试件放入电热鼓风干燥箱中，以（40±1）℃的温度烘干至恒重。恒重后将试件放在试验条件下冷却至室温。采用（2）中的方法将三块试件在抗折试验机上折成六个半块试件，测试试件的烘干抗压强度，将试件成型面侧立，置于抗压夹具内，并使抗压夹具的中心处于上、下夹板的轴心上，保证上夹板球轴通过试件受压面中心，开动抗压试验机，使试件在开始加荷后 20s 至40s 内破坏、精确至 0.1MPa。

抗压强度 R_c 按下式计算：

$$R_c = \frac{P}{1600}$$

式中　R_c——抗压强度（MPa）；

　　　P——破坏荷载（N）。

注：当有效烘干时间相隔 1h 的两次称量之差不超过 0.5g 时即为恒重。

3. 怎样测定 α 型高强石膏的膨胀率？

答：方法 A

采用图 3-2 所示的膨胀率测定仪进行，测试方法如下：

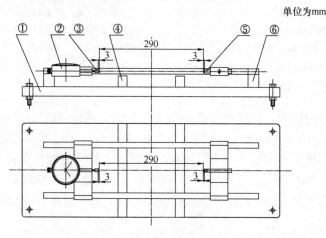

图 3-2　膨胀率测定仪示意图
①底座；②百分表；③左顶头；④试件支撑架；⑤右顶头；⑥导轨支撑座

按标准稠度用水量称量水，并把水倒入搅拌碗中。将350g试样在5s内倒入水中，静置5s，用拌和棒搅拌，得到均匀的料浆，将料浆完全充满在模具中。用手将试模一端提起10～30mm，使其自由落下，振动10次，用同一操作将试模另一端振动10次，刮平试件表面，在终凝前1min内拆除模具两端挡板及底座，并将试件和两侧挡板一起置于测定仪中，读取试件的初始数值。让试件无约束膨胀至2h，读取试件最后的数值，数值精确至0.01mm。计算膨胀率 E 按下式计算，结果精确至0.01%。

$$E = \frac{L_2 L_1}{L} \times 100$$

式中　E——膨胀率（%）；

L_1——试件的初始读数（mm）。

L_2——试件的2h读数（mm）。

L——试件的有效长度，250mm。

上述试验进行两次，计算两次试验结果的平均值，精确至0.01%。

方法B

按英国膨胀仪标准规定的测定方法（ISO/DIS 6873牙科用石膏制品标准中采用了该测定方法）。采用图3-3所示的变形测定仪进行，测定方法如下：

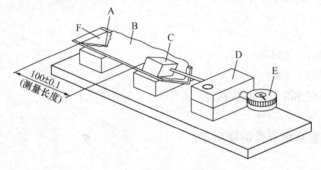

图3-3　变形测定仪

A—内边长为30mm，互呈90°角的等边凹槽；凹槽的最小尺寸为：长度140mm，厚度为4mm，槽的一端用固定端板（F）挡住；B—0.1～0.2mm厚的聚四氟乙烯薄膜；C—边长约30mm，质量为(200±10)g的立方体挡块；D—刻度计支座；E—刻度计或者当测量时施加的外力不超过0.1N（98g）时，能测定0.01mm以内位移的装置；F—端板

注：仪器的全部材料应为不腐蚀和不吸收的。

将挡块放在适当的位置，使槽的长度不小于100mm，按标准稠度用水量称量水，并把水倒入搅拌碗中。将300g试样在5s内倒入水中，静置5s，用拌和棒搅拌，得到均匀的料浆，将料浆完全充满槽并从刻度计中测得长度。在试样上放一片橡胶薄膜，尽量减少水分蒸发。在终凝前1min读取最初值，将试样的一端无约束的膨胀2h，读取最后的数值，并测得其长度的变化，精确至0.01mm，计算凝固膨胀率，以原始测量长度的百分数表示，精确达到0.01%。

上述试验进行两次，计算两次试验结果的平均值，精确至0.01%。

在实际应用中可根据用户需要选择其中的一种测定方法。

4.α型高强石膏的出厂检验有哪几项?

答：出厂检验项目包括细度、凝结时间、2h 抗折强度三项。

5.α型高强石膏的型式检验有哪几项及哪些情况需要型式检验?

答：型式检验项目包括细度、2h 抗折强度、烘干抗压强度和凝结时间共四项。

有下列情况之一时，应进行型式检验：

① 原料、工艺、设备有较大改变时。

② 停产时间半年以上恢复生产时。

③ 在正常生产情况下，每 3 个月检验一次。

④ 新产品投产或产品定型鉴定时。

⑤ 国家技术监督机构提出型式检验要求时。

6. 对 α 型高强石膏的组批和抽样是怎样进行的?

答：（1）组批

对于年产量小于 20000t 的生产厂，以不超过 30t 同等级的 α 型高强石膏为一批；对于年产量等于或大于 20000t 的生产厂，以不超过 60t 同等级的 α 型高强石膏为一批。

（2）抽样

① 从同一批次的 α 型高强石膏中随机抽取 10 袋，每袋等量抽取 1.6kg 试样。②将试样充分混匀，分为二等份，保存在密封容器中。其中一份做检验，另一份保存三个月，必要时用它做仲裁试验。

7. 对 α 型高强石膏的运输和贮存的要求是什么?

答：α 型高强石膏在运输与储存时严禁受潮。不同等级的 α 型高强石膏应分别贮存。α 型高强石膏自生产之日起，贮存期不超过三个月，超过三个月应重新进行检验。

第四章　模具用石膏

1. 生产陶瓷用的石膏模具材料的种类及质量要求有哪些?

答：目前使用的半水石膏基本有三种，即高强石膏（又称 α 型半水石膏）、普通熟石膏（又称 β 型半水石膏）与 α 型半水石膏和 β 型半水石膏混合型，均有各自的特点。过去陶瓷厂因成型工艺对石膏模具强度质量要求不高，普遍采用 β 型石膏，α 型半水石膏的应用是适应组合立浇成型生产线的需要而发展的。β 型石膏细度差、注模需水量大、强度低，适合单面吸浆的产品；而 α 型半水石膏细度细、注模需水量小、强度高，适合于机械化立浇成型的产品。无论使用哪种半水石膏都应保证初凝与终凝时间的稳定，这是注模生产的先决条件。假如半水石膏质量不稳定，注模时会造成搅拌时间不一，则模型内在质量、强度会受到影响，直接影响到成型吸浆、模型的强度及使用寿命。

2. α 型高强模型石膏应用注意事项有哪些?

答：（1）潮解

半水硫酸钙在常温常压下是极不稳定的，一旦与大气中的水气接触就要发生水化即生成稳定的二水硫酸钙，一般称之为潮解。在 α 型半水石膏粉中，若含有部分二水石膏，在加水调和时其中二水石膏将会诱导 α 型半水石膏加速水化从而促使凝固时间加快，其次还会导致水膏比增大，最终严重影响制品性能。石膏开封后一般应存放在密封容器中，使用后立即封闭，严禁与大气（尤其是湿度较高的天气）长时间接触。

（2）水膏比

α 型半水石膏与其他硅酸盐胶凝材料一样，制品强度的高低，很大程度上取决于水膏比的高低。

因此调制石膏料浆时应按所规定的标准水膏比来控制用水量，但为适用具体制品制作要求，可适当允许水膏比的一定波动范围为 2%～3%。

（3）浇注时间

α 型半水石膏一旦与水接触其凝结硬化时间特别短，一般在 30min 内就凝固成非常坚硬的二水石膏硬化体。在这一水化过程中，随着时间的增长，其净浆的流动性明显减弱而逐渐增稠。若在制模时浇得慢，不仅导致其中已排列好的二水石膏结晶体因搅动而使结构受到破坏，而且由于料浆增稠，流动性明显减弱，浆体不能布满模腔，制品内部孔隙明显增多，最终致使制品内外性能严重下降。为减少上述情况发生，在浇注制品时必须在净浆水化前完成浇注作业。为此 α 型高强模型石膏规定浇注时间为 3min，即从石膏加入水起到开始浇注止，若 3min 不能完成上述作业则应采取缓凝措施。

（4）制品的干燥

当 α 型半水石膏浆注模成型，并待完全水化后（一般需 12h 以上），即形成了二水石膏硬化体，但此时其制品强度几乎只有最终强度的一半左右，因此必须进行干燥，去除制品中的残余水分，方可达到理想的机械强度。干燥温度一般在 45℃ 为宜，当然也可采取自然干燥。

至于某些浇铸金属用的石膏模具，由于浇铸温度的需要，石膏模具的温度相应也要升高。但升温速度不宜过快，严防急速加温，导致制品开裂和裂纹。

3. α型半水石膏和 β 型半水石膏混合型石膏模具的质量分数优化配比是什么？

答： 当 α 型半水石膏质量分数占 α 型半水石膏和 β 型半水石膏混合型石膏的30％，且以0.7的水膏比拌和时，α 型半水石膏和 β 型半水石膏混合型石膏的力学性能最好，且软化系数和吸水率适中。因此选择 α 型半水石膏和 β 型半水石膏的最佳质量分数分别为：30％和70％。当 α 型半水石膏所占分数增大时，吸水率增高，在水膏比为 0.7 时，过量水使孔隙率和吸水率增大，其强度和软化系数随之降低；同时由于 α 型半水石膏的质量分数增大，模具用石膏的成本也增大。当选用质量分数分别为 30％与 70％的 α 型半水石膏与 β 型半水石膏混合型石膏作石膏模具时，虽强度高、软化系数高，但吸水率较低，因而需要对 α 型半水石膏和 β 型半水石膏的混合型石膏进行增大吸水率的改性研究。

4. 石膏模具对其所用的石膏有什么要求？

答： 石膏模具对其所用的石膏的主要要求如下：
① 体积精确，不变形，膨胀系数要小。
② 硬度大，用手指划痕不显著。
③ 强度高，在脱模时有倒凹基牙。
④ 表面光滑，清晰度明显。
⑤ 与印模材料接触不发生化学变化。
⑥ 操作方便，对操作者无刺激性。

5. 如何用 α 型半水石膏制成性能良好的陶瓷模具？

答： 用 α 型半水石膏制成的陶瓷模具强度很高，但是吸水率低，并且在浇注时，模具凝固时间短、膨胀率大，影响模具尺寸精度，所以陶瓷行业一般不会全部用 α 型半水石膏做模具。根据不同成形方法，α 型半水石膏和 β 型半水石膏以不同比例混合使用。通过试验，陶瓷注浆成形模具用 α 型半水石膏配入量为 30％；滚压成形模具用 α 型半水石膏配入量为 45％。

6. 卫生陶瓷成形工作模用 α 型半水石膏应满足哪些条件？

答： 对于卫生陶瓷成形工作模，用 α 型半水石膏主要应满足以下三个条件：①便于制模操作，即要有一定的初凝、终凝时间；②模具寿命要长，即 α 型半水石膏的强度要高；③模具吸水能力要强，即模具吸水速度要快。这三个条件中的后两个条件是相互制约的，要有一个平衡点，强度高而吸水速度快最为理想，但一般较难兼顾。

7. 陶瓷模具用石膏物理性能指标测试的方法是什么？

答： 陶瓷模具用石膏物理性能指标测试的方法是：标准稠度水膏比、初凝时间、终凝时间、2h 湿抗折强度、45℃烘干抗折强度。

除以上方法外，还有一些比较重要的指标，简要介绍如下：

① 凝结膨胀率：石膏注模时，体积在凝结过程中会发生一定程度的膨胀，膨胀率过小不利于清晰的复制原形，膨胀率过大又偏离了原形且不利于脱模。

② 流动时间或工作时间：指的是从石膏粉撒入水中至将石膏浆倒出为止的时间间隔，通常比初凝时间短一点。石膏浆在晚于此时间倒出则流动性不好，早于此时间倒出又会影响强度。测试方法是在一规定尺寸的容器中按一定速度搅拌石膏浆体，待到隐约地显现出搅拌棒的痕迹，但随即又消失掉为止。

③ 表面硬度。

④ 表面耐水磨损性（也称溶触性）：测试时用一定高度和压力的自来水冲石膏试块，一定时间后测试被自来水冲刷出的孔洞的深度。

⑤ 吸水率：一般指饱和吸水率，将试块烘干恒重称重（G_0）后浸入水中 2h，再称重（G_1）。G_1 减 G_0 再除以 G_0 即得吸水率。

⑥ 扩散系数：代表水分在模具中的扩散速度。此系数能充分反映模具的吸水能力。

⑦ 吸浆速度。

⑧ 排水速度：此指标可用来衡量塑压模具和低压快排水模具的排水性能。

8. 模具用石膏对模具质量有何影响？

答：在实际工作中发现单用 α 型半水石膏制成的模具强度高、密度大，但气孔率低，致使毛细管吮吸能力减弱；单用 β 型半水石膏制成的模具有吸水率高的优点，但由于其强度低而缩短了使用寿命，不能适用于压力较大的滚压成形。根据不同的用途可以按不同的比例混合 α 型半水石膏和 β 型半水石膏来提高模具质量，这样在保证模具具有足够气孔率的前提下提高强度，如用 30％的 α 型半水石膏与 70％的 β 型半水石膏混合制成的滚压成形模具，在相同的条件下，其使用次数较 β 型半水石膏模具提高了一倍以上。

此外模具用石膏的细度对模具也有较大的影响，太粗会使模具气孔率提高，强度降低，缩短使用寿命并使吃浆过快。同时由于粗颗粒会导致模具表面太粗糙，也会使产品质量下降。当细度增加时，其比表面积也相应增加，使石膏模具强度提高，但吸水率相应降低，当细度增加到使其比表面积达到 $15000 \sim 18000 cm^2/g$ 时，由于产生较大的结晶应力，强度反而下降，在实际生产中考虑到生产成本，石膏细度一般控制在 160 目左右为宜。

9. 在石膏模具的制作中对工艺参数有何要求？

答：为了获得强度高、使用周期长、吃浆性能好的模具，除了要选择好石膏粉外，还要讲究模具的浇注方法，把握好关键性的工艺参数。这些工艺参数包括水膏比、搅拌时间及方法、真空脱气及水的纯度和温度的控制、脱模时间的控制及脱模剂的选择、减小模具厚度和模具的干燥等。

（1）水膏比

在其他工艺条件不变的情况下，水膏比越大，石膏浆的凝结速度越快，模具的强度越高，吸水率越小。水膏比的最佳范围因半水石膏的种类不同而有所不同，使用 α 型半水石膏应当比 β 型半水石膏的水膏比大一些。过去传统的工艺方法一般认为水膏比在（1.25～1.28）∶1 的范围为最佳。近年来，随着国外先进技术的引入和国内 α 型半水石膏的使用，以及成形方法由单面吃浆多块粘结向组合浇注一次成形的方向发展，模具的水膏比也随之增大，许多厂商使用(1.3～1.5)∶1的水膏比浇注出了强度高、寿命长、吃浆性能好的模具。因此可以通过适当提高水膏比来提高模具的强度，延长使用寿命。

（2）搅拌时间及方法

石膏浆的充分搅拌可以使石膏与水混合均匀、气孔分布均匀，有利于提高模具强度和改善吃浆性能。但延长搅拌时间会使石膏浆的凝固速度显著加快，这一点又不利于浇注操作。石膏浆的搅拌工艺除了搅拌时间还包括搅拌机的转数、叶轮形状、角度等，一般的搅拌机都有固定的转数（300～400r/min）和叶轮形状，所以只要控制好搅拌时间即可。采用高速搅拌或延长搅拌时间，可将正在生成的结晶搅成更小的结晶，有利于提高模具的表面硬度。

过去搅拌时间一般控制在1～2min，但现在可以采用凝结速度较慢的α型半水石膏或加入缓凝剂延长搅拌时间至3～5min，这样对提高石膏模具质量十分有利。

（3）真空脱气及水的纯度和温度控制

在石膏浆搅拌的过程中进行抽真空处理，是模具浇注中的又一项技术。真空搅拌可以抽出混入石膏浆内的气泡，使模具内气孔分布均匀，提高了模具强度和吃浆性能。

制作石膏模具一般用自来水，但很少对水的纯度加以控制，其实水中往往含有大量的杂质，除少部分参与了水化反应外，大部分杂质留在了模具中，会与石膏发生反应，损害模具，因此选用纯度较高的水可提高模具质量。水的温度对石膏浆的凝结速度、模具强度及膨胀率都有影响，尤其对凝结速度的影响较大。据有关资料介绍，在其他条件不变的情况下，使用20℃的水比使用8℃的石膏浆的初凝时间缩短1/3以上。

（4）脱模时间的控制及脱模剂的选择

脱模时间也是一个重要的工艺参数，过去一般都是凭借操作工人的经验来控制，其实这样做是不科学的，提前脱模因为石膏浆未达到终凝，内部的结构还比较脆弱，会破坏其内部结构，造成强度下降甚至出现裂纹；同样脱模时间延长也不利，因为石膏在固化时要产生体积膨胀，并同时放热，如果不及时脱模，模具的膨胀和放热效应会对母模造成损害，也会造成脱模困难。正确的方法是，根据本批次模具用石膏的终凝时间作为脱模时间的参考，在生产中认真执行。

关于脱模剂的选择，国内一般用植物油或化学脱模剂，这两种脱模剂的脱模效果良好，但有时会因为涂层不均匀而造成模具表面的波纹状斑纹。现在的新工艺倾向于使用钾皂液作为脱模剂，钾皂液的主要优点是涂层较薄，可以避免脱模剂涂层不均匀而造成的模具表面的缺陷，而且钾皂液会与石膏发生化学反应生成油酸钙，这种生成物不溶于水，在提高模具表面硬度的同时又不影响吃浆性能。

（5）减小模具厚度

普通石膏模具的厚度较厚，一般在65～90mm；有的达到100mm，究其原因，是由于石膏的强度太差，易破损，既浪费了石膏增加成本，又造成搬运困难。如用高强度、气孔率在36%左右的石膏模具，单面吃浆可设计成厚度为40～50mm，双面吃浆可设计成厚度为25～35mm，可减少1/3～1/2的石膏粉用量，并可降低成本和质量，还减少工人的劳动强度，减小占用的空间。

（6）模具的干燥

模具的干燥温度一般不应超过55℃，超过此温度会造成二水石膏脱水，使模具粉化、报废。在生产中一般采用自然晾晒的方法进行干燥，在冬天气温较低或模具急需使用的情况下也可以采用强制干燥的方法，将模具加热到 70℃，待半干后（含水率在 15%～20%），再移至 50℃ 以下的环境中进行干燥。这样做是因为模具在含水较多的情况下，所吸收的热量大都被蒸发的水气带走，模具本身的温度并不高，不致使二水石膏脱水。此外模具在干燥的过程中会产生微量的体积收缩，容易变形，因此在干燥的过程中不要分块放置，要把模具放平、垫实、上紧夹具，避免磕碰，在室外晾晒的模具要避免淋雨。

10. 模具用石膏粉使用效果不佳的原因及防治措施有哪些？

答： 有些使用者对模具用石膏粉的性能缺乏全面的了解，致使用效果不很理想。其原因有以下三点：①水膏比不稳定，时大时小。水膏比过大，势必影响坯体强度，造成模具使用寿命急剧下降；②一般操作者只注重脱模时间，而忽视水化时间，所以一脱模马上进行干燥，造成坯体强度不高；③坯体干燥温度不合理，这也是直接影响坯体质量的重要因素。因此，提出几点参考意见：①要求操作者按产品说明书确定混水量，严格计量制度；②脱模后根据坯体大小，适当延长水化时间，一般应不小于 12h；③严格干燥制度，温度控制在 (50 ± 2)℃。

11. 石膏模具的浇注浆料选择最佳水膏比时应遵循哪些原则？

答： 石膏模具的浇注浆料选择最佳水膏比时遵循的主要原则有三点：一是要保证模具应有良好的吃浆性能和脱模性能，即要求模具吃浆速度适中，湿坯脱模时不塌不粘，湿坯裂少；二是要保证模具有足够的强度，从而保证其使用次数；三是要求石膏浆凝结时间适中，既要保证有充分的时间进行操作，又不影响效率。这三条原则中第一条、第二条必须保证，第三条如保证不了可掺添加剂调整凝结速度。

这里所说的水膏比是指生产上使用的加水量，与标稠用水量是两回事，生产上选定的水膏比的加水量一般都比标稠用水量要大。

12. 吸水率对陶瓷模具粉的力学性能有什么影响？

答： 吸水率是陶瓷模具粉的一个重要指标，陶瓷泥浆注浆成形，依靠石膏模具吸收泥浆中的水分，而在其表面形成一层致密的坯体，通过进一步吸水，使坯体得以脱模。在石膏模具制作过程中，熟石膏粉与适量水均匀混合搅拌成形，为了满足注浆成形所要求的石膏浆体的流动性，而加入了大量的水（比半水石膏水化转变为二水石膏需要的理论水分 18.6% 高得多，α 粉 40%～60%，β 粉 60%～80%），过量的水分干燥后，在模具中留下许多气孔，正是这些气孔使模具有了一定的吸水性能，但这些气孔又影响了模具的强度、硬度以及耐磨性，因此制备模具时，在满足吸水率的前提下，应进一步提高其物理性能，采用以下两种熟石膏（α 粉、β 粉）作基料，在制备模具石膏粉中，综合平衡熟石膏粉（α 粉、β 粉）强度与吸水率的关系，充分利用 α 粉高强度和 β 粉优良吸水性能，分别按一定比例（α 粉、β 粉）配制了吸水性能及强度均优良的陶瓷模具石膏粉。

13. 凝结膨胀率对陶瓷模具粉的力学性能有什么影响？

答： 凝结膨胀率是陶瓷模具粉的一个非常重要的指标，适宜的凝结膨胀率是获取高精度模具及清晰地复制模具的必要条件。

在调制半水石膏时，为保证注浆成形所需求的浆体流动性需要比理论值（18.6%）大得多的过量拌合水，因而使硬化体孔隙率大幅度增加，体积膨胀，α型半水石膏粉凝结膨胀率 0.3%～0.8%，β型半水石膏凝结膨胀率 0.1%～0.2%，因此通过将α粉与β粉以适当比例配制后，加入适量调节剂，来制取凝结膨胀率适宜的注浆陶瓷模具石膏粉。利用β粉较小的凝结膨胀率和α粉的高强度，可配制出性能优良的注浆陶瓷模具石膏粉。当α粉：β粉为 (10～50)：(50～90)时(总混合物以 100 份质量计)，凝结膨胀率可有效控制在 0.2%以下，可满足注浆陶瓷模具粉的指标要求；当α粉比例高于上述范围时，凝结膨胀率过大，不能满足模具使用要求；当α粉比例小于上述范围时，吸水率达到了要求，但却导致强度过低，模具使用次数减少，寿命缩短。

14. 在模具用石膏中加入石英粉对其热膨胀收缩会产生怎样的影响？

答：在模具用石膏中加入石英粉后，石膏模具材料的热膨胀收缩明显减少。仅石膏模具铸造材料在 800℃时膨胀率为 0.58%，β型二水石膏模具铸造材料的热膨胀率为 0.002%。主要原因是石英粉在 573℃附近发生 β→α 晶型的转变，体积发生急剧的变化，膨胀率急增至 1.4%，从而降低了石膏模具铸造材料的收缩率。β型二水石膏膨胀收缩率比α型二水石膏要小，在加入相同比例的耐火材料石英粉后，其石膏模具铸造材料的膨胀率自然比β型二水石膏的要大。而石英粉的加入本身并没有影响到石膏的脱水和相变温度。石膏模具铸造材料的膨胀收缩率仅仅只是纯石膏和耐火材料各自的膨胀收缩率的平均。

15. 如何减轻石膏模具在焙烧过程中的开裂？

答：以石膏为主要造型材料，加入适量的石英粉，用来调节模具在焙烧过程中的膨胀和提高透气性。石膏在加热过程中会产生体积收缩，而石英砂在 573℃左右发生 β型向α型的转化，膨胀率增至 0.3%，两者的互相作用可以减轻或防止石膏模具在焙烧过程中开裂。

16. 云母粉含量在5%以下时对模具用石膏性能有哪些影响？

答：当模具用石膏中云母粉含量在5%以下时，对模具石膏的水膏比影响不大，对初终凝时间改变不大，不影响模具石膏的浇注质量。但当云母粉含量为5%时，会降低模具用石膏的干、湿态抗折强度，同时还会降低模具石膏的吸水率。云母粉含量为5%时的吸水率比原矿模具石膏降低了10%，不利于模具石膏对水分的吸收。

17. 不同添加剂对模具石膏性能有哪些影响？

答：将陶瓷行业中常用的四种添加剂，即碱粉、腐殖酸钠、水玻璃与三聚磷酸钠分别以 0.5%的掺量加入于模具用石膏中，水膏比均为 0.5，水量按 50%调配石膏浆，会产生下列的影响：

（1）碱粉

碱粉对石膏浆产生了明显的增稠作用，按标准稠度测试方法测试扩展直径只有 195mm，经测定初凝时间约为 16min，终凝时间约为 26min，有比较明显的缓凝作用。

（2）腐殖酸钠

腐殖酸钠加入后也有一定的增稠作用，但不太明显，略有缓凝作用。

（3）水玻璃

水玻璃加入后也产生增稠效果。

（4）三聚磷酸钠

三聚磷酸钠加入后也产生了比较明显的增稠作用，凝结时间过长。

从上面可以看出在陶瓷行业应用的这四种减水剂，加入石膏后均产生了不同程度的增稠、缓凝作用。缓凝作用的强弱比较为：三聚磷酸钠＞碱粉＞水玻璃＞腐殖酸钠；增稠作用的强弱比较为：水玻璃＞碱粉＞三聚磷酸钠＞腐殖酸钠。经测定加入上述四种添加剂后石膏强度都有比较明显的降低。由于它们的增稠作用，使在制作模具过程中必须加入更多水才能达到合适的稠度，而水量增加必然会使强度降低，因此其作为减水增强剂是不适用的。可见，在陶瓷泥浆和釉浆中应用的减水剂并不适合应用于石膏；反之，适合石膏的减水剂也不一定适用于陶瓷生产。而试验表明，石膏和水泥在外加剂的应用方面则有许多相似之处。以上四种添加剂中三聚磷酸钠的缓凝作用最强，只需很少量即可产生明显的缓凝效果，可以作为石膏高效缓凝剂来使用。

18. 采用石膏模具材料的粉料配比为多少？

答：石膏模具配料中水与石膏的比例将影响铸型性能和强度。水量多、石膏浆料稀、流动性好，但铸型强度和硬度下降；水量少、浆料流动性差，形成的型腔表面粗糙。因而，应该根据铸件的复杂程度来具体确定石膏浆料中水与石膏的比例。

采用的石膏模具材料的粉料配比为：50％α型半水石膏，30％石英砂（70/100目），20％石英粉（320目），石膏模具水粉比为 0.9～1.2。

19. 在石膏模具生产中应注意哪些问题？

在石膏模具生产中应注意以下几方面：

答：（1）严格掌握石膏炒制脱水的温度与时间

因在炒制过程中当温度升高至120℃时会产生剧烈沸腾，为石膏的第一次脱水；再升至145℃时会出现短暂的第二次沸腾，用蒸压法制作α型半水石膏时应在4个大气压下，150℃时加热 4～5h。

（2）搅拌的时间和速度

搅拌分为人工搅拌、机械搅拌，最好采用真空搅拌，因真空搅拌能有效除去石膏浆中的气泡，提高石膏模型的强度和耐磨性，搅拌要充分，否则会导致石膏浆凝固迟缓、气孔分布不均匀，模型密度、强度不均、耐磨性减弱；而搅拌太剧烈也会破坏熟石膏的结晶化，导致强度降低。

（3）用新的添加剂来改性、改良单一石膏材料来达到生产的预期目的。如在石膏中加入一定比例的硼砂、明矾、石灰、碳酸钙等无机材料可提高模具强度，并在脱模时减少挂模现象；在石膏中加入5％～50％的短纤维树脂作为石膏的填充料，来达到增加强度、改善脱模的环境；将做好的石膏模具烘干后浸入30％硅酸盐水溶液，并在10mm Hg柱下抽真空处理，可制得强度较高的石膏模具，并可延长石膏模具的使用寿命。另在 100g 水中加入烤胶0.2g，硼砂 0.2g，石膏 110g，石灰石粉末 22.1g(其中石膏＋石灰石：水＝100：75.7 重量比)，所得石膏模具有高机械强度、高耐磨性、易脱模等优点。

第五章　外加剂与增强材料

一、外加剂

（一）品种与研发方向

1. 常用的石膏外加剂有哪几种?

答: ①转晶剂（媒晶剂）：影响二水石膏脱水反应，形成不同晶形的半水或无水石膏。

② 缓凝剂：延缓半水石膏凝结时间和水化速度。

③ 促凝剂：加速半水石膏或无水石膏凝结时间和水化速度。

④ 减水剂：改善石膏浆体流动性或在石膏浆体流动度相同的条件下，减少拌和用水量并提高石膏硬化体的强度。

⑤ 保水剂：保持石膏浆体中所含水分，避免石膏浆体中的水分挥发或转移到承受物体上，造成水化反应不完全。

⑥ 低膨胀剂：降低石膏水化硬化时的凝固膨胀值。

⑦ 激发剂：激发或活化硬石膏（无水石膏）的活性，以提高其水化与硬化的能力。

⑧ 胶粘剂：增加石膏与其他材料之间的粘结力。

⑨ 防水剂：改善石膏硬化体的防潮性能，降低吸水率或提高湿强度。

⑩ 引气剂：在石膏浆体中引入大量均匀分布、稳定而封闭的微小气泡。

⑪消泡剂（发泡剂）：减少石膏浆体中的气泡，得到光滑细腻的表面。

⑫润滑剂：改善石膏砂浆的润滑性与可施工性。

⑬增稠剂：改善石膏浆体的稠度，防止离析与沉降。

⑭抗徐变剂：减少石膏板受潮后在自重作用下的永久性变形。

2. 石膏建材功能外加剂按其主要作用和用途基本分为哪些种类?

答: 石膏建材功能外加剂按其主要作用和用途基本分为：缓凝、促凝、增稠、增塑、保水、减水、增强、增黏、耐水、防潮、发泡、消泡、增柔、抗裂等。其中以缓凝剂、保水剂用量最多。

3. 当前在石膏建筑材料中使用外加剂存在哪些问题?

答: ①由于缺乏石膏外加剂理论上的指导，盲目采用混凝土外加剂的现象普遍存在。石膏与水泥在组成、结构、水化、凝结硬化方面的显著差异，使混凝土外加剂对石膏的适应性不好，解决的关键问题之一即搞清石膏外加剂分子结构与性能的关系，明确活性基团与位置、分子形状、分子量对性能的影响，提高外加剂对石膏的针对性、适应性和有效性，避免石膏外加剂的盲目使用。

② 掺用减水剂使石膏的流动度经时损失严重，是减水剂应用的主要障碍之一。查明流

动度经时损失较大的原因及其影响因素，包括调节石膏相组成、优选减水剂、控制减水剂溶解速率、减水剂复合、改变其掺法等方法可控制石膏流动度经时损失的效果，为抑制流动度经时损失提供实用技术。

③ 常用缓凝剂使石膏强度大幅降低，是石膏缓凝剂急待解决的技术问题。通过缓凝剂对液相过饱和度、水化速率、二水石膏晶体形貌、硬化体结构的影响，揭示缓凝剂对强度影响的真正原因及对缓凝剂改性、与能增加液相过饱和度的外加剂复合是克服缓凝剂对石膏强度不良影响的措施之一。

④ 由于单一外加剂功能的局限性，使用石膏基材料时往往要同时使用多种外加剂，高效多功能复合外加剂是石膏外加剂的发展方向。但由于对石膏外加剂复合原理不清楚，使用中只是把几种外加剂掺合在一起，不但不能产生复合超叠加效应，有时反而出现外加剂相互影响、降低效能的现象。

⑤ 受外加剂掺量大、价格高的影响，抹灰石膏的外加剂费用占其成本的 40% 以上，使抹灰石膏价格居高不下，影响了其推广利用。外加剂是模型石膏的关键技术，但我国目前一般不掺外加剂，故只能生产中低档模型石膏，高级模型石膏则依赖进口。

4. 聚乙烯醇、聚乙烯醇缩甲醛和甲基纤维素添加剂对石膏强度有什么影响？

答：聚乙烯醇、聚乙烯醇缩甲醛和甲基纤维素这三种添加剂，在添加剂加入量较小时，随着加入量的增多，三种添加剂的作用结果基本相同，都是使石膏抗折强度增大；在添加剂加入量为 0.25% 左右时，加聚乙烯醇和甲基纤维素的石膏抗折强度最大，继续加入这两种添加剂，石膏抗折强度反而下降；而聚乙烯醇缩甲醛的加入可使石膏抗折强度持续增大。

这三种添加剂对石膏强度的影响主要是改变了石膏的结晶过程，使石膏晶体的长径比增大，晶体间接触点增多。

5. 精密铸造石膏和自流平地坪石膏中主要外加剂有哪些？

答：精密铸造石膏是以 α 型高强石膏与耐火材料（石英、铝矾土等）为主并加入减水剂、消泡剂、缓凝剂等多种外加剂组成。减水剂和消泡剂是精密铸造石膏主要的外加剂，减水剂是增加浆体浇筑时的流动性，消泡剂是减少石膏模型表面的气孔。

自流平地坪石膏以 α 型高强石膏或无水石膏为胶凝材料，砂为集料，加入高效减水剂、消泡剂、缓凝剂、保水剂、增稠剂等组成。自流平地坪石膏的流平性是最主要的指标，为了达到理想的流动度，必须采用高效的减水剂；缓凝剂应选用不影响后期强度的产品；为了不影响浆体的流动度，保水剂选用低黏度的产品为好。

6. 三聚氰胺和聚乙烯醇对脱硫建筑石膏的性能有什么影响？

答：①掺加三聚氰胺和聚乙烯醇可改善脱硫建筑石膏的综合性能，与空白试样相比，其凝结时间、强度和防水性能均有不同程度的改善。

② 当三聚氰胺掺量为 1.0%、聚乙烯醇掺量为 5.0% 时，脱硫建筑石膏试样的性能最佳。

③ 三聚氰胺在脱硫石膏颗粒表面产生吸附，有效抑制了脱硫石膏颗粒的凝聚；聚乙烯醇在脱硫建筑石膏制品中逐渐形成具有阻水作用的不规则网膜，降低体系的孔隙率，可在一

定程度上提高脱硫建筑石膏制品的防水性能和强度。

7. 在使用外加剂时，对一些外加剂的效果应注意哪些问题？

答： 在使用外加剂时，对一些外加剂的效果应注意以下几个问题：

① 使用钠、镁和铁等盐类会使石膏凝结后的颜色发花；使用酸类及酸性盐类会使石膏膨胀，并在内部形成较大的孔隙。

② 柠檬酸钾的掺入，对石膏既起缓凝作用，又能提高强度。当掺量在 $0.01\% \sim 0.05\%$，可减水量 6%，并提高强度 $10\% \sim 20\%$。

③ 使用尿素或其衍生物，可改善铸模的和易性，延长凝结时间 1 倍左右，并提高强度 $15\% \sim 20\%$，但含有 1% 尿素时，制品干燥速率减慢。

8. 如何体现外加剂对石膏建材的复配效应及其合适的掺加方法？

答： 为了满足各种不同的使用要求、特定性能的要求及降低成本，通常选择复合外加剂。如何衡量复合的功效，可用复配效应来表示。所谓复配效应就是将不同品牌，不同厂家生产的两种以上外加剂，按照不同比例掺和，其工作性能和耐久性能是任何一种外加剂都达不到的效果。将两种外加剂各减少一半，进行掺配，如果效果比其中任何一种都小的话，说明不能复配，如果大于任何一种，则说明这两种外加剂有叠加效应，可以复配。如果将多种外加剂按照厂家推荐掺量进行复配，能够在性能上相互弥补，则是较理想的复配效应。

此外，外加剂的掺加方法不同也会给石膏建材的性能带来影响。在外加剂的施工使用上可以分为先掺法、同掺法和后掺法。所谓先掺法就是干粉先与石膏粉混合后，再加入液体组分一起拌匀；同掺法是预先将外加剂溶解于水中配制成一定浓度的溶液，然后在粉料搅拌时同水一起掺入；后掺法是待石膏粉料拌好后，经过一定的时间将外加剂一次或几次加入。

9. 如何调节石膏粉的标准稠度需水量？

答： 可以通过塑化剂和减水剂来减少石膏粉的标准稠度需水量，如烷基芳基磺酸盐、木质素磺化盐和三聚氰胺甲醛树脂等，也可通过添加絮凝剂来增加标准稠度需水量，如聚乙烯氧化物。

（二）减水剂

1. 适用于石膏建材的减水剂有哪些类型？

答： 根据化学成分的不同，目前常用的普通减水剂主要有：木质素磺酸盐系、羟基羧酸盐系、糖蜜类和腐殖酸类等。其中，羟基羧酸盐系和糖蜜类减水剂具有强烈的缓凝作用，所以可作为缓凝剂。高效减水剂主要有：萘系（β 萘磺酸盐甲醛缩合物）、甲基萘系、蒽系、古马隆系、三聚氰胺系、多羧酸系、氨基磺酸盐系等。其中萘系、甲基萘系、蒽系、古马隆系主要生产原料来自煤焦油，又称为煤焦油系减水剂；多羧酸系是新一代高效减水剂，可适用于石膏建材，有效地克服石膏浆体流动度的经时损失。

2. 三聚氰胺类减水剂在石膏胶凝材料中的使用效果如何?

答:三聚氰胺类减水剂(密胺类)对石膏胶凝材料有明显的减水增强作用,这类减水剂为白色或淡色粉末,不影响石膏的色泽,可以有效降低石膏浆体的塑性黏度。萘系高效减水剂以及磺胺类减水剂因价格低常用于增加石膏的流动度,但强度增加不如三聚氰胺类减水剂,并会影响石膏的色泽。

三聚氰胺类减水剂一般对绝大部分的石膏胶凝材料(如 α 型和 β 型石膏、天然和化学石膏)都有减水作用,并与其他外加剂(如缓凝剂、促凝剂、保水剂、消泡剂等)具有很好的相容性。此减水剂掺量一般为 0.5%~1.5%,减水率在 20%~40%,强度增长 30%~60%,也可将三聚氰胺系高效减水剂与适量廉价的外加剂,如糖蜜、糖钙、葡萄糖酸钠等复合使用。

3. 复合减水剂在石膏中的作用机理是什么?

答:复合减水剂中的有机表面活性物质对石膏具有强烈的分散作用。它本身并不与石膏发生化学反应,主要是具有定向吸附的功能,减少拌和水用量,并改善其孔隙结构,提高密实度,提高硬化体的抗折强度和抗压强度。另外有机表面活性物质还能改变石膏的水化进程,促进水化矿物晶体的成长。但是,当掺量过大时,有机表面活性物质会在料浆中起到引气作用。

在复合减水剂使用时加入粉煤灰填充到石膏中,其表面光滑、坚硬致密的小颗粒状矿物在石膏颗粒间可以起到"滚珠"的作用,提高石膏拌合物的流动性,使原本填充于石膏颗粒间的水释放出来,达到减水目的。若粉煤灰与有机表面活性物质复合使用,粉煤灰颗粒表面必然会吸附有机表面活性物质,对粉煤灰絮凝体具有解絮作用,从而释放出游离水,也起到了减水的作用。

4. 不同类别的减水剂对建筑石膏的改性作用是什么?

答:使用减水剂是改善石膏基材料性能的重要途径,添加减水剂可在水膏比不变的情况下,提高石膏浆体的流动性,或在保持流动性不变的情况下减少需水量,以提高石膏硬化体的强度。常用的石膏减水剂有三大类:

① FDN 类萘系减水剂,主要成分为萘磺酸盐甲醛缩合物。

萘系减水剂是目前国内用量最大的高效减水剂,主要产品有 FDN、NF、UNF 等。其分子结构中含有苯环和磺酸基,具有较强的分散作用,减水率较高,且不缓凝、引气量低,使石膏颗粒之间容易滑动,从而减少拌和需水量,同时也增强石膏水化物的密实性,改善石膏硬化体的强度。

② SM 类(密胺树脂类减水剂),主要成分为三聚氰胺磺酸盐甲醛缩合物。

三聚氰胺也是一种阴离子表面活性剂,其各项性能与萘系接近,但其减水及增强的效果要好于萘系减水剂。减水剂的加入一方面,降低了标准稠度需水量,从而降低石膏结晶后因水分蒸发形成的孔隙率,致使密度增加,从而提高强度;另一方面,SM 类减水剂改善了石膏晶体的结晶性状,晶体间结点增多且接触点发育良好,相互的搭接更为紧密,形成较完整的结晶网络系统,从而改善石膏硬化体的力学性能,使其强度得以提高。

③ 聚羧酸系减水剂(PCA)

聚羧酸系减水剂是近年来国内外研究最为活跃的高性能减水剂之一，同时也是未来减水剂发展的主导方向。与其他高效减水剂相比，聚羧酸系减水剂的分子结构长的主链上具有许多不同种类的活性基团，如磺酸基团（—SO$_3$H）、羧酸基团（—COOH）、羟基基团（—OH）、聚氧烷基烯类基团[—(CH$_2$CH$_2$O)$_m$—R]等。不同的基团所起的作用各不相同：磺酸基分散效果好；羧酸基和羟基有缓凝作用；羟基还有良好的浸透润湿作用，而且其分散稳定性较好，流动度经时损失相比前两种减水剂较小，非常适用于石膏体系。

此外，减水剂一般为阴离子表面活性物质，原理上具有助磨功能，使其比表面积增加，颗粒分布细化，而且其分散能力也有显著提高。

5. 聚羧酸盐系高效减水剂主要优点是什么？

答：聚羧酸盐系高效减水剂具有以下优点：①低掺量，而分散性能好；②保塌性好；③在相同流动度下比较时，可以延缓凝结；④分子结构上自由度大，制造技术上可控制的参数多，高性能化的潜力大；⑤合成过程中不使用甲醛，因而对环境不造成污染；⑥与其他种类的外加剂相容性好；⑦使用聚羧酸盐系高效减水剂，可利用矿渣或粉煤灰取代熟石膏，从而降低成本。

聚羧酸盐系高效减水剂掺量的增加对石膏强度有双重影响：一方面，加入聚羧酸盐系高效减水剂显著降低了水膏比，从而增加了石膏强度，但是如果用量过大，缓凝效果会对石膏强度，尤其是早期强度产生不利影响，掺量超过 0.27％以后早期强度有下降的趋势，在掺量达到 0.67％时，石膏在 2h 尚未终凝；另一方面，加入聚羧酸盐系高效减水剂对于石膏的绝干强度有较明显的有利影响，绝干强度大体随减水剂用量的增加而增加，最终与 SM 减水剂达到的强度相当。

6. 减水剂掺量对石膏硬化体的孔结构有哪些影响？

答：①石膏硬化体中的孔主要是由于水分蒸发和减水剂的引气性引起的，因此主要以大孔（>100nm）的形式存在。当减水剂掺量过高时，由于减水剂的引气作用，超大孔（>10μm）的含量也相应增加。

② 石膏硬化体的孔隙率和孔径分布对强度有重要的影响。石膏硬化体强度随着孔隙率的降低和孔径细化而提高。

③ 减水剂使石膏硬化体孔隙率降低，孔径细化，孔径分布范围变窄，即减水剂能有效改善石膏硬化体孔结构，这也是减水剂起增强作用的原因所在。

④ 随着减水剂掺量的增加，孔隙率、平均孔径均呈下降趋势，但掺量达到 1.0％以后，由于吸附量不再增加，孔隙率反而增大，孔径也明显增大，尤其是超大孔迅速增加，减水剂的负面作用不容忽视。

7. 减水剂对石膏硬化体的力学性能有什么影响？

答：减水剂的加入一方面，降低了标准稠度需水量，在石膏结晶后因水分蒸发形成的孔隙率减少致使密度增加，从而强度提高；另一方面，减水剂改善了石膏晶体的结晶性状，在保持流动度相同的情况下，加入减水剂后石膏硬化体晶体结构中针状晶体减少，且有大量结构较完整的柱板状致密晶体及无定形胶凝状物质生成，晶体长径比减小，晶体间结点增多且接触点发育良好，相互的搭接更为紧密，形成较完整的结晶网络系统，从而改善石膏硬化体的力学性能，使其强度得以提高。

8. 减水剂的掺加方法对建筑石膏浆体有何影响？

答：减水剂的三种常见掺加方法如下：

① 先掺法：减水剂先以粉剂形式与石膏混合均匀，再加水搅拌。

② 同掺法：减水剂先加入水中溶解，再加入石膏搅拌。

③ 后掺法：石膏加水 30s 后再加入减水剂。

三种掺法中，先掺法对建筑石膏的分散效果和增强作用一般均优于同掺法和后掺法。

减水剂的不同掺法的作用机制并不相同，主要表现为：先掺法主要是吸附分散作用，即减水剂有机阴离子首先被建筑石膏颗粒吸附，形成稳定的具有一定 ξ 电位的胶粒，从而阻止和减少絮状体结构的形成，拌合物的流动性提高；后掺法主要是吸附—胶溶—分散作用，即掺减水剂之前絮状结构已经形成，减水剂被吸附后不断破坏这些凝聚结构，释放自由水，从而提高流动性；同掺法中，减水剂先溶于水，在水中形成稳定的胶束团，加入建筑石膏后，建筑石膏一方面与水争夺减水剂，另一方面与水形成凝聚结构。综上所述，正是由于这三种掺法的分散过程不同，建筑石膏对减水剂的吸附量不同，从而作用效果不同。

9. 减水剂对建筑石膏流动性的影响有哪些？

答：测定了常用减水剂在不同掺量下建筑石膏在同一流动度(180±5)mm 下水膏比，计算出减水剂的减水率，以考察减水剂对建筑石膏的分散效果，结果见表 5-1。几种典型减水剂（在相同水膏比下）对建筑石膏流动度的影响见表 5-2。

表 5-1　减水剂在不同掺量下的减水率（%）

种类＼掺量(%)	0.1	0.3	0.5	0.7	1.0	1.5	2.0
FDN(北京)	9.5	13.7	14.7	15.8	18.4	20.5	23.7
FDN(江都)	8.9	13.2	14.2	15.2	17.9	20.0	23.2
FDN(湛江)	7.4	11.6	13.2	14.7	16.8	20.0	23.7
AF	8.4	13.2	15.8	16.8	17.9	19.5	20.8
SM	7.6	9.9	12.5	14.6	16.2	18.8	20.3
HC 200K	9.5	11.1	12.6	14.6	16.0	17.8	19.2
木钙	2.5	4.5	6.6	8.3	10.1	11.8	12.3

表 5-2　减水剂对建筑石膏流动度的影响

种类＼掺量(%)	0	0.1	0.3	0.5	0.7	1.0	1.5	2.0
FDN(北京)	180	215	223	245	258	272	280	290
SM	180	198	215	245	255	263	285	285
AF	180	210	225	250	262	268	280	282
HC 200K	180	200	211	243	252	267	278	280

上述减水剂对建筑石膏均有不同程度的减水分散作用，其中萘磺酸系列（FDN）、蒽系（AF）、磺化三聚氰胺系（SM）、多羧酸系列（HC-200K）在石膏体系中减水效果较为明显，并且在掺量较小时，减水率提高较快，当掺量达到 1.0％后，减水率增长幅度明显变缓。同种类型的减水剂，由于其原料和生产工艺的不同，对石膏的减水效果也不尽相同，在相同掺量（1.0％）情况下，三种 FDN 的减水率：FDN（北京 18.4％）＞FDN（江都 17.9％）＞FDN（湛江 16.8％）。

由表 5-2 可知，水膏比相同时，掺高效减水剂可大幅度增加流动度，并且流动度随掺量的增加而增加，当掺量＜1.0％时，流动度增长速率较快，而后渐趋平缓。减水剂存在一个饱和掺量，超过饱和点后，再增加减水剂掺量，减水效果不再提高。

10. 马来酸酐共聚物减水剂对石膏浆体流动度有何影响？

答： 添加马来酸酐共聚物减水剂以后，石膏浆体的流动度经时损失得到了极大的抑制。加入减水剂的量越大，对浆体流动度经时损失的抑制作用就越明显，通过调节减水剂的用量，可以使得石膏浆料在 20min～2h 保持良好的流动性，从而保证了石膏制品的加工操作时间。

11. 掺水泥或氧化钙后，聚羧酸系高效减水剂对石膏浆体的流动度有什么影响？

答： 水泥在石膏中有促凝作用，会导致石膏凝结速度加快，水泥掺量超过 2％时就会对石膏浆体早期流动度产生明显影响，流动度反而随着水泥掺量增加变差。由于水泥对石膏有促凝作用，为了减少石膏凝结时间对流动度的影响，可在石膏中添加适量的缓凝剂。

加入缓凝剂之后，随着水泥掺量的增加，石膏的流动性增加。当水泥掺量为 10％时，流动度比空白样增加了 70％；水泥的掺入增加了体系的碱性，使聚羧酸系高效减水剂在体系中离解更快速更完全，减水作用明显增强；同时由于水泥本身需水量较低，在相同加水量的情况下相当于增加水膏比，因此也会使流动度小幅增加。

随着氧化钙掺量的增加，石膏的流动度增加，氧化钙掺量为 4％时，流动度比空白样增加了 69％；氧化钙增加了体系的碱性，相同聚羧酸系高效减水剂掺量下，石膏流动度增加明显，增加石膏体系碱性能，增加聚羧酸系高效减水剂的离解，使聚羧酸系高效减水剂减水效果明显提升。

12. 石膏流动度经时损失及其抑制方法是什么？

答： 掺减水剂，石膏的经时流动度损失严重，是减水剂应用的主要障碍之一。建筑石膏细度增加，水化速率加快，其流动度经时损失加大。

Ⅲ型无水石膏是建筑石膏的相组成之一，Ⅲ型无水石膏加大建筑石膏流动度经时损失。温度对石膏流动度经时性影响很大，温度升高，石膏流动度经时损失加快。

石膏细度、相组成、温度对石膏浆体流动度经时性的影响可以归结为对石膏水化率的影响，石膏流动度经时损失随着水化率的加快而加剧，即缓凝剂可有效抑制石膏流动度经时损失。水化 5min 掺萘系（FDN）石膏流动度经时损失近 20％，缓凝剂掺量越高，其保持流动性的时间越长。掺萘系（FDN）等主要依赖静电斥力分散的传统减水剂与缓凝剂复合抑制流动度经时损失是有效、实用的，但缓凝剂掺量较高时又有强度损失大的负面影响。

掺多羟酸系（HC）、氨基磺酸系（AN）的石膏浆体的流动度经时损失明显低于掺萘系（FDN）的石膏浆体，尤其是水化早期的流动度经时损失较小，表明多羟酸系（HC）、氨基磺酸系（AN）的分散性较好。

传统减水剂以静电斥力分散为主，其分散稳定性差。多羟酸系（HC）、氨基磺酸系（AN）等新型减水剂具有空间位阻分散功能，其分散稳定性较好，流动度经时损失较小。高性能石膏减水剂应同时具有空间位阻和静电斥力分散功能。复配缓凝剂是抑制建筑石膏流动度经时损失有效、实用的技术手段。

13. 建筑石膏掺减水剂流动度经时性及其影响是什么？

答：建筑石膏掺减水剂流动度经时损失大，萘磺酸类减水剂、磺化三聚氰胺类减水剂等加大其流动度经时损失，水化 6min，石膏浆体流动度从初始的 28cm 降至 17cm，8min 后流动度已降至 13cm 以下。为满足塑性成型需要，成型时石膏浆体流动度一般要保持在 18cm 左右，由于流动度经时损失的原因，其初始流动度必然远高于 18cm，使水膏比增加，硬化体强度降低。

建筑石膏细度增加，水化速率加快，其流动度经时损失加大。比表面积为 4120cm^2/g 的建筑石膏水化前 3min 流动度维持不变，8min 时流动度仍保持在 18cm 以上；而比表面积为 8130cm^2/g 的建筑石膏水化 2min 时流动度已有明显降低，6min 后流动度降至 15cm 以下，已失去塑性工作能力。Ⅲ型无水石膏是建筑石膏的相组成之一，它使建筑石膏流动度经时损失加大。Ⅲ型无水石膏含量可通过煅烧制度和陈化工艺加以控制。温度对石膏流动度经时性的影响很大，温度升高，石膏流动度经时损失加快。

14. 在建筑石膏浆体中掺加萘系减水剂，采取什么措施可减少浆体流动度的经时损失？

答：缓凝剂可延缓石膏水化进程，降低水化速率，尤其对早期水化有明显的抑制作用。如 0.1％柠檬酸使建筑石膏 10min 水化率从 30％降至 4％，30min 水化率从 91％降至 9％。随着石膏早期水化速率降低、凝结时间延长，其流动度经时损失减小，即缓凝剂可有效抑制石膏流动度经时损失。掺萘系减水剂使建筑石膏 5min 流动度经时损失近 20％，而萘系减水剂复合 0.1％柠檬酸使建筑石膏 5min 流动度经时损失为零。

15. 减水剂在粉磨过程中的掺法对石膏的性能有什么影响？

答：①减水剂可显著提高石膏流动性，对石膏水化进程、水化率、水化产物形貌影响较小，但可明显改善硬化体孔结构，使孔隙率降低、孔径细化，这是减水剂增强的原因所在。

② 减水剂磨前掺可显著提高石膏的粉磨效率，使其比表面积增加、颗粒分布细化。减水剂磨前掺不仅有良好的助磨功能，而且可显著提高石膏颗粒的吸附能力和分散能力，改善石膏流变性和硬化体孔结构。减水剂的助磨分散作用为其作为功能组分制备高品质建筑石膏和石膏基材料提供了依据和工艺路线。

③ 减水剂磨前掺的减水率均明显高于同掺，木钙磨前掺的减水率比同掺提高近一倍，萘系减水剂提高 30％，表明减水剂磨前掺的分散能力大大优于同掺。由于磨前掺减水剂分散能力强、水膏比较低，其石膏硬化体强度比同掺均有不同程度的提高。石膏硬化体孔结构分析表明：萘系减水剂磨前掺与同掺的石膏硬化体孔结构相比，前者的孔隙率比后者低

10%、孔径分布细化，表明萘系减水剂磨前掺比同掺能更有效地改善石膏硬化体孔结构。

16. pH 值对减水剂在建筑石膏浆体的作用效果有什么影响？

答： 目前普遍使用的减水剂均为阴离子表面活性剂，其主要功能基团为磺酸基、氨基、羧基等，减水剂主要靠这些基团吸附在石膏颗粒的表面发挥分散作用。这些基团的活性对溶液的酸碱度比较敏感，酸碱度的变化可引起其电离程度的变化，从而影响减水剂的吸附以及固液界面电荷密度，并最终对其减水效果产生影响。掺入 0.5% 减水剂时，pH 值对建筑石膏强度、流动度的影响如下：pH 值可影响减水剂的分散性。在中性及弱碱条件下，减水剂分散效果较好，石膏硬化体强度较高。pH 值为 10.5 时有最好的流动性，这主要与 pH 值对羧基的影响有关。羧基可以与钙离子发生络合反应生成稳定的络合物，而 pH 值对络合物的稳定性将产生影响。在碱性环境下，羧基电离程度高，生成络合物更稳定。同时，pH 值对减水剂分子构象也会产生影响。高 pH 值下，分子链段在液相中更为伸展，空间位阻更强。

17. SD(羧基丁苯乳液 SD622S)和硅酸盐水泥复掺对建筑石膏的物理性能有什么影响？

答：（1）体积密度

① 无论是单掺水泥还是 SD 与水泥复掺，水泥掺量 10% 时改性材料的体积密度较大，并且 SD 与水泥复掺时，由于水胶比单掺水泥的小，因此体积密度较大。② 单掺水泥 1% 的试样，体积密度比未掺水泥的试样增加 7% 以上，随后增长趋势渐缓，单掺水泥超过 10% 时体积密度略有下降；而 SD 掺量 10%、水泥掺量 1% 时，改性材料体积密度仅比未掺水泥的试样增加不到 1%，随后增长趋势渐缓，水泥掺量超过 10%，材料的体积密度也略有下降。

SD 和水泥均能提高石膏硬化体的密实度。SD 的塑化作用和减水作用使石膏硬化浆体的密实度大为增加；硅酸盐水泥的体积密度大于建筑石膏，并且加入 SD 后，随水化龄期延长，水化产物不断填充于石膏硬化体的孔隙中，使其孔结构细化，在一定程度上增加了改性建筑石膏的体积密度。

（2）饱水强度

改性建筑石膏饱水强度对比：①SD 与水泥复掺时饱水强度比单掺水泥饱水强度高。SD 掺量 10%，水泥掺量不大于 5% 时，饱水抗压强度随水泥掺量的增加而增加，随后变化趋势渐缓；水泥掺量为 5% 时饱水抗压强度比单掺 10%SD 提高 66.7%，比纯石膏提高 1.55 倍，表明掺入适量的水硬性胶凝材料能在很大程度上提高硬化体的饱水抗压强度。②饱水抗折强度的变化趋势与饱水抗压强度的相似：SD 与水泥复掺，水泥掺量为 5% 时饱水抗折强度比单掺 10%ＳＤ 提高约 40%，比纯石膏提高约 80%。但继续增加水泥掺量，饱水强度变化趋势渐缓。因此改性建筑石膏以 SD 掺量 10%、水泥掺量 5% 为最佳。

（3）吸水率

改性建筑石膏养护 28d 后测得的吸水率：①单掺水泥小于 5% 时，吸水率随掺量的增加而降低；水泥掺量为 1% 时，2h 吸水率陡降 14.3%；水泥掺量不小于 5% 时，吸水率随水泥掺量的增加而逐渐提高；掺量大于 10% 时，增长趋势渐缓。②SD 与水泥复掺，水泥掺量小于 5% 时，改性石膏硬化体吸水率随水泥掺量的增加而下降趋势变缓，并且 2h 吸水率有单增趋势。这是由于 SD 的减水效果和固化成膜作用，胶凝材料结构更为密实，有利于吸水率的降低。此外，SD 单掺 10％的 P10.0 与 P0.0 相比，2h 吸水率可降低约 60％。

（4）溶蚀率

① 单掺水泥时，随水泥掺量的增加，溶蚀率呈单减趋势，可见随着硬化体中水硬性矿物比例的增加，能够较好地抵抗水的溶蚀。② SD 与水泥复掺，虽随水泥掺量的增加，溶蚀率仍呈下降趋势，但除水泥掺量为 20％的外，SD 与水泥复掺的溶蚀率均高于相应单掺水泥的溶蚀率。这是由于在水的长期作用下部分溶出，使溶蚀率有所增加。但 SD 的减水作用和固化成膜能够使石膏硬化体结构致密，降低吸水率，使复掺后的溶蚀率仍然大大小于改性前建筑石膏的溶蚀率。

（5）孔隙率结构

单掺水泥时，随水泥掺量增加，改性石膏硬化体总孔隙率呈下降趋势。这是大孔减少，凝胶孔、过渡孔、毛细孔增多的综合效果。由于水泥体积密度较大，水化产物填充于二水石膏孔隙中，使其孔隙率降低、改性建筑石膏的密实度提高，因而体积密度增加。

水泥掺量不大于 5％时，吸水率随总孔隙率降低而降低，此时大孔减少，毛细孔增多，但凝胶孔增长幅度不大；水泥掺量不小于 5％时，吸水率增加，由于凝胶孔和毛细孔的孔隙率幅度增长较大，在通常情况下，毛细孔只通过凝胶孔相互连接，当孔隙率较高时，毛细孔成为通过凝胶连续的、互相连接的网状结构，使得吸水率增加；水泥掺量大于 10％后因凝胶孔和毛细孔的孔隙率幅度增长缓慢，又使吸水率增长趋势渐缓，增加水泥掺量，改性石膏硬化体总孔隙率降低，使溶蚀率降低、体积密度增加、饱水强度提高。

18. 不同种类的减水剂对建筑石膏性能有什么不同的影响？

答：① 对比传统减水剂磺化三聚氰胺，聚羧酸系列减水剂具有较高的减水率，其中马来酸酐共聚物比甲基丙烯酸共聚物对石膏体系的适应性更好。

② 石膏浆体的流动度经时损失很快，磺化三聚氰胺的加入会加剧流动度经时损失。使用聚羧酸系列石膏减水剂，在不加入其他缓凝剂的条件下可以解决流动度经时损失的问题。

③ 加入聚羧酸系列减水剂可以通过降低用水量提高石膏体成型后强度，但相对于聚羧酸系列减水剂较高的减水率，强度的提高并不显著，受缓凝效果的影响，早期强度还略有下降。

④ 在石膏中掺入少量木质素磺酸钙时，石膏的标准稠度需水量降低，抗折强度和抗压强度提高；但当木质素磺酸钙掺量＞4％时，石膏的强度开始降低。

19. 羧基丁苯乳液（SD）对建筑石膏性能有何影响？

答：（1）减水作用

SD 具有良好的减水作用，建筑石膏加水后，其颗粒之间形成絮凝结构，把较多的游离水包裹起来。而 SD 中含有乳化剂等表面活性物质，能有效拆散絮凝结构，从而释放出所包裹的游离水，增加了起润滑作用的游离水的含量。因此，在达到相同的建筑石膏标准稠度时，掺加 SD 可使用水量大幅度减少。

（2）凝结时间

建筑石膏的初凝时间和终凝时间都随 SD 掺量的增加而缩短，由于 SD 的减水作用，使得标准稠度用水量减少，从而多余水分减少，浆体开始失去可塑性的时间提前，表现为初凝时间缩短。同样，由于 SD 的减水作用，浆体变稠，使开始产生结构强度的时间也提前，故终凝时间提前。

（3）体积密度

建筑石膏体积密度随 SD 掺量的增加而增加，当 SD 掺量小于 5％时，建筑石膏体积密度增加幅度较小，在 3％以下；当 SD 掺量增加到 10％时，建筑石膏体积密度突增，达到 13.4％；随后随 SD 掺量的增加，建筑石膏体积密度的增加幅度逐渐趋缓。

（4）强度

SD 掺量越高，标准稠度用水量减少，水胶比越小，从而多余水分蒸发得也越快，SD 的固化成膜作用就越显著，石膏硬化体的抗压与抗折强度均有明显提高。

（5）饱水强度

当 SD 掺量小于 10％时改性建筑石膏的饱水强度随 SD 掺量增加而增长的幅度较大。但 SD 在水中长期浸泡会部分溶解，当 SD 掺量过多时其被溶解的量就越多，从而影响了强度增长，过多的 SD 掺量并非对增强效果有很大益处，因此 SD 掺量以 10％为宜。

（6）吸水率

在不同 SD 掺量下改性建筑石膏吸水率随时间而变化。当 SD 掺量小于 10％时，吸水速率大，10h 后吸水基本达到饱和。而当 SD 掺量大于 10％时，吸水速率减慢，36h 后才基本达到吸水饱和。另外，吸水率还随 SD 掺量的增加而减小。当 SD 掺量为 10％时，吸水率大大降低，2h 吸水率与对比样相比减少 60％。当 SD 掺量继续增加到 20％时，2h 吸水率又进一步减少了 29％。可见，掺加 SD 能够在一定程度上使建筑石膏的吸水速率减慢，吸水率降低，从而有利于改善其耐水性。

（7）溶蚀率

改性建筑石膏溶蚀率随 SD 掺量的增加而减少。改性建筑石膏溶蚀率在 SD 掺量小于 10％时较大；当 SD 掺量为 10％时，其溶蚀率下降到 1％左右；当 SD 掺量大于 10％时，溶蚀率进一步下降。由于 SD 的减水作用及其在干燥过程中成膜，使改性建筑石膏的吸水率减小，故溶蚀率减小，耐水性提高。

20. 三聚氰胺类减水剂和多羧酸类减水剂对脱硫石膏性能有什么影响？

答：①掺加三聚氰胺类减水剂和多羧酸类减水剂提高了脱硫石膏的减水率，但是随掺量的增加，减水率的提高不再显著。这是因为多羧酸类减水剂和三聚氰胺类减水剂到达一定浓度时，石膏颗粒表面 ζ 电位绝对值不再增加，使石膏浆体分散性不再提高。

② 多羧酸类减水剂的加入延长了脱硫石膏的初凝、终凝时间，而三聚氰胺类减水剂的掺入只延长了初凝时间，且低于掺加多羧酸类减水剂的初凝时间，加快终凝速度。

③ 掺加多羧酸类减水剂导致石膏砌块的抗折、抗压强度的降低，而三聚氰胺类减水剂的加入虽大幅度降低抗折强度，但是抗压强度得到提高。

④ 适量减水剂的掺入能够有效改善脱硫石膏硬化体孔结构，起到增强作用，但是过量掺加将导致孔结构的变大。

21. 萘系减水剂对无水石膏的分散增强作用是什么？

答：随着萘系减水剂掺量的增大，无水石膏水化率、强度等性能均呈现先增大后降低的趋势。这是因为掺加萘系减水剂粉磨时，萘系减水剂在无水石膏颗粒表面形成一层吸附薄膜，在掺量较小（≤0.5%）时，萘系减水剂主要表现出助磨分散和减水增强作用，但当掺量较大时，萘系减水剂形成的吸附薄膜抑制了无水石膏颗粒与水的接触，在一定程度上阻碍了 $CaSO_4$ 的溶解、析晶过程。

22. 木钙减水剂对脱硫建筑石膏的性能有什么影响?

答: 木钙减水剂对脱硫建筑石膏性能的影响是，木质素磺酸钙为适合脱硫建筑石膏改性的减水剂，掺量应为脱硫石膏粉料的 0.5%。

在石膏中掺入少量木质素磺酸钙时，石膏的标准稠度需水量降低，抗折强度和抗压强度提高；但当木质素磺酸钙掺量>4%时，石膏的强度开始降低。

(三) 保水剂

1. 淀粉醚的基本概念是什么?

答: 醚化淀粉是淀粉分子中的羟基与活性物质反应生成的淀粉取代基醚，包括羟烷基淀粉、羧甲基淀粉、阳离子淀粉等。

2. 淀粉醚在石膏基干粉砂浆中的主要作用是什么?

答: 淀粉醚是干粉砂浆的主要添加剂之一，可与其他添加剂相容，广泛用于瓷砖胶粘剂、修补砂浆、抹灰石膏、内外墙腻子、石膏基嵌缝及填充材料、界面剂、砌筑砂浆中，同时也适用于水泥基或石膏基砂浆的手工或喷涂施工，主要作用如下:

① 淀粉醚通常和甲基纤维素醚配合使用，显示了两者较好的协同效应。在甲基纤维素醚中加入适量的淀粉醚，可以明显提高砂浆的抗垂性和抗滑移性，具有较高的屈服值。

② 在含有甲基纤维素醚的砂浆中，添加适量的淀粉醚，能明显增加砂浆的稠度，提高流动性能，使施工顺畅，刮抹平滑。

③ 在含有甲基纤维素醚的砂浆中，加入适量的淀粉醚，可以增加砂浆的保水性，延长开放时间。

3. 淀粉醚有哪些应用优势及贮存方法是什么?

答: 淀粉醚可作为水泥基产品、石膏基产品及灰钙类产品的外加剂。

(1) 应用优势:

① 为砂浆提供增稠作用。能快速增稠，并有很好的润滑性。

② 用量小，极低的添加量即能达到很高的效果。

③ 提高粘结砂浆的抗下滑能力。

④ 延长材料的开放时间。

⑤ 改善材料的操作性能，使操作更滑爽。

(2) 贮存方法

因为产品易受潮，须保持原包装贮存于干燥阴凉处，最好在 12 个月内使用完（建议与高黏度纤维素醚配合使用，一般纤维素醚与淀粉醚的配合比为 7∶3～8∶2）。

4. 甲基纤维素醚在干粉砂浆中起什么作用？

答：甲基羟乙基纤维素醚（简称为 MHEC）和羟丙基甲基纤维素醚（简称为 HPMC）一起统称为甲基纤维素醚。

在干粉砂浆领域中，甲基纤维素醚是抹灰砂浆、抹灰石膏、瓷砖胶粘剂、腻子、自流平材料、喷射砂浆、墙纸胶和嵌缝材料等干粉砂浆的重要改性材料。在各种干粉砂浆中，甲基纤维素醚主要起到保水和增稠的作用。

5. 甲基纤维素的生产过程是什么？

答：首先是纤维素原材料经过粉碎，然后在苛性钠的作用下被碱化并进行成浆，加入烯烃氧化物（如环氧乙烷或环氧丙烷）和氯甲烷进行醚化，最后进行水洗和提纯，最终得到白色的粉末。这种粉末，尤其是它的水溶液，具有有趣的物理性能，用于建筑行业的纤维素醚是甲基羟乙基纤维素醚或羟丙基甲基纤维素（更加简化的称谓 MC），这种产品在干粉砂浆领域起到了非常重要的作用。

6. 甲基纤维素醚（MC）保水性指什么？

答：甲基纤维素醚保水性的高低是衡量甲基纤维素醚质量的重要指标之一，特别在水泥基与石膏基砂浆的薄层施工中显得尤为重要。增强保水性，可以有效地防止过快干燥和水化不够引起的强度下降和开裂的现象。甲基纤维素醚在高温条件下保水性的优良是区分甲基纤维素醚性能的重要指标之一。通常情况下大部分普通的甲基纤维素醚随着温度升高，其保水性下降，当温度升至 40℃时，普通甲基纤维素醚的保水性则大大降低，这对在炎热干燥地区及夏季向阳面的薄层施工带来严重影响。而通过高掺量来弥补保水性不足，又会因掺量高造成材料的高黏性，给施工造成不便。

保水性对于优化矿物胶凝体系的硬化过程非常重要。在纤维素醚的作用下，水分在经过一段延长的时间后才被逐步释放到基层或空气中去，这样就保证了胶凝材料（水泥或石膏）有足够长的时间与水作用而逐步硬化。

7. 甲基纤维素醚的使用性能有哪些？

答：甲基纤维素醚只需添加少量，石膏灰浆的特定性能就会有很大的提高。

（1）调整稠度

甲基纤维素醚作为增稠剂用来调整石膏灰浆体系的稠度。

（2）调整需水量

在石膏灰浆体系中，需水量是一个重要的参数。基本需水量以及相关的灰浆产出量，取决于石膏灰浆的配方，即石灰石、珍珠岩等的加入量。甲基纤维素醚的掺入可以有效地调整石膏灰浆的需水量和灰浆产出量。

（3）保水性

甲基纤维素醚的保水性：一是可调整石膏灰浆体系的开放时间和凝结过程，从而可调整石膏灰浆体系的可操作时间；二是甲基纤维素醚有在一段较长的时间内逐步释放水分的能力，能有效地保证产品与基底的粘结。

（4）调整流变性

甲基纤维素醚的加入可有效调整石膏灰浆体系的流变性，从而改善工作性能，使石膏灰浆具有较好的和易性和抗流挂性能、不与施工工具粘连，以及较高的成浆性能等。

8. 怎样选择适用的甲基纤维素醚?

答：甲基纤维素醚产品根据其醚化方式、醚化度、水溶液的黏度、物理特性（如颗粒细度）、溶解特性，以及改性方式的不同而具有不同的特性。要得到最佳的使用效果，必须针对不同应用领域选择正确牌号的纤维素醚，选用的甲基纤维素醚的牌号必须与所使用的灰浆体系相适应。

甲基纤维素醚都有不同黏度的产品以适应各种需求。甲基纤维素醚只有溶解后才能发挥作用，它的溶解速度必须与应用领域和施工过程相适应。细粉末产品适合于干混砂浆体系中（例如喷射用抹灰石膏）。甲基纤维素醚的极细颗粒能保证快速溶解，使其优异性能在湿灰浆形成的很短时间内就得到有效发挥。它能在很短的时间内增加灰浆的稠度和保水性。这种特点尤其适合机械施工，因为通常情况下，机械施工时，水和干混砂浆的拌和时间非常短。

9. 甲基纤维素醚的保水性如何?

答：不同等级的甲基纤维素醚（MC）最重要的性能是它们在建筑材料系统中的保水能力。为了获得良好的工作性，需要在较长的时间里保持砂浆中含有足够的水分。由于水在无机组分之间起到了润滑剂和溶剂的作用，因此薄层砂浆才可以进行梳理，抹灰砂浆才可以用抹子进行摊铺。易吸水的墙体或瓷砖在使用了添加甲基纤维素醚的砂浆后不需要进行预湿，所以 MC 可以带来快速和经济的施工效果。

为了凝结，胶凝材料如石膏需要用水进行水化。合理掺量的 MC 可以在足够长时间里保持砂浆中的水分，使得凝结硬化过程得以持续进行。获得足够的保水能力所需要的 MC 掺量取决于基层的吸收性、砂浆的组成、砂浆层的厚度、砂浆的需水量及胶凝材料的凝结时间等。

MC 的颗粒尺寸越小，砂浆稠化的速度越快。

10. 甲基纤维素醚与木质素纤维的性能有何区别?

答：甲基纤维素醚与木质素纤维的性能比较见表 5-3。

表 5-3　甲基纤维素醚与木质素纤维的性能比较

性　能	甲基纤维素醚	木质素纤维
水溶性	是	不
粘结性	是	不
保水性	连续性	短时
黏度增加	是	是，但低于甲基纤维素醚

11. 甲基纤维素和羧甲基纤维素使用时应注意哪些事项?

答：① 在采用热水溶解纤维素时一定要充分冷却后使用，达到完全溶解所需的温度以及理想的透明度取决于纤维素的类型。

② 获得足够黏度需要的温度：羧甲基纤维素≤25℃，甲基纤维素≤20℃。

③ 应将纤维素慢慢均匀地筛入水中，并搅拌至所有颗粒物湿透，再搅拌至所有纤维素溶液完全透明澄清为止。不可将水直接倒入纤维素中，也勿将大批或已受潮而结成块状或球状的纤维素直接加入容器内。

④ 在纤维素粉末未被水湿透前，切勿加入碱性物质于混合物中，但在分散和湿透后，可加入少量碱的水溶液（pH＝8～10），促使加速溶解。可以使用的有：氢氧化钠水溶液、碳酸钠水溶液、碳酸氢钠水溶液、石灰水、氨水及有机氨等。

⑤ 经过表面处理过的纤维素醚在冷水中的分散性较好，如直接加到碱溶液中将导致表面处理失效，并引起凝结，应多加小心。

12. 甲基纤维素有哪些性质？

答：① 加热至200℃以上，熔化而分解，烧灼时灰分约0.5%，用水调成浆时，呈中性。至于它的黏度，则视其聚合度的高低而定。

② 在水中的溶解度与温度成反比，温度高溶解度低，温度低溶解度高。

③ 能溶于水与有机溶剂的混合物中，如甲醇、乙醇、乙二醇、甘油及丙酮等。

④ 当其水溶液中存在金属盐或有机电解质时，溶液尚可保持稳定，当电解质加入量很大时，就会发生凝胶或者沉淀。

⑤ 具有表面活性。由于其分子中存在亲水和憎水基团，因此有乳化、保护胶体和相稳定性作用。

⑥ 热凝胶性。当水溶液升高至一定温度（凝胶温度之上）时，就会变浑浊，直至凝胶或沉淀，使溶液失去黏度，但经冷却又可回到初始状态。发生凝胶和沉淀的温度取决于产品的种类、溶液的浓度以及加热的速度。

⑦ pH值稳定。水溶液的黏度不易受酸、碱的影响，加相当量的碱后，不论高温或低温，也不致引起分解或链状分裂。

⑧ 溶液在表面上干燥后可形成透明、坚韧及具有弹性的薄膜，能耐有机溶剂、脂肪类及各种油类，暴露在光中也不泛黄，也不起毛状裂缝，能重新溶解于水中。如在溶液中加甲醛或用甲醛做后处理，则薄膜即不溶于水，但仍能部分膨化。

⑨ 增稠性。可使水和非水体系增稠，且有良好的抗流挂性能。

⑩ 增黏性。其水溶液有较强的粘结性，可提高水泥、石膏、涂料、颜料、壁纸等的粘结性。

⑪ 悬浮性。可用于控制固体粒子的凝固和沉淀。

⑫ 保护胶体和提高胶体的稳定性。能防止液滴和颜料聚积和凝结，有效防止沉淀。

⑬ 保水性。水溶液有较高的黏度，当添加至灰浆中使其保持较高的含水量，有效地防止了水分被底材（如砖、混凝土等）的过度吸收和降低水分的蒸发速度。

⑭ 和其他胶体溶液一样，为丹宁、蛋白沉淀剂、硅酸盐、碳酸盐等所凝固。

⑮ 可以任何比例与羧甲基纤维素相混合，得到特殊的效果。

⑯ 溶液的贮藏性能良好，如制备及贮藏时能保持干净，可贮藏几星期而不会分解。

注：甲基纤维素并不是微生物的培养介质，但如果它沾染了微生物，也不能阻止它们繁殖。如将溶液加热过久，特别是有酸存在时，链状分子也可能分裂，这时黏度即降低。在氧化剂特别是在碱性溶液中，

也能引起分裂。

13. 羧甲基纤维素（CMC）对石膏的主要作用是什么？

答：羧甲基纤维素（CMC）主要起增稠和胶粘作用，保水效果并不明显，如与保水剂配合试用，使石膏浆体增稠、增黏，可提高施工性能，但羧甲基纤维素会使石膏缓凝，甚至不凝固，并且强度下降明显，所以需严格控制使用量。

14. 羧甲基纤维素有哪些性质？

答：羧甲基纤维素因代替度的不同，其性质随之也不同。代替度又名醚化度，即表示三个—OH羟基中的 H 被 CH_2COONa 取代的平均数。当纤维素基环上的三个羟基有 0.4 的羟基中的 H 被羧甲基代替时，就可在水中溶解了，此时称 0.4 代替度为中代替度（代替度 0.4～1.2）。

羧甲基纤维素的性质：

① 为白色粉状（或粗粒、纤维状）、无味、无害、易溶于水，并形成透明黏状，溶液为中性或微碱性，有良好的分散力和结合力。

② 其水溶液可作油/水型和水/油型的乳化剂，对油及蜡质亦具有乳化能力，是一种强力乳化剂。

③ 溶液遇醋酸铅、氯化铁、硝酸银、氯化亚锡、重铬酸钾等重金属盐类，能产生沉淀。但除醋酸铅外，仍能重新溶于氢氧化钠溶液中，而其中钡、铁及铝等沉淀物，极易溶于 1％ 氢氧化铵溶液内。

④ 溶液遇有机酸及无机酸的溶液能产生沉淀，根据观察 pH 值在 2.5 时，已开始有浑浊、沉淀现象。因此 pH＝2.5 可认为临界点。

⑤ 对钙、镁及食盐这一类的盐类，均不产生沉淀，但黏度要降低，如加入 EDTA 或磷酸盐类等物质可防止。

⑥ 温度对其水溶液的黏度高低有很大影响。温度上升黏度相应地下降；反之，则相应地上升。水溶液在室温下黏度的稳定性不变，但长时间加温在 80℃ 以上，黏度能逐渐降低。一般在加温不超过 110℃ 时，尽管持续保温 3h，再冷却至 25℃，黏度仍恢复原状；只是当加温至 120℃ 并持续 2h 后，虽然温度再复原，但黏度下降 18.9％。

⑦ pH 值对其水溶液的黏度也会产生一定影响。一般低黏度溶液，当 pH 偏离中性时，对其黏度影响不大；而中黏度的溶液，若其 pH 值偏离中性，则黏度开始逐步下降；高黏度溶液若 pH 值偏离中性，其黏度会急剧下降。

⑧ 与其他水溶性胶、软化剂及树脂均有相溶性。如与动物胶、阿拉伯树胶、甘油及可溶性淀粉等，均能相溶。又与水玻璃、聚乙烯醇、脲甲醛树脂、三聚氰胺甲醛树脂等亦能相溶，但程度稍差。

⑨ 制成的薄膜在紫外光线照射 100h，仍无变色、变脆等情况。

⑩ 根据用途有三种黏度范围可供选择，石膏中用中黏度（2％水溶液在 300～600MPa·s）即可，如选用高黏度（1％溶液在 2000MPa·s 以上）则在掺量上要适当降低。

⑪其水溶液在石膏中起缓凝作用。

⑫细菌和微生物对其粉状作用不明显，但对其水溶液有作用，染菌后出现黏度下降和霉变现象，预先加入适量防腐剂可长期保持其黏度和不霉变。可用的防腐剂有：BIT（1.2-苯

并异塞唑林-3-酮)、赛菌灵、福美双、百菌清等，水溶液中参考添加量为 0.05%～0.1%。

15. 羟丙基甲基纤维素作为无水石膏胶结材的保水剂作用效果如何?

答：羟丙基甲基纤维素是石膏胶结材高效保水剂，随着羟丙基甲基纤维素掺量的增加，石膏胶结材的保水性迅速增加。未掺保水剂时，石膏胶结材保水率为 68% 左右；保水剂掺量为 0.15% 时，石膏胶结材保水率可达到 90.5%，能满足抹灰石膏对面层和底层抹灰的保水性要求；保水剂掺量超过 0.2%，进一步增大掺量，石膏胶结材保水率提高变缓。配制无水石膏抹灰材料，羟丙基甲基纤维素的适宜掺量为 0.1%～0.15%。

16. 不同的纤维素对熟石膏有哪些不同的作用?

答：羧甲基纤维素和甲基纤维素都可作熟石膏的保水剂，但羧甲基纤维素的保水效果远低于甲基纤维素，且羧甲基纤维素含有钠盐，因此对熟石膏具有缓凝作用并降低熟石膏强度。而甲基纤维素除个别品种在掺量大时有缓凝作用外，它却是一种集保水、增稠、增强、增黏于一身的石膏胶凝材料的理想外加剂，但其价格大大高于羧甲基纤维素。为此，大多数石膏复合胶凝材料采用羧甲基纤维素和甲基纤维素复合使用的方法，既发挥各自的特点（例如羧甲基纤维素的缓凝作用，甲基纤维素的增强作用），又发挥它们的共同优点（例如它们的保水和增稠作用）。这样达到既提高石膏胶凝材料的保水性能，又提高石膏胶凝材料的综合性能，而成本的提高却控制在最低点。

17. 甲基纤维素醚的黏度对石膏砂浆有何重要性?

答：黏度是甲基纤维素醚性能的重要参数。

一般来说，其黏度越高，石膏砂浆的保水效果越好。但黏度越高，甲基纤维素醚的分子量越高，其溶解性能就会相应降低，这对砂浆的强度和施工性能有负面的影响。黏度越高，对砂浆的增稠效果越明显，但并不是正比的关系。黏度越高，湿砂浆会越黏，在施工时，表现为粘刮刀和对基材的黏着性高，但对湿砂浆本身的结构强度的增加帮助不大。另外在施工时，表现为湿砂浆的抗下垂性能不明显。相反，一些中低黏度但经过改性的甲基纤维素醚则在改善湿砂浆的结构强度方面有优异的表现。

18. 纤维素醚的细度对砂浆有什么重要性?

答：细度也是甲基纤维素醚的一个重要的性能指标。用于干粉砂浆的 MC 要求为粉末，水含量低，而且细度也要求 20%～60% 的粒径小于 $63\mu m$。细度影响到甲基纤维素醚的溶解性。较粗的 MC 通常为颗粒状，在水中很容易分散溶解而不结块，但溶解速度很慢，不宜在干粉砂浆中使用，国产的有些为絮状，在水中不易分散溶解，而且容易结块。在干粉砂浆中，MC 分散于集料、细填料和水泥等胶结材料之间，只有足够细的粉末才能避免加水搅拌时出现甲基纤维素醚结块。当 MC 加水溶解结块后，再分散溶解就很困难。细度较粗的 MC 不但浪费，而且会降低砂浆的局部强度，这样的干粉砂浆大面积施工时，就表现为局部砂浆的固化速度明显降低，出现由于固化时间不同而造成的开裂。对于采用机械施工的喷射砂浆，由于搅拌的时间较短，对细度的要求更高。

MC 的细度对其保水性也有一定的影响，一般说，对于黏度相同而细度不同的甲基纤维素醚，在相同添加量的情况下，细度越细的保水效果越好。

19. 纤维素选择方法是什么？

答：不同应用中的纤维素醚的用量，主要是根据保水性的需要，适合各种砂浆使用。高吸水性的底材需要更多数量的纤维素醚，粒径尺寸分布均匀的砂浆和因此而具有更大的表面积同样需要更多数量的纤维素醚。

抗垂流性要求可以选择改性规格，如果改性不足够，可以添加淀粉醚通常是羟基丙基淀粉醚来防止垂流。

必须选择配方中填料的总量和粒径尺寸，以提供平滑性和好的稠度。

混合石膏、填料、纤维素醚的类型和数量以及如何使用淀粉醚，应该结合如下方法：

将干混砂浆加入确定数量的水中，加入量根据水的多少而定。如果不同的成分按照正确的比例混合，混合后就可以得到合适应用性能的滑爽砂浆。

20. 保水剂对建筑石膏的改性有哪些？

答：建筑墙体材料大多是多孔结构，它们都具有强烈的吸水性。而用于墙体施工的石膏建材，经加水调制后上墙，水分容易被墙体吸走，致使石膏缺少水化所必需的水分，造成抹灰施工困难和降低粘结强度，从而出现裂缝、空鼓、剥落等质量问题。提高石膏建材的保水性，可使施工质量得到改善，与墙体的粘结力也得以提高。因此，保水剂已经成为石膏建材的重要外加剂之一。

我国常用的保水剂为羧甲基纤维素醚和甲基纤维素醚，这两种保水剂都是纤维素的醚类衍生物。它们都具有表面活性，分子中存在亲水和憎水基团，有乳化、保护胶体和相的稳定性作用。由于其水溶液有较高的黏度，当添加至灰浆中使其保持较高的含水量，有效地防止了水分被底材（如砖、混凝土等）的过度吸收和降低水分的蒸发速度，从而起到保水效果。甲基纤维素醚是一种集保水、增稠、增强、增黏于一体的石膏理想外加剂，但价格偏高。通常，单一的保水剂不能达到理想的保水效果，采用不同保水剂的复合不仅可以提高使用效果，还可降低石膏基材料的成本。

21. 保水性对石膏复合胶凝材料的各项性能有何影响？

答：甲基纤维素醚在添加量为 $0.05\%\sim0.4\%$ 的范围内，保水率随着添加量的增加而增加。当添加量进一步增加，保水率增加的趋势变缓。

保水率与黏度也有类似的关系。当纤维素醚的黏度上升时，保水率也上升，当黏度达到一定的高度时，保水率增加的幅度趋于平缓，如图 5-1 所示。

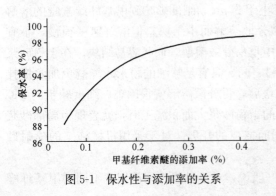

图 5-1　保水性与添加率的关系

22. 保水剂掺入石膏粉体材料中起什么作用？

答：使用抹灰石膏、粘结石膏、嵌缝石膏、石膏腻子等建筑粉体材料时，为了便于施工,在生产时都加入了石膏缓凝剂来延长石膏浆体的施工时间。由于石膏中掺入了缓凝剂,抑制了半水石膏的水化过程,这类石膏浆体在未凝结之前,需要在墙体上保留1～2h。而墙体多数具有吸水性能,特别是砖墙、加气混凝土墙、多孔保温板等轻质新型墙体材料。因此要对石膏浆体进行保水处理,避免料浆中的一部分水分转移到墙体上,造成石膏浆体硬化时缺水,水化不完全,引起石膏与墙面结合处的分离、起壳。加入保水剂是保持石膏浆体里所含的水分,保证界面处石膏浆体的水化反应,从而保证粘结强度。常用的保水剂为纤维素醚类,如甲基纤维素(MC)、羟丙基甲基纤维素(HPMC)、羟乙基甲基纤维素(HEMC)等。此外也可使用聚乙烯醇、海藻酸钠、改性淀粉、硅藻土、稀土粉等改善保水性能。

无论何种保水剂均能不同程度地延缓石膏的水化速度,当缓凝剂量不变时,保水剂一般能缓凝15～30min。因此,可适当减少缓凝剂掺量。

23. 保水剂在石膏粉体材料中的合适掺量是多少?

答:保水剂常用于抹灰石膏、粘结石膏、嵌缝石膏、石膏腻子等建筑粉体材料,由于这类石膏中掺入了缓凝剂,抑制了半水石膏的水化过程,因此要对石膏浆体进行保水处理,避免料浆中的一部分水分转移到墙体上,造成石膏浆体硬化时缺水,水化不完全。加入保水剂是保持石膏浆体里所含的水分,保证界面处石膏浆体的水化反应,从而保证粘结强度。

其掺量一般为0.1%～0.2%(占石膏量),当石膏浆体用于吸水性较强的墙面(如加气混凝土、珍珠岩保温板、石膏砌块、砖墙等),以及配制粘结石膏、嵌缝石膏、面层抹灰石膏或表层薄型腻子时,保水剂的掺量需大些(一般为0.2%～0.5%)。

甲基纤维素(MC)、羟丙基甲基纤维素(HPMC)等保水剂,虽然属冷溶性,但直接溶于水的初期会成团状,需将保水剂预混在石膏粉中分散,配制成干粉;加水搅拌后,静止5min,再次搅拌,效果更佳。但目前已有可直接溶于水的纤维素醚产品,但对生产干粉砂浆影响不大。

(四)防水剂

1. 防水剂是怎样在石膏硬化体中发挥防水功能的?

答:不同品种的防水剂按不同的作用方式在石膏硬化体中发挥它们的防水功能。基本上可归纳为以下四种方式:

① 降低石膏硬化体的溶解度,提高软化系数,使硬化体中溶解度大的二水硫酸钙部分地转化为溶解度小的钙盐。例如,掺加经皂化的含C_7—C_9的合成脂肪酸,同时掺加适量生石灰与硼酸铵等。

② 生成防水膜层,堵塞硬化体中的微细毛细孔道。例如,掺入石蜡乳液、沥青乳液、松香乳液以及石蜡-松香复合乳液、改进的沥青复合乳液等。

③ 改变硬化体的表面能,使水分子成凝聚状态而不能渗入毛细孔道内。例如,掺入各种有机硅防水剂,包括多种乳化硅油。

④ 通过外涂或浸渍以隔绝水浸入硬化体毛细孔道内,可使用多种有机硅防水剂,溶剂型的有机硅比水性的有机硅防水效果好,但前者使石膏硬化体的透气性有所下降。

尽管采用不同的防水剂,按不同方式可提高石膏建材的防水性,但石膏仍属气硬性胶凝材料，不适合用于室外或长期潮湿的环境中，只适用于干湿交替的环境中。

2. 防水剂对建筑石膏的改性是什么？

答：石膏防水剂的作用途径主要有两条：一条是通过降低溶解度，提高软化系数；另一条是降低石膏材料的吸水率。而降低吸水率可以从两个方面进行：一是提高石膏硬化体的密实度，即用减少孔隙率和减少结构裂缝的方法来降低石膏的吸水率，以提高石膏的耐水性；二是提高石膏硬化体的表面能，即用可使孔隙表面形成憎水膜的方法来降低石膏吸水率。

减少孔隙率的防水剂通过堵塞石膏的微细孔隙，提高石膏体的密实度来起到作用效果。减少孔隙率的外加剂很多，如：石蜡乳液、沥青乳液、松香乳液以及石蜡沥青复合乳液等。这些防水剂在适当的配置方法下对减少石膏孔隙率是有效的，但同时对石膏制品也带来不利的影响。

改变表面能的防水剂最典型的为有机硅。它能浸润每一个孔隙的端口，在一定长度范围内改变表面能，因而改变与水的接触角，使水分子凝聚在一起形成液滴，阻截了水的渗入，达到了防水目的，同时保持了石膏的透气性。该类防水剂的品种主要有：甲基硅醇钠、硅酮树脂、乳化硅油等。当然，这种防水剂要求孔隙的直径不能过大，同时它不能抵挡压力水的渗入，不能从根本上解决石膏制品长期的防水、防潮问题。

国内的科研人员采用有机材料与无机材料相结合的方法，即以聚乙烯醇与硬脂酸共同乳化所得的有机乳液防水剂为基础，同时添加由明矾石、萘磺酸盐醛类缩合物组成的盐类防水剂，复合制成了一种新型的石膏复合防水剂，该石膏复合防水剂能直接与石膏和水混合，参与到石膏的结晶过程中，获得较好的防水效果。

3. 硅烷防水剂对石膏砂浆泛碱的抑制作用是什么？

答：① 硅烷防水剂的加入可以明显地降低石膏砂浆的泛碱程度，其泛碱抑制程度在一定范围内随硅烷加入量的增大而增加。硅烷掺加量为 0.4％时对泛碱的抑制效果较为理想，超过此掺入量后，其抑制作用趋于平稳。

② 硅烷的加入除了在砂浆表面形成憎水层防止外部水分侵入外，还可减少内部碱液向外迁移形成泛碱，显著提高了石膏砂浆泛碱抑制的效果。

③ 硅烷的掺加在对石膏砂浆泛碱起显著抑制作用的同时，对工业副产石膏砂浆的力学性能并无不利影响，不影响工业副产石膏内部结构的形成及最终的承载力。

4. 有机硅防水剂对建筑石膏防水性能有什么影响？

答：① 建筑石膏硬化体的吸水率随着水膏比的增大而增大。降低水膏比，可提高石膏的耐水性。

② 随着有机硅防水剂掺量的增大，石膏的吸水率呈明显下降趋势，但有机硅防水剂的掺量有一临界值，掺量继续增大时，由于有机硅防水剂的微引气性，吸水率会有所增加。

③ 掺入有机硅防水剂对石膏的抗折强度和抗压强度影响不大，但可以大幅提升石膏的软化系数，当有机硅防水剂掺量为 0.8％时，石膏的软化系数可达 0.70 以上。

5. 硅溶胶不同添加量对模型石膏的性能有什么影响?

答: 硅溶胶是二氧化硅的胶体溶液,其粒径达到纳米级,因此具有很好的润滑作用,并能使石膏基体更好的复合,从而具有较好的减水作用,并提高抗折强度和耐蚀性。硅溶胶主要作为改性剂掺入模型石膏中,硅溶胶掺量在小于 10% 的范围内,模型石膏强度随掺量增加而增大;凝结时间随掺量增加而缩短;吸水率随掺量增加而降低;溶蚀率随掺量增加而减小。

综合考虑强度、凝结时间、吸水率及生产成本等因素,一般认为 4% 为硅溶胶在模型石膏中的最佳掺量。如果只考虑强度因素,可以选择更高掺量,以满足对高强度的要求。

6. 高聚物对熟石膏强度的影响是什么?

答: 高聚物通常是指具有较长碳链结构的聚合物,能将石膏微粒紧密连接起来,从而大大提高石膏微粒间的应力,使熟石膏抗折强度大幅度提高。但高聚物的加入填充石膏颗粒间的部分空隙,从而降低石膏模型的吸水率,所以应将高聚物加入量控制在适当的范围,达到增加熟石膏抗折强度的目的。同时,高聚物的引入可降低石膏模型的脆性,增加其抗急冷急热性能。

7. 影响聚合物防水石膏制品性能的因素有哪些?

答: ① 在石膏制品中防水剂的稳定性是关键。聚合物在表面活性剂作用下分散成微细球形颗粒悬浮于水中,得到聚合物乳液防水剂,将其加入到石膏浆体中时,防水剂中聚合物粒子的电性与浆体中石膏粒子的电性必须一致,否则将会导致防水剂产生絮凝,以致聚合物粒子难以在浆体中分散。一般聚合物乳液防水剂是在负离子表面活性剂的参与下制得的,粒子带负电。因此,应当在聚合物乳液中掺加保护性的非离子型表面活性剂,如将纤维素衍生物等作为稳定剂或者加入碱性电介质物质。

② 防水剂除具备一定的化学稳定性外,还应具有较高的内聚力与粘附力,以便与石膏浆体混合时不产生气泡或气泡在短时间内消失。

③ 聚合物乳液防水剂的掺加量与石膏制品的吸水率和强度有密切关系,当聚合物松香、石蜡乳液防水剂掺加量为 1.5%、浸水 72h 时,吸水率为 6% 左右,软化系数为 0.60;当掺加量为 2.5%、浸水 72h 时,吸水率为 3% 左右,软化系数为 0.80;掺加量大于 2.5% 时吸水率及软化系数虽然达到要求,但制品的干燥强度大幅度下降。为此,掺加量宜控制在1.5%~2.5%。

8. 防水剂在纸面石膏板中的应用情况如何?

答: 防水剂只用于生产耐水纸面石膏板,防水剂要求能包裹石膏晶体的表面又不填满空隙,在石膏芯材中能均匀分布,耐水性好,不能影响到护面纸与石膏芯板的粘结,不影响板的耐火极限,不降低板的强度和韧性。一般用乳化硅油、乳化沥青、氧化石蜡离子乳液等。

(五)缓凝剂

1. 石膏缓凝剂在使用时应注意哪些问题?

答: 目前常用的缓凝剂主要有三类:即有机酸及其可溶盐类、碱性磷酸盐类和蛋白质类。有机酸类缓凝剂主要有柠檬酸、柠檬酸钠、酒石酸、酒石酸钾、丙烯酸及丙烯酸钠等，其中研究最多、效果最好的属于柠檬酸及其盐，柠檬酸及其盐在掺量很小（0.1%～0.3%）时即可达到较强的缓凝效果。磷酸盐类缓凝剂主要有六偏磷酸钠、多聚磷酸钠等。蛋白质类缓凝剂包括骨胶、胨等。

石膏缓凝剂在缓凝的同时都会不可避免地给石膏硬化体的强度带来负面影响。一般来说，缓凝时间越长，强度降低幅度越大。如常用的柠檬酸缓凝剂，使石膏初凝时间延长至10倍时，其强度损失超过40%。相比之下蛋白质类缓凝剂对石膏强度的损伤较小。强度降低的原因与缓凝剂的作用机理有关。缓凝剂使二水石膏晶体粗化、晶体搭接削弱、硬化体空隙变大、孔径分布恶化，这是强度降低的主要原因。如何降低缓凝剂对建筑石膏强度的负面影响是缓凝剂研究的一个重要方面。蛋白质类缓凝剂与其他缓凝剂的不同之处在于蛋白质类缓凝剂的缓凝作用来源于蛋白质胶体的吸附和胶体保护作用，其对二水石膏的晶体形貌影响相对较小，强度损失较小。缓凝剂是由蛋白质与表面活性剂及无机盐复合而成的，特点是掺量小（一般掺量1.5%～0.3%）、效率高（凝结时间可延长15～20倍），更重要的是对产品强度影响小。在现有缓凝剂的基础上，利用不同缓凝机理的缓凝剂的复合产生叠加效应，提高缓凝剂的使用效率，也是一条切实可行的技术路线。

此外，溶液pH值对缓凝剂，尤其是羟基羧酸盐类缓凝剂的作用效果有很大影响。研究表明，每一种缓凝剂都有一个最佳作用效果的pH值范围，调节合适pH有利于发挥缓凝剂的最佳作用效果。对绝大多数来说，最佳pH值为中偏碱性。

对于不同类型的缓凝剂，其作用机制也有所不同。有机酸类缓凝剂的作用机理则是一方面有机酸钙沉淀于半水石膏粒子表面，另一方面是有机酸与Ca^{2+}离子形成环状螯合物，阻碍半水石膏颗粒的进一步溶解与水化，从而达到缓凝作用。磷酸盐等无机盐类缓凝剂的作用机理是在半水石膏粒子表面形成不溶性钙盐沉淀薄膜，阻碍半水石膏的进一步溶解，从而降低液相过饱和度，使凝结硬化受阻。对于蛋白质或蛋白质水化物之类的缓凝剂，缓凝作用在于吸附于二水石膏颗粒表面，形成了保护性胶体阻碍半水石膏的水化。

2. 石膏缓凝剂有哪些种类？

答：① 分子量大的物质，其作用有如胶体保护剂。如：胶、酪朊、角朊、蛋白朊、阿拉伯树胶、明胶、水解朊、淀粉渣、糖蜜渣、畜产品水解物、氨基酸与甲醛的化合反应物、单宁等。

② 降低石膏溶解度的物质。如：丙三醇、乙醇、丙酮、乙醚、糖、葡萄糖酸钙，柠檬酸、酒石酸、醋酸、硼酸、乳酸以及它们的盐类。

③ 改变石膏结晶结构的物质。如：醋酸钙、碳酸钠和碳酸镁。

④ 其他如锶化合物，具有代表性的有硝酸锶、氯化锶、碘化锶、溴化锶、氢氧化锶、醋酸锶、蚁酸锶和水杨酸锶等。

3. 缓凝剂对半水石膏的作用机理是什么？

答：半水石膏遇水后的凝结时间一般在5～20min，缓凝剂的目的是延缓石膏的水化，主要机理是放慢半水石膏相的溶解速度，或者把表面活性物质吸附于正在成长的二水石膏晶体的表面上，生成难溶的膜，降低生成结晶胚芽的速度。目前常用的缓凝剂有磷酸盐、硼酸、硼酸盐、有机酸及其可溶性盐和已破坏的蛋白质等。

当石膏要求缓凝时间在 30min 以内时，建议用柠檬酸钠、酒石酸、磷酸盐等化合物，可选用工业纯或化学纯的粉剂，纯度较高，便于控制质量，强度损失控制在 10%～20%。生产抹灰石膏或凝结时间要求 1h 以上的其他产品，建议使用专用的高效石膏缓凝剂。

4. 柠檬酸对半水石膏的作用机理是什么？

答： 关于柠檬酸及柠檬酸钠的缓凝作用，当加入少量（0.1%以下）时，能起到缓凝作用，并使强度稍有降低；而加入量增大时（0.2%以上），则会严重影响二水石膏晶体的习性，使晶体之间不能互相长入、互相连接，即使完成水化，也会使石膏浆体不能凝结。

5. 柠檬酸对建筑石膏水化的影响是什么？

答： ① 柠檬酸具有很强的缓凝效果，是建筑石膏的高效缓凝剂。当掺量不超过 0.1% 时，石膏浆体的凝结时间延长，水化放热变缓，早期水化率大大降低，但终期水化率不受影响，使石膏硬化体强度稍有降低。

② 柠檬酸与钙离子形成稳定的柠檬酸钙络合物。络合物的稳定性受 pH 值影响很大，所以在不同的 pH 值下，柠檬酸的缓凝效果差异显著。一般 pH 值在 8～10 时缓凝效果最好。

③ 柠檬酸通过络合作用吸附在新生成的晶胚上，降低了它的表面能，增加了它的成核势垒，使晶核数目相应减少，同时降低了离子在晶体上的叠合速率，使晶体有充分的时间和空间发育生长，晶体尺寸粗化。当掺量在 0.1% 以上时，石膏硬化体强度明显降低。

6. 缓凝剂的作用效果表现在哪几个方面？

答： 缓凝剂的作用效果表现在以下几个方面：
① 降低半水石膏的溶解度。
② 放慢半水石膏的溶解速度。
③ 把离子吸附正在成长的二水石膏晶体的表面上，并把它们结合到晶格内。
④ 形成络合物，限制离子向二水石膏晶体附近扩散。

7. 石膏用缓凝剂的配制依据及方法是什么？

答： 在生产建筑石膏制品时，根据生产工艺的需要，可直接使用柠檬酸、柠檬酸三钠、酒石酸、硼酸、磷酸盐等化学品作为缓凝剂。这类缓凝剂的缓凝效果较好。使用时，一般可按照一定的比例预先溶解在水中，再用含有缓凝剂的水溶液拌和石膏粉。但这类缓凝剂都会影响石膏的强度，使用时应尽可能减小用量。

石膏一般在酸性条件下促凝，在碱性条件下缓凝，如果调节石膏浆体的碱度，使其偏碱性，则高效石膏缓凝剂的效果更佳，可用水泥或石灰调节石膏浆体的碱度，如用水泥和高效石膏缓凝剂复合，水泥的掺量可固定为石膏量的 0.5%。

8. 加入柠檬酸对二水石膏晶体生长习性有何影响？

答： 柠檬酸的加入显著地改变了二水石膏晶体的生长习性，使其由针状变为短柱状，且晶体尺寸增加，这种影响随柠檬酸掺量增加而加大。其作用机理为柠檬酸与新生二水石膏晶核表面的钙离子发生络合作用，降低了钙离子在各个晶面上的叠合速率，从而减缓了晶体的生长速率，晶体有充分的时间长大，晶体粗化；同时由于二水石膏各个晶面结合的元素不一致，柠檬酸会选择性地吸附在生长最快的长轴方向上，改变各个晶面的相对生长速率，使晶体由针状变为短柱状，并且此变化过程是渐进的，随着柠檬酸掺量的加大，晶体粗化愈严重。

柠檬酸对二水石膏晶体的形貌有显著影响。石膏晶体原为长径比较大的针状晶体纵横交错地交织在一起，而掺加柠檬酸（质量分数为 0.3%）后，石膏晶体全部变成短柱状，几乎找不到明显的针状晶体。晶体之间的搭接大大削弱，结晶网络变得松散，从而大大影响了硬化体的孔结构。不同的晶体形态，宏观性能也迥然不同。一般认为，针状二水石膏晶体和相关的能产生有效交叉搭接的晶体对高强石膏非常重要。

9. 柠檬酸的加入对石膏硬化体孔结构的影响是什么？

答：柠檬酸掺量增加对孔径的粗化和孔隙的分散效应与二水石膏晶体结构的疏松密切相关。由柠檬酸在不同掺量下扫描电镜照片可以看出，在柠檬酸小掺量下，石膏晶体中仍存在少量的针状晶体，掺量越大，针状晶体越少，晶体逐渐转变成块状。柠檬酸掺量越大，二水石膏晶体尺度就变得越粗大，晶体的结晶接触点越少，针状晶体逐渐消失，必然会导致孔径变大、大孔增多，并对强度产生负面影响。

10. 柠檬酸对建筑石膏凝结时间和水化率有什么影响？

答：柠檬酸具有很强的缓凝效果，是建筑石膏的高效缓凝剂。加入柠檬酸后，石膏凝结时间延长，水化放热变缓，早期水化率大大降低，但终期水化率不受影响。

柠檬酸与钙离子形成稳定的柠檬酸钙络合物。络合物的稳定性受 pH 值影响很大，所以在不同的 pH 值下，柠檬酸的缓凝效果差异显著，一般 pH 值在 8～10 时缓凝效果最好。

柠檬酸通过络合作用吸附在新生成的晶胚上，降低了它的表面能，增加了它的成核势垒，使晶核数目相应减少，同时降低了离子在晶体上的叠合速率，使晶体有充分的时间和空间发育生长，晶体尺寸粗化。

二水石膏不同晶面的组成元素、生长速率均不同，其晶面主要由钙离子组成，柠檬酸优先选择吸附在该晶面上，并强烈抑制该晶面的生长，改变了二水石膏晶体的结晶习性，晶体形貌由针状转变为短柱状。随着柠檬酸掺量的加大，晶体形貌的这种变化愈发严重。

柠檬酸可显著延缓建筑石膏凝结硬化时间，但同时对石膏硬化体的强度也带来了较大的负面影响。掺量越大缓凝时间越长，强度降低也就越显著。

11. 天然高分子多肽蛋白质对建筑石膏水化的影响及缓凝机理是什么？

答：（1）天然高分子多肽蛋白质对建筑石膏有显著的缓凝作用，它使建筑石膏水化放热变缓，凝结时间延长，早期水化率降低，但对其后期水化率影响较小。

（2）天然高分子多肽蛋白质对二水石膏晶体形貌影响较小，但使二水石膏晶体尺度明显增大。

（3）天然高分子多肽蛋白质通过化学吸附覆盖在二水石膏晶核表面，降低晶核的表面能，抑制了二水石膏晶核生长，使建筑石膏水化受到抑制，凝结时间延长。

12. 不同阳离子硫酸盐对 α 型半水石膏水化凝结影响规律有哪些？

答： 不同阳离子硫酸盐对 α 型半水石膏水化凝结影响有以下几点规律：

① 无机阳离子对 α 型半水石膏初凝和终凝时间的影响规律大致相同，即缩短初凝时间，同样也缩短终凝时间；对初凝时间缩短程度大的，对终凝时间的缩短程度也较大。

② 不同阳离子硫酸盐对 α 型半水石膏的凝结均有一定的加速作用。这种加速作用随外加剂掺入量的增加而增加，当掺量达到一定程度（大约为 0.01mol/100g 石膏左右）时，对凝结时间的影响趋于稳定。

13. 骨胶蛋白质对建筑石膏水化有什么影响？

答： 骨胶蛋白质对建筑石膏有显著的缓凝作用，对强度的负面影响较小；它使石膏液相早期离子浓度和过饱和度降低速率减慢；骨胶蛋白质对二水石膏晶体形貌影响较小，但使二水石膏晶体尺度增大，硬化体结构松弛，大孔增加，孔径分布粗化。晶体尺度增大和孔径分布粗化是骨胶蛋白质引起石膏强度降低的内在原因。

14. 缓凝剂带来石膏硬化体强度损失的主要原因有哪些？

答： 缓凝剂带来石膏硬化体强度损失的原因主要有以下三方面：

① 掺加缓凝剂后，过饱和度降低，从而形成的晶胚数量减少，且晶体生长变缓，二水石膏晶体有充分的时间和空间发育长大，使得石膏晶体尺寸粗化，石膏晶体之间的接触点减少，搭接强度降低。

② 由于缓凝剂选择吸附的结果，二水石膏晶体长轴方向的生长受到抑制，石膏晶体形貌由细长针状变得短粗，削弱了晶体之间的接触和连接，晶体之间空隙变大，从而导致强度下降。

③ 石膏硬化浆体在形成结晶结构网以后，它的孔结构状况很大程度上由接触点的特性和数量所决定。单位体积结晶接触点的减少必定造成石膏硬化体晶体结构的疏松，也必然带来内部孔径的变大，而孔径变大的结果也使石膏硬化体强度下降。因此，缓凝剂是从根本上影响石膏的晶体形貌和晶体结构，而晶体形貌也影响孔结构，最终带来了宏观强度的改变。

15. 复掺水泥用缓凝减水剂与石膏缓凝剂对脱硫石膏性能的影响？

答： 单缓凝剂的加入会恶化脱硫建筑石膏的孔结构，降低孔隙率，致使建筑石膏的强度降低，当同时加入一定量缓凝减水剂后，可以增加建筑石膏自身的密实度，克服缓凝剂对建筑石膏的不良影响。因此在实际生产中可以把水泥用缓凝减水剂与石膏缓凝剂复合掺入到建筑石膏中，既可以延缓时间，又可以提高强度，同时可以降低生产成本。

16. 骨胶蛋白质缓凝剂的掺量对石膏强度的影响是什么？

答： 缓凝剂对石膏的作用是多方面的，在对石膏起缓凝作用的同时，对石膏硬化体的强度还有一定程度的负面作用，并且不同缓凝剂对石膏强度的影响程度也不同。

① 骨胶蛋白质缓凝剂与柠檬酸和多聚磷酸钠缓凝剂具有共同的特性，随着缓凝时间的

延长，石膏材料的强度损失率呈持续增长的趋势，抗折强度和抗压强度损失率的变化趋势基本相同。

② 在掺量相同的条件下，掺骨胶蛋白质缓凝剂的石膏强度损失率比掺柠檬酸和多聚磷酸钠缓凝剂的都低。随着掺量的增加，掺加柠檬酸和多聚磷酸钠缓凝剂的石膏强度损失率增长幅度更快，在掺量为 0.01％时，石膏的缓凝时间基本接近，但强度损失率却比掺骨胶蛋白质缓凝剂的石膏高近 4 倍；在掺量为 0.3％时，掺柠檬酸和多聚磷酸钠缓凝剂使石膏强度损失率接近 80％，骨胶蛋白质缓凝剂的石膏强度损失率随缓凝时间的延长也在增长，但增长幅度很小，抗折强度损失率为 30％，抗压强度损失率只有 25％。

③ 掺骨胶蛋白质缓凝剂的石膏缓凝效果好，在较低的掺量下可以明显延长石膏的凝结时间，且缓凝时间随缓凝剂的掺加量均匀变化，不发生对掺量不敏感或跳跃式突变的现象，这种性能便于调节石膏的凝结时间和容易控制生产。

④ 骨胶蛋白质缓凝剂最明显的优势在于：在缓凝时间相同条件下，掺加该缓凝剂的石膏强度损失率远远小于其他两者。当缓凝时间达到 2h 时，抗压强度损失率仅为 16.7％，同条件下掺柠檬酸和多聚磷酸钠缓凝剂对石膏的强度损失率均超过 50％。

⑤ 掺骨胶蛋白质缓凝剂对石膏硬化体的微观结构影响较小，晶体形貌与基准样十分相似。掺加了柠檬酸和多聚磷酸钠缓凝剂后，石膏晶体形貌由细长的针状变成短粗的柱状，硬化体中平均孔径明显增大，孔形恶化，对强度的影响十分明显。

17. 石膏浆体的 pH 值对缓凝剂的作用有何影响？

答： 缓凝剂对石膏的作用影响因素是多方面的，包括水膏比、温度、pH 值、石膏颗粒细度、石膏品种等。在一定温度和标准稠度用水量下，分别从 pH 值、石膏细度和石膏品种三个方面考察缓凝剂对石膏的凝结时间和强度的影响，从而了解缓凝剂在不同的影响因素作用下对石膏的作用效果，有助于探明缓凝剂对石膏的作用机理。

国内外的研究均表明，缓凝剂在不同的 pH 值下，缓凝效果具有很大差异，而且有些缓凝剂在中性条件下几乎无明显缓凝效果，调节了 pH 值后却效果优良。蔗糖在 $Ca(OH)_2$ 存在时，对熟石膏有明显缓凝作用。在中性的水化环境下，蔗糖对石膏并无明显的缓凝效果。受 pH 值影响最明显的是酒石酸，酒石酸适宜于碱性环境，在 pH 值 8～12 范围，缓凝效果随 pH 值升高而显著增加。

当 pH 值为 7～10，掺加柠檬酸的石膏凝结时间最长，pH 值低于 7 或高于 10 时，凝结时间都比 7～10 要短。当 pH 值超过 10 时，凝结时间呈现降低趋势，但仍比酸性条件下凝结时间长，因而柠檬酸调节石膏凝结时间适于偏碱性环境。掺加柠檬酸后，pH 值的变化对石膏的抗折、抗压强度影响不明显。石膏中掺加柠檬酸后，石膏在中性和碱性环境中强度偏高，在酸性环境中强度偏低。不掺加酸或碱时，掺加柠檬酸的石膏浆体 pH 值为 3.2，因而要达到较长的凝结时间和较高的强度，需要掺加一定量的碱将 pH 值调到偏碱性，但碱性不宜过高，pH 值不要超过 10。

掺加多聚磷酸钠后，当 pH 值小于 7.7 时，凝结时间与 pH 值基本无关；当 pH 值为 7.7～10.9 时，凝结时间随 pH 值增加而延长；当 pH 值大于 10.9 后，凝结时间又略有下降，而且碱性条件下比酸性条件下的凝结时间长。掺加多聚磷酸钠后，石膏强度在碱性条件下较高，在酸性条件下较低。不掺加酸或碱时，掺入多聚磷酸钠的石膏浆体 pH 值为 8.9，因而采用多聚磷酸钠作缓凝剂时，应加碱调节水化环境到碱性（pH 值为 8.9～10.9），可以使石膏凝结时间偏长，同时强度降低幅度不大。

骨胶蛋白质对石膏凝结时间无明显变化，初凝时间为 30min 左右，终凝时间为 40min 左右。在中性和碱性条件下，略微比在酸性条件下凝结时间长，pH 值对掺加骨胶蛋白质的石膏强度亦无明显影响。骨胶蛋白质在不掺酸或碱时的 pH 值为 7.1，为中性条件，因而使用骨胶蛋白质作石膏缓凝剂时，可不用调节 pH 值而直接使用。

18. 不同的缓凝剂对熟石膏的缓凝作用有什么不同？

答：石膏中掺入不同的缓凝剂，缓凝时间随掺量变化的规律各不相同。柠檬酸在掺量为 0.01%～0.2% 时，石膏的缓凝时间随掺量变化的趋势比较平缓；当掺量大于 0.2% 时，石膏的缓凝时间随着掺量增加而突然增长；当掺量为 0.3% 时，几乎达到阻止石膏凝结的效果。掺多聚磷酸钠的石膏凝结时间曲线与掺加柠檬酸的曲线变化规律相似，在掺量小于 0.1% 时，石膏的缓凝时间随掺量的增加变化不够明显；当掺量为 0.1% 时，缓凝时间随掺量变化骤然增长。而骨胶蛋白质缓凝剂不仅对石膏具有很强的缓凝作用，并且缓凝时间不因掺量的变化发生突变现象，凝结时间增长比较平缓，这一特性有利于控制石膏材料的施工。

19. 不同缓凝剂对脱硫石膏性能的影响是什么？

答：① 柠檬酸、三聚磷酸钠、酒石酸和骨胶蛋白质对脱硫石膏都有显著的缓凝效果，低掺量时，柠檬酸对脱硫石膏的缓凝作用最强。缓凝剂对脱硫石膏强度都有负面影响，骨胶蛋白质对脱硫石膏强度负面影响最大，三聚磷酸钠对脱硫石膏强度负面影响最小。

② 掺入这些缓凝剂，导致脱硫石膏水化过程泌水更加严重。通过用 SM 减水剂，十二烷基苯磺酸钠与甲基纤维素的复配，可以很好地改善泌水现象。

20. 硫酸铝对脱硫石膏复合材料凝结时间的影响是什么？

答：硫酸铝对脱硫石膏复合材料初、终凝时间均随硫酸铝掺量的增加而缩短，这是因为硫酸铝遇水之后显弱碱性。在复合胶凝体系中，硫酸铝为体系提供了充足的 Al^{3+}，这使得体系中的化学反应向着有利于生成胶凝性矿物的方向进行，这样在复合材料体系中便形成了更多的胶凝性矿物，从而使复合材料在短时间内硬化成型，因此缩短了复合材料初、终凝时间。同时，硫酸铝溶于水会有少量的热量释放出来加速体系的硬化，使试样更快地凝结成型。随着硫酸铝掺量的增加，复合材料体系中的 Al^{3+} 含量逐渐增加，反应放出的热量以及良好的碱性环境促进了钢渣与脱硫石膏的反应，使复合材料初、终凝时间逐渐缩短。

21. 怎样使用二亚乙基三胺五乙酸的钠盐作为石膏的缓凝剂可获得较好效果？

答：用二亚乙基三胺五乙酸的钠盐作为石膏的缓凝剂，具有成本低、缓凝时间长和强度损失小等特点。使用该缓凝剂时，对体系中的 pH 值有一定要求，需要在一定的碱性条件下，降低结晶胚芽生成的速度，降低半水石膏的溶解度，减小所生成的二水石膏的饱和度，减缓其结晶化过程，从而延缓石膏的凝结时间。在使用这种石膏缓凝剂的同时，需要在配方体系中加入 0.5% 的白水泥或灰钙来调节产品的碱度，使整个产品体系 pH 值达到 8 左右。在这种碱性环境下，再任意改变石膏缓凝剂的掺量，控制凝结时间。缓凝剂和白水泥的掺量可参考表 5-4 的数值，0.5％的白水泥掺量在整个配方体系中可作为一个定值，而相应的石膏缓凝剂作为一个变量。

表 5-4 国产石膏缓凝剂和白水泥的建议掺量

石膏缓凝剂掺量（％）	白水泥掺量（％）	凝固时间（h）
0.1	0.5	0.5~1
0.15	0.5	1~2
0.2	0.5	2~2.5
0.3	0.5	3~4
0.4	0.5	5~6

22. 钠盐对石膏性能有哪些影响？

答：硫酸、盐酸、硝酸、氢溴酸、氯酸和亚硫酸的钠盐，均是加快石膏凝结的速凝剂。其加速作用的强弱排列顺序如下：

$$NaCl > NaNO_3 > NaBr > NaClO_3 > Na_2S_2O_3 > Na_2SO_4$$

从上述顺序中可以看出，除硫酸钠外，钠盐的速凝作用随分子量的增加而减弱，而用硫酸钠的当量溶液做试验，证明它在速凝作用顺序中，是一个最强力的速凝剂，因此按钠盐的当量溶液，又可排成这样的顺序：

$$Na_2SO_4 > NaCl > NaNO_3 > NaBr > NaClO_3 > Na_2S_2O_3$$

23. 缓凝剂对抹灰石膏有什么重要作用？

答：当生产抹灰石膏时，石膏需要缓凝时间较长，一般为 1.5~2h，则普通的缓凝剂随着掺量的增大，凝结时间延长，强度明显下降。而作为抹灰石膏延长凝结时间是最重要的，国外抹灰石膏的凝结时间一般在 1h 左右，这是由于国外大多采用喷涂施工。而国内的施工企业由于习惯于手工抹灰，抹灰浆的凝结时间一般要求在 1.5~3h。因此，缓凝剂是抹灰石膏的主要外加剂，抹灰石膏常用的缓凝剂主要有蛋白质类石膏专用缓凝剂，对石膏强度的影响很小，当缓凝 2h 以上，强度的损失在 5％以内。

石膏缓凝剂主要用于抹灰石膏，但在配制抹灰石膏时，会发现石膏原料、煅烧条件、细度，以及水膏比的不同，都会影响缓凝剂的缓凝效果。特别是石膏煅烧时产生的各相对石膏的凝结时间影响极大。如无水石膏Ⅲ型和未烧的二水石膏具有极强的促凝作用，而无水石膏Ⅱ型对石膏有缓凝作用。在实际生产中，如果缓凝剂不能正常地调节凝结时间（有时加多少缓凝剂都不能将石膏的凝结时间延长至所需的时间），必须首先检查建筑石膏粉中是否含有较多的无水石膏Ⅲ型或未烧的二水石膏相。

24. 哪些外加剂可以改变石膏硬化体积变化率？

答：当半水石膏加水调和形成二水石膏硬化体的同时会产生体积变化，有时膨胀，有时收缩。其原因是水化作用造成了固体和液体绝对体积缩小，从而使浆体产生早期收缩。而在调制半水石膏时需要用比理论值大得多的过量拌合水造成石膏硬化体中的孔隙率大幅度增加，它比半水石膏加水时所缩小的体积要高出五倍。因此，一般来说半水石膏与水反应最终使硬化体产生膨胀。β型半水石膏凝固膨胀率约为 0.2%～0.3%，而 α 型高强半水石膏为 0.3%～0.8%。这种膨胀现象，对一些常规的工业模具是很不利的，因为它直接影响模具的精确度，特别是一些汽车工业用的石膏模具精度要求特别高，一般希望石膏的凝固膨胀率在 0.03% 以下，因此称为低膨胀石膏。为此人们往往采用掺入外加剂的方法，来降低制品的凝固膨胀率，常用的方法是采用促凝剂与缓凝剂复合使用。因促凝剂有增加二水石膏晶体胚芽的功能，即能大幅度增加二水石膏的结晶中心，使晶体微粒化。但在一般情况下，半水石膏转化到二水石膏，这一过程时间很快（4～10min），尤其是在促凝剂的作用下几乎在一瞬间就形成水化过程，这样不仅无法进行浇筑，而且不可能使二水石膏充分微粒化，因此尚需延缓半水石膏的水化速度，使其有充分的时间最大限度地增加结晶中心，晶体的微粒化或降低硬化体的凝固膨胀率。一般常用的促凝剂以硫酸盐较佳。

缓凝剂大多数用有机盐类的可溶性盐，如柠檬酸和柠檬酸盐。对于低膨胀（0.03% 以下）石膏，除添加促凝剂外尚需添加双组分的缓凝剂，使半水石膏凝固时间延缓到达 2h 以上。可添加 SC 石膏缓凝剂作为其中一个组分。

在实际工业模具应用中，有时需要半水石膏凝固膨胀率大于 1%，即所谓的高膨胀石膏。制作高膨胀石膏采用的外加剂大多为表面活性剂，如混凝土中常用的一些表面活性剂，可使 α 型高强模型石膏最终凝固膨胀率达成 1% 以上。

25. 熟石膏的细度与凝结时间有何关系？

答： 石膏凝结时间均随细度增加而缩短，但当石膏比表面积达到 $11236cm^2/g$ 时，凝结时间却又略有升高。石膏掺加缓凝剂后，石膏细度从 $5265cm^2/g$ 增加到 $8164cm^2/g$ 时，石膏凝结时间大幅度缩短，比表面积的增大对缓凝剂的作用效果具有一定的抵消作用。当细度在达到 $8164cm^2/g$ 后，凝结时间与细度关系不大。掺加缓凝剂后石膏颗粒比表面积在 $5165～8164cm^2/g$ 时，石膏细度对石膏凝结时间影响显著。建筑石膏细度的变化对石膏硬化体的绝干强度影响不如对凝结时间影响显著。随着石膏细度的增加，石膏硬化体的绝干强度基本都呈现下降趋势。但对不掺缓凝剂和柠檬酸的建筑石膏，当比表面积从 $5265cm^2/g$ 增加到 $8165cm^2/g$ 时，石膏强度有所增加。

26. 三聚磷酸钠对半水石膏的性能有何影响？

答： 三聚磷酸钠又名多聚磷酸钠，是一种直链的三聚物，可与某些金属离子如钙离子、镁离子等生成难溶盐。三聚磷酸钠通过与二水石膏晶核表面钙元素的化学作用，吸附在晶核表面，使晶核表面能降低，晶核达到临界成核尺寸时间延长，宏观上表现为石膏的诱导期与凝结时间延长，水化率降低。同时，由于吸附作用，二水石膏成核几率和数量减少，离子在各晶面的叠合速率降低，晶体生长延缓，晶核有充分的时间和空间发育生长，因此晶体尺寸明显粗化。

三聚磷酸钠对建筑石膏具有显著缓凝效果，是建筑石膏的高效缓凝剂，随着其掺量的增加，建筑石膏凝结时间不断延长。

三聚磷酸钠对石膏硬化体强度有较大的负面影响，其抗折强度损失明显大于抗压强度。三聚磷酸钠掺量在 0.1% 以内时，强度损失较小，掺量增加，凝结时间延长，强度降低也就越明显。

（六）促凝剂

1. 促凝剂对半水石膏的作用机理是什么？

答：促凝剂对半水石膏的作用机理是：提高半水石膏的溶解速度；提高无水石膏的溶解度，使它大于二水石膏的溶解度；增加二水石膏晶核的数量，加速石膏的水化。

常用的促凝剂为酸（HCl、H_2SO_4、HNO_3）及其盐，对前两种作用机理都能产生影响。这些酸生成的盐的促凝效应按下列顺序逐渐衰减：

$$H^+ > M^+ > M^{2+} > M^{3+}$$

对于氯化物来说，促凝效率最高的是钾：

$$K > Na > Rb > Cs > NH_4$$

在硫酸盐中，促凝顺序排列如下：

$$K > NH_4 > Na > Ca > Cu > Al$$

2. 生产纸面石膏板一般使用何种促凝剂？

答：纸面石膏板生产中，一般用磨细的二水石膏作促凝剂，这种二水石膏主要是通过增加石膏浆体中晶核的数量来促使石膏加速凝结。这种二水石膏的细度<0.01mm，比表面积$10000 \sim 12000 \text{cm}^2/\text{g}$，掺量一般为石膏量的1%左右，掺量过大会使纸面石膏板的强度下降。

（七）消泡剂

1. 干粉消泡剂的作用是什么？

答：消泡剂一般只用于模型石膏、精密铸造用石膏、自流平石膏砂浆等，可减少石膏制品表面的气孔。常用的消泡剂有正丁醇、聚乙二醇、磷酸三丁酯等有机物。

在施工中，由于干粉料与水搅拌时经常会产生气泡，影响产品的美观性。适量添加干粉消泡剂，在干粉砂浆产品中能有效地消除气泡、针孔，并消除刮涂、喷涂时产生的气孔和空腔，并可提高产品的抗渗性能和增加强度。

干粉消泡剂的一般使用量介于0.2%～0.5%之间。

2. 消泡剂对石膏自流平砂浆性能有何影响？

答：砂浆中含有适量大小且均匀分布的密闭稳定小气泡，会大大改善砂浆的抗冻融性、耐磨性、耐久性和抗干缩性等性能，但是气泡不均匀或不稳定不仅会使自流平砂浆表面粗糙不堪，还会大大影响其强度及其他性能。选择适宜的消泡剂可以加速不稳定的大气泡的破裂和排除，使气泡均匀，从面改善砂浆的性能。这是因为消泡剂也是一种表面活性剂，它在砂浆中不但能消除气泡，还是稳定气泡的稳泡剂。此种消泡剂用量以0.5%较合适。

石膏基自流平砂浆体系中加入消泡剂后，可以使自流平砂浆流动度增大、改善砂浆硬化后的表观状态、增大砂浆的湿密度，从而使自流平砂浆硬化后的抗压、抗折强度等有显著提高。

现在砂浆产品中使用的粉体消泡剂主要以进口复合消泡剂为主，不同牌号的消泡剂在同一砂浆产品中的适宜性存在差异，导致砂浆产品的性能也存在差异。在需要应用消泡剂的砂浆产品中选择适合的消泡剂，对砂浆综合性能的提高有很大帮助。

（八）引气剂（发泡剂）

1. 引气剂的基本概念是什么?

答：引气剂也称发泡剂，在砂浆搅拌过程中，能引入大量分布均匀、稳定而封闭的微小气泡，有助于降低砂浆中调配水的表面张力，使砂浆具有更好的湿润性与分散性，减少砂浆混凝土拌合物的泌水、离析。另外，细微而稳定的空气泡的引入，也提高了施工性能。导入的空气量取决于砂浆的类型和所用的混合设备。

目前，市场上的引气剂主要有如下六类：

① 松香树脂；松香热聚物、松香皂类等（都用于混凝土）。

② 烷基和烷基芳烃磺酸盐类：十二烷基磺酸盐、烷基苯磺酸盐、烷基苯酚聚氧乙烯醚类。

③ 脂肪醇磺酸盐类：脂肪醇聚氧乙烯醚、脂肪醇聚氧乙烯磺酸钠、脂肪醇硫酸钠。

④ 皂类：三萜皂类（多用于混凝土）。

⑤ 其他：蛋白质盐、甲基纤维素醚。

⑥ 非离子型表面活性剂；烷基酚环氧乙烷缩合物。

引气剂的一般使用量介于 $0.005\%\sim0.02\%$ 之间。

2. 怎样使引气剂的泡沫在石膏浆体中稳定存在?

答：引气剂的泡沫是不稳定体系，纯液体很难形成稳定持久的泡沫，必须有引气剂或表面活性剂，并在强力搅拌作用下才能得到稳定性较好的泡沫。在搅拌过程中，气泡之间会运动、合并增大以至破裂而消失。采用引气剂的目的就是使产生的泡沫由不稳定体系变成稳定体系。引气剂掺入料浆后，可吸附在气泡表面形成双分子膜，并且使气泡膜外表面呈疏水层，因而对气泡起稳定和分散作用。另外由于引气剂在气泡水膜上的定向分布，降低了水膜的表面张力，从而增加其稳定性。引气剂中有些成分还能与 Ca^{2+} 形成难溶物沉积于气泡的外表面，增加了气泡的厚度和强度，也有利于气泡的稳定存在。

3. 引气剂对石膏的主要作用是什么?

答：石膏本身属多孔轻质材料，表观密度较小，建筑石膏的表观密度一般为 $800\sim1000kg/m^3$。为了进一步降低制品的重量，生产石膏制品时一般用轻集料，如膨胀珍珠岩、蛭石、聚苯乙烯颗粒等。也可用引气剂减轻石膏制品的重量，如生产保温板、纸面石膏板、发泡石膏以及抹灰石膏等，可加入少许引气剂，使之产生微气泡，降低表观密度，提高保温性能或抹灰砂浆的和易性，增加适用面积。

引气剂在石膏制品中产生的泡沫应细小稳定而均匀分布，直径一般在 $1mm$ 以下，泡沫过大会严重影响石膏制品的强度；泡沫的稳定时间应大于料浆的初凝时间，并均匀分布于料浆中。常用的引气剂为磺酸盐（如苯磺酸钠、烷基磺酸盐等）。

4. 引气剂的添加方法有哪几种?

答：引气剂的添加方法通常有如下两种：

（1）简易型发泡

将引气剂原液直接加入石膏料浆中，在料浆搅拌过程中产生泡沫。此方法工艺简单，但进入料浆的气泡少，且泡沫分散不均匀。

（2）泡沫发泡

将引气剂经制备制成泡沫后再加入到料浆中，又可分为以下两种：①静态发泡：是将引气剂原液按比例稀释制成发泡液，由计量泵泵入静态泡沫发生器中，使之与一定比例的空气混合制得细密稳定的泡沫，再送入混合机中与其他原料混合制成料浆。这种发泡工艺要求严格控制发泡液和空气的流量比例，同时要求泡沫发生器有特定的形状和体积，内部装有可产生均匀阻力的填充物。② 动态发泡：用计量泵分别计量水和引气剂原液，在输送管内直接混合，再通入压缩空气，由发泡泵制成细密而稳定的泡沫，然后送入混合机中与其他原料混合制成料浆。

与静态发泡相比较，动态发泡的气泡是存在于混合液中的，与石膏粉的拌和均匀性及留存率相对较好，而静态发泡的气泡与拌合水是各自独立的，气泡靠搅拌的作用引入料浆之中，在混合搅拌时容易上浮、破裂，因而用量也稍多。

5. 纸面石膏板对石膏引气剂的要求及使用方法是什么？

答：优质的纸面石膏板板芯应既有一定强度又具有均匀微孔结构，有一定的弹性和韧性，这不仅与所用石膏的品位和生产工艺有关，还与生产时的发泡有关。纸面石膏板用的引气剂通常是表面活性剂，要求泡沫小而均匀、稳定不消泡、稳定时间大于石膏浆料的初凝时间，并不影响到石膏板的其他性能。一般用阴离子表面活性剂与非离子型表面活性剂复合使用，因为阴离子表面活性剂表面活性大、起泡能力强、价格低；而非离子型表面活性剂性能稳定，价格高；两者复合使用可以得到较适宜的性价比，其比例大致为阴离子表面活性剂：非离子型表面活性剂＝3：1。

6. 在石膏中加入引气剂料浆的搅拌时间对其有什么影响？

答：在相同引气剂加入量的条件下，石膏试样的孔隙率还受搅拌时间长短的影响。搅拌时间过短，泡沫量较少，试样孔隙率低；但搅拌时间过长会导致试样中的气泡脱气，搅拌中气泡不断溢出，从而使料浆的气泡含量减少，试样孔隙率降低，容重增加。控制适当的搅拌时间，引气剂的分散度较大，发泡效果好，孔径较均匀且平均孔径较小，对材料的保温隔热性能十分有利。

7. 引气剂含量对石膏硬化体吸声性能的影响是什么？

答：引气剂是多孔吸声材料制备不可缺少的重要组分之一。在拌合物中掺入适量的引气剂，可以产生细小、均匀且相互连通的微气泡，根据吸声机理，这将大大提高吸声材料的性能。一般而言，引气剂用量大，相对应的材料吸声性能就越好，但是引气剂的含量达到某一个极限值后，含气量不再增大。因此，不是含量越大，材料吸声性能就越好。引气剂含量分别为0.3％、0.4％、0.5％时，石膏复合材料的平均吸声系数分别为0.51、0.59、0.54。由此看来，引气剂含量为0.4％时材料的吸声性能要稍优于引气剂含量为0.3％、0.5％时材料的吸声性能，它的降噪系数达0.60，特别是在中低频段吸声性能较好。因此，适量的引气剂对材料吸声性能的改善效果较好。引气剂用量太少，气孔不能充分生长，孔隙内的空气和材料本身振动将大大减少，从而声能转化为热能也减少；引气剂用量过多，引起大量的气泡，很容易发生并泡现象使气孔过大，且容易使石膏浆体坍塌形成封闭气孔。大气孔和封闭气孔都不利于材料吸声，且大气孔会降低材料的强度。

8. 生产纸面石膏板应选用何种引气剂，其加入量应控制在什么范围内？

答： 为在保证纸面石膏板强度的前提下降低其体积密度，易于运输与安装，需在料浆中添加引气剂，形成均匀的微孔结构，并可获得一定的经济效益。

阴离子引气剂表面活性大，气泡能力强且价格比较低廉；非离子型引气剂具有十分稳定的发泡效果和良好的使用性能，但价格较高。综合两类引气剂的特点，通常使用阴离子型和非离子型混合型的引气剂。其比例大致为：阴离子：非离子＝3：1。

加入石膏料浆中的引气剂成泡后，以气泡状态充满料浆之中，气泡的体积约占石膏料浆的 5%～15%。

泡膏比是指引气剂与建筑石膏的比值。泡膏比影响石膏料浆的体积密度和稠度，最终影响产品的单重、抗折强度和粘结性能。对于符合质量要求的引气剂一般加入量在 0.08%～0.15% 之间。加入量＜0.08% 时，对板材的降重效果不明显，而当加入量＞0.15% 时，则会使板芯"发糠"，降低板的抗折强度，甚至影响板芯与护面纸的粘结。

（九）润滑剂

在石膏砂浆中加入触变润滑剂起什么作用？

答： 触变润滑剂是一种纯无机片层状、含蒙脱石的硅酸盐类的添加剂，由无数个纳米级的小片组成，并带有明显的正负离子，能被石膏粒子的表面吸附，当砂浆加水后并受到一定的剪切力搅拌时，这些片状体形成润滑层可使各粒子分离而易于移动，减少流动阻力，获得良好的润滑性及施工性，提高触变性、抗垂性和抗沉淀性，有利于干粉砂浆产品的搅拌和泵送。

触变润滑剂可与大多数添加剂、颜料与填料相容，广泛用于石膏基抹灰砂浆和腻子中，如自流平砂浆等产品，可改善产品表面的光滑性，减少粘连性，并具有极好的泵送性，减少泵送损耗和能耗，延长开放时间，推迟凝固时间，增加润滑性能。

触变润滑剂应用于自流平砂浆中，可以防止产品分层和沉降，使自流平系统结构均匀，同时还可增加其表面强度。

（十）胶粘剂

1. 聚乙烯醇在建筑石膏中起什么作用？

答： 聚乙烯醇为有机高分子物质，掺入建筑石膏浆体后，随着水分子的消耗和蒸发，聚乙烯醇在建筑石膏制品中逐渐形成具有阻水作用的不规则网膜，填充于石膏晶体间的孔隙之中，从而降低体系的孔隙率，提高建筑石膏制品的防水性能和强度。聚乙烯醇掺量过高时，大量聚乙烯醇吸附在石膏晶体表面，阻碍了石膏的硬化进程，降低了石膏晶体间接触点的数量，使体系中的孔隙率增大，制品强度和防水性能降低。

聚乙烯醇不但增加石膏的粘结力，还具有一定的保水作用；但在相同含胶量（含固量）的前提下，使用液体的聚乙烯醇比粉状聚乙烯醇的粘结强度高，粉状聚乙烯醇用于生产预拌干粉砂浆产品时，掺量需略大于液体聚乙烯醇。

2. 聚乙烯醇有哪些特性?

答:① 黏度:其黏度随浓度、温度变化。浓度提高,黏度值急剧上升;温度升高,黏度值明显下降。

② 粘结性:聚乙烯醇对于亲水多孔表面材料,如纸张、纺织品、木材、混凝土、砂浆及平滑不吸水的表面都有较强的结合力。

③ 成膜性:能形成较好的柔韧性膜,聚乙烯醇膜的机械强度可通过增塑剂来调整。

④ 气体的不透性:聚乙烯醇成膜后,对许多气体有高度的不透气性,特别是对氧气、二氧化碳、氢气、氮气、硫化氢等都有很好的隔气性。但对于氯气和水蒸气等透气性高的气体,聚乙烯醇通过率较高。

⑤ 耐化学性:对氢氧化钠、乙酸、大多数无机酸、硝酸钠、氯化铝、氯化钙、碳酸钙、硫酸钠、硫酸钾都有较高的耐蚀性。

⑥ 水溶性:聚乙烯醇的溶解性和产品的醇解度大小有很大关系。醇解度87%～89%的产品水溶性最好,如聚乙烯醇 PVA 24-88,它的醇解度为88%,无论在冷水还是在热水中都能很好溶解。当然,在实际生产中,使用热水可以加快溶解速度。醇解度在89%～90%的产品,为了完全溶解,一般需加热至60～70℃;醇解度在90%以上的产品,只溶于95℃的热水。

目前,使用最多的聚乙烯醇产品有 PVA 17-88、PVA 24-88。PVA 17-88 表示该产品的聚合度为1700,醇解度为88% PVA 24-88 表示聚合度为2400,醇解度为88%。一般来说,聚合度越大,水溶性黏度越大,成膜后的强度和耐溶剂性越好,醇解度越大,在冷水中的溶解度下降,而在热水中的溶解度提高。因此,PVA 24-88 的综合性能优于 PVA 17-88。

3. 聚乙烯醇对石膏胶凝过程有什么影响?

答:含聚乙烯醇的石膏浆料的胶凝过程明显地减慢,初凝、终凝时间的延长与添加物的用量有关,但当聚乙烯醇加入量达到 0.4% 以上时,初凝、终凝时间已趋恒定(图5-2)。

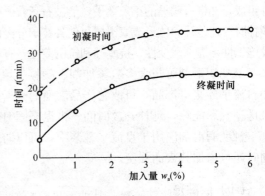

图5-2 石膏凝固过程与聚乙烯醇加入量的关系

聚乙烯醇是一种大分子量的有机物,溶解于水后与石膏粉微粒有较好的亲和附着性,附着在半水石膏晶粒表面的高分子化合物起着保护胶的作用,在半水石膏水化硬化成二水石膏的胶凝过程中,保护胶大大地阻碍了半水石膏的溶解,而石膏胶凝过程中又是由半水石膏的溶解速度所控制的,所以含聚乙烯醇的石膏浆料的初凝时间和终凝时间均延长了,添加物的含量达到某一数量后,阻止半水石膏溶解的作用也就达到极限,初、终凝时间延长速度就大为放慢。

上述结果表明,在石膏胶凝过程中,聚乙烯醇是一种可以调节石膏水化硬化速度的缓凝剂。

4. 聚乙烯醇对石膏胶凝材料的性能有什么影响?

答:① 聚乙烯醇可作为石膏胶凝材料的缓凝剂,添加量不大时能有效调节料浆的初凝时间和终凝时间。

② 聚乙烯醇对石膏材料的性能有明显的改进作用，添加量为 0.4％时，材料强度可提高一倍多，显气孔率下降 20％，防潮性和热稳定性也有所改善。

聚乙烯醇加入量为 1％时石膏的抗折强度最大，加入量为 2％时石膏 24h 吸水率最低，抗折强度大为降低。另外据试验观察，随着聚乙烯醇加入量的增加，石膏粉的凝结时间大大延长，不利于石膏的成型，且做成的石膏块含水率高、密度大、烘干困难，而聚乙烯醇本身价格比较昂贵，耗费成本大，所以综合考虑以 1％的加入量为宜。

通过对石膏粉进行改性研究，最终确定加入 3％的 CaO 和 1％的聚乙烯醇制成改性石膏粉，经改性后的石膏粉的抗折强度比原石膏粉提高了 3 倍，而 24h 吸水率为 39％，提高了 5 个百分点，由此可见 CaO 和聚乙烯醇的加入可明显提高石膏粉的强度和耐水性。

5. 在石膏基干粉砂浆中掺加可再分散乳胶粉起什么作用？

答：可再分散乳胶粉是石膏基干粉预拌砂浆的主要添加剂。

可再分散性乳胶粉中的醋酸乙烯酯-乙烯聚合体，乳液经喷雾干燥，使其平均粒径约为 $21\mu m$ 的粒子聚集在一起，形成了 $80\sim1002\mu m$ 的球形颗粒。这些粒子表面被一种无机的抗硬结构的粉末包裹，可得到干的聚合物粉末，便于贮存与运输。当此种粉末与水、石膏为底材的砂浆混合时便可再分散，其中的基本粒子（$21\mu m$）会重新形成与原来胶乳相当的状态，故称为可再分散性乳胶粉。

可再分散性乳胶粉与水接触时重新分散成乳液，化学性能与初始乳液完全相同。在石膏基干粉预拌砂浆中添加可再分散乳胶粉，可改善砂浆的多种性能，如：

① 提高材料的粘结力、内聚力。

② 降低材料的吸水性和材料的弹性模量。

③ 增强材料的抗折强度、抗冲性、耐磨性和耐久性。

④ 提高材料的施工性能。

由于可再分散性乳胶粉是白色易流动粉末，能轻易地分散在水中并形成稳定的乳液。它结合了乳液的优良特性和粉末体系的方便、可靠和易贮存性能。

6. 可再分散乳胶粉在石膏干粉砂浆中的作用机理是什么？

答：可再分散乳胶粉与其他无机胶粘剂（如水泥、熟石灰、石膏、黏土等）以及各种集料、填料和其他添加剂如甲基羟丙基纤维素醚、聚多糖（淀粉醚）、纤维素纤维等进行物理混合制成干粉砂浆。当将干粉砂浆加入水中搅拌时，在亲水性的保护胶体以及机械剪切力的作用下，胶粉颗粒分散到水中。由于胶粉本身的特性以及改性的不同，影响也不同，有的有助流的作用，而有的有增加触变性的作用。其影响的机理来自多个方面：有胶粉在分散时对水的亲和带来的影响；有胶粉分散后黏度不同的影响；有保护胶体带来的影响；有对水泥和水带来的影响；有对砂浆含气量提高以及气泡分布带来的影响以及自身添加剂与其他添加剂相互作用带来的影响等。其中接受较多的观点是：可再分散乳胶粉通常使砂浆含气量提高，对砂浆的施工起到润滑的作用，尤其是保护胶体分散时对水的亲和力，以及随后的黏稠度对施工砂浆的内聚力的提高有很大作用，从而提高和易性。

7. 在石膏粉体材料中使用可再分散乳胶粉作为增强、增黏剂有哪些优点？

答： 在石膏粉体材料中使用可再分散乳胶粉有下列优点：

新拌阶段：①降低水膏比，从而提高强度；②改善流动性与流平性；③提高保水性；④容易拌合并改善工作性能；⑤减小垂流。

硬化阶段：①与各种基材（如混凝土、砂浆、胶合板和聚苯材料）有很高的粘结强度；②提高内聚力，改善耐久性与耐磨性；③提高抗折强度和抗冲击形变能力；④提高耐水性，降低吸水率。

8. 可再分散乳胶粉末对石膏基材料的性能有什么影响？

答： 同水泥基材料一样，使用可再分散乳胶粉末对石膏进行改性，能够增加石膏基材料的柔性、耐水性、粘结性以及增加石膏基拌合物的保水性等。例如，使用表 5-5 所示的配方研究可再分散乳胶粉末对石膏改性作用发现，石膏基材料中加入不同量的可再分散乳胶粉末，能够显著提高抗折强度、断裂挠度和抗水作用。

表 5-5　可再分散乳胶粉末对石膏性能影响使用的配方

原材料	用量（g）	
	纯石膏灰浆	石膏石灰灰浆
石膏	300	150
熟石灰	—	190
砂（粒径 0.125～0.355mm）	700	660
水	256	280
可再分散乳胶粉末	变量	变量

（1）抗折强度

图 5-3 展示出不同掺加量可再分散乳胶粉末时石膏基材料抗折强度的提高。从图中可以看出，随着可再分散乳胶粉末掺加量的增大，石膏基材料的抗折强度逐渐提高，掺加量达到 5％时抗折强度提高 50％以上。

（2）断裂挠度

图 5-4 展示的是不同掺加量可再分散乳胶粉末时石膏基材料断裂挠度的提高。由于可再分散乳胶粉末的掺加，使得石膏基材料的断裂挠度成倍提高。

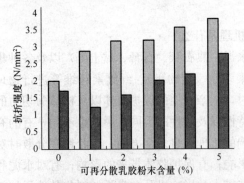

图 5-3　可再分散乳胶粉末不同掺加量（以石膏质量计，％）时石膏基材料抗折强度的提高

□石膏砂浆；■石膏-石灰灰浆

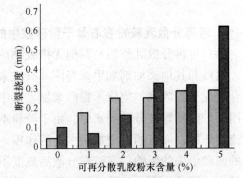

图 5-4　可再分散乳胶粉末不同掺加量（以石膏质量计，％）时石膏基材料断裂挠度的提高

□石膏砂浆；■石膏-石灰灰浆

（3）粘结强度和耐水性

图 5-5 中展示出可再分散乳胶粉末改性石膏基材料对水泥板的粘结强度。与抗折强度和断裂挠度相比，粘结强度的改善更为显著。即使在浸透了水以后，仍具有一定的粘结性。

由于熟石灰是最常和石膏一起使用的材料，是石膏常用的缓凝剂，因而图 5-5、图 5-6 中同时展示出可再分散乳胶粉末对石膏—石灰复合基材料的改性作用。

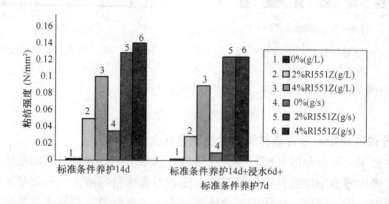

图 5-5　可再分散乳胶粉末改性石膏基材料对水泥板的粘结强度

g/L 表示石膏-石灰灰浆；g/s 表示石膏砂浆

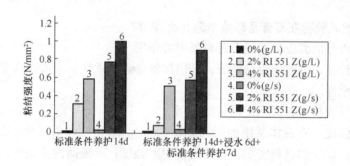

图 5-6　可再分散乳胶粉末改性石膏基材料对膨胀聚苯板的粘结强度

g/L 表示石膏-石灰灰浆；g/s 表示石膏砂浆

在石膏灰浆中，随着可再分散乳胶粉末添加量的增大，灰浆中的空气含量也随之增大，如图 5-6 所示。一般情况下，可再分散乳胶粉末在石膏-石灰基材料中的掺加量应该大于 1%，因为在 1% 掺加量时，材料柔性的提高与材料中空气含量的提高所带来的不良影响正好抵消，如图 5-7 所示。

当可再分散乳胶粉末的掺加量大于 1% 时，石膏-石灰基材料的抗折强度和断裂挠度（图 5-3 和图 5-4）以及与水泥板和膨胀聚苯板的粘结强度（图 5-5 和图 5-6）都得到很大的提高。即使经历了干湿交替试验，仍能够维持足够的强度。掺加疏水型可再分散乳胶粉末的石膏-石灰基材料的耐水性试验结果亦是如此，如图 5-8 所示。

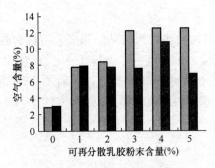

图 5-7　可再分散乳胶粉末改性石膏
灰浆的空气含量

□石膏灰浆；■石膏-石灰灰浆

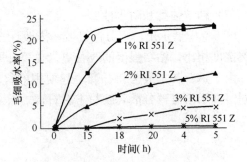

图 5-8　可再分散乳胶粉末改性石膏
基材料的耐水性

9. 可再分散乳胶粉对石膏基材料力学性能有什么影响?

答：石膏掺量、可再分散乳胶粉种类及掺量等因素均对石膏基材料的粘结抗拉强度、抗折强度、抗压强度等力学性能具有显著影响。随着石膏掺量的增大，石膏基材料与不同基材的粘结抗拉强度、抗折强度、抗压强度均逐渐增大。可再分散乳胶粉掺量的增大，明显改善石膏基材料与不同基材之间的粘结抗拉强度及其抗折强度，但会略微降低石膏基材料的抗压强度。乳胶粉种类不同，石膏基材料所表现出的力学性能增大的幅度也有所不同。因此就力学性能而言，应根据具体情况，选择相应的石膏掺量和可再分散乳胶粉种类及其掺量。

10. 可再分散乳胶粉在石膏基砂浆中起什么作用?

答：（1）可再分散乳胶粉在湿石膏料浆中的作用

①提高施工性能；②改善流动性能；③增加触变与抗垂性；④改进内聚力；⑤延长开放时间；⑥增强保水性。

（2）再分散乳胶粉在石膏固化以后的作用

①提高拉伸强度（石膏体系中的附加胶粘剂）；②增强抗弯折强度；③减小弹性模量；④提高可变形性；⑤增加材料密实度；⑥增强耐磨强度；⑦提高内聚强度；⑧减少材料吸水性；⑨使材料具有憎水性（加入憎水性胶粉）。

11. 常见的石膏胶粘剂有哪几种?

答：纤维素醚类保水剂具有增强石膏与基底粘结的作用，如需粘结石膏板、石膏砌块、石膏装饰线条等，除了加入纤维素醚类保水剂外，还需添加一些有机的胶粘剂，一般有可分散性乳胶粉、聚乙烯醇胶粉、羧甲基纤维素（CMC）、改性淀粉、聚醋酸乙烯酯（白胶）、乙酸乙烯酯-乙烯共聚乳液等。

12. 石膏用胶粘剂如何选用?

答：聚乙烯醇和羧甲基纤维素的防水性较差，但因为石膏作为胶粘剂只能用于室内，对防水性、耐久性的要求不高，所以选择聚乙烯醇和羧甲基纤维素增加粘结力比较经济。聚醋酸乙烯酯和乙酸乙烯酯-乙烯共聚乳液粘结性优良，并有较好的防水性和耐久性，但掺量较聚乙烯醇大，一般占石膏用量的 1.0% 以上才有明显效果，并且价格较高。

13. 聚合物乳液对石膏硬化体的作用机理是什么？

答： 当聚合物乳液掺入石膏胶凝材料浆体后，聚合物乳液微粒即分散在胶凝材料的连续相内。一般情况下，聚合物乳液与石膏胶凝材料并不发生化学反应，石膏胶凝材料可吸收聚合物乳液微粒所含有的水分而水化，而失水后聚合物乳液的微粒可凝聚成丝状膜层分布在整个胶凝材料硬化体中，从而提高石膏硬化体的抗水性能。

具有低黏度及亲水性强的树脂容易浸透到硬化石膏体的孔隙内，能保证材料的密实及局部保护受水分作用的二水石膏晶体。

14. 经聚合物改性后的石膏有什么用途？

答： 经聚合物改性后的石膏可用于要求使用高质量、高品质建筑材料的场合，用于掺入聚合物后希望产生技术突破的场合。典型的用途有：

① 纸面石膏板的填缝料（因为纸面石膏板在正常的使用中总有弯折现象，所以需要有足够柔性的填缝料，否则很容易产生裂缝）。

② 施于钢梁表面的防火石膏灰泥（只有加入聚合物才能获得对钢梁的足够粘合性）。

③ 修补材料（使得原先墙体灰泥的膨胀系数与修补材料的匹配）。

④ 地坪材料（为了获得对基体足够的粘合力和在重压下足够的抗折强度，也为了保证材料作为顶涂层时有足够的耐磨性）。

15. 制造纸面石膏板应使用何种胶粘剂？

答： 纸面石膏板上、下面层的护面纸起着提高板的断裂荷载和保护板芯免受潮气侵入的重要作用，为此必须充分保证板芯与护面纸的粘结性。所选用的胶粘剂应满足下列要求：

①可溶解于水中，在加热溶解时，黏度上升不多；②温度下降时，黏度增加，粘结力高；③可通过板芯中的毛细管迁移至板芯与护面纸的界面上，起到板芯与纸板的粘结作用，少量存于板芯中；④不影响其他外加剂在石膏中的作用。

改性淀粉是较适宜的纸面石膏板胶粘剂，应符合下列技术指标：

①外观：白色细粉；②淀粉含量：不低于 80%；③水分：8%～11%；④灰分：不大于 6%；⑤蛋白质：不大于 0.3%；⑥Na_2O：不大于 0.3%；⑦pH 值：6～7；⑧颗粒度：0.2 筛筛余量不大于 4%；⑨溶解度：20℃水中达 73%～78%；⑩黏度：50～100Pa·s（12%浓度，加热搅拌至 95℃，冷却至 25～30℃时测得）。

（十一）增稠剂

1. 增稠剂对石膏基自流平砂浆工作性能有何影响？

答： 加入缓凝剂后保证了流动度、凝结时间用以确保施工质量，但是用水量不易控制，施工时受湿度影响较大，稍有偏差就会造成离析，泌水会使砂浆的抗折、抗压强度大大降低，增大了其表面的磨耗损失，使砂浆与地面基底的粘结能力变差，最终影响到它的耐久性，会出现表面开裂、磨损甚至变形，所以加入增稠剂对其性能进行调节。

增稠剂的加入对砂浆起到了明显的改性作用，虽然它的添加量很小，但能显著改善湿砂浆的性能。在自流平砂浆中，增稠剂起着保水、增稠、改善施工性能等作用。其良好的保水性和增稠性使得自流平砂浆不会出现离析、泌水、沉降的现象。试验中使用的增稠剂为纤维素类增稠剂，加入增稠剂后砂浆黏度增加，这对其流动性有一定的不利影响，而且黏度过大不利于浆体内部气泡的排出。硅灰的掺入能够在降低黏度的同时对砂浆流动性起到改善的作用。随着加入量的增加，泌水、离析现象得到了一定的抑制，成型后表面浮浆的含量也大大减少。

2. 羧甲基纤维素（CMC）在石膏模型中的作用是什么？

答：CMC 在石膏模型中具有以下作用：

（1）稀释作用

CMC 在水溶液中能够分离出大量的 Na^+，Na^+ 能够与石膏颗粒胶团发生阳离子交换，使得石膏浆电位增加，胶团间排斥力增加，结合水被释放，自由水增加，从而在总水量不变的情况下增加流动性，使石膏浆获得稀释。利用这一特性可以提高石膏浆的流动性，降低水膏比，提高模型的致密度和强度。例如，原来在生产中使用的水膏比为 1∶1.6，采用 CMC 后，水膏比降至 1∶2，石膏浆的流动性良好，注模正常。

（2）缓凝作用

由于 CMC 在石膏浆中的稀释作用，增加了石膏颗粒周围的排斥力，使自由水增多，石膏与水的反应过程缓慢，从而延长了初凝和终凝时间，同时也相应地加长了搅拌时间，使石膏浆混合更均匀，反应更充分，所形成晶体的排列更整齐更紧密。CMC 石膏浆搅拌时间可达 4～5min，凝结时间比原来延长了约 10min。

（3）粘结作用

CMC 是高分子聚合物，在水溶液中它的分子链可形成网络结构，在石膏模型中该网络结构伸入并加固石膏晶体形成的网络结构，从而提高了模型的抗折强度，使石膏模型具有一定的弹性。

（4）吸水作用

CMC 具有吸水作用，它可提高石膏模型的吸水性，解决了滚压过程中产生的卷坯、裂坯缺陷，提高了成坯率和毛坯质量。

3. 羧甲基纤维素（CMC）对脱硫建筑石膏性能有什么影响？

答：① 脱硫建筑石膏的凝结时间随 CMC 掺量的增加而延长，延长的倍数可达十倍以上，过量添加 CMC 使脱硫建筑石膏的凝结时间延长，会影响脱硫建筑石膏的早期强度，因此应严格控制 CMC 的掺入量，一般不宜＞0.5%。

② 在脱硫建筑石膏中掺入 CMC，由于其自身的增稠效果，使脱硫建筑石膏的标准稠度用水量增加，有泌水现象存在，绝干强度大大下降，由此可见确定 CMC 在脱硫建筑石膏中的适宜掺入量是一个值得注意的问题。

③ 在 CMC 掺入量一定的前提下，粉煤灰与水泥复合掺入脱硫建筑石膏时其硬化体的物理力学性能比粉煤灰单独掺入时的作用效果好。

（十二）转晶剂（媒晶剂）

1. 转晶剂对 α 型半水石膏的作用机理是什么？

答： 为了形成较好的结晶形态，必须使二水石膏在饱和蒸汽介质或水溶液中进行脱水，并且加入适当的转晶剂，诱导二水石膏脱水时晶体形态向某方向发展。一般认为转晶剂影响 α 型半水石膏结晶形态的作用机理为：转晶剂在晶体的某个晶面上选择性的吸附，或改变晶面的比表面自由能；阻碍该晶面晶体的生长，而其他晶面方向的生长发育正常；不同的转晶剂在石膏晶体各个晶面上发生的不同吸附作用，会引起半水石膏晶体形态和晶体大小存在明显差异。

采用水热法制作 α 型半水石膏时，须加入一定的转晶剂来改变 α 型半水石膏的结晶形态。常用的转晶剂有氯盐、硫酸盐、羧酸及其衍生物、烷基类磺酸盐等，含有羧酸基团（COOH）的酸和盐类效果较好，能大大提高二水石膏溶液的过饱和度，而且热盐溶液使二水石膏粒子间能产生强烈的热传递，使二水石膏受到均匀加热，析出水分（$3/2 H_2O$），快速地进行液态半水石膏的重结晶，转晶剂可促进 α 型半水石膏致密和粗大结晶体的增长。当半水石膏形成粗大的短柱状晶体或立方晶体时，晶体的比表面积小，标准稠度需水量小，石膏制品密实，强度高。

2. 为什么转晶剂在石膏中的使用必须通过试验确定？

答： 如果二水石膏原始结晶形态不同，而采用同一种转晶剂进行水热反应，得到的半水石膏结晶形态也不同。如有些转晶剂可适用于原始结晶形态为纤维状的二水石膏，得到的是短柱状晶体，强度较高，可称为高强石膏；而用于原始结晶形态为雪花状的二水石膏，得到的则是无规则的混合晶体，强度较低。因此在使用转晶剂时必须通过试验来确定使用何种转晶剂。

（十三）低膨胀剂

1. 低膨胀剂对石膏的主要作用是什么？

答： 水化作用造成固体和液体绝对体积的缩小，使浆体产生早期收缩，主要表现在初凝前，但由于石膏的凝结很快，观察不到早期的收缩，若加入缓凝剂，延长其凝结时间，就能观察到早期的收缩值，石膏早期的收缩值很小，一旦初凝，石膏硬化体就开始膨胀。

β 型半水石膏的凝固膨胀值约为 0.2%～0.3%，α 型半水石膏凝固膨胀值约为 0.3%～0.8%。这种膨胀现象对一些常规用的工业模型是很不利的，因为它直接影响模具的精度，特别是一些汽车工业、航空工业用的模具精度要求特别高，一般希望石膏的凝固膨胀值在 0.03% 以下，称为低膨胀石膏。近年来陶瓷模具石膏普遍使用 α 型半水石膏，也带来了凝固膨胀值过高的问题，为此需采用外加剂降低膨胀。常用的方法是在半水石膏水化反应的早期，增加二水石膏的晶核数，即大幅度增加二水石膏的结晶中心，使二水石膏的晶体微粒化，常用硫酸盐；但半水石膏转化为二水石膏的过程很快，不可能使二水石膏的晶体充分微粒化，为此尚应加入缓凝剂延缓水化，使其有充分的时间，最大限度地增加结晶中心，晶体的微粒化可降低石膏的凝固膨胀值。

2. 明矾膨胀剂对石膏制品的耐水性能有什么作用?

答: 添加明矾膨胀剂后,形成的不溶性水化产物填充于二水石膏晶体间隙中,可以提高石膏制品的耐水性能,硬脂酸乳液、聚乙烯醇乳液、萘系减水剂、明矾石膨胀剂的协调作用,可以使石膏制品的防水性能显著提高,使其浸水 2h 后的吸水率仅为 0.83%,浸水 24h 后的吸水率仅为 3.10%。

(十四) 激发剂

1. 硫酸钠对脱硫石膏—钢渣复合胶凝材料体系的激发机理是什么?

答: 在脱硫石膏—钢渣复合胶凝材料体系中,熟料矿物含量较低,水化初期释放的 $Ca(OH)_2$ 较少,液相碱度较低,不利于水化产物的形成和钢渣中玻璃体的解聚。而硫酸钠的加入可使液相 pH 值增加,为钙矾石(AFt)的形成创造了合适的碱性环境。同时,硫酸钠对钢渣中玻璃体的网络结构破坏的更彻底、分解的更完全,水化初期水化产物数量增加。钢渣解离出的活性 $[SiO_4]^{4-}$、$[AlO_4]^{5-}$ 等与 $Ca(OH)_2$ 反应形成水化硅酸钙、水化铝酸钙等产物,水化铝酸钙与 SO_4^{2-} 离子反应形成水化硫铝酸钙。这些水化产物相互交织在一起,形成网络结构,同时,迅速填充、堵塞和切断毛细管孔,使复合胶凝材料凝结加快,孔隙率降低,早期强度得到提高。

若硫酸钠的掺入量过多,水化初期液相碱度迅速提高,熟料矿物快速水化,玻璃体迅速解聚,生成大量的水化产物。早期水化产物过多过快地生成,使产物彼此分布不均、镶嵌不良造成局部大孔较多。由于水化产物尺寸较小并围绕在未水化颗粒周围形成比较致密的水化产物层,妨碍了水化后期所必需的离子迁移、扩散,使后期水化速率缓慢。早期形成的局部大孔得不到足够水化产物的填充,水泥石呈现多孔隙的不良结构,后期强度较低。因此,脱硫石膏—钢渣复合胶凝材料中硫酸钠掺量不宜过高。

2. 硅酸钠对脱硫石膏基钢渣复合胶凝材料性能的影响有哪些?

答: 用硅酸钠作为脱硫石膏基钢渣复合胶凝材料的碱激发剂,能提高硬化体的强度,但会出现泛霜现象,石膏试样在自然养护 7d 后便会出现泛霜现象,而后泛霜现象逐渐严重。

硅酸钠作激发剂时,石膏试样表面会出现不同程度的泛霜,硅酸钠掺量为 1%～5%(掺量均为质量百分掺量)时,石膏试样表面泛霜现象比较严重。为改善复合胶凝材料表面的泛霜现象,可以减少硅酸钠的掺量,当掺量为 0.1%～0.3% 时,石膏试样表面仍出现轻微的泛霜。随着硅酸钠掺量的变化,复合胶凝材料的力学强度也会随之发生变化。

另外,复合胶凝材料的抗折强度随硅酸钠掺量的增加而增加,抗压强度随硅酸钠掺量的增加而减小。若只从力学强度方面考虑,那么硅酸钠掺量为 0.2% 时石膏的性能比较优异。

掺加硅酸钠后,复合胶凝材料的主要水化产物为硫酸钙。掺加激发剂后,为复合胶凝材料提供了碱性环境,使得体系中的化学反应向着有利于生成胶凝性矿物的方向进行,因而钢渣中含有的胶凝性矿物晶粒不断地吸收钙质、硅质和铝质原料,从而生成更多的胶凝性矿物。降低了硬化浆体的孔隙率,使得硬化浆体结构更致密,从而提高了硬化浆体的强度。总之,激发剂对复合胶凝材料水化反应的影响是比较明显的,但硅酸钠容易造成石膏表面的泛霜现象,因此不可单独使用。

3. 硫酸铝对脱硫石膏基钢渣复合材料性能的影响有哪些?

答: 在缓凝剂与减水剂一定的情况下,通过改变硫酸铝的掺量观察它对复合材料中钢渣的激发作用,具体方案见表5-6。

表5-6　激发试验配合比

编号	脱硫石膏（g）	钢渣（g）	水（g）	硫酸铝（g）	缓凝剂（g）	减水剂（g）
H0	850	150	630	0	3	2
H1	850	150	630	10	3	2
H2	850	150	630	20	3	2
H3	850	150	630	30	3	2
H4	850	150	630	40	3	2
H5	850	150	630	50	3	2

激发剂的作用主要是激发钢渣的活性,使钢渣能与脱硫石膏充分反应形成新的胶凝材料,从而达到有效利用脱硫石膏与钢渣两种固体废弃物的目的,并能满足人们对石膏制品的需求。加入硫酸铝来改善钢渣的性能,激发其潜在的活性。

(1) 硫酸铝掺量对复合材料凝结时间的影响 (图5-9)

从图5-9可以看出,石膏复合材料的初终凝时间均随硫酸铝掺量的增加而缩短。这是因为硫酸铝遇水之后显弱碱性,在复合胶凝体系中,硫酸铝为体系提供了充足的Al^{3+},这使得体系中的化学反应向着有利于生成胶凝性矿物的方向进行,这样在复合材料体系中便形成了更多的胶凝性矿物,从而使复合材料在短时间内硬化成型,因此缩短了复合材料的初、终凝时间。同时,硫酸铝溶于水会有少量的热量释放出来,会加速体系的硬化,从而使复合材料更快的凝结成型。随着硫酸铝掺量的增加,复合材料体系中的Al^{3+}含量逐渐增加,反应放出的热量以及良好的碱性环境促进了钢渣与脱硫石膏的反应,使复合材料的初、终凝时间逐渐缩短。

(2) 硫酸铝掺量对复合材料强度的影响 (图5-10)

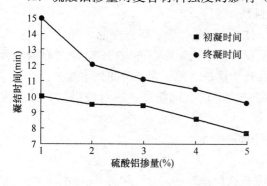

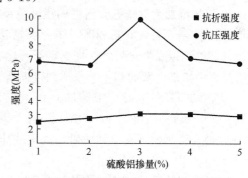

图5-9　硫酸铝掺量对复合材料初、终凝时间的影响　　图5-10　硫酸铝掺量对复合材料强度的影响

从图5-10可以看出,随硫酸铝掺量的增加,复合材料的抗折强度先增大后降低,但变化幅度不大;复合材料的抗压强度随硫酸铝掺量的增加先增大后减小的趋势比较明显。硫酸铝掺量为3%时,复合材料的强度较为优异。

硫酸铝作为激发剂时,水化产物主要是棱柱状AFt晶体、针状二水硫酸钙、板状$Ca(OH)_2$晶体及絮状的C—S—H凝胶,棱柱状晶体与板状晶体交错搭接,并有少量絮状晶体分布其中。随着硫酸铝掺量的增加,板状$Ca(OH)_2$晶体逐渐增多,石膏硬化体呈现横向尺寸长大的趋势。硫酸铝掺量为 3% 时，絮状晶体与板状晶体、棱柱状晶体数量在掺量为 1%、5% 时的中间，硫酸铝掺量为 1% 时，板状 $Ca(OH)_2$ 晶体含量较少，而掺量为 5% 时，絮状的 C—S—H 凝胶与棱柱状的 AFt 晶体较少，这都不利于产品强度的提高。因此，在宏观上，硫酸铝掺量为 3% 时复合材料表现出较好的强度。

4. 钾盐对半水石膏的水化膨胀有何影响？

答：钾盐对半水石膏的水化膨胀率均具有较大的降低效果，但当外加剂的掺量相同时，硫酸钾降低膨胀的效果最佳，其余阴离子的种类对其膨胀率的影响不大，钠盐与其变化规律相同。两者相比较而言掺入钾盐的试样比掺入钠盐的试样膨胀率要低。

5. 不同激发剂对脱硫石膏基钢渣复合胶凝材料强度的影响是什么？

答：① 掺加硅酸钠作激发剂时，掺量为 0.2% 时试样性能较为优异，但是掺加硅酸钠时复合胶凝材料容易出现泛霜现象，这在实际生产中是要尽量避免的现象，为此，硅酸钠不宜单独作为激发剂掺加。

② 高岭土作为激发剂对复合胶凝材料的激发效果不是太明显，掺量为 3% 时，试样的性能比较优异。

③ 硫酸铝钾作为激发剂时随其掺量的增加，试样的力学强度有下降的趋势，综合考虑硫酸铝钾掺量为 1% 时，脱硫石膏基钢渣复合胶凝材料的力学强度最优。

④ 掺加硫酸铝作激发剂时，试样的力学强度有上升的趋势，但是上升到一定程度后便会下降，其掺量在 3% 时，试样表现出较优的力学强度。

⑤ 以上四种激发剂中，综合考虑试样抗压、抗折强度，以掺加硫酸铝时复合胶凝材料的力学性能较为优异。

6. 化学添加剂对磷石膏活性的激发效果如何？

答：① 磷石膏含有磷和氟，作为水泥混合材的不利因素是早期强度低、凝结时间长和掺量低，单纯依靠强化粉磨、提高磷石膏比表面积的技术措施难以解决问题。通过在磷石膏粉磨过程中掺加助磨剂和化学添加剂以提高磷石膏活性是一种较为经济的技术方法。

② 在磷石膏粉磨过程中掺加 0.05% 三乙醇胺，不仅有助粉磨，还对胶凝材料的强度有利。

③ 磷石膏活性均有早强效果，氯化钠其最佳掺量为 2.0%。

7. 激发剂的品种与掺加量对改性石膏性能有什么影响？

答：硅铝质火山灰混合材的活性需激发，一般采用生石灰、水泥、煅烧白云石等。对改性石膏而言，α 型半水石膏也有激发活性的性质，尤其对于含 Al_2O_3 高的混合材效果更为显著。α 型半水石膏与混合材之间配比相同时，各种激发剂按不同掺量进行试验，采用生石灰、水泥、煅烧白云石作激发剂的效果相近，但最佳掺量各异，为取得质量稳定的效果，宜采用 52.5 硅酸盐水泥。

激发剂掺量与硬化体强度有密切关系，适当掺量能较完全地激发出混合材的活性，提高石膏硬化体强度。激发剂掺量过多，碱度过高，虽硬化体早期强度发展迅速，但由于 CaO

含量高，生成较多的水化硅酸钙覆盖在尚未水化的石膏及混合料颗粒表面，阻碍其继续水化，导致后期强度增长缓慢。尤其当 CaO 含量过高时，生成单硫型硫铝酸钙还可能引起硬化体膨胀，出现裂缝，致使后期强度降低。而激发剂掺量不足，则不能充分激发混合材的活性，从而限制了石膏硬化体强度的发展，导致后期强度低，达不到改性的要求。

8. CaO 的加入量对石膏性能有什么影响？

答：随着 CaO 加入量的增加，石膏硬化体抗折强度不断增加，在 CaO 加入量为 3％时石膏硬化体的抗折强度达到最大，然后随着 CaO 加入量的增加，抗折强度逐渐降低。这主要是因为少量的 CaO 可以迅速反应生成 $Ca(OH)_2$，然后均匀分布在石膏硬化体内，对石膏硬化体的抗折强度起到增强的作用，而加入量过大，CaO 被二水石膏晶体包住，难以发生反应，在石膏块体内呈颗粒状分布，破坏二水石膏晶体结构，使得石膏硬化体的抗折强度降低。24h 吸水率随 CaO 加入量的增加呈波浪形变化，然而在已测数据中，CaO 的含量在 3％时 24h 吸水率最低，耐水性最好。

9. 硫酸钠和硫酸氢钠对天然无水石膏水化的激发机理是什么？

答：用硫酸钠作为天然无水石膏的激发剂，随着硫酸钠掺量的增加，使天然无水石膏的 3d 水化率升高，当加入量为 5％时，水化率达到最大，硫酸钠用量继续增加，水化率反而降低，这可能是因为硫酸钠易溶于水，在开始水化时，硫酸钠提供大量的 SO_4^{2-}，使得二水硫酸钙达到饱和，析出很多晶核，有利于二水石膏的生成，使硫酸钙水化率增加；当继续增加硫酸钠掺量，无水石膏 3d 水化率反而降低，这可能是过量的硫酸根会影响硫酸钙的溶解度，起到同离子效应的作用，抑制了无水硫酸钙的溶解。

以硫酸氢钠作为激发剂，其 3d 水化率明显增大。在硫酸氢钠加入量达到 3％时，其 3d 水化率高于硫酸钠，这是由于无水石膏原料中含有少量的碳酸盐，硫酸氢钠溶于水后显酸性，遇到碳酸盐发生反应，使得石膏原料颗粒裂解，粒度减小，其溶解度提高，有利于水化。

由于硫酸钠对无水石膏的激发水化机理是无水硫酸钙先溶解，二水硫酸钙饱和析晶。过饱和的二水硫酸钙溶液容易形成非均匀成核，附着在无水石膏表面，阻止无水石膏进一步溶解，因此，硫酸钠激发效果有限。硫酸氢钠对无水石膏的激发水化机理与硫酸钠相同，但硫酸氢钠在溶液中显酸性，与无水石膏粉中碳酸盐反应，生成二氧化碳气体，无水石膏颗粒被裂解而变小，由于碳酸盐被包裹在无水石膏内，整个反应较慢，生成的气体扰动整个反应体系，使二水石膏容易形成均匀成核，无水石膏颗粒表面不被覆盖，可继续溶解，同时无水石膏颗粒由于反应而慢慢减小，溶解度也增大，因此硫酸氢钠对天然无水石膏粉水化激发的效果明显好于硫酸钠。

（十五）抗徐变剂

在纸面石膏板中加入抗徐变剂起什么作用？

答：纸面石膏板在湿度或温度较高的环境中使用时，会在板的自垂作用下发生一定的永久性变形，出现下垂或起弯等现象，一般称之为"徐变"（或蠕变）。为克服或减轻此种现象，需加抗徐变剂，常用的此种外加剂为硼酸，其掺量为石膏量的 0.1％左右，因硼酸可促使大面积的二水石膏晶体的生成，减少针状晶体的生成量，有利于提高石膏板的刚性，此外，也可掺加三甲基磷酸钠等。

二、增强材料

1. 木质素纤维与甲基纤维素醚有何区别?

答：木质素纤维是干粉砂浆产品中重要的添加剂之一。木质素纤维和甲基纤维素醚在实际应用中是两个截然不同的产品。木质素纤维是从山毛榉和冷杉木中经过酸洗中和，然后粉碎、漂白、碾压、分筛而得到不同长度和细度的产品，是一种不溶于水的天然纤维，这与遇水溶解的甲基纤维素醚有着本质的区别。虽然木质素纤维的某些功能，如增稠性、保水性与甲基纤维素醚有些相似，但其增稠和保水的效果远远低于甲基纤维素醚，不能单独作为增稠剂和保水剂使用。木质素纤维最大的特点是其材料本身的柔韧性和独特的三维网状结构，这些特性决定了木质素纤维在干粉砂浆体系中起增强和抗裂、抗垂挂的作用，而不是起增稠和保水的作用。甲基纤维素醚的生产原材料也是木质纤维或短棉纤维，但其生产工艺与木质素纤维有着很大的不同。同时，两者的价格也相差很大，在实际应用中，甲基纤维素醚的主要功能是保水和增稠，因此在使用时要注意区别这两者的用途。

2. 用于石膏干混砂浆的木质素纤维的基本性能是什么?

答：木质素纤维在石膏干混砂浆中应用十分广泛，如生产瓷砖胶粘剂、勾缝剂、干粉涂料、内外墙腻子、界面剂、保温砂浆、抗裂抹面砂浆、防水砂浆及抹灰石膏等。木质素纤维是一种不溶于水和有机溶剂的天然纤维，具有优异的柔韧性、分散性。在石膏干混砂浆产品中添加适量不同长度的木质素纤维，可以增强抗收缩性和抗裂性，提高产品的触变性和抗流挂性，延长开放时间和起到一定的增稠作用。

木质素纤维有不同的长度，介于 $10 \sim 2000 \mu m$ 不等，不同长度的木质素纤维用于不同的干粉砂浆产品。较长的木质素纤维往往固化后在体系中起明显的增强和增韧效应。

3. 木质素纤维有哪些特性?

答：（1）纤维增强和增稠效应

木质素纤维具有明显交联效应的三维网状结构，该结构可有效地附着液体结构，如水、乳胶、沥青等不同稠度的液体，其增稠性取决于纤维的长度，纤维越长，其增稠效果越好。

（2）改善可施工性

当剪切力作用在木质素纤维的三维网状结构上时，如刮抹、搅拌、泵送等，该结构中吸附的液体会释放到体系中，纤维结构发生变化并沿运动方向排列，导致黏度下降，和易性提高。当剪切力停止后，纤维结构又回到原来的三维网状结构，并吸收液体，回到原有的黏度状态。

（3）良好的吸收液体功能

木质素纤维可以通过自身的毛细管作用吸收和输送液体。一旦三维网状结构处于静止状态，如石膏砂浆固化后，木质素纤维可以紧紧地粘附在石膏砂浆中，作为一种封闭层，可防止潮气和雨水的渗透。

（4）优异的抗流挂性

由于木质素纤维的增强性和增稠性，当加入适量的木质素纤维后，使得较厚的抹灰可一次性完成，不会产生流挂现象，这一特性在施工中显得非常重要。

（5）抗裂性

木质素纤维的三维网状结构能有效地吸收和减弱在固化和干燥过程中所产生的机械能。

（6）减少收缩性

由于木质素纤维的尺寸稳定性很好，可大大减少干燥后的收缩性和提高抗裂性。

（7）延长开放时间

在施工过程中，石膏砂浆的水化反应，会释放大量热量而吸收水分。如果开放时间很短，干燥时间很快，会导致石膏砂浆开裂现象发生。

因此，木质素纤维的特殊三维网状结构和具有一定的保水性显得尤为重要，其纤维通过自身的毛细管作用可吸收液体。当固化时，再通过毛细管将内部的水分输送到介质表面，减少结皮现象的发生，在木质纤维素与保水剂（如甲基纤维素醚）的双重作用下，使水分均匀分布于水泥砂浆中，可大大减缓水化反应过程中水量的快速消耗，避免失水过快带来的强度下降和开裂，从而使材料的粘结强度和表面强度明显提高。

木质素纤维不能单独作为保水剂、增稠剂使用，需和甲基纤维素醚一起使用，才能达到保水、增稠、增强、抗裂的最佳效果。

4. 木质素纤维在建筑材料中的掺量及其应用是什么？

答：（1）石膏抹灰砂浆

一般添加量在 $0.2\%\sim0.5\%$ 之间。

作用：在光滑基面上，施工性好，抗垂性好，可用于预混乳胶腻子。

（2）含有轻集料（珍珠岩、EPS 颗粒）的石膏抹灰砂浆

一般添加量在 $0.3\%\sim0.6\%$ 之间。

作用：抗垂性好、抹灰厚、增稠、保水、减少开裂、施工性好。

（3）用于石膏板的石膏嵌缝剂

一般添加量在 $0.5\%\sim1.0\%$ 之间。

作用：减少开裂收缩，增加粘结强度，施工性好，改善打磨性。

5. 木质素纤维材料在石膏拌合物阶段中起什么作用？

答：① 强烈的增稠增强效果，木质素纤维具有强劲的交联织补功能，与其他材料混合后纤维之间搭接成三维立体结构，可将水分锁在其间以保水缓凝，使其有效地减小龟裂。

② 改善操作性能，当剪力作用于其上时（如搅拌、泵送），部分液体会从纤维结构中甩到基体里，导致黏度降低，和易性提高，当流动停止时，纤维结构又非常迅速地恢复并将水分吸收回来，并恢复原有黏度。

③ 抗裂性在凝固或干燥过程中产生的机械能因纤维的加筋而减弱，防止龟裂。

④ 低收缩木质素纤维的生物尺寸稳定性好，混合料不会发生收缩沉降，并提高其抗裂性。

⑤ 良好的液体强制吸附力，木质素纤维自身可吸收自重的 $1\sim2$ 倍的液体，并利用其结

构吸附 2～6 倍的液体。

⑥ 抗垂挂施工操作以及干燥过程中不会出现下坠现象，这使得较厚的抹灰可一次完成，即使在高温条件下，木质纤维也具有很好的热稳定性。

⑦ 易分散与其他材料拌和很容易，分散均匀，流平性好，不流挂，抗飞溅。

6. 聚丙烯纤维作用机理是什么？

答：聚丙烯纤维是一种柔性纤维，常态下会相互纠结在一起，不易分散。纤维在石膏基体中分散越均匀，石膏试样的力学性能提高越多。随着纤维掺量的提高，纤维对石膏基体的增强作用也不断提高，但是掺量越大，纤维越难分散。在成型过程中，相互纠结的若干根纤维之间无法得到浆料的浸润而分开，在石膏水化硬化后，这一部位将产生应力集中，导致石膏强度降低。因此，纤维掺量达到一定值后（本试验为 0.70%），再提高其掺量将使石膏试样的力学性能不增反降。

由于三叶型聚丙烯纤维要比普通圆形纤维的比表面积大，这样就加大了纤维与石膏基体之间的作用力。试样中掺加纤维后，纤维与石膏基体之间存在着界面吸附粘结力、机械啮合力等作用力。当试样发生抗折破坏时，这几种作用力主要在纤维切线方向克服破坏做功，提高试样达到破坏所需的破坏能或值，从而提高试样抗折强度；当试样发生抗压破坏时，这几种作用力在纤维法线方向（受力方向）几乎没有作用效果，纤维以其柔性性质传递并吸收部分能量，从而提高试样的抗压强度。因此，掺加聚丙烯纤维对试样抗折强度的影响效果要优于其对抗压强度的影响效果。

7. 聚丙烯纤维和聚合物乳液对石膏复合改性的效果如何？

答：掺加聚丙烯纤维能有效提高石膏产品的力学性能，但同时对其耐水性能有一定程度的削弱。由于聚丙烯纤维具有相对较大的自由表面，其上存在着羟基等极性基团，它们对极性水分子的吸附作用显著，会在试样内部形成渗水通道，因此石膏产品浸水后的抗压强度保留率比没有纤维的空白试样低；由于聚丙烯纤维自身的耐水性能好并对试样的抗折强度具有很大贡献，所以虽然浸水后石膏产品的抗折强度下降明显，但其抗折强度保留率仍比没有纤维的空白试样高。有机乳液在基体与纤维之间的界面上具有"填充"作用，乳液中的不同基团会选择性地锚固在石膏基体或纤维表面，在石膏基体与纤维之间形成一个界面层，从而使彼此间的界面结合更为紧密，可以有效阻止水分侵入，提高石膏产品的耐水性能。

由于有机乳液的界面层作用，试样破坏时大量石膏基体粘连在纤维表面被一起拔出，这说明两者界面间结合牢固，增强效果明显；另一方面，试样受力时，界面层的存在可有效传递应力，减弱某些局部的应力集中，阻止界面裂纹的扩展，使裂缝不能首先在界面上发生。因此聚丙烯纤维和聚合物乳液复合改性的石膏其力学性能得到了明显改善。

在石膏制品中同时加入聚丙烯纤维与聚合物乳液可得到如下的效果：

① 在聚丙烯纤维和聚合物乳液复合改性的石膏中，聚合物乳液可在石膏基体与纤维之间形成界面层，使彼此间的界面结合更为紧密，并有效传递应力，从而提高建筑石膏的力学性能。聚丙烯纤维的掺量为 0.07% 时比较适宜，此时建筑石膏的抗折强度、抗压强度有所提高。

② 硬脂酸-聚乙烯醇乳液中的硬脂酸可以改变毛细孔内表面的性质，使其由亲水性转变

为憎水性；硬脂酸钠能使水分不易渗入试样内部；聚乙烯醇形成的缩水凝胶可在毛细孔中形成不规则网膜，进一步提高石膏的耐水性能。

8. 玻璃纤维在石膏基体中的分布方式有哪几种？

答：玻璃纤维在石膏基体中的分布方式通常有以下三种：

（1）一维定向排列

将玻璃纤维无捻粗纱沿某一方向定向分布于石膏基体中。为充分发挥纤维的增强作用，应使纤维分别设置在纤维石膏板的上、下面层中，为防止石膏制品出现分层，应使纤维束被石膏浆体浸透。

（2）二维平面分布

在石膏板的上、下面层中铺设玻璃纤维网络布，材料分层现象较严重，界面结合情况不理想，强度下降明显。

（3）三维随机分布

将玻璃纤维短切后，加入到石膏基体中成型。这种增强方式所需设备简单、操作便捷，是目前使用较多的一种增强方式。其缺点是玻璃纤维易出现分布不匀、折断及结团的现象。如果玻璃纤维采用合适的长度和掺加量，就能够较好地解决这个问题。

9. 利用玻璃纤维增强石膏时应注意哪些问题？

答：① 短切玻璃纤维三维随机分布是一种较好的增强方式。

② 玻璃纤维增强石膏的最佳纤维长度为 15mm，最佳掺量为 1.5%。此时玻璃纤维-石膏复合材料的抗折强度有明显提高，抗压强度降低不多。当纤维掺量超过 1.5%后，易出现纤维相互缠结成团，使石膏制品的抗压与抗折强度均有明显下降。

③ 未经处理的玻璃纤维表面光滑且附着有表面浸润剂，与石膏基体的界面粘结不理想。

④ 玻璃纤维经 350℃热处理，并在 1mol/L 盐酸溶液中浸泡 30min，可去掉表面的浸润剂，使表面粗糙，形成少量微孔。处理后的玻璃纤维与石膏的界面结合较好，玻璃纤维-石膏复合材料的抗折强度提高约 20%，抗压强度略有增加。

10. 为什么石膏制品的强度会随玻璃纤维掺量及长度的增加而降低？

答：玻璃纤维对试件抗压强度的影响完全不同于其对抗折强度影响的变化规律。随着玻璃纤维掺量的增大，试件的抗压强度降低；纤维越长对试件抗压强度的负面影响越大。产生这种现象疑有以下几个原因：

① 随着玻璃纤维的加长，"玻纤成团"现象会越严重，从而导致试件的薄弱环节增多，搅拌工作也越困难，因而难以保证玻璃纤维在石膏基体内部的均匀分散。

② 试件受压时，其内部会产生拉应力，这种拉应力很容易在几何形状为楔形的微裂缝顶部形成应力集中。随着拉应力的增大，会导致微裂缝的进一步延伸、汇合和扩大，最后形成可见裂缝致使试件破坏。玻璃纤维增强石膏试件中与内拉力方向平行的玻璃纤维反而形成天然的"缝隙"，玻璃纤维掺量越大，这种"缝隙"也越多，最终导致试件抗压强度的下降。

③ 搅拌石膏时，随着加入玻璃纤维量的增加，干燥的纤维表面吸附的水分也越多，可能会造成石膏的实际反应水量低于其标准稠度用水量，导致试件强度相应地降低。

将强度性能和实际的工艺操作综合考虑，玻璃纤维增强石膏制品的最佳玻纤长度为15mm，掺入量为石膏质量的1.5%。此时石膏制品的抗折强度可提高37%，而其抗压强度仅损失9.5%。

11. 玻璃纤维含量对石膏硬化体的吸声性能有何影响？

答：在石膏内部掺入短切玻璃纤维，引气剂分解的气体可沿着纤维逸出，使材料内部形成大量相互连通的微气孔，根据吸声机理，材料的吸声性能得到大大提高。玻璃纤维含量为2%、3%、4%时，材料的平均吸声系数分别为0.51、0.58、0.56。玻璃纤维含量为3%时材料的吸声性能稍优于含量为2%、4%时材料的吸声性能，它的降噪系数达0.6。玻璃纤维用量过少，气孔数量不够，因而吸声效果欠佳；纤维用量过多，使气孔过大且气孔不均匀，阻碍了材料吸声性能的提高。

12. 掺加表面预处理的玻璃纤维对石膏制品的耐水性能有何影响？

答：对于掺加普通玻璃纤维的石膏复合材料，其内部存在大量孔隙，耐水性能不理想。而掺加表面预处理玻璃纤维的石膏制品，其内部的玻璃纤维和石膏基体之间可以形成由偶联剂和苯丙乳液共同作用的复合界面层，有效提高了石膏复合材料的耐水性能。

13. 玻璃纤维与聚丙烯纤维混杂掺入对石膏干混建材的力学性能有什么影响？

答：① 对于单独掺入聚丙烯纤维而言，抗折强度有所改善，而抗压强度改善并不明显，甚至没有多大改善；但是对于单掺玻璃纤维而言，抗折、抗压强度的改善都较明显，说明纤维弹性模量的高低对于提高石膏干混建材的力学性能是至关重要的。

② 对于混杂掺入两种纤维，只要二者的掺加比例合适，可以明显提高石膏干混建材的力学性能。在适当的掺量条件下，玻璃纤维与聚丙烯纤维混杂石膏干混建材的力学性能优于单掺任何一种纤维石膏干混建材，更优于不掺纤维的石膏干混建材。

14. 石膏基材对玻纤的握裹力取决于哪些因素？

答：石膏与玻纤的握裹力取决于：石膏的强度、水膏比、玻纤表面的处理，与纤维与石膏介质的接触面等有直接关系。玻纤和石膏之间的摩擦力（P）正比于纤维与石膏接触的表面积（F），分散越好，F越大，P越大。如以整束，整团加入的玻纤与石膏接触的表面必然大为减少；F的另一含义是玻纤的长度，对于同一直径的玻纤F与长度成正比。因而一改传统的做法，采用长玻纤的增强效果必然高于短玻纤的增强效果。在玻纤增强石膏中，我们尽量采用高度分散均匀的长玻纤。

15. 玻纤增强石膏性能的效果如何？

答：玻璃纤维是石膏板材理想的增强材料，它在石膏介质中呈惰性，不存在抗腐蚀等问题；其弹性模量比石膏的弹性模量高4倍，直径$\phi 8 \sim 10 \mu m$的玻纤，强度高达$(18 \sim 25) \times 10^2 MPa$。但是，在实际应用中玻纤石膏制品的增强效果并不理想，制品中玻璃纤维的力学性能没有得到充分发挥，现将影响强度的主要原因分析如下：

（1）玻纤在石膏板中的分布与石膏强度的关系

纤维的分布对纤维增强石膏板的力学性能影响很大。物体在外力的作用下，在各个不同部位所产生的内应力的大小、方向是不同的。例如板材在外部荷载的作用下（在弹性受力范围内），其内部应力分布情况是越接近板材的表面，其应力越大，而且一面是拉应力，一面是压应力；越接近中性层其应力越小，直到中性层其内部应力为零。目前有些厂家生产的玻纤增强板，在其中性层附近加厚厚的一层玻璃纤维，势必造成玻纤的大量浪费，增强效果又不显著。可用效率指数说明纤维配向对纤维混凝土在荷载作用下的力学性能的影响（表5-7）。

表 5-7　纤维配向效率指数

纤维配向	平　行	垂　直	平面分散	体积分散
效率指数	100	40～50	70	20

从效率指数可以看出，纤维平行分布的增强效果最显著，是体积分散效果的5倍。也就是说，玻纤的分布在接近板材的两侧表面而且顺向排列时才能以少量的玻璃纤维获得最佳的增强效果。

（2）玻纤的加入方式

玻纤的加入方式决定了玻纤在石膏板中的分布形式。我国目前多采用预混合成型法，这种方法是将玻纤切成2cm左右的短切纤维与石膏料浆一起混合浇注成型，这种方法由于玻纤短，在石膏介质中不合理，掺量不能过大（过大成团），因而板材制品的强度甚至比纸面石膏板还低；另一种方法是将玻纤切成10～20cm的长度，整束整束地铺设在石膏的中间层，大量的玻纤未被石膏浆所浸润，其接触面大大减少，其石膏制品的强度是靠过量的玻纤加入而获得的，不但增加了成本，而且极易造成石膏制品的分层。

玻璃纤维增强石膏制品只有符合以下几个原则才能获得较理想的效果：

① 玻纤的长度是越长越好。

② 玻纤应尽量分布在石膏制品的上下表面，并且要顺向排列。

③ 玻纤最大限度地在料浆中分散。

16. 纤维在石膏干粉建材中主要起什么作用？

答：① 阻裂：阻止石膏基体原有缺陷裂缝的扩展，并有效阻止和延缓新裂缝的出现。

② 防渗：提高石膏基体的密实性，阻止外界水分侵入，提高耐水性和抗渗性。

③ 耐久：改善石膏基体的抗冻、抗疲劳性能，提高了耐久性。

④ 抗冲击：增加石膏基体韧性，减少脆性，提高砂浆基体的变形力和抗冲击性。

⑤ 抗拉：并非所有的纤维都可以提高抗拉强度，只有在使用高强高模纤维的前提下才可以起到提高石膏基体的抗拉强度的作用。

第六章　石膏改性

1. 高温煅烧无水石膏在二水石膏中掺量的增加对建筑石膏的白度和强度有哪些影响?

答: 随着高温煅烧无水石膏在二水石膏中掺量的增加,混合料制的建筑石膏的白度也逐渐增加,掺入25%无水石膏时混合料制的复合石膏的白度增加3.2%。随着高温煅烧无水石膏在二水石膏中掺量增加到15%时强度达到最大值,比未掺量时增加了32%。当无水石膏掺量超过一定量以后,相对二水石膏高温脱去的水分减少,导致部分掺入的无水石膏未参与反应,半水石膏总量降低,因此,建筑石膏的强度降低。虽然高温煅烧无水石膏活性比建筑石膏低,但掺入一定量后出现强度高于对比的试样,可见无水石膏的增强效果远大于增白的效果。

2. 掺入无水石膏与高强石膏对复合石膏增白的效果如何?

答: ① 单掺高强石膏复合石膏的白度有所降低。

② 掺入高强石膏和增白填料后,复合石膏的白度有明显提高。

③ 高强石膏、增白填料和无水石膏的掺量优化组合后,可以确保提高复合石膏的白度。

3. 脱硫石膏制品表面泛碱的原因是什么?

答: 泛碱是石膏制品中可溶性盐、碱随水分蒸发,迁移到制品表面析出结晶体的现象。石膏制品是由气硬性建筑石膏和水的混合物所形成,具有许多孔隙。这样的结构特点,使得在外界环境作用下,脱硫石膏中的可溶性盐类容易随水迁移至制品的表面,随着水分的不断蒸发,溶液浓度不断增大,达到饱和之后在石膏制品表面不断析出白色结晶物质,白色物质多数为 Mg 盐和少量 Na 盐、K 盐。

泛碱物质的主要物相是 $MgSO_4 \cdot 4H_2O$。它的形成是:制品中的 $MgSO_4$ 为可溶性物质,可从制品内部析到表面,当遇到空气中湿度较大时,吸潮而成 Mg 盐。

4. 高含量白云石脱硫剂对脱硫建筑石膏有什么影响?

答: 脱硫石膏制备中,由于厂家用低廉的白云石代替优质石灰石作脱硫剂,因此过多的碳酸镁生成硫酸镁可溶性盐,而在脱硫建筑石膏的应用中,随着石膏浆体的固化干燥,这些可溶性盐又随着水分暴露在空气中,就会出现泛碱现象。

5. 为什么粉煤灰及其激发剂可抑制脱硫石膏制品的泛碱现象,它们对脱硫石膏制品性能有哪些影响?

答: 当脱硫石膏制品中粉煤灰掺量大于10%时,能轻微减轻脱硫石膏制品的泛碱情况;碱性激发剂激发粉煤灰的活性后,石膏制品不再泛碱,尤其是在粉煤灰含量大于10%时,碱性激发剂可以破坏粉煤灰玻璃体中的 Si—O、Al—O 键,大大提高其活性。粉煤灰在激发剂激发下不断水化形成水化物胶体,迅速填充在由脱硫石膏构成骨架后的空隙里,由于胶体的表面积大、吸附能力强，抑制了碱金属离子的溶出，从而解决了脱硫石膏的泛碱现象。

随着碱性激发剂掺量的增加，脱硫石膏—粉煤灰复合胶结材的强度也随之增加，掺量为 3％时抗压强度均达到最大值，超过了纯脱硫建筑石膏的抗折、抗压强度。当激发剂掺量继续增加时，胶结材料强度则呈下降趋势。这是因为在掺量低的时候碱性激发剂的加入打破了粉煤灰的玻璃体结构，激发粉煤灰的活性，生成更多的水化产物，提高体系的强度。当掺量达到 3％时，碱性已经足够激发粉煤灰的活性了，再继续增加激发剂掺量，体系所含的脱硫石膏与粉煤灰的量就减少了，因此它们反应生成的水化产物也就减少了，整个体系的强度也就降低了。因此，试验得出碱性激发剂与粉煤灰间存在一个最佳掺量比 1∶5。

6. 表面活性剂对磷石膏形成过程及性能有什么影响？

答： 表面活性剂对磷石膏形成过程及性能的影响有以下几方面：

① 湿法磷酸生产过程中，表面活性剂掺入在提高石膏滤饼滤过性能的同时也将影响副产物磷石膏的力学性能。表面活性剂木质素磺酸钠和十二烷基苯磺酸都有利于磷酸在石膏介质中的滤过，掺入木质素磺酸钠将使磷石膏强度增加，掺入十二烷基苯磺酸将使磷石膏强度降低。

② 掺表面活性剂木质素磺酸钠会使结晶诱导期缩短，晶核生长率增加，晶粒呈现棱柱状；掺表面活性剂十二烷基苯磺酸会使晶体诱导期延长，晶核生长率降低，晶粒为方板状。

③ 磷石膏强度随木质素磺酸钠掺量的增加先升高后降低，木质素磺酸钠掺量在 0.7％时，强度达到最大，此时抗折强度比空白试样提高了 58.8％，抗压强度提高了 79.3％。

④ 掺入十二烷基苯磺酸会延长磷石膏的凝结时间，掺加量为 2.0％时，会使凝结时间略有延长。

7. 木质素磺酸钠和十二烷基苯磺酸对磷石膏凝结时间有什么影响？

答： 随着十二烷基苯磺酸掺量的增加，磷石膏的凝结时间延长，掺加量为 2％时，其初凝时间由不掺时的 7min 延长到 224min，终凝时间从 15min 延长到 302min，超出了建筑石膏标准凝结时间允许范围；木质素磺酸钠的加入也使磷石膏凝结时间有所延长，木质素磺酸钠掺加量为 1.0％时，其初凝时间为 15min，终凝时间为 29min，凝结时间均在建筑石膏标准允许范围内。

8. 木质素磺酸钠和十二烷基苯磺酸对磷石膏力学性能有何影响？

答： 在不同表面活性剂及掺量条件下，经过处理的磷石膏力学性能测试结果为其强度随表面活性剂木质素磺酸钠掺量的增加呈先升高、后降低的趋势，木质素磺酸钠掺量为 0.7％时，强度达到最大，此时抗折强度比空白试样提高了 58.8％，抗压强度提高了 79.3％；十二烷基苯磺酸的掺加对磷石膏的强度影响不很明显，与空白试样相比随十二烷基苯磺酸掺量的增加，磷石膏强度略有减小。

9. 矿渣微粉对建筑石膏的改性机理是什么？

答： 矿渣微粉对建筑石膏的改性机理主要是，半水石膏水化生成二水石膏，产生胶凝体初期强度的同时，在碱性激发剂的作用下激发矿渣微粉的活性，生成水化硅酸钙和水化铝酸钙，促进强度发展；新生成的水化铝酸钙等又与二水石膏反应，生成水化硫铝酸钙，密实孔隙，进一步起增强作用。在碱的作用下，二水石膏与水化铝酸钙或矿渣中的活性 Al_2O_3，化合生成水化硫铝酸钙，使强度进一步提高。由于水化产物中存在一定量的水化硫铝酸钙，使石膏材料的耐水性显著提高。

10. 掺加羧基丁苯乳液和硅酸盐水泥对建筑石膏有什么改性作用？

答： 单掺羧基丁苯乳液改性建筑石膏时，在羧基丁苯乳液失水后，形成的薄膜对二水石膏起到包裹保护作用，并使改性材料孔隙率下降，结构致密，使建筑石膏的强度和耐水性得到改善。而在建筑石膏中适量掺加水硬性胶凝材料，如硅酸盐水泥或硅铝质活性材料也是提高建筑石膏强度及耐水性的途径之一。因此，通过掺加羧基丁苯乳液和硅酸盐水泥，利用有机-无机复合作用，可进一步改善建筑石膏的性能。

11. 对脱硫石膏-钢渣-粉煤灰复合胶凝材料进行改性的方法有哪些？

答： ① 用钢渣取代部分脱硫石膏与粉煤灰，能在一定程度上增加体系的水化活性与抗压强度，但这种增强作用有限。考虑到体积安定性等问题，对于脱硫石膏-粉煤灰的复合体系，单掺钢渣时掺量不宜超过 20%。

② 对于脱硫石膏-钢渣-粉煤灰的复合体系，同时掺入适量水泥、石灰可进一步激发体系的活性。较适宜的配比为脱硫石膏与粉煤灰之比为 4:6，钢渣掺量为 10%，水泥、石灰总量为 15%，其中水泥:石灰为 1:1。

③ 在矿物外加剂的基础上外掺少量化学激发剂能提高复合胶凝体系的抗压强度。1% 掺量的 Na_2SO_4 能起到一定程度的激发效果，但效果不及 $Al_2(SO_4)_3 \cdot 18H_2O$，后者的较优掺量为 4%。

④ 由于矿物激发剂及化学激发剂的综合激发作用，复合体系的反应活性得到较大程度的提高，在早期即开始发生水化反应。水化产物主要有钙矾石晶体、二水石膏晶体、水化硅酸钙凝胶及水化铝酸钙凝胶等。随着龄期的增加，水化产物持续增多；各种水化产物相互交织在一起，填充试样的内部空隙，提高了体系的密实程度，使体系的强度及其他各项性能都有较大程度的提高。

12. 如何改善脱硫石膏制品料浆的性能？

答： 在生产工艺过程中，增加了粉磨和陈化措施，在一定程度上，改善了料浆的性能，但在制品的制造过程中，可能达不到理想的状态。这是因为脱硫石膏颗粒细小且结构紧密的固有性能缘故。为了改善这种状况，有些单位将脱硫石膏和天然石膏按不同比例搭配使用，或者在料浆中加入某些添加剂。添加剂的选择，要依具体产品的要求进行筛选，如选择减水剂可改善料浆的流动性和扩散性；增强增韧剂可改变制品的韧性和强度；调凝剂可改变料浆的凝结时间；降容剂可降低制品的容重，且有一定的弹性和韧性等。

13. 石灰及碱性激发剂 NaOH 的掺量对石膏复合胶凝材料强度有什么影响？

答： 石膏复合胶凝材料体系中掺加石灰量为 1% 时，胶凝材料强度达到最高；随着石灰掺量进一步提高，胶凝材料强度开始降低；当石灰掺量 >10% 时，胶凝材料强度又开始缓慢回升。石膏复合胶凝材料体系中添加 1% 碱性激发剂 NaOH 后，胶凝材料强度增加。当石膏复合胶凝材料体系中添加了 1% NaOH 时，再添加石灰，强度反而降低，且随石灰量增加，强度持续下降。NaOH 和石灰虽能有效激发石膏复合胶凝材料体系活性，但由于反应体系存在一个利于活性物质释放的碱性范围，过量添加会适得其反。

14. 粉煤灰与脱硫石膏的质量比对胶凝材料强度有什么影响？

答： 粉煤灰与脱硫石膏的质量比＜3∶2 时，胶凝材料强度随灰膏比增加而增加，这是由于灰量增加时，灰膏体系中可与石膏反应的活性硅铝玻璃体含量增加了；当灰膏比＞3∶2 时，随灰量增加胶凝材料强度下降，这是因为体系中灰含量的逐渐增加使石膏的比例不断减小，只生成了少量钙矾石的缘故。

15. 采用石膏模型材料的粉料配比为多少？

答： 采用的石膏模型材料的粉料配比为：α 型半水石膏 50%，石英砂（70/100 目）30%，石英粉（320 目）20%。石膏模型水粉比为 0.9～1.2。

16. 如何减轻石膏铸型在焙烧过程中的开裂？

答： 以石膏为主要造型材料加入适量的石英砂和石英粉，用来调节铸型在焙烧过程中的膨胀和提高透气性。石膏在加热过程中会产生体积收缩，而石英砂在加热过程中体积会膨胀，两者互相作用可以减轻或防止石膏铸型在焙烧过程中的开裂。

17. 石膏模型灌浆的制备应注意哪些问题？

答： 石膏模型灌浆的制备应注意：配制的浆料应具有良好的填充性、无气泡。因此，石膏浆料的配制宜在真空室内进行，真空度可选在 60～100kPa。浆料与水混合搅拌后，抽真空除气泡之后应尽快浇灌，浇灌时轻微振动有利于填充。

18. 建筑物室内空气中可能含哪些有害物质？为什么在石膏建材中添加适量改性硅藻土可显著提高其净化室内空气的功能？

答： 根据所用的建筑材料尤其是装饰材料，可向室内空气中释放出游离甲醛、苯、氨、VOC（挥发性有机化合物）等有害物质。

硅藻土是由古代单细胞低等植物硅藻的残骸堆积、成岩而形成的，主要成分是蛋白石 $SiO_2 \cdot H_2O$ 及其变种，其无定形 SiO_2 的含量在 60% 以上，具有孔隙率高、比表面积大、密度小、吸附性强、耐酸、耐碱等特性。由于硅藻土独特的多孔结构，使之具有很强的吸附性。经过改性处理后的硅藻土不仅可进一步提高其吸附性，同时还可对其吸附的有害物质起降解作用，显著减少空气中游离甲醛、苯、氨、硫化物的浓度，因此在石膏板中添加适量改性硅藻土可显著提高其净化室内空气的功能，使之成为健康环保的绿色建材。

第七章　石膏粉体建材

一、干粉建材加工设备

1. 选择混合机型式的原则是什么?

答：选择混合机型式的原则应注意以下几条：

（1）选择固粒混合机型时，一般要考虑下列几点：

① 给定过程要求和操作目的，包括混合产品的性质、要求的混合度、生产能力、操作为间歇式或连续式。

② 根据粉体物料的物性，如粒子形状、大小及其分布、密度和视密度、静止角、流动性、粉体的附着性或凝集性、润湿程度等，以及各组分物性的差异程度，分析对混合操作的影响。

③ 由前两项初步确定适合给定过程的混合机型式。

④ 混合机的操作条件，包括混合机旋转速度、装填率、原料组分比、各组分加入方法、顺序和加入速度、混合时间等。

⑤ 所需功率，卸料和清洗操作的使用。

⑥ 操作可靠性，如装料、混合（或最终混合度）的关系，以及混合的规模。

⑦ 经济性，包括设备费、维修费和操作费用大小。

（2）各种混合机的适用范围：

根据操作和主要物性，选择混合机可能的适用范围。

2. 抑制固粒混合操作中离析现象的方法有哪些?

答：固粒混合操作中的离析现象，应该尽力抑制。一般的方法有：

① 改进配料方法，使物性相差不大。

② 在干物料中加入适量液体，如用水润湿粉体，适当降低其流动性，有利于混合。这种方法，有时也用在离析倾向较大的固体混合物，以便保持其良好的混合状态。

③ 改进加料方法，改善粒子层的重叠方式。在混合机内混合时，应使下层粒子向上移动、上层粒子向下移动，降低离析程度。

④ 对易成团的物料，在混合机内加装破碎装置，或增设径向混合的措施。

⑤ 降低混合机内真空度或破碎程度，减少粉尘量。

二、抹灰石膏

1. 什么是抹灰石膏?

答：以半水石膏（$CaSO_4 \cdot 1/2H_2O$）和 II 型无水硫酸钙（II 型 $CaSO_4$）单独或两者混合后作为主要胶凝材料，掺入外加剂制成的抹灰材料。

2. 抹灰石膏分为哪几类？

答：（1）按其用途分类：

① 面层抹灰石膏（代号 F）：用于底层抹灰石膏或其他基底上的薄层找平或饰面的石膏抹灰材料。

② 底层抹灰石膏（代号 B）：用于基底找平的石膏抹灰材料，通常含有集料。

③ 轻质底层抹灰石膏（代号 L）：含有轻集料的底层抹灰石膏。

④ 保温层抹灰石膏（代号 T）：具有保温功能的石膏抹灰材料。

（2）按石膏原料分类：

① 半水相型抹灰石膏：以建筑石膏为主要原料，加入一些掺合料和多种外加剂配制而成的抹灰石膏。

② Ⅱ型无水石膏型抹灰石膏：以雪花石膏或透明石膏为原料，经 $650\sim750℃$ 煅烧，并加入一定量的外加剂而制成的抹灰石膏。

③ 混合相型抹灰石膏：以半水石膏和Ⅱ型无水石膏为主的抹灰石膏，将二水石膏煅烧成不同脱水相的石膏按比例混合，并加入一定量的掺合料和外加剂，配制出在较长时间内能连续水化的一种抹灰石膏。

④ 石膏-石灰混合型抹灰石膏：利用石膏受热脱水，使石灰消解，而石灰消解产生剧烈放热又加快石膏脱水过程的原理，生产出半水石膏和氢氧化钙混合物，再加入一定量的外加剂配制而成的抹灰石膏。

3. 半水相型面层抹灰石膏和半水相型底层抹灰石膏是否有可供参考的配方？

答：半水相型面层抹灰石膏的参考配方见表 7-1，半水相型底层抹灰石膏的参考配方见表 7-2。

表 7-1　半水相型面层抹灰石膏的参考配方

名称	重量（kg）	名称	重量（kg）
建筑石膏	600	缓凝剂	1.2
双飞	400	淀粉醚	0.5
MC	2	瓜尔胶	2
木质纤维	3	—	—

表 7-2　半水相型底层抹灰石膏的参考配方

名称	重量（kg）	名称	重量（kg）
建筑石膏	300	24-88 聚乙烯醇	1.2
石英砂	700	缓凝剂	0.6
MC	1.2	淀粉醚	0.5
木质纤维	1.2	—	—

4. 抹灰石膏有哪些性能特点？

答：（1）粘结力强

抹灰石膏良好的和易性和流动性使料浆易渗透到墙壁或顶棚的孔隙及接缝中，料浆硬化后体积微膨胀，构成键榫与细小勾挂系统，使抹灰层与基层紧贴，加气混凝土和抹灰面间的咬合能力得以加强，粘结强度增加，因此不仅落地灰少、材料损耗小，且可增强两者界面的粘结，不致因干燥而引起收缩应力产生空鼓和开裂。

（2）表面装饰性好

抹灰石膏墙面致密光滑，有较高的强度而不收缩，外观典雅、不起灰、不收缩、无气味、无裂纹、不泛碱。

（3）防火性能好

在发生火灾时，抹灰石膏在凝结后含有大量的结晶水，在热的作用下，结晶水被释放出来，形成蒸汽，阻挡了火焰的蔓延，同时在脱水过程中吸收了大量的热，从而提高了其耐火性能。

（4）保温隔热性好

抹灰石膏硬化体属多孔质结构，孔结构均匀分布，热导率约 $0.35W/(m \cdot K)$，保温型抹灰石膏的热导率为 $0.14W/(m \cdot K)$，与加气混凝土的热导率［一般为 $0.081 \sim 0.290W/(m \cdot K)$］接近，有利于避免因热导率与加气混凝土相差过大而形成的空鼓或开裂，同时具有较好的保温效果和隔声性能。

（5）节省工期

抹灰石膏抹灰层凝结硬化快，养护周期短，整个硬化及强度达标过程仅 $1 \sim 2d$，施工工期可比水泥砂浆或混合砂浆缩短 70% 左右。

（6）施工方便

抹灰石膏抹灰分底层及面层两部分，底层为抹灰石膏砂浆层，现场配制时按 $1：(1.5 \sim 2)$ 与建筑用砂混合均匀，加水搅拌后就可直接上墙抹灰，面层为净浆，加水即可。抹灰石膏抹灰具有易抹、易刮平、易修补、劳动强度低、材料消耗少、冬季施工不受气温偏低的影响等优点。

（7）具有呼吸功能

抹灰石膏在硬化过程中，形成无数个微小的蜂窝状呼吸孔，当室内环境湿度较大时，呼吸孔自动吸湿；在相反条件下，却能自动释放储备水分，因而可将室内湿度控制在一个适宜的范围之内，提高了居住的舒适感。

（8）强度较高

抹灰石膏水化硬化后，内部特有的多孔网络结构使其具有良好的排湿和吸湿性能，有利于加气混凝土自身的干燥。

抹灰石膏具有良好的保水性和工作性，能保证抹灰后水化反应完全，抹灰层强度不致因失水而降低；抹灰石膏硬化后，抹灰层强度随含水率的降低而增加。

（9）具有卫生保健作用

石膏本身也是一种药材，有消毒、杀菌作用，在石膏材料装修的房间里，细菌难以生存和传播。

（10）质轻

建筑石膏粉松散容重为 $900kg/m^3$ 左右，分别是水泥和生石灰的 56% 和 75%，这在减轻建筑物的重量上具有积极的意义。

（11）有利冬季施工

抹灰石膏具有早强快凝的特性，施工不受季节限制，尤其冬季 $-5℃$ 以上可施工，其水化速度不因气温低而明显减慢，只要拌合水不结冰即可抹灰，是冬季室内抹灰施工的好材料。

5. 影响抹灰石膏使用性能的因素有哪些？

答：① 最适合的半水石膏量。

② 熟石膏的基本成分。

③ 最适于生产这种熟石膏的粉磨和烧成工序。

④ 外加物的质量与数量。

⑤ 搅拌类型、温湿度的调节。

6. 如何控制好半水相型抹灰石膏的性能？

答：在一般情况下生产的半水石膏往往是半水石膏和Ⅲ型无水石膏的混合物。Ⅲ型无水石膏又称脱水半水石膏，晶相结构与原半水石膏相同。Ⅲ型无水石膏与空气中的水分相遇会很快水化成半水石膏。由于生产半水石膏时，不可避免地存在这种不稳定相，如果不注意这一点，利用半水石膏配制抹灰石膏时易造成抹灰石膏性能的不稳定性。其主要表现为：当采用相同缓凝剂掺量时，抹灰石膏每批的凝结时间都有不同。原因在于半水石膏中的Ⅲ型无水石膏在石膏水化过程中起促凝作用，当Ⅲ型无水石膏在半水石膏中所占的比例不同时，促凝效果也有所不同。这正是很多生产企业在利用半水石膏配制抹灰石膏时，不能得到性能稳定的产品的主要原因。

生产半水相型抹灰石膏最主要的是控制半水石膏的质量、稳定半水石膏的性能，选择不影响强度的缓凝剂和高效的保水剂。

7. 混合相型的抹灰石膏有什么特点？

答：以半水石膏为主的单相型抹灰石膏具有生产工艺简单、投资少、上马快、价格低和强度高等优点。

由于混合相型中的半水石膏水化快，可在短期内达到很高强度，而后，其中Ⅱ型无水石膏缓慢水化，使基材熟石膏完全结晶加强晶格的内聚力，补偿干燥所造成的收缩，避免出现裂纹。再者，半水石膏和Ⅱ型无水石膏混合物的凝结时间能满足施工中的理想要求，因为Ⅱ型无水石膏遇水时仅表现出惰性填料性质，延缓了熟石膏的凝结速度，延长了凝结时间，这不仅有利于拌和，与其他填料（石灰石）相比，这种惰性填料使抹面的外观更显得细腻和富有光泽，是其他填料所不具备的特性。还有做完抹面后，只要熟石膏灰浆尚未干透，这种Ⅱ型无水石膏还能缓慢水化，进一步增强熟石膏抹面的力学性能。

当水膏比一定时，随着Ⅱ型石膏掺量增加，凝结时间的再延长，强度提高，Ⅱ型无水石膏掺量在 $25\%\sim30\%$ 为宜。

8. Ⅱ型无水石膏型抹灰石膏有何特点？

答：与半水相型抹灰石膏相比，Ⅱ型无水石膏型抹灰石膏具有以下特点：

① 对环境的适应性强，无水石膏基抹灰石膏的软化系数大于 0.55，且干湿交替环境、适当的潮湿环境、低温环境等对其强度增长有利。因此，可适应南方多雨地区和北方干冷地

区的抹灰工程需要，适应性广。

② 产品具有微膨胀性，能有效地防止抹灰层开裂，与半水基抹灰石膏相比，具有良好的粘结强度和后期强度增长率，消除了水泥砂浆因收缩易产生龟裂及空鼓等弊病，是轻质加气混凝土墙体砌块最佳抹灰材料。

③ 可操作时间优于半水石膏基抹灰石膏，适于采用机械搅拌、机械施工，可降低劳动强度，消除人为操作带来的不利因素，施工工期缩短，施工质量易于控制。

④ 抹灰石膏还具有保温隔热、修补无痕迹、吸湿等特征，用抹灰石膏抹灰的房屋，能自动调节室内湿度，冬暖夏凉，可创造出良好舒适的居住环境，是对健康、环保有益的绿色建材。

以天然无水石膏为主要原料制备的无水石膏基抹灰石膏，是一种节能环保的新型墙体抹灰材料，原料资源丰富，生产工艺简单。

工业生产和施工应用表明，无水石膏基抹灰石膏材料具有粘结强度高、施工和易性好、避免空鼓开裂、防火等优良性能。

无水石膏基抹灰石膏耐候性好，适用地区广，在有资源的地区均可开发推广。

9. 抹灰石膏应选择什么工艺条件下生产的建筑石膏为原料？

答：各种石膏制品都要选择适应其生产工艺条件的建筑石膏来制作产品，石膏砌块、石膏条板、纤维增强板、石膏装饰板等板材类产品要求建筑石膏的初凝时间大多在 3～4min 左右，抹灰石膏、粘结石膏、石膏嵌缝腻子、石膏内墙腻子等石膏粉体建材产品则要求建筑石膏的初凝时间最好大于 8min 以上或更长，并要求在建筑石膏的生产工艺中是经过陈化的产品，经过陈化的建筑石膏配制抹灰石膏，产品凝结时间稳定、施工性、和易性能好；因此对脱硫建筑石膏的生产要求就要考虑其煅烧设备的选择，对配制抹灰石膏及其他石膏基粉体建材可选用慢速煅烧工艺的脱硫建筑石膏较为理想，因慢速煅烧的建筑石膏凝结时间长而较稳定，有利于调配石膏粉体建材。凝结时间较长的建筑石膏配制抹灰石膏时可少加缓凝剂，降低生产成本，减少酒石酸、柠檬酸类缓凝剂对产品造成强度大幅度下降及可能出现料浆泌水分层等现象的产生。建筑石膏凝结时间的不同，对配制抹灰石膏所用缓凝剂的用量多少差异很大，如使用同一种缓凝剂，用量统一是 0.2%，建筑石膏初凝时间在 6～7min 时，加缓凝剂后的初凝时间可延长至 80min 左右；建筑石膏初凝时间大于 8min 以上，加缓凝剂后的初凝时间可延长至 120min 左右或更长；当建筑石膏的初凝时间低于 4min 特别是低于 3min 时，加缓凝剂后的初凝时间还不到 40min 或更短。因此我们在调配抹灰石膏时，所选建筑石膏的技术性能指标不可只注意强度而忽视其凝结时间。

10. 建筑石膏的粒径级配对抹灰石膏质量有什么影响？

答：一般相同体积的各种几何体，圆球形表面积最大。根据机械加工物料的原理可知，锤式磨机加工的产品其颗粒物形貌为各种（非圆）形状：针状、棱状、锥状等。由此可知，同样的粒径，其比表面积相对圆形为小。

由石膏理化特性得知，石膏粉打浆后还原成二水石膏，浆体内部的水分完全蒸发后留下很多均匀、规则的空隙（多孔质材料），孔隙的密实度与其质量—强度成一定比例关系。如果石膏粒径细小（粉状物多）则分散度大，加水后与水接触的区域多，形成的晶核点多，在水化过程中形成饱和溶液的速度就快，因此，对晶核成长所需要的新相的数量不足，生成的二水石膏晶体不均匀和晶体将是细小的，所以石膏制品的强度相对较低。

再者抹灰石膏粒度细小，比表面积大，因此会增大石膏制品的制浆标准稠度用水量，从而使硬化后空隙率较大，致产品强度下降。由此，石膏制品对粒度的要求是有规定的，不宜太细，用户可不必追求价格优势而降低建筑质量标准。

11. 利用脱硫建筑石膏配制抹灰石膏时，脱硫石膏的细度对抹灰石膏的性能有什么影响？

答：脱硫石膏是燃煤烟气进行脱硫净化处理而得到的工业副产石膏，它是由磨细石灰或石灰石与烟气中二氧化硫发生反应生成颗粒细小、含水率高、密度较大的高含量二水硫酸钙，细度一般在 $40\sim60\mu m$ 之间（细度小于 160 目的是 0.7%，细度在 $160\sim180$ 目之间的是 4.23%，细度在 $180\sim200$ 目之间的是 83.53%，细度在 $200\sim250$ 目之间的是 9.03%，细度大于 250 目是 2.4%）。粒度曲线窄而瘦，因此单独利用脱硫建筑石膏配制抹灰石膏时，会带来料浆和易性差、粘结性能不好、保水性能低、离析分层现象严重、产品容重偏大等问题，即脱硫石膏在生产脱硫建筑石膏的过程中，可通过不同的煅烧设备和工艺改变其颗粒级配比例，但都是向更细小的方向发展，而配制抹灰石膏所需要的建筑石膏并不是越细越好，不同型号的抹灰石膏所要的石膏细度也不同，脱硫建筑石膏的细度细，比表面积大，粒径范围窄，标稠用水量多，触变性和和易性差，抗流挂性、施工操作性也差，石膏制品表面光洁度欠佳；因此对脱硫石膏的颗粒特性应充分重视，必要时需采用磨细、复配或重结晶等手段做进一步的工艺处理。我们所需要的抹灰石膏产品，不应单纯满足国家建材行业标准的技术要求，还要注意施工应用中的相关性能，如和易性、流挂性、抗裂性、防止泌水、分层现象，料浆在搅拌时的分散均匀性（是否有抱团现象）及其他施工操作性能，好的抹灰石膏必须是产品技术性能和施工应用性能良好并存的产品。

12. 利用建筑石膏生产抹灰石膏时应注意什么？

答：国外抹灰石膏大多采用半水石膏与无水石膏的混合物，加入缓凝剂、保水剂等外加剂以及其他集料配制而成的。

配制抹灰石膏时，会发现石膏原料不同、煅烧条件不同、细度不同，以及水膏比不同，都会影响产品的稳定性。抹灰石膏产品的稳定性是目前抹灰石膏最主要的问题。

我们要得到性能稳定的建筑石膏，这非常重要。因为石膏煅烧时很容易产生多相混合，各相对石膏的凝结时间影响极大。

在实际生产中，如果缓凝剂不能正常调节凝结时间（有时无论加多少缓凝剂都不能将石膏的凝结时间延长至所需的时间），必须首先检查建筑石膏粉中是否含有较多的Ⅲ型无水石膏或欠烧的二水石膏相。

Ⅲ型无水石膏又称脱水半水石膏，生产半水石膏时，不可避免地存在这种不稳定相，但可以通过陈化工艺使其转化为半水石膏。如果不注意这一点，利用半水石膏配制抹灰石膏易造成性能的不稳定，其主要表现为：当采用相同缓凝剂掺量时，抹灰石膏每批的凝结时间都不同。原因在于半水石膏中的Ⅲ型无水石膏在石膏水化过程中起促凝作用，当Ⅲ型无水石膏在半水石膏中所占的比例不同时，促凝效果也不同。这正是很多生产企业在利用半水石膏配制抹灰石膏时，不能得到性能稳定产品的主要原因。

13. 二水石膏对抹灰石膏的性能有什么影响?

答:在抹灰石膏中常含有少量的二水石膏。二水石膏的产生主要有两个原因:一是煅烧半水石膏时温度过低,颗粒状物料中心的二水石膏没有脱水,残留在半水石膏中;二是由于半水石膏在运输、贮存中破袋,因而潮解生成二水石膏。后一种情况较多见,二水石膏在石膏水化过程中起促凝作用,使缓凝剂用量成倍增加,甚至调整不出较理想的凝结时间。因此,生产石膏的企业,必须严格剔除二水石膏的存在,即煅烧时采用过烧的方法,包装、运输、贮存中严禁受潮。一旦发生半水石膏的潮解,就不能用于抹灰石膏。

14. 用于配制抹灰石膏的建筑石膏陈化的重要性是什么?

答:在煅烧石膏过程中,为了不残留二水石膏(因二水石膏也是半水石膏水化时的促凝剂),产生Ⅲ型无水石膏是不可避免的。对此,可采用陈化的办法使Ⅲ型 $CaSO_4$ 与空气中水分结合重新转变成半水石膏。生产半水石膏时,应使煅烧温度高于理论值(一般为150～180℃),产生部分Ⅲ型无水石膏,之后可通过陈化过程使其转化为半水石膏。通过测定陈化期内石膏结晶水的含量以确定陈化效果。一般当半水石膏的结晶水控制在 4%～5% 时,可用于配制抹灰石膏。这样有利于产品质量的稳定以及缓凝剂用量的相对稳定。

配制抹灰石膏最好使用经过一段时间陈化后的建筑石膏,否则生产出的产品每批的质量都会有差距。其原因是脱硫石膏在煅烧时,由于原料附着水含量大小的不同煅烧温度时间又不是十分均衡稳定,更不能随着脱硫石膏含水量的变化而自动调节所需煅烧温度和控制煅烧时间,往往煅烧出的建筑石膏除半水石膏外,还会含有Ⅲ型无水石膏和二水石膏,在建筑石膏中Ⅲ型无水石膏特别是二水石膏的促凝作用较大,物相组成不稳定,会造成料浆标稠需水量增大,凝结时间不稳定,抹灰石膏强度下降等问题,所以生产抹灰石膏时选用的建筑石膏一定要进行陈化。无论何种煅烧设备和工艺,陈化效应决不能少,陈化仓一定要尽可能大而多,尽量在建筑石膏的生产过程中将Ⅲ型无水石膏和二水石膏转化成半水石膏,这样有利于任何石膏制品的稳定。对 RFC 流化床焙烧炉煅烧的产品进行相分析,可发现其相组成绝大部分为半水石膏,只有极少量的Ⅲ型无水石膏的存在,因此认为是目前较为理想的建筑石膏生产工艺和方法,国内一些煅烧设备的生产厂家应值得借鉴。

15. 在抹灰石膏中一般需要加哪些外加剂?

答:抹灰石膏中加入了缓凝剂,抑制了半水石膏的水化过程,延长了凝固时间。但在实际施工中,施工基面是多种多样的,例如由加气混凝土砖、空心砖、加气混凝土砌块砌筑的墙体,墙面由多孔材料构成,墙体通常的吸水率较高。因此,必须加入甲基纤维素醚作为保水剂和增稠剂,以保证抹灰石膏具有足够的水化反应时间和粘结性。甲基纤维素醚的掺量一般为 0.2%～0.4%。为了防止开裂,可加入 0.3%～0.5% 的木质素纤维。甲基纤维素醚和木质素纤维除了保水和增稠作用之外,还可改善抹灰石膏的和易性、抗垂性和防开裂性能。

抹灰石膏中也可以加入一些轻质集料,如珍珠岩、聚苯颗粒等,配制成石膏基保温砂浆。

16. 影响抹灰石膏保水率的主要因素有哪些?

答:抹灰石膏保水率与保水剂的掺量、缓凝剂的掺量和水的配比有关。保水剂的掺量、缓凝剂的掺量增加，可提高抹灰石膏的保水率，延缓凝结时间，起到缓凝效果，但影响其强度。这是因为随着缓凝剂掺量和保水剂掺量增加，使水固比发生变化，浆体表面产生大量的水分，不仅使硬化浆体内部的孔隙率提高，而且在整个浆体内形成结晶结构网所需的水化物数量也明显增加，所以析出的二水石膏晶体之间相互交错搭接比较少，降低颗粒之间的粘结强度，这是导致强度降低的主要原因。缓凝效果越好，凝结硬化速度越慢，硬化体的强度降低也越多。

17. 建筑用砂对抹灰石膏性能有什么影响？

答：建筑用砂是底层抹灰石膏的主要集料，砂粒的级配、含泥量的大小和添加量配合比对底层型抹灰石膏的性能影响很重要，不理想的砂粒级配和含泥量较大的建筑用砂都会使抹灰石膏的凝结时间缩短、粘结性能变差、抗压强度降低，在干燥过程中会引起较大的收缩，使抹灰底层产生空鼓、开裂、掉粉现象。一般抹灰石膏应使用符合建筑用砂标准的中细砂，含泥量小于 6%，添加配合比要根据产品配方设计，通过试验确保能满足行业标准的技术指标时才能确定其配合比，切不可为了降低成本过多添加集料而影响产品质量。

18. 对复合型抹灰石膏缩短凝结时间起决定作用的因素是什么？

答：对复合型抹灰石膏缩短凝结时间起决定作用因素的不是煅烧时间、煅烧方法和加工，而是在复合型抹灰石膏中为半水化合物或无水石膏所包围的二水化合物颗粒的含量。由于二水化合物的颗粒为硫酸钙的其他变体所包围，因而它们的影响并不显著，如将这种复合型抹灰石膏磨得较细一些，则二水化合物的颗粒摆脱外面的包围，它们的影响也就明显。比起未磨细的复合型抹灰石膏，凝结时间也有所缩短。

19. 抹灰石膏用于室内加气混凝土墙体有何优点？

答：利用抹灰石膏抹灰不仅克服了采用传统抹灰方法使加气混凝土墙体易出现的空鼓和开裂，而且具有显著的经济效益和社会效益。

① 施工和易性好，粘结力强，并有微膨胀，故抹灰层厚度可以更薄且落地灰少，节约了成本，可做到现场文明施工。

② 料浆密度小，可减轻建筑容重（抹灰面积是传统抹灰的 1.0～1.5 倍）。

③ 早强快硬，缩短了工序差和施工工期，可在环境温度－5℃以上施工，节省了大量的冬季施工费用。

④ 属 A 级防火材料，且具有良好的隔声、保温性能，是安全、节能居住环境的优选材料。

⑤ 抹灰层致密光洁：碱度低，为表面装修提供了优良的基层，可减少表面装饰、装修材料的用量，涂料用量约可减少 1/3。

⑥ 抹灰石膏具有良好的保水性、粘结性，水分不会被加气混凝土墙体在短时间内吸走，保证了抹灰料浆的水化完全。其热导率、变形系数以及硬化时体积微膨胀的特点与加气混凝土可协调配合，保证了抹灰层不会粉化、空鼓、开裂。抹灰石膏凝结后其强度随含水率的减少而提高，可与加气混凝土缓慢吸水的特点协调配合，产生良好的整体强度。抹灰石膏还具有良好的排湿性，硬化后对加气混凝土干燥起到很好的排湿作用，避免了加气混凝土内部含水不均而引起的各种弊端。

20. 抹灰石膏与普通水泥砂浆抹灰相比，有何明显的技术、经济效益？

答：抹灰石膏与普通水泥砂浆的技术、经济比较见表 7-3。

表 7-3　抹灰石膏与普通水泥砂浆抹灰的技术、经济比较

对比项目	抹灰石膏	普通水泥砂浆抹灰
环保性能	公认绿色环保，节能建材	高能耗建材
主要原料	石膏，无毒无害添加剂	P.O42.5 水泥，外加剂或界面剂
施工温度	−5℃以上	3℃以上
防火性	A 级	—
收缩率	小于 0.06%	0.5% 左右（按配比有差异）
粘结性	强	一般
施工性	流挂性好，落地灰少	落地灰较多
抹灰效果	无空鼓开裂现象	空鼓开裂难以避免
施工工期	4～5h	5～7d
施工厚度	2～5mm	15～16mm
材料重量	7kg/m² 左右	18.9kg/m²
施工方法	1. 先将墙面浇水 1.2 遍，水须渗入墙体 15～20mm 2. 抹底层型抹灰石膏 4mm 厚压平 3. 抹面层型抹灰石膏 2mm 厚罩面压光 （注：在抹灰浆接近用手指压不出明显压痕时，用铁抹子沾水压光，效果更佳）	1. 用聚合物水泥砂浆填充处理墙缝 2. 将墙面浇水 1～2 遍，水须渗入墙体 15～20mm 3. 抹 3mm 厚外加剂专用砂浆刮糙式界面剂一道，甩毛 4. 抹 8mm 厚 1∶1∶6（水泥∶白灰膏∶砂）砂浆打底扫毛 5. 抹 5mm 厚 1∶2.5 水泥砂浆罩面压光

21. 抹灰石膏在轻质墙板中有什么应用优势？

答：抹灰石膏是一种适应新型墙体室内抹灰的绿色环保材料，针对轻质墙板在施工中出现的一些问题，抹灰石膏是其良好的配套材料，可以保证抹灰层不空鼓、不开裂。石膏浆料易渗透到墙板表面的孔隙中，在水化过程中体积膨胀构成榫榫与细小勾缝，增加了抹灰层与墙板的粘结强度。

用抹灰石膏解决墙板自身强度较差及墙板变形、安装不达标、隔音保温性能较差等缺陷，避免了因墙板内部含水超标和不均而引起的弊端，对墙体的长期稳定性起了良好的效果。抹灰层在轻质墙体上不会出现沿基层表面向下滑动所产生的横向裂纹。

抹灰石膏中结晶水含量占整个分子量的 20.9%，在轻质墙板上进行抹灰后，如遇建筑物发生火灾时，只要石膏中所含水分没有完全释放和蒸发就可延续墙体升温时间，提高墙板的耐火性能，减少火灾时对建筑物的危害损失。由于抹灰石膏具有良好的和易性，抹灰层可薄可厚（1.5～30mm 均可使用），对轻质墙板的修整找平工作起到了极好的应用效果，而且是各类轻质墙板在冬季施工首选配套材料。

22. 抹灰石膏的出厂检验有哪几项？

答：按我国现行国家标准《抹灰石膏》（GB/T 28627—2012），产品出厂应进行出厂检验，检验项目包括：

① 面层抹灰石膏：细度、凝结时间、抗折强度、抗压强度。

② 底层抹灰石膏：凝结时间、抗折强度、抗压强度。

③ 轻质底层抹灰石膏：凝结时间、体积密度、抗折强度、抗压强度。

④ 保温层抹灰石膏：凝结时间、体积密度、抗压强度。

23. 抹灰石膏的型式检验有哪几项？

答： 按我国现行国家标准《抹灰石膏》（GB/T 28627—2012），型式检验应包括细度、凝结时间、抗折强度、抗压强度、拉伸粘结强度、保水率、体积密度、导热系数等。

有下列情况之一时，应进行型式检验：

① 新产品投产或产品定型鉴定时。

② 正常生产每一年进行一次。

③ 原料、配方和工艺有较大变化，可能影响产品质量时。

24. 对抹灰石膏的批量确定和抽样是如何进行的？

答： 批量：以连续生产的 100t 产品为一批，不足 100t 产品时也以一批计。也可以 1d 的产量为一批，对保温抹灰石膏，以 60m³ 为一批，不足 60m³ 时也以一批计。

抽样：从一批中随机抽取 10 袋，每袋抽取约 3L，总共不少于 30L。

25. 对抹灰石膏的运输和贮存有什么要求？

答： 抹灰石膏应在室内贮存，运输与贮存时，不应受潮和混入杂物，不同类别的抹灰石膏应分别贮运。抹灰石膏在正常贮存条件下自生产之日起，贮存期袋装为六个月，罐装为三个月。

26. 抹灰石膏施工对配套材料砂有什么要求？

答： 目前国内生产的抹灰石膏根据用户的要求有的已在工厂与干砂混合出售；也有在工厂不混入砂，施工单位根据不同基底性能在现场加入不同比例的砂子。

按砂的来源分类可分为河砂、海砂和山砂三类。河砂长期经受流水冲洗，颗粒形状较圆，较洁净，一般抹灰多采用河砂。海砂颗粒较圆滑、较洁净，但常混有贝壳碎片且含氯量较高，使用前应经冲洗处理，氯盐与有机物含量均不得超过国家规定。山砂是从山谷或旧河床中采运到的，颗粒多棱角，表面粗糙，一般含泥量较多。

砂的粗细程度可用细度模数来划分，按照《普通混凝土用砂、石质量及检验方法标准》JGJ 52—2006 的规定，我国砂的细度模数见表 7-4。

表 7-4　砂的细度模数

类　别	粗　砂	中　砂	细　砂	特细砂
细度模数	3.7～3.1	3.0～2.3	2.2～1.6	1.5～0.7

在底层抹灰石膏中掺砂以中砂与细砂级配为好，含泥量不得超过 3%。使用前应将 1.5mm 以上的颗粒筛除。

27. 不同种类的抹灰石膏对配套材料膨胀珍珠岩有什么要求？

答： 在抹灰石膏中掺入少量的膨胀珍珠岩可以改善其操作性能。掺入一定比例的膨胀珍珠岩，可以配制出保温型抹灰石膏；配制面层抹灰石膏时，宜采用体积密度在 200kg/m³、颗粒较细的膨胀珍珠岩；配制保温型抹灰石膏时宜采用体积密度在 80～100kg/m³、颗粒较大的膨胀珍珠岩。

28. 对抹灰石膏抹灰用砂浆搅拌机的技术性能有什么要求？

答：一般抹灰石膏初凝时间为 60～70min，终凝时间为 150～200min，因此用机械搅拌石膏料浆时，一定要注意搅拌量。一般要求在 2h 内用完，故不宜选用容积较大的搅拌机，一般以 200L 为好。

29. 抹灰石膏机械抹灰采用喷涂机的技术参数有哪些？

答：举例两种喷涂机，主要技术参数见表 7-5 和图 7-1。

表 7-5　喷涂机主要技术参数表

产地	泵用电机功率(kW) 输出转速(r/min) 输入转速(r/min)	送料轮电机功率(kW) 输出转速(r/min) 输入转速(r/min)	小型空压机电机 功率(kW) 流量(L/min) 压力(MPa)	螺杆泵流量(L/min) 压力(MPa)	外形尺寸(mm) 总重(kg)
中国	—	0.55 32 1450	1.1 240 0.35	26 1.2	1700×1560×720 240
德国	4/4.5 400 2800	0.55 28.5 900	0.9 25 0.35	23 1.2	1700×1500×720 216

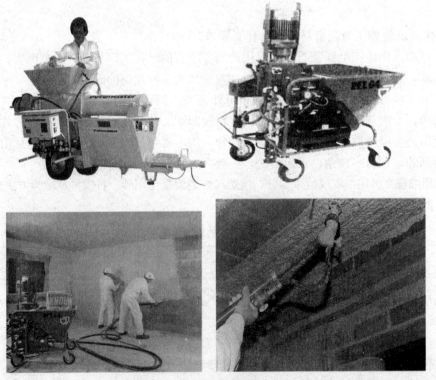

图 7-1　喷涂机及设备

30. 抹灰石膏机械喷涂抹灰用灰浆泵的喷涂工艺是怎样的?

答: 使用灰浆泵 (图 7-2) 进行喷涂抹灰的工艺布置见图 7-3。

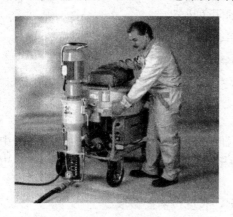

图 7-2　灰浆泵

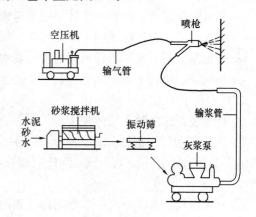

图 7-3　用灰浆泵进行喷涂抹灰工艺

31. 如何安装与使用抹灰石膏机械喷涂抹灰用灰浆联合机?

答: 灰浆联合机的喷涂有手动和气控两种操纵方式,气控装置是由喷枪上的双气阀经过输气胶管、安全阀的顺序控制离合器的合断,以操纵泵机的启动和停止泵送工作。双气阀应进行调试,使其启闭、气量调节方便,安全可靠。

灰浆联合机双活塞泵往复运动的运行轨迹是限定的,电动机旋转方向是不可逆转的。因此,泵机正式工作前,应进行空负荷试验,连续空运转时间应为 5min,并应检查电动机旋转方向,各工作系统与安全装置,电动机旋转方向与标志的箭头方向应相符;各处压力表显示清晰、压力变动正常。

灰浆联合机在出厂前已将泵机最大允许工作压力调定好,不必再进行调整。但是,泵机工作过程中由于泵送砂浆的材质、输送距离和高度不同,泵机工作压力亦随其波动。操作人员应随时观察压力表的表压变动情况,如果表压骤然升高,超过最大工作压力,超载安全装置又未打开,此时应立即打开回流卸载阀卸压,停机检查。排除故障后,再关闭回流卸载阀,重新恢复工作。

灰浆联合机有高、中、低三档泵送速度,用塔形皮带轮进行调节,以适应各种作业情况变化的需要。高速档输送砂浆量大;对于泵送压力高或难以压送的砂浆可选用低速档;一般情况下为减少主要零件的磨损,延长机械的使用寿命,可以选用中速档。

当喷涂不同材料或不同稠度的砂浆时,应调节喷气嘴位置、双气阀开启量和输气流量,以使砂浆喷速均匀、与基层粘结牢固和减少反弹落地灰。

32. 抹灰石膏手工抹灰所用主要工具的功能是什么?

答: (1) 抹子

① 铁抹子:铁抹子用于底层抹灰石膏的抹灰,是抹灰的主要工具。

② 钢皮抹子:钢皮抹子外形与铁抹子相似,但比较薄,弹性大,主要用于抹面层、地面压光、收光等。

③ 压子:压子用于压光抹灰石膏面层等罩面。

④ 塑料抹子：塑料抹子采用聚乙烯硬质塑料制作而成，有方头和圆头两种。

⑤ 阴角抹子：阴角抹子用于阴角抹灰压实、压光。

⑥ 塑料阴角抹子：塑料阴角抹子用于罩面层的阴角压光。

⑦ 阳角抹子：阳角抹子用于阳角压光、做护角线，分尖角与小圆角两种。

⑧ 捋角器：捋角器用于捋水泥抱角的素水泥浆，做护角等。

⑨ 小压子：小压子用于细部抹灰、压光。

（2）木制手工工具

① 托灰板：抹灰时承托砂浆用。

② 刮杆和刮尺：刮杆分长、中、短三种。长杆长 250～350cm，一般用于冲筋；中杆长 200～250cm；短杆长 150cm。刮杆断面一般为矩形。刮尺断面一边为平面，另一边为弧形。

③ 八字靠尺：八字靠尺一般作为做棱角的依据，长度按需要截取。

④ 钢筋夹子：钢筋夹子用于卡紧八字靠尺，钢筋直径为 8mm，要求有一定的弹性。

⑤ 方尺：方尺用于测量阴阳角的方正。

⑥ 长毛刷：长毛刷也称软毛刷子，用于室内抹灰洒水。

33. 抹灰石膏抹灰常用里脚手架的种类及其作用是什么?

答：抹灰工常用木、钢制成的马凳或在各种工具式里脚手架上搭铺脚手板，适用于室内抹灰和一般室外底层抹灰的需要。

① 常用的马凳有竹马凳、木马凳和钢马凳，如图 7-4 所示。

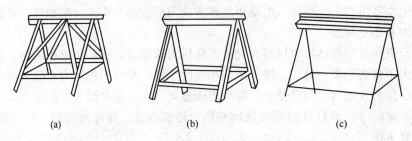

(a)   (b)   (c)

图 7-4　马凳
（a）竹马凳；（b）木马凳；（c）钢马凳

马凳高度一般为 1.2～1.4m，长为 1.2～1.5m，马凳之间距离为 1.5～1.8m。脚手板（又称跳板）要铺放平稳，板端翘头长度不得超过 30cm。

② 折叠式里脚手架适用于民用建筑室内抹灰。一般有角钢折叠式、钢管折叠式和钢筋折叠式里脚手架。折叠式里脚手架搭设间距，抹灰时一般为 2.2m 左右。图 7-5 为钢筋折叠式里脚手架。

③ 支柱式里脚手架是由若干个支柱及横杆组成，上铺脚手板，适用于室内抹灰，抹灰时搭设间距不超过 2.5m。支柱式里脚手架常见的有套管式支柱，使用时插管插入主管中，以销孔间距调节高度，插管顶端的凹形支托搁置方木横杆，用以铺设脚手板，架设高度为 1.57～2.17m。

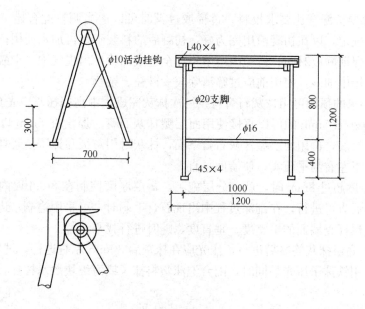

图 7-5 钢筋折叠式里脚手架

34. 抹灰石膏机械喷涂抹灰的主要机具有哪些?

答: 抹灰石膏机械喷涂抹灰主要机具有砂浆搅拌机、灰浆泵、空气压缩机、皮带运输机、振动筛、喷枪等。机械喷涂抹灰主要机具见表 7-6。

表 7-6 机械喷涂抹灰主要机具

名 称	规 格	单位	数量
砂浆搅拌机	250～325L,生产率 24m³/(台·班)	台	1
灰浆泵	输浆量 3m³/h,压力 1.5MPa	台	1
空气压缩机	排气量 0.3～0.75m³/min,压力 0.4～0.5MPa	台	1
皮带运输机	6～15m	台	1
振动筛	电动机功率 0.6～1.0kW,筛孔 8mm	台	1
喷枪	中心供气式,口径 19 或 25mm	只	4
高压胶皮管	内径(mm)32、38、50	m	160
高压胶皮管	内径 25mm,4～5 层线(喷枪前用)	m	20
胶皮软管	内径 13mm(风管)	m	140
连接卡具	—	只	20
气分岔管	—	根	2
料斗	容量 250～325L	个	1

砂浆搅拌是指将砂浆的原材料投入搅拌机内拌和均匀。

过筛是指将砂浆在振动筛上过筛,除去大结块及杂质。

泵送是指砂浆倒入泵体的料斗内,依靠泵体作用力将砂浆压向管道。

喷涂是指砂浆依靠压缩空气的压力从喷枪的喷嘴处均匀喷出。

35. 抹灰石膏手工抹灰一般工序的注意事项有哪些?

答: 抹灰石膏手工抹灰一般工序的注意事项有以下几条:

① 料浆搅拌要按配合比要求投料，过稀或过稠时可以适当调整配合比。一次投料应据环境温度、湿度确定，以在初凝前用完为好，初凝后的料浆不得再加水使用；为使添加剂充分溶解，一定要保证静放时间，避免因溶解不完全造成饰面后出现气泡、空鼓现象；抹灰石膏砂浆中的砂宜用中细砂，使用前应过筛清除较大砂粒、杂物。

② 无特殊要求的顶棚可用抹灰石膏料浆一次抹灰完成，中高档抹灰应先套方再抹灰。

③ 抹灰厚度小于 5mm 的可以直接使用面层型抹灰石膏。厚度在 5mm 以上的可以先用底层型抹灰石膏打底，再用面层型抹灰石膏罩面，抹灰时用灰板和抹子把浆料抹在墙上，用刮板紧贴标筋上下左右刮平压实，使墙面平直。

④ 当抹灰厚度超过 8mm 时，就该分层施工，每层厚度控制在 8mm 以内，下一层要在上一层料浆初凝后方可进行，在刮涂过程中出现石膏毛刺时，可采用边刷水边涂刮的操作方法，并随时用靠尺检查墙面的平整度、垂直度，随时进行找平调整。

⑤ 面层宜在底层抹灰终凝后进行，压光应在抹灰后 30min 左右进行，过早易出现气泡，过迟不易压光，用铁抹子压光的同时，配合泡沫塑料抹子或海绵块蘸水搓揉，以使表面平整光滑。

36. 抹灰石膏施工前对抹灰墙体的基层应如何处理？

答： 抹灰墙体的基层处理方法如下：

① 对基层墙表面的凸凹不平部位应认真剔平或用砂浆补平。对一些外露的钢筋头必须打掉，并用水泥砂浆盖住断口，以免在此处出现锈斑。

② 清扫基层墙表面浮土，对砂浆残渣、油漆、隔离剂等污垢必须清除干净（油污可用洗衣粉、草酸或碱的溶液清除并用清水冲刷干净）。

③ 用喷雾器对墙面均匀喷水，因加气混凝土的吸水速度很慢，需间隔地反复喷 2～3 次，保证其吸水深度达 10mm 以上。但在开始抹灰时，墙面不能有明水。

④ 在与其他不同基材（如混凝土、砖等）的连接处应先用粘结石膏粘贴玻纤网布，搭接宽度应从相接处起两边不小于 80mm。在门窗口的阳角处贴一层玻纤网布条，四角处按 45° 斜向加铺一层 400mm×200mm 的玻纤网布条，见图 7-6。

⑤ 当前面基层为不同材料的交接处时，应再铺钉金属网，方法与一般抹灰相同。门窗洞口与立墙的交接处用水泥砂浆嵌填密实。

⑥ 为使基层与找平层粘结牢固，可在抹找平层前先刷聚合水泥浆处理。

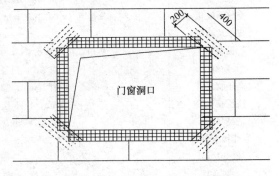

图 7-6 门窗洞口玻纤网布铺贴示意图

37. 抹灰石膏施工前对加气混凝土墙面应如何处理？

答： 基层处理：抹灰前检查加气混凝土墙体，对松动、灰浆不饱满的砌缝及梁、板下的顶头缝，用聚合物砂浆填塞密实。将凸出墙面的灰浆刮净，凸出墙面不平整的部位剔除；凸凹不平、缺棱掉角及设备管线槽、洞、孔，用聚合物砂浆整修密实、平顺。用吊线板检查墙体的垂直度及平整度，将抹灰基层处理完好。

洒水湿润：将墙面浮土清扫干净，分数遍浇水湿润。由于加气混凝土吸水速度先快后慢，吸水量大而延续时间长，故应增加浇水的次数，浇水量以水分渗入加气混凝土墙深度8～10mm为宜，且浇水宜在抹灰前一天进行。遇风干天气，抹灰时墙面如干燥不湿，应再喷洒一遍水，但抹灰时墙面应不现浮水。

38. 抹灰石膏的抹灰工艺流程是什么？

答：（1）顶棚抹灰工艺流程

搭设脚手架→基层处理→弹线、找规矩→抹底、中层灰→抹面层灰。

（2）墙面抹灰工艺流程

做标志块→找方冲筋→阴阳角处理→做护角→制备料浆→抹灰操作→修补平整→压光、验收，如图7-7所示。

图7-7 手工抹灰的一般工序

（a）冲筋；（b）打底；（c）抹灰；（d）找平；（e）修补；（f）压光

39. 抹灰石膏在加气混凝土砌块墙面抹灰的操作工序是什么？

答：抹灰石膏在加气混凝土砌块墙面抹灰的具体操作工序如下：

① 按当前抹灰石膏产品的可使用时间，确定每次搅拌料浆量（一定要在硬化前用完，使用过程不允许陆续加水，对于已凝结的灰浆决不能再加水使用）。将定量的底层抹灰石膏倒于已装水的搅拌桶或槽中并搅拌均匀至无粉团（抹灰石膏对加水量较敏感，水量过大不仅出现流挂影响抹灰操作，同时降低抹灰层的强度；水量过小会加快凝结、缩短可使用时间，造成浪费），即可抹灰使用。面层抹灰石膏料浆待用前再搅拌，抹灰石膏面层料浆的配制顺

序为先将水放入搅拌桶，再倒入灰料，用手提搅拌器搅拌均匀，搅拌时间为 2～5min，使料浆达到施工所需要的稠度，静置 10min 左右再进行二次搅拌，均匀后就可以使用。

② 底层灰抹灰前，应在墙前地下铺设橡胶板（如已做混凝土地面，也可不铺橡胶板，但必须打扫干净），可使抹灰过程掉下的落地灰收回继续使用。

a. 一人用托灰板盛料浆，以 30°～40° 的倾斜角度用抹子由左至右、由上往下将料浆涂于墙上，直至达到冲筋所标厚度。

b. 另一人随后用 H 型刮板紧贴上、下冲筋条由左往右刮去多余料浆，同时补上不足部分。本工序在料浆初凝前可反复多次，并配合尺和托线板随时调整，直至墙面平整，取掉冲筋条并补平。

c. 抹灰层厚度≤3mm 时，直接使用面层型抹灰石膏；抹灰厚度>3mm 时，先用底层型抹灰石膏打底、抹平，再用面层型抹灰石膏罩面；抹灰层厚度>8mm 时，应分层施工，每层厚度在 8mm 以内，下一层要在上一层料浆初凝后方可进行。底层灰用木抹子搓压，使表面不仅平整密实，且毛糙，以保证灰层之间的粘结力。

d. 抹面层抹灰石膏：使用面层抹灰石膏，用水拌和。建议使用搅拌器在大桶中充分搅拌均匀，稠度比传统的墙面腻子略稠即可（注意搅拌时间越长，初凝时间会越短），抹面层灰待底层终凝后进行，使用传统腻子刮板或小号抹子可直接在基层上批抹，厚度为 1～2mm。约过 30min 左右（根据灰浆的可使用时间确定），当料浆终凝前（现场可用手指按压，当略感干硬，但仍可压出指印时），即可用抹子（可按不同饰面要求选用不同的抹子）压光。因此压光一般在面层抹灰后 45min 左右进行，过早会出现气泡，过迟不易压光。在压光过程中料浆硬化、出现石膏毛刺时，可用排笔或毛刷蘸水，往料浆面层边刷边压光，或用泡沫塑料抹子蘸水配合，边搓边压。注意压光时尽量避免在一个部位反复多次压，以免使强度降低、表面掉粉。

e. 接缝处理：在加气混凝土板的接缝处抹底层砂浆，随后将中碱玻纤网带（250～300mm）轻轻勒入砂浆层并铺贴平整。不同材料墙体相交接部位的抹灰，应采用加强网进行防开裂处理，加强网与两侧墙体的搭接宽度不应小于 100mm。

40. 抹灰石膏在混凝土、砖墙墙面抹灰的操作工序是什么?

答： 抹灰石膏在混凝土、砖墙墙面抹灰的具体操作工序如下：

（1）抹底层抹灰石膏

将底层砂浆（抹灰石膏：砂＝1：2）抹在基底上。用尺板或刮杠紧贴冲筋上下刮平，每次厚度为 1～1.5cm（与常规的水泥混合砂浆抹灰工程相同），达到墙面垂直和平整要求（清水混凝土墙面垂直度、平整度好的基层，可不做底层砂浆）。

（2）抹面层抹灰石膏

使用面层抹灰石膏，用水拌和。建议使用搅拌器在大桶中充分搅拌均匀，稠度比传统的墙面腻子略稠即可（注意搅拌时间越长，初凝时间会越短），使用腻子刮板或小号抹子可直接在基层上批抹，厚度为 1～2mm。压光应在终凝前进行（以手指压按表面不出现明显压痕为好，类似传统水泥砂浆抹灰的方法），一般在面层抹灰后 45min 左右进行，过早会出现气泡，过迟不易压光。

41. 抹灰石膏抹灰如何做护角？

答：室内墙面、柱面的阳角和门窗洞口的阳角抹灰要求线条清晰、挺直，并防止碰坏。因此，不论设计有无规定，都需要做护角。护角做好后，也起到标筋作用，见图7-8。

① 护角应抹1：2水泥砂浆，一般高度不应低于2m，护角每侧宽度不小于50mm，见图7-9。

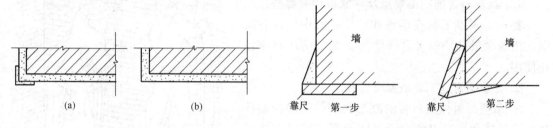

图7-8　护角线
(a) 明护角线；(b) 暗护角线

图7-9　水泥护角做法示意图

② 抹护角时，以墙面标志块为依据，首先要将阳角用方尺规方，靠门框一边，以门框离墙面的空隙为准，另一边以标志块厚度为据。最好在地面上画好准线，按准线粘好靠尺板，并用托线吊直，方尺找方。

③ 在靠尺板的另一边墙角面分层抹1：2水泥砂浆，护角线的外角与靠尺板外口平齐；一边抹好后，再把靠尺板移到已抹好护角的一边，用钢筋卡子稳住，用线垂吊直靠尺板，把护角的另一面分层抹好。

④ 拿下靠尺板，待护角的棱角稍干时，用阳角抹子和水泥浆捋出小圆角。最后在墙面用靠尺板按要求尺寸沿角留出5cm，将多余砂浆以40°斜面切掉（切斜面的目的是为墙面抹灰时，便于与护角接茬），墙面和门框等落地灰应清理干净。

⑤ 窗洞口一般虽不要求做护角，但同样也要方正一致，棱角分明，平整光滑。操作方法与做护角相同。

⑥ 窗口正面应按大墙面标志块抹灰，侧面应根据窗框所留灰口确定抹灰厚度，同样应使用八字靠尺找方吊正，分层涂抹。阳角处也应用阳角抹子捋出小圆角。

42. 抹灰石膏抹灰如何做标筋？

答：① 标筋就是在上下两块标志块之间抹出一条断面为梯形的长条灰，其宽度为100mm，厚度与标志块相平，作为墙面抹灰填平的标志。

根据墙面的平整度和垂直度确定各灰饼的厚度，用粘结石膏粘贴冲筋条作为标筋，层高3m以下一般设两道横标筋，3m以上时增加一道。在靠墙地面铺设橡胶板，以便回收使用落地灰。

② 在上下两个标志块之间先抹一层灰，再抹第二遍，凸出呈八字形，要比灰饼凸出10mm左右，然后用木杠紧贴标志块左上右下搓，直至搓得与标志块平齐为止，同时要用刮尺将标筋的两边修成斜面，使其与抹灰层接茬顺平，标筋用砂浆应与抹灰底层砂浆相同，做标筋见图7-10。

③ 做标筋与抹灰应在同一天内进行，因标筋隔夜后砂浆会收缩，如抹灰层以平缩后的标筋为依据，当抹灰层收水干缩后，标筋就会显露出一棱棱的印痕，影响墙面平整美观。

④ 当层高大于 3.2m 时，应从顶到底做标筋，在架子上下可由两人同时操作，使同一墙面的标筋出进保持一致。

43. 抹灰石膏的施工要点及注意事项有哪些？

答： ① 抹灰石膏在运输和存储过程中应注意防潮，出现少量结块时可过筛除掉，大量结块时应停止使用。

② 冬季通常施工环境温度要高于－5℃。

③ 掌握每批抹灰石膏的凝结时间，正确控制抹灰料浆的拌和量，以免石膏凝固后不能使用而造成浪费。注意已凝结或将要凝结的料浆决不可再使用，因此在抹灰过程中必须随时把落地灰收回使用，以免浪费。

图 7-10　做标筋

④ 为使抹灰石膏内的外加剂得以充分溶解，一定要保证料浆制备过程的静置时间，避免上墙后因外加剂溶解不完全而使抹灰层出现气泡、空鼓等质量问题。

⑤ 抹灰石膏抹灰硬化前，应避免因通风使石膏失水过快而影响水化完成；硬化后应保持足够的通风，尽早达到使用强度。

⑥ 抹灰石膏软化系数较低，一般只适用于室内工程，不得用于室外墙面，不允许用水冲刷。室内工程长期受潮的部位（如：卫生间、厨房间、地下室受潮部位等）不宜使用。

⑦ 拌制料浆的容器及使用工具，在每次使用后都应洗刷干净，以免在下次的料浆制备时有大块的砂石和石膏的硬化粒混入，影响操作及效果。

⑧ 抹灰石膏施工时，应保持施工环境的湿度，特别是墙角、地面等处，如果太湿会导致踢脚线部位的抹灰层强度不足。

⑨ 抹灰石膏施工时，应保持施工基层湿度的均匀，过干或过湿的部位将会造成抹灰层强度的不足或开裂。

⑩ 施工完毕的墙面应该避免磕碰及水冲浸泡，并要保证室内通风良好。

⑪ 门窗框边缝不塞灰或塞灰不实，门窗框固定点间距大，门窗反复开关的振动，在门窗框两侧产生空鼓、裂缝，应把门窗框塞缝当做一个重要工序由专人负责，加气混凝土砌块（板）墙体安装木制门窗框的木砖必须预埋在混凝土预制的砌块内，随着墙体砌筑按规定间距砌筑安放。

⑫ 管线过墙按规定放套管，凡有管道设备的部位应提前抹好灰，并清扫干净。槽、垛按尺寸吊直、找平，压光收边整齐。

⑬ 应根据施工进度少量和灰，拌和好的灰必须在 50min 内用完。切忌稠化后再加水使用。

⑭ 脚手架搭设应符合有关规范要求。现场用电应符合《施工现场临时用电安全技术规范》（JGJ 46—2005）的相关规定。

⑮ 在房间的阴角处，用死模无法扯到顶棚灰线，须用特制的硬木"合角尺"又称"接角尺"镶接，要求接头阴角的交线与立墙阴角的交线在同一平面之内。当顶棚四周灰线用死

模抹成后，拆除靠尺，切齐甩茬，先用抹子抹灰线的各层，所用砂浆也同样要求并分层涂抹。在抹完出线灰及罩面灰之后，即开始用接角尺镶接灰线。接合角是操作难度大的工序，要求与四周整个灰线贯通，形状一致。镶接时，两手要端平"接角尺"，手腕用力要均匀，一边轻挨已成活的灰线作为基准，一边刮接角的灰使之成形，再用小铁皮进行修理勾画成型，不显接茬，然后用排笔蘸水刷一遍，使表面平整、光滑。

⑯ 铝合金门窗框与墙体之间的缝隙不得用水泥砂浆或水泥混合砂浆嵌塞，防止对铝合金门窗框造成腐蚀。嵌缝材料按设计要求选用。如设计无明确规定时，缝隙内应填充保温纤维材料，内外两面用密封胶密封处理，操作时应防止对铝合金门窗造成污染和损坏。

44. 抹灰石膏在施工中应注意哪些事项？

答：为了确保工程质量，在抹灰石膏的应用中，除产品本身的质量外，施工操作非常关键，有好的施工措施才能充分发挥抹灰石膏的特性，因此在施工中应注意以下几点：

① 基面要充分洒水湿润，在墙体表面没有明水的情况下就可施工，否则影响抹灰层的粘结性，导致墙面抹灰层脱落等现象出现；另墙面洒水结冰时不能施工。

② 料浆的制备要比水泥砂浆稀些，特别在薄抹灰时的料浆稠度近似刮墙腻子的料浆稠度。

③ 料浆搅拌要充分，搅拌均匀停放 3～5min 再搅拌一次后进行施工，这样可使各种添加剂得到完全的溶解和分散，充分发挥在料浆中的作用，避免出现花脸现象。

④ 抹灰石膏在现场加砂制备底层料浆时，要严格控制砂中的含泥量不超过 5%，并要注意，加砂量的配比不能超过供应商提供的比例。

⑤ 施工时要注意料浆的可使用时间（一般在加水后 45～60min），初凝后的料浆不能继续使用，也不能再次加水搅拌使用，否则墙面抹灰层会出现无强度、掉粉等质量问题。

⑥ 抹灰要分两次连续施工，在第一遍抹灰层刚进入终凝时，就要进行第二遍抹灰层的施工，否则会出现分层现象。

⑦ 在两种墙体材料的结合处，尽可能用玻纤网布加强处理。

⑧ 底层或保温层抹灰石膏在较光的基面上施工时要用粘结石膏或面层抹灰石膏先薄薄涂抹一层，并要连续对底层或保温层进行抹灰施工。

⑨ 在气温超过 30℃或风力在四级以上时，料浆的制备要比平常再稀一点，以保证抹灰层质量。

⑩ 在施工中抹灰层接近终凝时，不要用力揉搓，以免降低抹灰表面强度和掉粉现象出现。

⑪ 在保温体系施工时，底层抹灰要大于 4mm 并在底层表面压入玻纤网布一至二层，提高墙面的抗冲性和抗裂性。

⑫ 施工中门、窗洞口的阳角使用抹灰石膏施工时，要加贴二层玻纤网布来增强阳角的自身保护能力。

45. 抹灰石膏抹灰工程量计算的规则和方法是什么？

答：（1）内墙面抹灰

内墙面抹灰工程量按垂直投影面积计算。应扣除门窗洞口和空圈所占面积，不扣除踢脚线、装饰线、挂镜线以及 0.3m² 以内的孔洞和墙与构件交接处的面积，但门窗洞口（空洞）及炉片槽的侧壁与顶面面积亦不增加，砖垛的侧面抹灰面积应计入内墙抹灰工程量内。

内墙抹灰工程量计算式如下：

$$S_内 = 内墙长度 \times 内墙高度（①②③）- 门窗洞口（空圈面积 + 砖垛的侧面积）$$

式中　内墙长度——按主墙面的结构净长计算；

内墙高度——①无墙裙，高度按室内楼地面算至顶棚底面；

②有墙裙，高度按墙裙顶面算至顶棚底面；

③吊顶不抹灰，高度按室内楼地面算至吊顶底面，另加 20cm。

（2）顶棚抹灰面积

按主墙间净面积计算，不扣除间壁墙、垛、柱、附墙烟囱、检查口和管道所占的面积。公式为：

$$S = L \cdot W$$

式中　S——顶棚抹灰面积（m²）；

L——顶棚主墙间净长（m）；

W——顶棚主墙间净宽（m）。

46. 抹灰石膏机械喷涂的一般规定有哪些?

答：抹灰石膏机械喷涂的一般规定有以下几条：

① 施工现场应具备 380V 电源，环境温度在 0℃以上，水压力应大于 2.5MPa，当水压力不足时应用泵增加压力。

② 不同基层的处理应按规定进行。

③ 标筋的设置应符合的规定。

根据墙面平整度及装饰要求，找出规矩，设置标志（俗称做塌饼）及标筋（俗称做冲筋）。标筋可做横筋或竖筋。层高 3m 以下时，横筋宜做二道，筋距为 2m 左右；层高为 3m 及以上时，宜做三道横筋。下道筋应设在踢脚板上口处。做竖筋时，竖筋间距宜为 1.2～1.5m，两端竖筋设在阴角处，竖筋宽度宜为 3～5cm。

④ 喷涂抹灰前应做好下述施工准备：

检查墙体上所有预埋件、门窗及各种管道，其安装位置应准确无误；楼板面上孔洞应堵塞密实，凸凹部分应剔补平整。

墙面、顶棚面、地面上的灰尘、污垢、油渍等应清除干净。

墙面喷涂宜先做好踢脚板、墙裙、窗台板、柱子和门窗口的水泥砂浆护角线以及钢筋混凝土过梁的底层灰。

墙面上如有抹灰分格缝的，应先将分格条按分格位置粘牢分格条。

根据实际情况提前适量浇水湿润。

不同材料的结构相接处，应加钉金属网，并绷紧牢固。金属网与各结构的搭接宽度不应小于 100mm。

检查安装好的门窗框及预埋件，其位置应正确。对门窗框与墙边缝隙应填实，铝合金门窗框应用泡沫塑料条、泡沫聚氨酯条、矿棉玻璃条或玻璃丝毡条填塞；钢木门窗框应用水泥砂浆填塞；塑料门窗框应用泡沫塑料条、泡沫聚氨酯条或油毡条填塞；彩色镀锌钢板门窗框应用建筑密封膏密封。

a. 组装车安装就位：按施工平面布置图就位，合理布置，缩短管路，力争管径一致。

b. 安装好室内外管线，临时固定，防止施工时移动。

c. 检查主体结构是否符合设计要求，不合格者，应返工修补。

d. 选择合适的砂浆稠度，用于混凝土基层表面时为 9～10cm，用于砖墙表面时为 10～12cm。

e. 检查机具。在未喷灰前，提前检查机械、管道能否正常运转。

47. 对抹灰石膏喷涂机械设备的安装要求有哪些？

答： 对抹灰石膏喷涂机械设备的安装要求有以下几点：

① 安放喷涂机的地面必须坚实平整，启动机器前应锁住小角轮。

② 输送管道安装不得折弯和盘绕。管道连接处应密封、不漏浆、不滴水。输气胶管与喷枪的连接应密封、不漏气。输送管道的材质应坚固、耐压、耐磨、耐腐蚀。管道应安装牢靠，不得在输送管上压放物料。

③ 输送管的连接和拆卸应快捷、方便。

48. 抹灰石膏机械喷涂的工艺流程是什么？

答： 抹灰石膏机械喷涂的工艺流程应按下列顺序进行：

基层处理→机械准备→材料准备→砂浆搅拌→过筛→泵送→喷涂→托大板大面积找平→刮杠局部找平→搓平压光→抹踢脚线（板）→清理落地灰。

基层处理包括嵌门窗缝、做护角线、做标志及标筋、浇水湿润等。

内墙面喷底子灰有两种工艺：一种是先做墙裙、踢脚线和门窗护角，后喷灰；另一种是先喷灰，后做墙裙、踢脚线和门窗护角。前一种比后一种容易保证砂浆与墙面基层的粘结质量，清理用工较少，但技术上要求较高，且要做好成品保护。实际工程中采用前一种流程的较多。

49. 抹灰石膏机械喷涂时应符合哪些要求？

答： 抹灰石膏机械喷涂时应符合下列要求：

① 合理布置机具和使用喷嘴：根据施工现场的实际情况，管路布置应尽量缩短，橡胶管道也要避免弯曲太多，拐弯半径越大越好（不应小于管径 10～20 倍），以防管道堵塞。水平管应保持在 5°～10°上仰坡度，以防管路堵塞。正确掌握喷嘴与墙面、顶棚的距离和选择压力的大小。喷射力一般为 0.15～0.2MPa：压力过大，射出速度快，会使砂子弹回，增大消耗；压力过小，冲击力不足，会降低灰浆与墙面的粘贴力，造成砂浆流淌。持喷枪姿势应当正确。喷枪手持枪姿势以侧身为宜，右手握枪在前，左手握管在后，两腿叉开，以便左右往复喷浆。持枪角度、喷枪口与墙面的距离，见表 7-7。

② 喷涂前应试水运转，疏通和清洗管路，然后压入适当稠度的纯石灰膏，以润滑管道。

③ 喷涂时应根据设计要求分层完成。喷涂厚度一次不宜超过 8mm。当超过时，应分遍进行，一般底层灰喷涂两遍：第一遍将基面喷涂平整或喷拉毛灰；第二遍待第一遍灰凝结后

再喷，并应略高于标筋。

喷涂底层、保温层、面层时，层间时间间隔应不小于 12h。面层灰在喷涂前 20～40min，应将底层灰湿水，待表面晾干至无明水时再喷涂。面层厚度不宜大于 30mm，底层厚度不宜大于 50mm，保温层厚度不宜大于 60mm。

表 7-7　持枪角度、喷枪口与墙面的距离

序号	喷灰部位	持枪角度	喷枪口与墙面距离（cm）
1	喷上部墙面	45°→35°	30→45
2	喷下部墙面	70°→80°	25→30
3	喷门窗角（离开门窗框 4cm）	30°→40°	6→10
4	喷窗下墙面	45°	5～7
5	喷吸水性较强或较干燥的墙面，或灰层厚的墙面	90°	10～15
6	喷吸水性较弱或较潮湿的墙面，或灰层薄的墙面	65°	15～30
7	顶棚喷灰	60°～70°	15～30
8	踢脚板以上部位喷灰	喷嘴向上仰 30°左右	10～30
9	门窗口相接墙面喷灰	喷嘴偏向墙面 30°～40°	10～30
10	地面喷灰	90°	30

注：1. 表中持枪角度与距离栏中带有 "→" 符号的是指随着往上喷涂而逐渐改变角度或距离。

　　2. 喷枪口移动速度应按出灰量和喷灰厚度而定。

　　3. 由于喷涂机械不同，其性能差异较大，因此喷涂距离取值面较宽，应视具体机械选择其中合适距离；一般情况下，机械的压力大，则距墙面距离亦应增大。

④ 喷涂顺序和路线的确定影响着整个喷涂过程。顺序和路线选择合理，不仅操作顺手，而且减少迂回和因输浆管的拖动而产生的不良后果。从总布局上，应遵守"先远后近、先上后下、先里后外"的原则。一般可按先顶棚后墙面，先室内后过道、楼梯间进行喷涂。

⑤ 喷枪出口和基层间距宜保持在 200～300mm，并与基层倾斜成 60°左右，喷枪应根据抹灰层的厚度控制速度，平稳、匀速移动，料浆应搭接紧密。

⑥ 当喷涂墙面时，室内墙面喷涂，宜从门口一侧开始，另一侧退出。同一房间喷涂，当墙体材料不同时，应先喷涂吸水性小的墙面，后喷吸水性大的墙面。室外墙面喷涂，应由上向下按"S"形路线迂回喷涂。底层灰应分段进行，每段宽度为 1.5～2.0m，高度为 1.2～1.8m。面层灰应用分格条进行分块，每个分块内的喷涂应一次完成。

一般由上向下按"S"形路线巡回喷涂时，分片不宜过多，以减少接茬。但实际喷涂方法有两种：一种是由上往下呈 S 形巡回喷法，可使表面较平整，灰层均匀，但易掉灰；另一种是由下往上呈 S 形巡回喷法，在喷涂过程中，已喷在墙上的灰浆对正喷涂的灰浆可以起到截挡作用，减少掉灰，因而后一种喷法较前一种喷法好。但这两种喷法都要重复两次以上才能满足厚度要求。图 7-11 所示为内墙喷涂路线。

⑦ 当喷顶棚时（图 7-12）宜先在周边喷涂出一个边框，再按"S"形路线由内向外迂回喷涂，最后从门口退出。当顶棚宽度过大时，应分段进行喷涂，每段喷涂宽度不宜大于 2.5m。

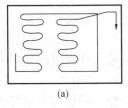 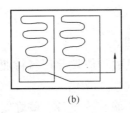

图 7-11　内墙喷涂路线

（a）由下往上喷；（b）由上往下喷

图 7-12　用石膏灰浆喷涂天花板

⑧ 在屋面、地面的松散填充料上喷涂找平层灰时，应连续喷涂多遍，喷灰量宜少，以保证填充层厚度均匀一致。

⑨ 喷枪的压力要稳定。喷嘴的正常工作压力宜控制在 1.5～2.0MPa。如压力不足时，应调整空压机的压力。

⑩ 喷涂机移位或从一个房间转移至另一房间时，应关闭电、气、水开关。对已保护的成品应注意勿污染，对喷溅粘附的砂浆应及时清除干净。

⑪ 喷涂期间，喷涂抹灰须连续进行，如有间歇，应避免 30min 以上的中断。超过 30min 时，应用清水冲洗管道，或每隔 5～10min 开动一次灰浆泵，防止沉淀。如间歇时间很长，可在管路内部全部输入石灰膏，并将两端封闭。每次喷涂完毕，先用石灰膏输入管路，最后接入压缩空气，通气数分钟（气压不低于 0.4MPa），以防砂浆在管路设备中结块。

图 7-13　用精细喷枪喷涂石膏灰浆
和用镘刀抹灰

⑫ 在屋面或地面松散填充料上喷涂找平层时，应连续喷涂多遍，每遍喷灰量宜少，以保证填充层厚度均匀一致，见图 7-13。

⑬ 对已喷涂好的部位应以保护，应及时清除喷溅粘附的砂浆。

50. 如何对抹灰石膏机械喷涂进行抹平压光？

答：① 喷涂后应及时清理标筋，可用大板沿标筋从下向上反复刮平，去掉附在标筋上的砂浆，使标筋露出平整的表面。标筋间如有喷灰量不足时，应及时加灰补足。

② 当后做护角线、踢脚板时，喷涂后应及时清理护角线、踢脚板位置上的砂浆，以便做下道工序。

③ 抹平应在料浆初凝前进行。标筋清理后，用刮杠紧贴标筋上下左右刮平，把多余砂浆刮掉，并搓揉压实，至设计要求的厚度。

④ 压光应在终凝前进行。用木抹将面层灰搓平与修补，面层灰刮平后用铁抹压实压光。

可在墙面上喷涂雾状水，也可用专用的泡沫海绵抹子蘸水压光。

⑤ 喷涂过程中的落地灰是指喷涂、刮平、搓揉时掉在地上的砂浆。落地灰应及时清理，在砂浆未达到初凝之前回收倒入砂浆搅拌机内，以便再利用。如砂浆已凝结只能充当砂子使用。

51. 抹灰石膏机械喷涂的安全操作有哪些?

答：① 抹灰石膏抹灰中，采用的任何机械均应按照现行行业标准《建筑机械使用安全技术规程》（JGJ 33—2012）中的有关规定执行。

② 机械喷涂喷枪操作人员必须穿好工作服、胶皮鞋，戴好安全帽、手套和安全防护眼镜等。

③ 机械喷涂时，严禁将喷枪口对人。当喷枪管道堵塞时，应先停机释放压力再疏通。

④ 电器装置应遵守现行行业标准《施工现场临时用电安全技术规范》（JGJ 46—2005）的有关规定。

⑤ 设备运转时，严禁检修。非检修人员不得拆卸安全装置。

⑥ 输浆管清洗时，应先卸压，后进行清洗。

52. 如何对抹灰石膏机械喷涂设备进行维修与保养?

答：① 机械喷涂工作结束后，应清洗设备，认真做好维护、保养和维修工作。

② 混料器、喷管、输送管道应进行重点清洗。混料器清洗完毕后，用海绵球清理料浆喷管。所有输送管道在喷涂结束时，应用水冲洗干净。

③ 压缩机过滤器应保持干净。

④ 每日应给设备添加润滑油，保持管道畅通和拆装处的密封性。

⑤ 设备累计使用 24h 后，应对设备的关键部件，螺杆泵、喷枪、星形轮、空压机、仪表等进行检查，如有磨损、损坏，应及时调整、更换。

⑥ 喷涂机的常见故障排除方法应按相应要求进行。其他维修与保养同一般机械。

53. 抹灰石膏冬期抹灰的一般规定有哪些?

答：① 昼夜室外平均气温连续 5d 低于 $-2℃$ 时，应按冬期施工规定执行。

② 冬期施工应对原材料、机械设备和作业场所，采取保温防冻措施。

③ 冬期室内抹灰施工，室内环境温度应保持在 0℃ 以上。抹灰石膏预拌砂浆等材料应提前放置室内。

④ 冬期抹灰前做好门窗口等封闭保温围护，不得在冻结的基层上施工。可采用加温措施，但不得直接烘烤墙面，室内湿度不宜高于 70%。

⑤ 冬期施工料浆搅拌时间应比常温延长 1min，料浆随拌随用。工作结束后，及时清除设备、料斗和管道内的残存料浆。

⑥ 抹灰石膏料浆上墙温度应该在墙面洒水不结冰的情况下进行，受冻的料浆不能使用。如室内温度较低，可以用 15～25℃ 左右的温水拌制料浆进行施工。

⑦ 施工过程中，应设专人每天对天气、原材料、料浆出机温度和室内进行测试，每 4h 测一次，并做好记录。

⑧ 施工后的抹灰石膏墙面在没干燥前不得受冻。

54. 抹灰石膏抹灰工程质量控制的主控项目有哪些?

答: ① 抹灰所用材料的品种和性能应符合设计及国家规范、标准的要求。

② 抹灰工程应分层进行,不同材料的分层抹灰厚度应符合国家规范的要求。当抹灰总厚度大于或等于 35mm 时,应采取有效地加强措施。不同材料基体交接处表面的抹灰,应采取防止开裂的加强措施,当采用加强网时,加强网与各基体的搭接宽度不应小于 100mm。

③ 抹灰层与基层之间及各抹灰层之间必须粘结牢固,抹灰层应无脱层、空鼓,面层应无裂缝。

④ 设计要求抹灰层具有防水、防潮功能时,应采用防水砂浆。防水砂浆外加剂应按规定进行试配,掺量应符合设计及产品使用说明的要求。

55. 抹灰石膏抹灰工程质量控制的一般项目有哪些?

答: ① 抹灰石膏抹灰工程的表面质量应符合下列规定:

普通抹灰:表面应光滑、洁净、接茬平整,分格缝及灰线应顺直、清晰(毛面纹路均匀一致)。

高级抹灰:表面应光滑、洁净、颜色均匀、无抹纹,分格缝和灰线应平直方正、清晰美观。

② 护角、孔洞、槽、盒周围的抹灰表面应边缘整齐、方正、光滑;设备管道、暖气片等后面的抹灰表面应平整、光滑。门窗框与墙体的缝隙应填塞饱满,表面平整光滑。

③ 抹灰层的总厚度应符合设计要求。

④ 立面分格缝的设置应符合设计要求,宽度和深度应均匀,表面应光滑,棱角应整齐。

⑤ 抹灰石膏抹灰工程质量的允许偏差和检验方法应符合表 7-8 的规定。

表 7-8 抹灰石膏抹灰的允许偏差和检验方法

项次	项 目	允许偏差 (mm)		检验方法
		普通抹灰	高级抹灰	
1	立面垂直度	4	2	用 2m 垂直检测尺检查
2	阴阳角垂直	4	2	
2	表面平整度	4	2	用 2m 靠尺及塞形尺检查
3	阴阳角方正	4	2	用 200mm 方尺检查
4	分格条(缝)直线度	4	2	拉 5m 线,不足 5m 拉通线,钢直尺检查
5	墙裙、勒脚上口直线度	4	2	拉 5m 线,不足 5m 拉通线,用钢直尺检查

注:1. 顶棚抹灰本表第 2 项可不检查但应顺平。

2. 普通抹灰,本表第 3 项次阴角方正可不检查。

3. 高级抹灰,本表第 2 项次表面平整度可不检查,但应平顺。

⑥ 抹灰石膏抹灰各等级的工序要求及适用范围见表 7-9。

表 7-9　一般抹灰各等级的工序要求及适用范围

级别	工序要求	适用范围
普通抹灰	一道底层和一道面层，或者不分层。分层赶平、修整，表面压光，接茬平整	一般适用于仓库、车库、地下室、锅炉房、临时建筑物等
中级抹灰	一道底层与一道面层，阳角找方，设置标筋，分层赶平、修整，表面压光	一般适用于居民住宅、公共建筑、厂房及高级建筑物的附属工程

56. 抹灰石膏抹灰前应采取哪些防护措施?

答: ① 鉴于抹灰石膏属气硬性材料，只有硬化体完全干燥后，才能达到真正的使用强度，因此墙体抹灰层硬化后干燥之前不得用重锤击打和尖锐物刮划，也不允许地面出现明水和由门窗口处淋进雨水冲刷，也应避免地面有积水而影响抹灰层的干燥。

② 如果尚未安装门窗玻璃，门窗洞口应予遮挡，否则新抹墙面在终凝前受到干风吹袭，会产生由于失水掉粉现象。

③ 门窗框上残存的砂浆应及时清理干净。铝合金门窗框装前要粘贴保护膜，嵌缝用中性砂浆及时清洁并用洁净的棉丝将框擦净。

④ 室内抹灰前宜在门框根部 500～600mm 高范围内，钉铁皮或木板保护，防止施工中碰坏。

⑤ 地面踢脚板、墙裙及管道背后及时清扫干净，暖气片背面事先刷（喷）好一道罩面材料。

⑥ 室内搬运物料要轻抬、轻放，及时清除场内杂物，施工工具、材料码放整齐，避免撞坏和污染门窗、墙面和护角。为避免破坏地面面层，严禁在地面拌灰，保护地面完好。

⑦ 保护好墙面的预埋件、通风算子、管线槽、孔、盒。电气、水暖设备所预留的孔洞不要抹死。

⑧ 抹灰层在凝结硬化期应防止曝晒、水冲、撞击、振动和受冻，以保证抹灰层有足够的强度。

在抹灰石膏抹灰层未凝结硬化前，应尽可能地遮蔽窗口，避免通风使石膏失去足够水化的水。但抹灰石膏凝结硬化以后，就应保持通风良好，使其尽快干燥，达到使用强度。

⑨ 新抹墙面不允许用热源直接烘烤。

57. 抹灰石膏在砖墙、混凝土基层抹灰出现空鼓、裂缝的原因及防治方法有哪些?

答:（1）现象

墙面抹灰后经过一段时间，往往会在不同基层墙面交接处，基层平整度偏差较大的部位，墙裙、踢脚板上口，以及线盒周围、砖混结构顶层两山头、圈梁与砖砌体相交等处出现空鼓、裂缝等。

（2）原因分析

① 基层清理不干净或处理不当；墙面浇水不透，抹灰后砂浆中的水分很快被基层（或底灰）吸收，影响粘结力。

② 配制砂浆和原材料质量不好，使用不当。

③ 基层偏差较大，一次抹灰层过厚，干缩率较大。

④ 门窗框边塞缝不严密，预埋木砖间距太大或埋设不牢，由于门扇经常开启而振动。夏季施工砂浆失水过快，或抹灰后没有适当浇水养护。

⑤ 线盒往往是由电工在墙面抹灰后自己安装，由于没有按抹灰操作规程施工，过一段时间易出现空裂。

⑥ 砖混结构顶层两端山头开间，在圈梁与砖墙交接处，由于混凝土和砖墙的膨胀系数不同，经过一年使用后出现水平裂缝，并随时间的增长而加大。

⑦ 拌和后的抹灰石膏未及时用完，超过初凝时间，砂浆逐渐失去流动性而凝结。为了操作方便，重新加水拌和，以达到一定稠度，从而降低了砂浆强度和粘结力，产生空鼓、裂缝。

（3）防治措施

① 混凝土、砖石基层表面砂浆残渣污垢、隔离剂油污、析盐、泛碱等，均应清除干净。一般对油污隔离剂可先用 5%～10%浓度的火碱水清洗，然后再用水清洗；对于析盐、泛碱的基层，可用 3%草酸溶液清洗。使用定型组合钢模或胶合板底模施工，混凝土面层过于光滑的基层，拆除模板后立即先用钢丝刷清理一遍。

② 墙面脚手孔洞作为一道工序先用同品种砖堵塞严密；水暖、通风管道通过的墙洞和剔墙管槽，必须用 1:3 水泥砂浆堵严抹平。

③ 不同基层材料如木基层与砖面、混凝土基层相接处，应铺设玻纤网，搭接宽度应从相接处起，两边均不小于 10cm。

④ 抹灰前墙面应浇水。砖墙基层一般浇水两遍，砖面渗水深度约 8～10mm，即可达到抹灰要求。加气混凝土表面孔隙率大，但该材料毛细管为封闭性和半封闭性，阻碍了水分渗透速度，它同砖墙相比，吸水速度降低 75%～80%，因此，应提前一天进行浇水，使渗水深度达到 8～10mm。混凝土墙体吸水率低，抹灰前浇水可以少一些。如果各层抹灰相隔时间较长，或抹上的砂浆已干燥，则抹上一层砂浆时应将底层浇水润湿，避免刚抹的砂浆中的水分被底层吸走而产生空鼓。此外，基层墙面浇水程度还与施工季节、气候和室内操作环境有关，应根据实际情况酌情掌握。

⑤ 主体施工时应建立质量控制点，严格控制墙面的垂直和平整度，确保抹灰厚度基本一致。如果抹灰较厚时，应铺设玻纤网分层进行抹灰，一般每次抹灰厚度应控制在 1～1.5cm 为宜。中层抹灰必须分两次以上抹平。

抹灰石膏抹平层抹灰应待前一层抹灰层凝固后，再涂抹后一层；或用大拇指用力压挤抹完的灰层，无指肚坑但有指纹（七八成干），再涂抹后一层。这样可防止已抹的砂浆内部产生松动、空鼓、裂缝。

⑥ 全部墙面上接线盒的安装时间应在墙面找点冲筋后进行，并应进行技术交底，作为一道工序，由抹灰工配合电工安装，安装后线盒面同冲筋面平，牢固、方正，一次到位。

⑦ 外墙内面抹保温砂浆应同内墙面或顶板的阴角处相交。方法一是先抹完保温墙面，再抹内墙或顶板砂浆，在阴角处砂浆层直接顶压在保温层平面上；方法二是先抹内墙和顶板砂浆，在阴角处搓出 30°角斜面，保温砂浆压住砂浆斜面。

⑧ 砖混结构的顶层两山头开间，在圈梁和砖墙间出现水平裂缝。这主要是在北方由于温差较大，不同建材的膨胀系数不同而造成的温度缝。一般做法是将顶层山头构造柱

（同标准层相比）适当加密，间距约 2～3m；山头开间除有构造柱外，在门窗口两侧增加构造柱。

⑨ 抹灰用的抹灰石膏面层浆料必须具有良好的和易性，并具有一定的粘结强度。和易性良好的砂浆能涂抹成均匀的薄层，而且与底层粘结牢固，便于操作且能保证工程质量。砂浆和易性的好坏取决于砂浆的稠度（沉入度）和保水性能。

抹灰石膏砂浆的保水性能是指在搅拌、运输、使用过程中，砂浆中的水与胶结材料及集料分离快慢的性能，保水性不好的砂浆容易离析，如果涂抹在多孔基层表面上，砂浆中的水分很快会被基层吸走而发生脱水现象。

58. 抹灰石膏在加气混凝土条板墙面抹灰层出现空鼓、开裂的原因及防治措施有哪些？

答：（1）分析原因

① 加气混凝土墙面基层未进行表面处理。

② 板缝中粘结砂浆不严。

③ 条板上口与顶棚粘结不严，条板下细石混凝土未凝固就拔掉木楔，墙体整体性和刚度较差。

（2）防治措施

① 抹底层抹灰石膏前，应在墙面上喷水充分并均匀以增强粘结力。

② 板缝中砂浆一定要填刮严实。

③ 条板上口事先要锯平，与顶棚粘结牢固。

④ 条板下细石混凝土强度达到 75% 以上才能拔取木楔，留下空隙填塞细石混凝土。

⑤ 墙体避免受剧烈振动或冲击。

59. 抹灰石膏抹灰中面层灰接茬不平，抹灰层起泡、开花、有抹纹、颜色不均匀的原因及防治措施有哪些？

答：（1）现象

抹灰面层施工后，由于某些原因易产生面层起泡和有抹纹现象。

（2）原因分析

抹灰时因茬子甩的不规矩、不平，造成在接茬时很难找平。

① 抹完罩面灰后，压光工作跟得太紧，灰浆没有收水，压光后产生起泡。

② 抹灰石膏底层灰过分干燥，罩面前没有浇水湿润，抹罩面灰后，水分很快被底层吸收，压光时易出现抹纹。

③ 抹压面层灰操作程序不对，使用工具不当。

（3）防治措施

① 接茬时，应避免将茬头甩在整块墙面的中间。

② 抹完面层灰并待其收水后，才能进行面层灰压光。

③ 抹灰石膏罩面，须待底层灰终凝后进行；如底层灰过干一定要先浇水湿润；罩面时应由阴、阳角处开始，先竖着（或横着）薄薄刮一遍底，再横着（或竖着）抹第二遍找平，两遍总厚度约 1～2mm；阴、阳角分别用阳角抹子和阴角抹子捋光，墙面再用铁抹子压一遍，然后顺抹子纹压光。

60. 抹灰石膏抹灰层表面掉粉的原因及防治措施有哪些?

答：（1）现象

抹灰层表面用手触摸，有显著白粉粘在手上，或掉粉现象严重。

（2）原因分析

① 材料保水性差，造成失水过快过多，抹灰石膏水化不充分。

② 环境温度过高或出现冷冻现象，均出现失水过多，水化不充分现象。

③ 热源直接烘烤新墙面，出现局部温度过高，失水过快。

（3）防治措施

① 选择购置质量合格，保水率大于90％的抹灰石膏。

② 应当将门窗封闭，避免温差过大，不允许在零下温度下施工。

③ 新抹墙面不允许被热源直接烘烤。

④ 出现掉粉现象用浓度2％的PVA胶液涂刷一遍。

61. 抹灰石膏抹灰面不平整，阴阳角不垂直、不方正的原因及防治措施有哪些?

答：（1）现象

墙面抹灰后，经质量验收，抹灰面平整度、阴阳角垂直或方正达不到要求。

（2）原因分析

抹灰前没有事先按规矩找方、挂线、做灰饼和冲筋，冲筋用料强度较低或冲筋后过早进行抹面施工；冲筋离阴阳角距离较远，影响了阴阳角的方正。

（3）防治措施

① 抹灰前按规矩找方，横线找平，立线吊直，和贴灰饼（灰饼距离为1.5～2m），弹出准线和墙裙（或踢脚板）线。

② 先用托线板检查墙面平整度和垂直度，决定抹灰厚度，在墙面的两上角用抹灰石膏灰浆各做一个灰饼，利用托线板在墙面的两下角做出灰饼，拉线，间隔1.2～1.5m做墙面灰饼，冲纵筋（宽为10cm）同灰饼平，再次利用托线板和拉线检查，无误后方可抹灰。

③ 冲筋较软时抹灰易碰坏灰筋，抹灰后墙面不平；但也不宜在冲筋过干后再抹灰。

④ 经常检查修正抹灰工具，尤其避免刮杠变形后使用。

⑤ 抹阴阳角时，应随时用方尺检查角的方正，抹阴角砂浆稠度应稍小，尽量多压几遍，避免裂缝和不垂直、不方正。

⑥ 罩面灰施抹前应进行一次质检验收，验收标准同面层，不合格处必须修正后再进行面层施工。

62. 抹灰石膏抹灰工程墙体与门窗框交接处抹灰层空鼓、裂缝、脱落的原因及防治措施有哪些?

答：（1）现象

工程竣工后，由于门窗扇开启的振动，门窗框两侧墙面出现抹灰层空鼓、裂缝或脱落。

（2）原因分析

① 基层处理不当。

② 操作不当，预埋木砖（件）位置、方法不当或数量不足。

③ 抹灰石膏品种选择不当。

（3）防治措施

① 木砖数量及位置应适当，门窗口上下第 4 或第 5 皮砖放置一块，中间木砖间距不大于 70cm，木砖应做成燕尾式并做防腐处理，埋设在丁砖层。固定门窗口的钉子长度不得小于 100cm，木砖如有遗漏，禁用打入木钉代替。

② 非普通砖及 120 砖墙砌体，应预先将木砖放置在符合砌体模数的混凝土预制块中待用（非木门窗应预先埋置符合砌体模数的混凝土预制块）。

③ 抹灰前用水洇墙面时，门窗口两侧的小面墙洇水程度应与大面墙相同，且此处为通风口，抹灰时还应当洇水。

④ 门窗框塞缝应作为一道工序由专人负责。木门窗框和墙体之间的缝隙应用水泥砂浆全部塞实并养护，待达到一定强度后再进行抹灰。

⑤ 门窗口两侧必须抹出不小于 50mm 宽的水泥砂浆护角。

⑥ 木砖尺寸：双面有贴脸（或筒子板）的木砖规格为 5cm×11cm×砌体厚；单面有贴脸（或筒子板）的木砖规格为 5cm×11cm×（框宽＋有贴脸向门膀宽）；无贴脸（或筒子板）的木砖规格为 5cm×11cm×8cm（小头），并割成燕尾式（大头为 12cm）。

（4）治理方法

将空鼓、开裂的抹灰层铲除，将墙面洇水湿润，重新抹灰。

63. 抹灰石膏在轻质隔墙板基层抹灰空鼓、裂缝的原因及防治措施有哪些？

答：（1）现象

轻质隔墙板是适用于建筑物内高度不大于 3m 的非承重隔墙使用，是一种较理想的施工材料。但由于某些原因，在墙面抹灰经过一段时间后，沿板缝处产生纵向裂缝，条板与地面或顶板之间产生横向裂缝，墙面产生不规则裂缝或空鼓。

（2）原因分析

① 在轻质隔墙板墙面上抹灰时，基层处理不当，没有根据板材的特性采用合理的抹灰材料及合理的操作方法。

② 条板安装时，板缝间粘结砂浆挤压不严，砂浆不饱满，粘结不当等。

③ 墙面较高、较薄造成刚度较差。条板平面接缝处未留出凹槽，无法进行加固补强处理。

④ 条板端头不方正，与顶板粘结不牢。

⑤ 条板下端头做在光滑的地面面层上，仅一侧背木楔，填塞的细石混凝土坍落度过大。

⑥ 因墙板表面光滑而削减了与抹灰层的粘结强度，料浆在抹灰后会出现沿基层表面向下滑移，产生横向裂缝的问题。

⑦ 由于市场原因，使用方无限压低价格，使得生产厂只能使用低质的原料来获取利润，在一定程度上促成了强度较低的产品，墙板安装后无法验收，有的轻质墙板在安装后墙体上要进行挖槽、开孔，由于经常采用细石混凝土进行堵槽，它本身干缩较大，粘结强度也差，造成了线槽处的开裂。

⑧ 轻质墙板在安装时采用 20％的 108 胶掺入水泥净浆中，用来粘结和涂刮墙板，这样的浆料与轻板的粘结强度一般在 0.8MPa 左右，而有的墙板达到产品标准要求时的抗拉强度为 5.0MPa 以上，108 胶收缩值大，收缩应力也大，当收缩应力大于接缝材料的粘结强度时必然在接缝处产生裂缝。

⑨ 由于墙板本身的弯曲变型或安装不精细，导致墙体平整度差，需要进行抹灰找平。也有因墙板自身的隔音保温性能未能达到设计要求，需用抹灰材料补救，增加抹灰厚度来改善墙体性能，如用传统抹灰材料厚度超过 10mm 以上时，操作人员臂力赶压不易均匀地使抹灰层紧密与基层粘结牢固，产生局部空鼓和裂缝，有时因上层抹灰的赶压使下层表面松动，形成两层壳等空鼓、开裂现象。

（3）防治措施

① 条板根据需要长度订货进厂，验收合格后将板两端头用刨子找平、找方，长度宜比结构净空高度小 15～20mm。

② 条板宜同结构相交，应在地面、墙面及顶棚抹灰前安装，并将同板发生接触的墙、地、顶及板对接口处的浮灰清理干净，并提前 2d 浇水润湿。

③ 配制的粘结砂浆按规定的配合比使用，拌和均匀成黏稠膏状，注意应在初凝前使用完毕。

④ 安装时将配制好的粘结砂浆满抹板顶及板侧凹槽内，板立起后，挤紧板凹凸槽面，板间缝隙 5mm 左右。用撬棍将板顶同墙面和顶棚粘压牢固，在板下两侧 1/3 处用木楔（或钢楔）背紧，并将挤出的粘结砂浆刮净。

⑤ 板下空隙用 1∶2 干硬性砂浆（空隙大于 20mm 时用 C20 细石混凝土）填嵌并捣实，加强养护，其强度达 10MPa 时撤出木楔（钢楔不再撤出）并堵孔。同时在安装好的板缝处刮成深为 3mm、宽为 60mm 的凹槽，槽内满刮胶（根据原板材要求用胶），将玻纤网格带（宽为 50mm）贴平、压实，再满刮胶一遍。充分干燥后，将胶泥腻子分两次将凹槽处刮成与表面相平，此法可解决板间的纵向裂缝，各节点见图 7-14。

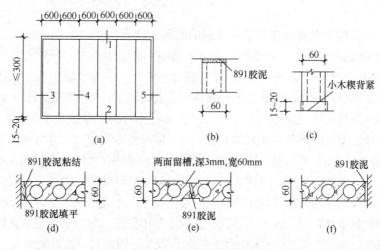

图 7-14　条板安装做法

（a）条板立面；（b）节点 1；（c）节点 2；（d）节点 3；（e）节点 4；（f）节点 5

⑥ 墙面抹灰前应用钢丝刷将墙体表面浮灰、松散颗粒清扫干净，并将墙面浇水润湿。

（4）治理方法

对板之间的纵向裂缝，可将裂缝处抹灰铲除，清理打磨干净。在板缝处用板材所需的胶结材料将玻纤网格带贴平、压实后，抹抹灰石膏。

64. 抹灰石膏在混凝土顶板抹灰空鼓、裂缝的原因及防治措施有哪些？

答：（1）裂缝现象

① 有规则裂缝：往往产生在预制楼板沿板缝裂缝，空鼓往往伴随裂缝出现，但并非所有的裂缝都空鼓。

② 无规则裂缝：往往现浇混凝土板底出现裂缝，常在板的四角产生，中部有时也有通长裂缝，一般空鼓伴随裂缝出现。

（2）原因分析

① 顶棚油污、杂物等在抹灰前未清理干净，抹灰前浇水不透。

② 预制板的挠度及板底安装不平，使相邻板底高低偏差大，造成抹灰厚薄不均，由于不同厚度的抹灰层砂浆的收缩力不同，产生裂缝。

③ 预制楼板安装时排缝不匀，灌缝不密实。

④ 抹灰石膏质量不达标导致与楼板粘结不牢。

（3）防治措施

① 现浇或预制混凝土楼板底表面必须清理干净，模板隔离剂、油污应用清水加10%的火碱洗刷干净。

② 抹灰前应喷水湿润。

③ 混凝土顶板抹灰，一般应在上层地面做完后进行。

④ 预制楼板顺板缝裂缝较严重者应从上层地面上剔开板缝，重新认真施工；如裂缝不十分严重，可将顶缝处剔开抹灰层 60mm 宽，用底层抹灰石膏勾缝，粘玻纤网（一般成品 50mm 宽），抹灰即可。

65. 抹灰石膏在加气混凝土抹灰层不开裂的原因是什么？

答：加气混凝土抹灰层开裂是建筑施工中的通病，其原因有三：

① 与加气混凝土的孔结构特性有关。加气混凝土的气孔多为"墨水瓶"式的结构，肚大口小，是毛细管作用较差所致。因此黏土砖墙抹灰前表面浇水，使其吸足水量，以保持抹灰层湿润的做法在加气混凝土墙上往往不能奏效。加气混凝土表面看似浇水不少，实则吸水不多，而其后仍继续从砂浆中吸收水分，造成抹灰层干裂，同时使砂浆中的胶凝材料不能充分水化而发挥强度，造成砂浆的开裂和空鼓，因此加气混凝土对砂浆的保水性要求很高。抹灰石膏中胶凝材料烧石膏具有一定的保水性，再掺入一定量的高保水特性的外加剂进一步提高抹灰石膏的保水性能。另外传统水泥砂浆水化速度较慢，一般需要 28d 才能水化完全，在水化过程中需要一定的水分持续供其水化，一旦水分不够就会造成水化不完全，导致抹灰层强度降低，甚至出现开裂、空鼓现象。而抹灰石膏 4h 水化程度在 90% 以上，因此对强度影响不大。

② 与砂浆的弹性模量有关。加气混凝土自身强度和弹模较低，与强度和弹模高的砂浆之间容易产生较大的剪应力，使界面受到破坏，因此抹灰砂浆的强度不宜过高，应保持与加气混凝土标号的一致性。加气混凝土标号一般为 30～40♯ 左右，所以抹灰砂浆标号在 40～

50♯为宜。抹灰石膏的绝干抗压强度一般在 $4\sim6MPa$ 之间，与加气混凝土相匹配。烧石膏是水化微膨胀型的胶凝材料，石膏制品其干燥收缩值又远远小于水泥制品，我们又通过掺入抗收缩掺合料和调整颗粒级配进一步降低抹灰石膏的干燥收缩值，因此抹灰石膏的干燥收缩率小于或等于 $0.6mm/m$ 不成问题。

③与材料的粘结强度有关。如何保证砂浆与加气混凝土的粘结强度，承受拉应力和剪应力，使砂浆具有良好的抗开裂、抗空鼓能力是加气混凝土抹面砂浆的关键。这要求一方面提高砂浆的保水性，保证胶凝材料的强度发挥，另一方面加入适量的粘结剂，提高砂浆的粘结强度与抗压强度的比值。烧石膏本身具有良好的粘结性能，因此抹灰石膏中在掺入适量的粘结增加剂后，就能够使其具备与加气混凝土良好的粘结性能。综上所述：抹灰石膏具有与加气基材粘结牢固、水化时微膨胀、后期收缩小、有很好的保水性等特点，非常适应加气混凝土基材的抹灰施工。

66. 抹灰石膏抹灰工程的安全工作纪律有哪些?

答：抹灰工程安全工作纪律见表 7-10。

表 7-10　安全工作纪律

项　目	内　　容
一般规定	在作业时，衣着要灵便，禁止穿硬底鞋、拖鞋在架子上操作。进入施工现场，必须戴安全帽
料具检查	(1) 操作之前先检查工具，易脱头、折把的工具，经修理后再用; (2) 架子上存放的材料应分散，不得集中，木制杠尺应平放在脚手板上，所有工具均应搁置稳当，防止掉落伤人
安全操作要求	(1) 在搅拌砂浆或抹灰操作过程中，尤其是顶棚抹灰时，要防止灰浆溅入眼内; (2) 操作时，精神要集中，不得嬉笑打闹，防止意外事故发生; (3) 操作人员必须遵守操作规程，听从安全员指挥，消除隐患，杜绝事故发生

67. 抹灰石膏机械抹灰的安全操作有哪些?

答：机械喷涂抹灰安全操作见表 7-11。

表 7-11　机械喷涂抹灰安全操作

项　目	内　　容
检查输送管道	喷涂抹灰前，应检查输送管道是否固定牢固，以防管道滑脱伤人
作业人员	从事机械喷涂抹灰作业的施工人员，必须经过体检，并进行安全培训，合格后方可上岗操作
喷涂作业安全措施	(1) 喷枪手必须穿好工作服、胶皮鞋，戴好安全帽、手套和安全防护镜等劳保用品; (2) 供料与喷涂人员之间的联络信号，应清晰易辨，准确无误; (3) 喷涂作业时，严禁将喷枪口对人。当喷涂管道堵塞时，应先停机释放压力，避开人群进行拆卸排除，未卸压前严禁敲打晃动管道; (4) 喷枪的试喷与检查喷嘴是否堵塞，应避免枪口突发喷射伤人。在喷涂过程中，应有专人配合，协助喷枪手拖管，以防移管时失控伤人; (5) 输浆过程中，应随时检查输浆管连接处是否松动，以免管接头脱落，喷浆伤人; (6) 清洗输浆管时，应先卸压，后进行清洗

68. 抹灰石膏砂浆搅拌机的安全操作有哪些?

答:砂浆搅拌机的安全操作见表 7-12。

表 7-12　砂浆搅拌机安全操作

项　目	内　容
施工前检查	砂浆搅拌机启动前,应检查搅拌机的传动系统、工作装置、防护设施等均应牢固、操作灵活。启动后,先经空运转,检查搅拌叶旋转方向正确,方可加料加水进行搅拌
搅拌作业安全操作技术	(1) 砂浆搅拌机的搅拌叶运转中,不得用手或木棒等伸进搅拌筒内或在口清理砂浆; (2) 搅拌中,如发生故障不能继续运转时,应立即切断电源,将筒内砂浆倒出,进行检修排除故障; (3) 砂浆搅拌机使用完毕,应做好搅拌机内外的清洗、保养及场地的清理工作
机械喷涂抹灰施工注意事项	在喷涂石灰砂浆前,宜先做完水泥砂浆护角、踢脚板、墙裙、窗台板的抹灰以及混凝土过梁等底面抹灰。喷涂时,应防止沾污门窗、管道和设备,被玷污的部位应及时清理干净

69. 抹灰石膏机械喷涂抹灰用灰浆泵常见故障及排除方法有哪些?

答:灰浆泵常见故障及排除方法见表 7-13。

表 7-13　喷涂机的常见故障及排除方法

常见故障	可能发生原因	排除方法
接通电源后机器不转动	水压不足(压力表显示<2MPa)	使用增压泵
水压正常,压缩机接通,但机器不转动	喷枪喷嘴被堵或空气嘴被关闭	清理喷枪、喷嘴或打开空气喷嘴
料浆不能均匀喷出喷枪(含气泡)	混料器混合不充分	增加水量,如果无效,则彻底清理泵,并再次启动,粉料不能结块
料浆稠度不稳定	水量不足料浆稠,造成压力高,输送量少或因水量太大料浆呈清水状	将水量调至正常设定值,必要时更换整个泵体
电机或混料器的星型轮不启动	料太多,堵住了料斗或混合机	将料斗和混料器内的料排空,重新启动
喷涂机运转时泵中的水位上升	水不足,料浆输送管道堵死,管道内压力增高,或因转子或定子磨损	增加水量,清理料斗和星形轮,清理混合机,必要时更换定子或转子
管路堵塞	灰浆配比和稠度不合适,砂子过多、过大,筛洗不净。砂子粒径太大,石灰膏灰渣太多,或砂太细,加水过多等使砂浆离析沉淀。 管路过长,弯曲的部位过多,管道内壁不光滑。 灰浆停车时间过长,在管路中沉淀或凝结。 管道接头不严,有漏水现象,砂浆流动阻力增大。 砂浆输送泵球阀由于碰撞或摩擦,胶球磨损,造成输送压力减少,砂浆输不出。 灰浆泵稳压室漏气。 砂浆中含有杂物	合理选择灰浆的配比和稠度,保证搅拌时间,认真筛洗原料,将 3～5mm 的颗粒杂质筛去。 尽量减少停泵,停车时每 5min 开动一次灰浆输送泵。尽量使管道最短,弯头用得少,力求管径内壁一致,操作时顺好管道,避免弯曲太多或死弯。 钢管接头处加橡胶垫或石棉纸垫。 (1) 首先打开三通,降压后关闭,再从枪头开始往后逐步检查; (2) 如枪头堵塞时,先拔下枪头,猛力甩胶管,直至疏通,同时把枪内杂物清净; (3) 胶管堵塞:从枪头开始往后用脚沿管踩踏,遇有过硬或膨胀处,即为管道堵塞部位,打开堵塞部位后面或前面的一个接头,用锤子轻敲堵塞处,将堵塞处砂浆硬块摊散为止。如无效,应卸下管道挂在高处,再轻敲或水冲; (4) 钢管堵塞:只能从上往下用木槌敲击或拆开用水冲洗

常见故障	可能发生原因	排除方法
管路爆裂或接头崩裂	管路堵塞，管内压力过大。管路和接头质量不良，管路产生死弯	金属管连接采用内螺丝接头，高压胶管连接采用金属短管；在连接活接头时，避免死弯或过多接头，选用高压胶管
泵不能吸入灰浆	活塞填料处吸入空气或胶球裂	加紧填料盖或更换盘根或胶球
出浆减少或停止	吸入球阀或排出球阀卡住，阀与阀座间掉入石子或杂物	拆除受料斗，清除卡住球阀的杂质
压力表指针剧烈跳动	排除球阀破裂	将压力泄放至无压力。检查球阀，清洗或更换新球阀
压力表指针达不到规定压力	手孔盖及焊接部分漏气，稳压室被灰浆堵塞，使压力表眼灌满灰浆；压力表坏了	将手孔盖旋下，重缠麻丝，再扭紧，烧补焊接，用水清洗压力表或更换新压力表
压力表突然很快降低	管道破裂	立即停车，找出破裂之处并更换管道

三、粘结石膏

1. 什么是粘结石膏?

答：粘结石膏是以建筑石膏作为主要胶凝材料，和/或集料、填料及添加剂所组成的室内用石膏基粘结材料，它具有无毒无味、使用方便、瞬间粘结力强、不收缩、节省工时等优点，适用于各类石膏板、石膏砌块、石膏角线等的粘结，也可用于其他无机墙体材料的粘结。

2. 对粘结石膏的物理性能有什么要求?

答：根据我国现行建材行业标准《粘结石膏》（JC/T 1025—2007）的规定，粘结石膏按物理性能分为快凝型（R）和普通型（G）两种，物理性能应符合表 7-14 的规定。

表 7-14　粘结石膏物理性能

项　目			R	G
细度（%）	1.18mm 筛网筛余		0	
	150μm 筛网筛余	≤	1	25
凝结时间（min）	初凝	≥	5	25
	终凝	≤	20	120
绝干强度（MPa）	抗折	≥	5.0	
	抗压	≥	10.0	
	拉伸粘结	≥	0.70	0.50

3. 粘结石膏有什么参考配方?

答: 粘结石膏的参考配方见表7-15。

表7-15 粘结石膏

名称	单位	重量
建筑石膏	kg	1000
可再分散乳胶粉	kg	15
甲基纤维素（MC）	kg	3
木质纤维	kg	3
缓凝剂	kg	1

4. 对粘结石膏的运输和贮存有什么要求?

答: 粘结石膏运输和贮存时不得受潮和混入杂物,不同型号的粘结石膏应分别贮运,不得混杂。在正常运输与贮运条件下,自生产之日起,贮存期为六个月。

5. 粘结石膏的出厂检验有哪几项?

答: 按我国现行建材行业标准《粘结石膏》（JC/T 1025—2007）的规定,每批产品出厂必须进行出厂检验。检验项目包括:外观、细度、凝结时间、拉伸粘结强度。

6. 粘结石膏的型式检验有哪几项?

答: 按我国现行建材行业标准《粘结石膏》（JC/T 1025—2007）的规定,型式检验包括外观、细度、凝结时间、绝干强度（抗折、抗压、拉伸粘结）。

有下述情况之一时,应进行产品的型式检验:

① 正常生产条件下,每半年进行一次;

② 新产品投产或产品定型鉴定时;

③ 产品主要原料及配比或生产工艺有重大变更时;

④ 产品存放半年以上时;

⑤ 出厂检验结果与上次型式检验有较大差异时;

⑥ 国家技术监督机构提出型式检验时。

四、嵌缝石膏

1. 什么是嵌缝石膏?

答: 嵌缝石膏是以建筑石膏为主要原料,掺入外加剂,混合均匀后,用于石膏板材之间填嵌缝隙或找平用的粉状嵌缝材料。

2. 嵌缝石膏应符合哪些技术指标?

答: 按我国现行建材行业标准《嵌缝石膏》（JC/T 2075—2011）的规定,嵌缝石膏应符合表7-16的技术指标。

表 7-16　技术指标

序号	项目		技术指标
1	细度（%）		≤1.0
2	凝结时间a（min）	初凝	≥40
3		终凝	≤120
4	施工性		刮抹无障碍、不打卷
5	保水率（%）		≥85
6	抗拉强度（MPa）		≥0.60
7	打磨性（g）		0.2～0.1
8	抗裂性		无裂缝
9	抗腐化性		无色变、无霉变、无异味

a　凝结时间也可由供需双方商定。

3. 石膏嵌缝腻子有什么参考配方?

答：石膏嵌缝腻子的参考配方见表 7-17。

表 7-17　石膏嵌缝腻子配方

名称	单位	重量
建筑石膏	kg	600
双飞	kg	300
无机纤维	kg	100
甲基纤维素（MC）	kg	3
可再分散乳胶粉	kg	10
缓凝剂	kg	1.5
木质纤维	kg	3

4. 嵌缝石膏的施工性如何测定?

答：准备尺寸为 300mm×150mm、棱边形状为楔形的纸面石膏板四块，且楔形棱边为纵向。把两块纸面石膏板的楔形棱边相向拼接，并予以固定。称取试样 200g，将标准扩散度用水量的水倒入搅拌容器中，把试样在 30s 内均匀地撒入水中，静置 3min。用手握住搅拌器，搅拌 2min 后，倒于两块纸面石膏板的楔形棱边拼接处。采用宽度为 200mm 的抹刀，架于两块纸面石膏板上，以与纸面石膏板成 45°的角度沿楔形棱边纵向来回刮抹膏状试样两次。

记录刮抹过程有无障碍，料浆是否打卷等情况。测定共进行两次，以两次测定中较差情况作为施工性的结果。

5. 嵌缝石膏的抗裂性如何测定?

答：准备尺寸为 300mm×200mm 的纸面石膏板三块。准备直径为 3mm、长度为 200mm 的直圆棒一根。称取试样 100g，采用标准扩散度用水量把试样调制成均匀的膏状试样，将其倒在纸面石膏板上。在纸面石膏板沿平行于纵向距一边约 50mm 处放置直圆棒。

采用宽度为 120mm 的抹刀，一角架在直圆棒上，一角接触纸面石膏板，以与纸面石膏板成 45°的角度把膏状试样刮抹在纸面石膏板上。来回刮抹几次后，使膏状试样表面平整，且膏状试样呈一边高，一边低的楔形体，尺寸为 140mm×90mm。成型后，小心缓慢地沿纵向拉出直圆棒，立即将粘有膏状试样的纸面石膏板放置于初期干燥抗裂性试验仪中。在标准试样条件下以（2.0±0.3）m/s 的风速纵向对试样吹风 16h 后，观察试件的裂缝状况。

测定共进行三次，以三次测定中较差情况作为抗裂性结果。

6. 嵌缝石膏的抗腐化性如何测定？

答：把培养皿、搅拌棒、料勺等将与试样相接触的物品放在高压锅中煮沸灭菌 30min。

称取试样 100g。使用煮沸后冷却至标准试验条件下的水把试样采用标准扩散度用水量调制成均匀的膏状试样。把试样放入培养皿中，盖上培养皿盖，放置于温度为（28±2）℃、相对湿度为（90±3）℃的培养箱中。

7. 对嵌缝石膏的运输和贮存有什么要求？

答：运输：产品在运输、搬运和堆放时应避免破损，并注意防潮。

贮存：产品应贮存于室内干燥通风处，避免日晒、雨淋、受潮和高温。产品贮存期一般为六个月。

五、石膏罩面腻子

1. 石膏罩面腻子的定义与应用范围有哪些？

答：石膏罩面腻子又称刮墙腻子，是以建筑石膏粉和滑石粉为主要原料，辅以少量石膏改性剂混合而成的粉状材料。使用时加水搅拌均匀，采用刮涂方式，将墙面找平，是喷刷涂料和粘贴壁纸的理想基材。若选用细度高的石膏粉或掺入无机颜料，则可以直接做内墙装饰面层。

众所周知，在混凝土墙及顶板表面装修，要经过去油污、凿毛、抹底层砂浆后做面层抹灰，再刮腻子等工序，既费时又费工，落地灰多，亦难以保证不出现空鼓、开裂现象。石膏腻子充分利用建筑石膏的速凝、粘结强度高、洁白细腻的特点，并加入改善石膏性能的多种外加剂配制而成，广义上讲是一种薄层抹面材料。这种石膏腻子的抗压强度大于 4.0MPa，抗折强度大于 2.0MPa，粘结强度大于 0.3MPa，软化系数 0.3~0.4，因此这种硬化体吸水后不会出现坍塌现象。而大白滑石粉传统腻子的硬化体完全靠干燥强度，浸水后立即会坍塌。

传统石膏腻子大都是在施工现场将滑石粉与大白粉、海藻酸钠或纤维素及白乳胶调制成稠粥状使用。采用这种做法找平的墙面质量不能保证，起皮、脱落、掉粉现象无法避免，更不能在其上面粘贴壁纸。

20 世纪 70 年代末 80 年代初，北京中建建筑科学技术研究院和北京市建筑材料研究院分别研制出了以建筑石膏为主要原料的饰面石膏和 SG—821 石膏腻子。以石膏为基料的饰面石膏或石膏罩面腻子既可用于纸面石膏板面层找平，也可用于混凝土墙面及顶板找平，也适用于压光的石灰、砂浆墙面层腻子。由于不同材质墙面的表面强度不尽相同，石膏腻子性能差别较大，但是基础原料一定要有超过 50%的建筑石膏，否则就不能称之为石膏腻子。

2. 石膏罩面腻子按包装形式可分为哪几类?

答: 按包装形式石膏罩面腻子可分为单组分腻子和双组分腻子。单组分腻子又分为单组分膏状和单组分粉状两类。

① 单组分膏状腻子由乳液、填料、水和助剂等组成。该类腻子柔韧性一般较好,使用方便,现场无须再行调配,但价格相对较高。选用该类产品时需重点考察初期抗裂性和湿粘结强度。

② 单组分粉状腻子是随着乳胶粉和粉状添加剂等的应用以及干混砂浆行业的不断发展而逐渐发展起来的新型腻子产品。现场加水搅拌均匀就可使用,运输、贮存和使用都很方便。它是由建筑石膏、可再分散乳胶粉、填料、助剂等组成的。

单组分粉状腻子是建筑石膏加胶液(如 791 建筑胶等)配制的。该类腻子在相同成本的条件下,其柔韧性和粘结强度不如双组分腻子。

③ 双组分腻子由两个组分组成:一个组分是以乳液(如 791 建筑胶等)为主的液态物料;另一个组分是半水石膏和填料等粉料。现场施工时,将粉料与液料按比例混合调配成腻子。双组分腻子和单组分粉状腻子一般主要区别是胶粘剂的形态差别,双组分腻子的胶粘剂是乳液,单组分粉状腻子的胶粘剂是可再分散胶粉。

3. 石膏罩面腻子的技术指标要求有哪些?

答: 石膏罩面腻子的性能应符合我国现行建筑工程行业标准《建筑室内用腻子》(JG/T 298—2010)中的技术指标要求,见表 7-18。

表 7-18 建筑室内用腻子技术指标要求

项　目		一般型(Y)[a]	柔韧型(R)	耐水型(N)
在容器中状态		无结块、均匀		
低温贮存稳定性[b]		三次循环不变质		
施工性		刮涂无障碍		
干燥时间(表干)/h	单道施工厚度/nm	≤2		≤2
		≥2		≤5
初期干燥抗裂性(3h)		无裂纹		
打磨性		手工可打磨		
耐水性		—	4h 无起泡,开裂及明显掉粉	48h 无起泡,开裂及明显掉粉
粘结强度(MPa)	标准状态	>0.30	>0.40	>0.50
	浸水后	—	—	>0.30
柔韧性			直径 100mm,无裂纹	—

a. 在报告中给出 pH 实测值;b. 液态组分或膏状组分需测试此项指标。

4. 石膏腻子的参考配方是什么?

答: 石膏基内墙腻子是由煅烧半水石膏粉为主要胶结材料,再加入填料、石膏缓凝剂、保水剂、分散剂、消泡剂等助剂,并以聚乙烯醇微粉为聚合物改性材料而制成的白色粉末状产品,表 7-19 中给出了这类内墙腻子的参考配方。

表 7-19　石膏基内墙腻子参考配方

原材料名称	用量（质量分数）（%）	
	一般腻子	面层装饰性腻子
建筑石膏	30.0～40.0	50.0
双飞粉（200目）	40.0～60.0	40.0～41.0
立德粉		6.0
甲基纤维素醚	0.05～0.20	0.5
聚乙烯醇微粉	1.0～2.0	2.5
石膏缓凝剂	0.1～0.3	0.1～0.3
淀粉醚		0.20
粉状分散剂	适量	适量
粉状消泡剂	适量	适量

5. 石膏罩面腻子的性能特点有哪些？

答：（1）粘结力强

石膏内墙腻子几乎与各种墙体基材都有较好的粘结性能，涂刮时可不用刷任何界面剂。由于熟石膏具有微膨胀性能，有效地抑制了腻子的收缩开裂现象，较好地解决了水泥及其他罩面材料的空鼓、开裂、脱落等通病。

（2）表面装饰性好

石膏腻子表面致密光滑、强度较高、不起灰、不收缩、无气味、无裂纹、不泛碱。

（3）节省工期

石膏腻子凝结硬化快，养护周期短，整个硬化及强度达标过程仅 1～2d，施工工期缩短40%左右。

（4）施工方便，加水搅拌后就可直接上墙

石膏腻子抹灰具有易抹、易刮平、易修补、劳动强度低、材料消耗少、冬期施工不因气温低而明显减慢水化速度的特点。

（5）具有呼吸功能

石膏腻子在硬化过程中，形成无数个微小的蜂窝孔，当室内环境湿度较大时，呼吸自动吸湿；在相反的条件下，却能自动释放贮备水分，这样反复循环，可将室内湿度控制在一个适宜的范围，提高了居住的舒适感。

6. 建筑石膏在石膏腻子中的主要作用是什么？

答：建筑石膏在石膏腻子中的作用主要是：使石膏腻子最初塑性体在短时间内逐渐硬化成固体；石膏的物理力学性能如凝结时间、强度等，会对嵌缝腻子的相应性能产生直接影响；石膏在嵌缝腻子中起到增加粘结的作用；石膏粉中杂质的含量会影响嵌缝腻子后期的膨胀收缩值等。同时，合理地确定石膏质量范围，还将直接影响到生产腻子的原材料供应、产品价格等。

嵌缝腻子的机械强度主要来自石膏，石膏品位不同、杂质的多少，势必要影响腻子的机械强度。当杂质含量增加时，强度下降，抗压强度的下降尤其明显。为此，配制嵌缝腻子的石膏品位不宜低于二级品；石膏中的杂质增加时，腻子对接缝纸带的粘结力下降，甚至没有粘结力。由于黏土干缩较大，会使腻子的后期收缩增大，影响嵌缝腻子与石膏板之间的粘结，从而产生收缩裂纹。

由于煅烧方法、煅烧温度等条件不同，此混合物的组成就不同。同时，在存放过程中，密封程度、环境温度、湿度的影响，又产生各相的转化，所以不同批量熟石膏的物理力学性也并不一样。

当结块石膏掺加量逐渐增加时，混合体中的可溶性无水石膏含量有下降趋势，半水石膏含量由开始增加逐渐变为减少，而二水石膏是逐渐增加的。这说明，可溶性无水石膏及半水石膏不同程度地吸收空气中水分，水化成为二水石膏。在一定范围内，随着二水石膏成分逐渐增加，凝结时间逐渐缩短，因此对于嵌缝腻子使用的熟石膏粉，二水石膏含量以不超过2%为宜。如果二水石膏的含量在2%～4%的范围内，应当对配成的嵌缝腻子进行性能测定，然后依照试验结果再确定是否可以使用。

同样，合格的熟石膏在长期存放后，由于吸收空气中的水分，使二水石膏成分增加，配制腻子时，将对腻子性能产生不利影响。

石膏细度对嵌缝腻子性能的影响：嵌缝腻子用石膏粉的细度，一方面是保证腻子在施工中手感好，细腻，表面平整、光滑。在和接缝纸带粘结时，能渗透到纸带的孔隙中去形成许多"小铆钉"，使粘结强度提高。另一方面，因石膏越细，比表面积越大，与水接触机会越多，水化可能越快，腻子的凝结时间就会缩短。

还应指出，当石膏细度过细，配制嵌缝腻子时用 KF801 胶液量就要增加，从而提高了腻子的成本。

参照国外的要求，规定石膏粉的细度为全部通过 1.0 方孔筛，并且通过 0.2 方孔筛余不大于 2%。

7. 外加剂对建筑石膏腻子性能有哪些影响？

答： ① 羟丙基甲基纤维素对建筑石膏腻子性能的影响最为显著，优化建筑磷石膏颗粒级配可改善腻子的保水性能及施工性。

② 有机硅憎水剂掺量为 0.05% 时，建筑石膏腻子的耐水性好，拉伸粘结强度较高。滑石粉作为建筑石膏腻子的填料能显著改善腻子的施工性，但对腻子的保水率、粘结强度及耐水性有一定的负面影响，以 15% 的滑石粉取代石膏为宜。

③ 采用可再分散乳胶粉、羟丙基甲基纤维素、有机硅憎水剂及木质纤维配制的建筑石膏腻子，其干粘结强度为 0.63MPa，保水率达到 97%，表干时间为 85min，耐水性、施工性、耐碱性及打磨性均合格。

8. 可再分散胶粉对石膏腻子涂膜性的影响有哪些？

答： 可再分散胶粉添加到干粉涂料中，加水后能在体系中形成连续的高分子薄膜，随着薄膜的形成，在固化的涂料中形成由无机与有机胶粘剂构成的框架体系，即石膏基复合材料构成的脆硬性骨架，以及可再分散胶粉在间隙与固体表面成膜构成的柔韧性连接，使得涂膜内聚力增强，提高干粉涂料的综合性能。本研究中使用的可再分散乳胶粉是乙烯、醋酸乙烯酯的共聚物，成膜性能好，涂膜表面光滑，有光泽，并提高涂料对底材的粘结力以及耐洗刷、抗冻性能。缓凝剂和甲基纤维素添加量不变的情况下，可再分散乳胶粉用量对涂膜性能有影响。由于可再分散胶粉的成膜性，能改善涂膜的外观，涂膜的干擦性、耐水性和耐碱性均有所提高，添加 20％的可再分散胶粉时，耐冻融循环可达到 5 次。

9. 可再分散胶粉用量对石膏腻子粘结强度有什么影响？

答：随着可再分散胶粉掺量的增加，粘结强度不断提高，在掺量 0～15％时粘结强度增加的幅度较大，之后曲线逐渐平缓。石膏复合材料属于无机胶粘剂，对材料的粘结是通过机械嵌固原理达到的，即浆料渗透到其他材料的空隙中，逐渐固化，而聚合物是以分子键作用力与其他材料表面进行粘结，当涂料涂抹在光滑的基体表面时，可再分散胶粉的粘结作用机理能补充无机材料的不足，提高粘结性。

10. 木质纤维素对石膏腻子涂膜有什么影响？

答：木质纤维素取自天然树木，是石棉的最佳替代物。木质纤维素具有明显交联效应的三维网状结构，该结构可有效地附着液体结构，从而起到增稠的作用，木质纤维的三维网状结构还能有效地吸收和减弱在固化和干燥过程中所产生的机械能，提高抗裂性并减少收缩，但木质纤维素需和甲基纤维素醚一起使用，才能达到增强、抗裂的效果，木质纤维素能很好地提高涂膜的硬度和耐酸碱腐蚀性，对涂膜的干擦性和耐冻融循环能起到一定作用，但不能使涂膜完全符合国家标准，综合考虑成本，木质纤维的掺量为 0.4％左右。

在可再分散乳胶粉掺量为 15％的条件下，木质纤维素对涂膜的外观影响不大，涂膜的耐酸性和耐碱性与没有添加可再分散乳胶粉时相比均有所提高，在木质纤维素掺量为 0.2％时涂膜就能表现正常。可再分散乳胶粉的掺入对涂膜的铅笔硬度几乎没有影响，木质纤维掺量为 0.4％时涂膜可以耐 5 次冻融循环，综上说明在木质纤维素和可再分散乳胶粉共同使用下，涂膜的性能得到较大提高。

11. 触变润滑剂对石膏腻子涂膜有什么影响？

答：触变润滑剂是由锂蒙脱石黏土制成的，在水性系统中，这些片层状锂蒙脱石能形成一种称为"卡屋式"的结构，这种结构在系统内能提高基础黏度，但在外部有剪切力时这种结构会很容易被破坏，从而提高了触变性和抗流挂性，并延长了开放时间，综合考虑成本，触变润滑剂的用量为 0.05％～0.1％之间。

12. 石膏罩面腻子的应用前景如何？

答：石膏刮墙腻子是以建筑石膏粉、双飞粉和滑石粉为主要原料，并加入少量石膏改性剂混合而成袋装粉料。使用时加水搅拌均匀，采用刮涂办法，将墙面找平。它是喷刷涂料或粘贴壁纸的理想基层材料。

石膏基材料的耐水性差，因而石膏基腻子一般不能够应用于外墙，是内墙腻子的一种（图 7-15）。石膏腻子可用于修补、填平

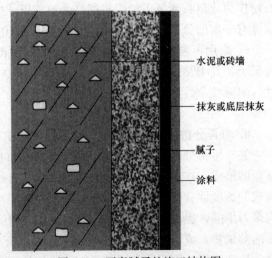

水泥或砖墙

抹灰或底层抹灰

腻子

涂料

图 7-15 石膏腻子的施工结构图

建筑物墙面基底的大小裂缝、凹凸不平处、缺口、小洞、缺棱少角等。当应用于内墙时，除了具有与基层粘结牢固、凝结时间快、施工方便、提高施工效率等特征外，石膏基腻子具有许多水泥基腻子所不具备的优点。例如，石膏的白度高，腻子的装饰效果好，有时可直接作为装饰性墙面涂料；石膏基腻子硬化后稳定，不易产生裂缝和起壳现象，并具有呼吸性能；当用作面层装饰性涂层时，石膏基腻子的装饰效果更好等。

13. 石膏罩面腻子各性能指标的含义是什么？

答：（1）在容器中状态

打开包装放入容器中，用刮刀或搅拌棒搅拌时无沉淀、结块的，可认为"无结块、均匀"。如为粉料或粉料、胶料分装，粉料中无结块和其他杂物，胶液无沉淀、无胶凝，两者易于混合均匀时，认为"无结块、均匀"。

（2）施工性

施工性是指腻子在刮涂时的难易程度。其检测方法是将试板（250mm×150mm×4mm）放置在平面上，用钢制刮刀刮涂试样1mm厚，检查涂装作业是否有障碍，放置5h后，再用同样方法刮涂第二道试样，刮涂运行无困难，认为"刮涂无障碍"。

（3）干燥时间

干燥时间是指腻子从流体层到全部形成干燥的固体涂层的这段时间。其检测方法可按《漆膜，腻子膜干燥时间测定方法》GB/T 1728—1979中表干方法规定进行。

（4）初期干燥抗裂性

初期干燥抗裂性是指腻子的涂层从施工后的湿涂层状态到变成干涂层过程中抵抗裂纹的能力。其检测方法可按《合成树脂乳液砂壁状建筑涂料》JG/T 24—2000中附录及规定进行。

（5）打磨性

打磨性是指腻子易于打磨平整、打磨时不吃力。其检测方法是将试板（200mm×150mm×4mm）于标准条件下干燥2d，使用0号（120目）干磨砂纸在腻子涂层上用力进行手工打磨，若可打磨出粉末，则认为打磨性合格，否则认为打磨性不合格。

（6）粘结强度

粘结强度是指腻子层与基层之间的结合力的大小。粘结强度的检测分为标准状态下粘结强度和冻融循环后粘结强度。前者检测方法可按《合成树脂乳液砂壁状建筑涂料》JG/T 24—2000的规定进行；后者检测方法可按《建筑涂料涂层耐冻融循环性测定法》JG/T 25—1999的规定进行。

（7）低温贮存稳定性

这是指在一定的低温条件下，腻子的性能不应当有明显的变化，即分层、结块、凝聚或分离等影响腻子质量的情况出现。其检测方法可按《建筑室内用腻子》JG/T 298—2010的规定进行。

14. 石膏罩面腻子的性能检测方法有哪些？

答：石膏腻子的检测方法必须符合《建筑室内用腻子》（JG/T 298—2010）的规定，检测方法的主要内容见表7-20。

表 7-20　检测方法的主要内容

编号	检测方法名称	相应标准	仪器设备
1	容器中状态	GB/T 6753.3—1986	搅拌棒、目测
2	施工性	JG/T 157—2009	钢制刮刀
3	干燥时间（表干）	GB/T 1728—1979（1989）	涂刮器
4	初期干燥抗裂性	JG/T 24—2000	初期干燥抗裂仪
5	打磨性	JG/T 157—2009	0 号（120 目）砂纸
6	耐水性	GB/T 1733—1993	玻璃水槽
7	粘结强度	JG/T 24—2000	拉力试验机
8	动态抗裂性	JG/T 157—2009	动态抗裂性测试仪
9	低温贮存稳定性	GB/T 9268—2010	低温冰箱
10	柔韧性	GB/T 1748—1979	柔韧性测定仪
11	pH 值	GB/T 6682—2008	pH（酸度）计
12	有害物质限量	GB 18582—2008	气相色谱仪等

15. 石膏罩面腻子的施工机具有哪些?

答：①腻子槽。规格：40cm×27cm×15cm，槽底比上口小 2cm。

② 刮腻子用的钢刮板。规格：用 0.3 mm 厚，6cm 宽的带钢裁成 20cm 长，将五合板裁成 20cm 长，8cm 宽。把裁好的钢皮用 3 分小钉钉在裁好的五合板上，钉时要把钢皮错出木板 2cm 的口，然后在钉好的钢皮板后钉一个小木压条当把手。

③ 水桶：一般用小水桶。

④ 托板：把五合板截成 30cm×21cm，用 1.5cm×3cm 厚的木条钉在裁好的五合板上，只钉三面，木条 3cm 立着钉，然后在钉好的托板后面中心钉上一个托把即成。

16. 对石膏罩面腻子的运输与储备有什么要求?

答：石膏罩面腻子属气硬性材料，包装袋应为内衬塑料薄膜的编织袋包装，应当用封口机封口。

在运输及贮存过程中，底部应用防潮材料垫起来，上面应用防雨布遮盖严实，以免受潮硬化。

材料保存期，雨季为三个月，其他季节可保存 6 个月。

17. 对石膏罩面腻子施工的作业条件有什么要求?

答：① 屋面防水层及结构工程分别验收完毕，操作施工环境清扫干净，无其他干扰。

② 门窗口、窗帘盒等已安装完毕。

③ 基层为抹灰墙面施工完，达到表面平整，具有一定强度，阴阳角方正、顺直，必须经过质量检验合格。

④ 电器工程：灯座盒、插座盒、接线盒及暗管等必须埋设完毕，经检查达到要求。

⑤ 给水、暖卫设施的固定卡、架等预埋件均应已安装完毕，经检查达到要求。散热器背面墙，腻子应先批完，后安装散热器。

⑥ 应先做样板间，操作人员应了解腻子的材性，熟悉操作方法，确定工艺，经鉴定合

格，再大面积施工，腻子在使用过程中尽量一次成活，不宜多次修补。

⑦ 操作地点环境温度不宜低于2℃。

⑧ 基层的平整度偏差应小于2mm。

⑨ 为防止刮腻子过程中污染和损坏已完工的成品，刮腻子前应确定防护的具体项目和措施，对相关部位进行遮挡和包裹。

⑩ 基层的强度应大于腻子的强度。

18. 石膏罩面腻子的施工要点及注意事项有哪些?

答： ①为防止抹灰过程中污染和损坏已完工的成品，抹灰前应确定防护具体项目和措施，对相关部位进行遮挡和包裹。

② 施工前应先行确定底材的垂直度与平整度。

③ 切忌不能将超过使用时间的灰浆加水混合后再用。

④ 搅拌好的腻子灰浆应在1～2h内用完（视配方而定）。

⑤ 宜在1～2d内打磨。

⑥ 严禁在楼地面上搅拌腻子料浆。

⑦ 新抹的水泥墙基层，应在完工干燥后15～30d以上刮腻子。旧墙应消除浮灰及不稳定因素后，用有机建筑胶粘剂封底，采用封底的办法，还可有效防止因基层泛碱引起涂层泛黄。

⑧ 石膏与粉煤灰类隔墙板、水泥预制板、抹灰石膏、石灰墙等基层，因吸水性强，影响腻子成膜性，减弱腻子与墙面的粘结力，建议采用一定浓度有机建筑胶液封底处理。板缝应先做技术处理。

⑨ 存放腻子粉的场地要求通风干燥、注意防潮、避免阳光照射。夏天高温天气防水涂层、粘结层硬化后应及时、定时进行水养护。

⑩ 墙面处理后应该尽快涂装，以免重新污染。

⑪ 施工前若墙体过于干燥时，应提前湿润墙面。

19. 对石膏罩面腻子施工的基层如何处理?

答： ① 基层空鼓、起砂、疏松、起壳、堵孔、塞边、防水、滴水线、泛水、裂缝等应由土建施工单位负责返工处理。

② 混凝土及砂浆表面的污垢包括油污，如模板隔离剂及其他脏物，可用洗涤剂、溶剂与水的混合液刷洗，再用水冲洗干净，干透后方可进行涂装。这一工序要在手工处理、机械打磨等工序前进行，以免使污垢渗进基层内部。

③ 若基层过湿，出现泛碱发花，又急需涂装施工时，可采用酸洗法。

人工酸洗碱的处理办法先用清水将表面润湿，用5%～10%的稀盐酸或草酸、石炭酸兑水，清洗墙面，做除碱处理。酸液在基层表面的存留时间不宜超过5min，以免形成不易清除的盐类。刷洗完毕，应立即用海绵蘸清水反复清洗，将残留的酸液清洗干净，等候干燥。

用稀盐酸清洗墙面时施工人员一定要注意自身和施工安全，施工人员应佩戴橡胶手套、防滑防雨靴、橡胶围裙和安全眼罩；施工用具和盛载用具要结实、无泄漏，摆放要稳定，防止倾覆从高处洒下伤人。如为安全考虑，也可以用草酸稀释液或石炭酸稀释液处理，但要达到稀盐酸除碱的效果，必须反复多次清洗，耗用工时较多。

④ 基层表面的尘土、浮灰、溅浆、泛碱物及其他松散物质等污染物应使用铲刀、钢丝刷、毛刷、砂纸除去。局部较高处用手持式打磨机磨平。

⑤ 对粉化或多孔隙表面，需粘结住松散物质和封闭住表面，可先涂刷一层渗透性底漆，粘结住松散物质和封闭住表面。

⑥ 混凝土基体或水泥砂浆找平层：应将墙面污垢、浮浆、灰尘清除干净，混凝土基体的鼓包、错台或漏浆、凹凸部位，应剔除、找平，阴阳角修补顺直。

⑦ 陶粒隔墙板，石膏隔墙板等拼缝处理参照有关规范进行。

⑧ 基层要求坚实、平整（平整度偏差应小于 2mm），立面垂直、阴阳角垂直、方正和无缺棱掉角，且无油污、粉化疏松、浮灰等现象，分格缝深浅一致且横平竖直。

⑨ 门窗框与墙边的缝隙应根据不同材质分别嵌填密实。

⑩ 旧房墙面刮腻子时应将原有涂料层及腻子层铲除干净，并先用 2% 的聚乙烯醇胶刷一遍。

⑪ 对于相关部位的各类预留口，应在专业工种的配合下进行临时封堵，并做出标志。

⑫ 清修后的墙面基层，表面坚固、平整、光滑；阴阳角弹线找垂直水平，方尺测定阴阳角弹线找垂直水平，方尺测定阴阳角方正，应符合装饰工程施工及验收规范要求。

20. 石膏罩面腻子的施工工艺流程是什么？

答：清理基底→喷水润湿墙面或涂刷聚乙烯醇胶→调配腻子→刮第一遍腻子，找平墙，厚度不宜小于 0.8mm→阴阳角修补及个别找平→刮第二遍腻子，厚度约为 0.5mm→阴阳角找正→接胶条，修理边角。

21. 石膏罩面腻子的施工工序是什么？

答：（1）弹线找规矩

按踢脚线高度弹出踢脚线上口高度，其他有粘贴木装饰线部位，均应先弹出位置线。

（2）做护角、贴防污染胶条

门窗框边与洞口有 3～5mm 间隙，宜将护角做到不吃口，洞口边平直。贴防污染胶条，门窗框边、装饰线周边均应先贴防污染胶条。

（3）腻子的批刮

腻子通常采用刮涂法施工，即采用抹子、刮刀或油灰刀等刮涂腻子。刮涂的要点是实、平和光，即腻子与基层结合紧密，粘结牢固，表面平整光滑。刮涂腻子时应注意：

① 当基层的吸水性大时，应采用封闭底漆进行基层封闭，然后再批刮，以免腻子中的水分和胶粘剂过多的被基层吸收，影响腻子的性能。

② 刮涂顺序要按先上后下，先棚面后墙面，先做角后做面的原则进行。

③ 掌握好刮涂时的倾斜度，将抹子面与墙面成一定角度（例如可成 15°～30° 的倾斜度）。刮涂时用力要均匀，保证腻子膜饱满；在抹子的运动过程中，抹子面上的涂料即能够填补于墙面的凹陷处或孔隙中，使墙面得以平整，多余的涂料则滞留于抹子前面继续随着抹子的运动而前移。抹子推到一次批涂的终端，以同样的倾斜角度反向回推，又将涂料推到新的墙面处，抹子面上的涂料又填补于新墙面处的凹陷处或孔隙中，使之得以平整。多余的涂料依然

滞留于抹子前面继续随着抹子的运动而前移。如此往复循环，即将涂料大面积的施工到墙面上。图 7-16 是批涂操作的照片。

图 7-16　批涂用工具的操作示意图

④ 为了避免腻子膜收缩过大，出现开裂，一次刮涂不可太厚，根据不同腻子的特点，一次刮涂的腻子膜厚度以 0.5mm 左右为宜。

⑤ 不要过多次地往返刮涂，以避免出现卷落或者将腻子中的胶粘剂挤出至表面并封闭表面使腻子膜的干燥较慢。

⑥ 根据涂料的性能和基层状况选择适当的腻子及刮涂工具，使用油灰刀填补基层孔洞、缝隙时，食指压紧刀片，用力将腻子压进缺陷内，要填满、压实，并在结束时将四周的腻子刮干净，消除腻子痕迹。

⑦ 石膏腻子的批刮根据施工情况不同可分为二道成活和三道成活。施工下一道石膏腻子时必须在上一道石膏腻子干透后才可进行，这样有利于解决石膏腻子的涂膜泛黄问题。

⑧ 最后一道石膏腻子施工后，待涂膜表干后即可开始压光（也称收光）。操作时，抹子面与涂膜表面的倾斜角度要小（一般不大于 15°），抹子对涂膜的压力要大，在涂膜表面的运动速度要快，对同一处需重复几次压光，这样才能够使涂膜产生较高的光泽。

（4）揭胶条，清修边角

最后一道石膏腻子刮完后，应及时揭去装饰线上的胶条。进行清修边角，用腻子刀把洞口、阴阳角、装饰线上的多余腻子铲掉，清修干净，达到线条清晰，无污染。

凹面修补时应先喷水湿润，刮补略高于原墙面，待完全干燥后，用砂纸打磨平擦净。

（5）腻子的打磨

打磨是使用研磨材料对被涂物面进行研磨的过程。打磨对涂膜的平整光滑、附着和基层棱角都有较大影响。要达到打磨的预期目的，必须根据不同工序的质量要求，选择适当的打磨方法和工具。腻子打磨时应注意：

① 打磨必须在基层或腻子膜干燥后进行，以免粘附砂纸影响操作。

② 不耐水的基层和腻子膜不能湿磨。

③ 根据被打磨表面的硬度选择砂纸的粗细，当选用的砂纸太粗时会在被打磨面上留下砂痕，影响涂膜的最终装饰效果。

④ 打磨后应清除表面的浮灰，然后才能进行下一道工序。

⑤ 手工打磨应将砂纸（布）包在打磨垫上，往复用力推动垫块，不能只用一两个手指压着砂纸打磨，以免影响打磨的平整度。机械打磨常用电动打磨机打磨，将砂纸（布）夹紧于打磨机的砂轮上，轻轻在基层表面推动，严禁用力按压，以免电机过载受损。

⑥ 检查基层的平整度，在侧面光照下无明显凹凸和批刮痕迹、无粗糙感觉，表面光滑为合格。

22. 石膏罩面腻子施工的相关技术标准与规范有哪些？

答： ① 所用材料的品种和性能应符合设计要求；砂浆的配合比应符合设计要求。

② 建筑装饰装修工程所用材料应符合我国现行国家标准《室内装饰装修材料 内墙涂料中有害物质限量》GB 18582—2008 和《室内装饰装修材料 胶粘剂中有害物质限量》GB 18583—2008 规定的建筑装饰装修材料有害物质限量标准。

③ 刮腻子的墙面，2m 靠尺检查，高差不得大于 0.5mm。

④ 刮腻子墙面不得有划痕，1d 后表面应坚硬，用水湿透后不脱落。

⑤ 各层腻子之间粘结牢固，不得有空鼓开裂现象。

⑥ 腻子层表面必须平整、光滑，不得有裂纹、凹陷或鼓泡。

⑦ 表面受潮后不应有霉腐现象，不掉粉，颜色一致。

⑧ 腻子基层允许偏差应符合表 7-21 的规定。

表 7-21　腻子基层允许偏差要求

序号	项　目	允许偏差（mm）		检验方法
		中级	高级	
1	表面平整	3	2	用 2m 靠尺和塞尺检查
2	立面垂直	3	2	用 2m 靠尺和塞尺检查
3	阴阳角垂直	3	2	用 2m 托线板检查
4	阴阳角方正	3	2	用方尺和塞尺检查

注：以上各项在刮腻子之前，必须检查基层表面的质量。

23. 如何对石膏罩面腻子的成品进行保护？

答： ① 刮好腻子的房间应及时关好门窗，以防止腻子层失水过快而出现掉粉现象。

② 不允许在硬化前击打腻子层，也不允许用尖锐物刮划腻子层表面。

③ 每次批刮完工后，应保持室内通风透气，让腻子层自然干燥至工程验收交工。

④ 施工现场及墙基层与涂层未全部干透前，应避免油漆、有机化学溶剂，以及烟雾、烟火熏蒸等，防止涂层表面泛黄。

24. 石膏腻子膜开裂的现象、原因分析及防治措施有哪些？

答：（1）现象

① 腻子批刮干燥后即大面积开裂。

② 腻子批刮后一段时间没有及时涂装涂料，腻子膜开裂。

③ 批刮同一面墙，有的地方开裂，有的地方不开裂。造成这些开裂的原因不同，应该分别对待。

（2）原因分析

① 腻子批刮干燥后即开裂，是因为腻子本身的质量差，其初期干燥抗裂性可能不合格。

② 批刮同一面墙，有的地方开裂，有的地方不开裂，其原因是腻子批涂得太厚或者批

涂得厚薄不均匀所致。

③ 严重凹陷处未事先填补平整或凹坑处未清理干净。

（3）防治措施

① 提高腻子的质量，即提高配方中有机胶结料的用量。腻子中的可再分散聚合物树脂粉末或聚乙烯醇微粉的用量不能太低。腻子膜的初期干燥抗裂性主要靠有机胶结料提供。

② 填料的细度不能太高，高细度的填料需要更多的胶结料来粘结，这都是引起腻子膜开裂的不利因素。

③ 应将凹陷处浮灰清除干净，当凹坑较大时，应用稠的石膏腻子分层填平。

25. 石膏罩面腻子施工性能差的现象、原因分析及防治措施有哪些？

答：（1）现象

好的腻子应该有良好的批刮性，刮涂轻松，无黏滞感。施工性能差则有两种现象，一种情况是腻子的干燥速度快；二是腻子批刮时手感太重，发黏。

（2）原因分析

① 保水剂的用量低。

② 腻子中的聚乙烯醇微粉的用量偏高。当配方中没有使用适当的触变性增稠材料时，会使情况变得更为严重。

（3）防治或解决措施

① 腻子干燥过快时应当增加纤维素甲醚类保水剂的用量。

② 太黏滞时应降低聚乙烯醇微粉的用量。同时，也不能够忽视增稠剂的使用。例如在同样的配方中只要适当使用淀粉醚或膨润土，就能够使原有手感黏滞的腻子的施工性能变好。但是，增稠剂没有保水性能，不能解决因为保水剂用量低而干燥快的问题。

26. 石膏腻子膜粗糙的现象及原因分析有哪些？

答：（1）现象

腻子膜不光洁、不平滑，质感粗糙。

（2）原因分析

① 填料的细度太低或者保水剂的使用不当。虽然在前面的有关内容中都提到腻子不需要使用高细度的填料，但同时也不能够使用细度太低的填料，即填料的细度应适当，一般在250目左右的细度即可。

② 保水剂的使用不当，不能够使用羧甲基纤维素作为保水剂，羧甲基纤维素虽然也有一定的保水作用，但这类产品的质量不稳定，有些产品的常温水溶性尤其是速溶性差，没有充分溶解的成分残留在涂料中，使涂膜变得粗糙。

27. 石膏腻子膜脱粉的现象、原因分析及防治措施有哪些？

答：（1）现象

这里的石膏腻子膜脱粉指的是有些商品房，在销售时只批刮腻子，不再涂装涂料，并要求石膏腻子膜能够在半年左右的时间内不脱粉。这种情况下使用的石膏腻子，因为要求低、成本也低，多数情况下在两个月左右的时间内表面就会干擦脱粉。

（2）原因分析

使用的石膏腻子的质量太差，腻子中的胶结料少，大量使用重质碳酸钙，没有胶结性。实际上，以这种目的使用的腻子，其质量应当更高，而不是像目前这样使用劣质的石膏腻子。因为所批涂的石膏腻子膜既需要在不涂装涂料的情况下经历一定的时间（有的可达一年），又要在其后涂装涂料时成为新涂装涂料的基层。使用劣质石膏腻子，在业主装修时如果不予以铲除而直接涂装涂料，则可能造成的问题会更多、更严重。

（3）防治措施

使用符合建材行业关于建筑室内用腻子标准的质量要求的产品。如果需要保持石膏腻子较低的成本，则应在优选石膏腻子材料组分的基础上，在合理的限度内降低成本，不能以牺牲质量来求得低价。

28. 石膏腻子膜打磨性差的原因及防治措施有哪些？

答： 一般地说，石膏腻子膜的打磨性和其物理力学性能是一对矛盾，即石膏腻子膜的打磨性好，其物理力学性能就差。例如，通常胶结料用量很少的情况下打磨性很好。但是，通过优化材料组成，能够相对地缓解这种矛盾的性能。

（1）原因分析

① 石膏腻子组成材料的问题。

② 施工时打磨时间掌握不好的原因。

（2）防治措施

① 对石膏腻子的配方进行调整。在组成材料中，腻子批刮的一定时间内，石膏材料由于其强度还没有充分增长，比较易于打磨；可再分散聚合物树脂粉末也需要一定的成膜时间才能具有充分的强度；而聚乙烯醇类材料的成膜时间最短，在很短的时间内就能够达到最终强度，因而最容易造成打磨性不良的问题，在高质量的腻子中应当少用。

② 石膏腻子打磨的最佳时间，应当在腻子批刮的表干而没有实干的时间段内及时打磨。但具体到不同的腻子，其最佳打磨时间又不相同，有的要求批刮后 4～8h 内必须进行打磨。

29. 石膏罩面腻子干燥时间过长的原因及防治措施有哪些？

答： 腻子在批刮后长时间不能干燥，影响下一道工序的进行，在冬季还会因为长时间得不到干燥而影响腻子膜的抗冻性能，使腻子膜的物理力学性能受到影响。

（1）原因分析

① 腻子配方中的甲基纤维素醚的用量太高。

② 缓凝剂的用量过大。

③ 施工调拌腻子时的用水量太大。

（2）防治措施

① 降低腻子中的甲基纤维素醚和缓凝剂的用量。

② 在施工时正确加水调拌。

30. 石膏腻子出现黏稠现象的原因及防治措施有哪些？

答：（1）现象

腻子在施工调拌时黏度很高，不易拌制和施工。

（2）原因分析

腻子配方中的甲基纤维素醚的用量太高。

（3）防治措施

降低腻子中的甲基纤维素醚的用量。

31. 石膏腻子层出现翻起或呈鱼鳞状皱折现象的产生原因及防治方法有哪些？

答：（1）产生原因

① 腻子胶性大或过稠。

② 基底未清除干净，表面有灰尘、隔离剂或油污等。

③ 在含有冰霜或很光的表面上，以及在表面温度较高的情况下刮腻子。

④ 一道腻子刮涂次数太多，腻子刮的过厚，基层较干燥，腻子的湿润性差。

（2）防治方法

① 选择质量合格的腻子粉。

② 必须事先将表面浮灰、油污或隔离剂清除干净。

③ 不允许在结冰基材上刮腻子，也不允许在阳光直射、表面温度过高的墙面刮腻子。

④ 每次刮腻子厚度不得超过 0.5mm，若基底过干时，应先用湿抹布满擦一遍。

⑤ 每挖取一次腻子，应按操作步骤，不停顿地尽快刮涂好，不要来回多次涂刮。

32. 石膏腻子层脱落的产生原因及防治方法有哪些？

答：（1）产生原因

① 基面不润湿，中间不洒水养护。

② 被涂物表面有油污。

③ 腻子太稠，湿润性差。

（2）防治方法

① 按规定刮腻子前润湿基层，批刮后应洒水养护。

② 被涂物表面的底漆应去净。

③ 适当添加乳液并调匀。

33. 石膏腻子层起泡的原因及防治方法有哪些？

答：（1）产生原因

① 腻子层刮涂不严实，残留有气泡。

② 基层过湿。

③ 腻子层未干透。

（2）防治方法

① 仔细刮涂严实，不让空气残留。

② 应按照腻子使用配比，严格按规定控制基层含水率。

③ 上道腻子层干透方可刮涂下道腻子。

34. 石膏罩面腻子施工时基面处理不当可能给涂装系统带来哪些问题?

答:当基面处理不当时可能给涂装带来质量问题,常见处理不当及其可能带来的涂装质量问题见表 7-22。

表 7-22　基面处理不当可能给涂装系统带来的问题

基面存在问题	可能带来的涂装问题
含水率高,可能是由于养护期短,或者养护期处于雨季潮湿天气或者有漏水等原因所造成	造成涂膜起泡、脱落等
裂缝未做处理	涂膜沿裂缝出现较多的泛碱、色差等
碱性高或者泛碱	涂膜光泽不均匀
基层较疏松	涂膜难以牢固地附着于基面上
存在油脂或模板隔离剂	涂膜附着不牢甚至脱落

注:不同类型、不同厂家的腻子使用各不相同,在基层处理时应严格按照生产厂的使用说明进行处理。

六、石膏保温砂浆

1. 保温层抹灰石膏起什么作用?

答:保温层抹灰石膏是以建筑石膏为胶凝材料,膨胀珍珠岩 EPS 颗粒与玻化微珠等为轻集料,掺入聚合物及其他外加剂复合而成的,又称石膏保温砂浆。石膏保温砂浆可对室内进行全方位式保温(即所有居室、客厅的墙面及顶棚),在增加较少投资的情况下,用同等厚度的石膏保温层抹灰石膏替代居室、客厅的墙面、顶棚所用的抹灰砂浆,做到室内整体保温隔温效果,可享受窑洞般的居住环境,并有效节约冬季采暖和夏季空调制冷的费用,原因是利用石膏保温砂浆在居室、客厅都进行了全方位式的保温,可达到冬季采暖升温快、保温效果显著;夏季降温效果明显、速度快的特点。

室内全方位式保温是利用石膏保温砂浆在居室和客厅的墙面、顶棚替代水泥抹灰砂浆找平层(一般有 2cm 左右),这样既可减轻结构自重,又可隔声、防火、保温、隔热,还可利用石膏独特的功能调节室内湿度,提高人居环境质量。

2. 石膏保温体系的墙体结构是什么?

答:石膏保温体系墙体结构见图 7-17。

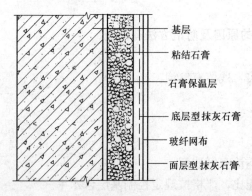

图 7-17　石膏保温体系墙体结构图

3. 保温层抹灰石膏的参考配方是什么？

表 7-23 保温层抹灰石膏的参考配方

名称	单位	掺量
建筑石膏	kg	150
无机纤维	kg	15
重钙粉	kg	15
膨胀珍珠岩	m^3	0.5
玻化微珠	m^3	0.5
可再分散乳胶粉	kg	5
甲基纤维素（MC）	kg	0.5
抗裂纤维	kg	1
缓凝剂	kg	0.5

4. 对保温层抹灰石膏的性能指标有哪些要求？

答：（1）外观质量

外观应为均匀、干燥无结块的颗粒状混合物。

（2）堆积密度

应不大于 $300kg/m^3$。

（3）石棉含量

应不含石棉纤维。

（4）放射性

天然放射性核素镭-266、钍-322、钾-40 的放射性比活度应同时满足 $I_{Ra} \leqslant 1.0$ 和 $I_\gamma \leqslant 1.0$。

（5）分层度

加水后拌合物的分层度应不大于 20mm。

（6）硬化后的物理指标

石膏保温砂浆的物理指标应符合表 7-24 的要求。

表 7-24 保温层抹灰石膏指标

项目名称	单位	指标	项目名称	单位	指标
堆积密度	kg/m^3	＜300	保水率	%	≥70
干体积密度	kg/m^3	＜320	导热系数	W/(m·K)	＜0.08
可操作时间	min	＞60	抗压强度	MPa	＞0.6
初凝时间	min	＞70	终凝时间	h	＜8

（7）软化系数

当用户有耐水性要求时，软化系数应不小于 0.60。

5. 保温层抹灰石膏有哪些优点？

答：① 具有良好的和易性、施工简单、粘结性好，能与被保温墙体融为一体。

② 工程质量好，有较好的强度而不收缩、不空鼓、不开裂、无毒、无气味。

③ 石膏保温砂浆主要由无机材料组成，其耐老化性、抗冲击性能良好。

④ 石膏保温砂浆所用的建筑石膏与无机陶砂、珍珠岩、玻化微珠集料形成良好的胶质骨架，具有较高的机械强度。

⑤ 石膏保温砂浆施工简单，与普通水泥砂浆施工方法相同，界面无接缝，省时省工。

⑥ 凝结硬化快，保温层抹完后第二天就可以进行保护层的施工，缩短施工工期、提高工作效率、加快工程进度。

⑦ 其水化速度不因气候温度较低而明显减慢，只要在不结冰的环境下就可以施工，而且早强快硬，是低温室内施工的首选材料。

⑧ 其物理性能稳定，从料浆水化开始到全部完成，固化期间体积基本不变，因此保温层不会因收缩而产生开裂。

⑨ 石膏硬化体本身导热系数一般在 $0.28W/(m \cdot K)$ 左右，其保温隔热能力在相同厚度条件下近红砖的 2 倍，混凝土的 3 倍，它与玻化微珠 EPS 颗粒、珍珠岩、陶粒等配制的保温材料性能更优，导热系数可达 $0.06W/(m \cdot K)$。

⑩ 石膏保温墙体中的微孔结构有利于保温层自身干燥，从而也可使多孔墙体在施工后内部含水率减少、有利于墙体长期稳定。

⑪ 石膏保温硬化体有无数个微小的蜂窝状呼吸孔结构，有调节室内湿度的功能。

⑫ 石膏轻质保温浆料是一种耐火性能可达高层防火规范要求的材料。

⑬ 石膏轻质保温浆料直接代替水泥砂浆抹灰层，不占室内空间，工程造价不必付出太多就可得到居住舒适的良好环境，又可实现隔热保温效果，得到无空鼓、无裂纹的优质墙体体面。

⑭ 全部采用抹灰工艺，对建筑物的柱、圈梁以及特殊造型等易产生热桥的部位处理简单，能有效减少附加热损失。

⑮ 性价比高，应用范围广，经济效益和社会效益好。

6. 对保温层抹灰石膏施工的配套材料增强网布性能指标有什么要求？

答： 增强网布性能指标见表 7-25。

表 7-25 增强网布性能指标

项 目	性能指标		试验方法
	标准型网布	加强型网布	
孔径（mm）	4×4		
单位面积质量（g·m²）	≥130	≥300	
耐碱断裂强力（经、纬向）（N/50mm）	≥750	≥1450	JGJ 149—2003
耐碱断裂强力保留率（经、纬向）（％）	≥50	≥60	
断裂应变（经、纬向）（％）	≤5.0	≤5.0	

7. 石膏保温砂浆的施工工具有哪些？

答： 石膏保温砂浆的施工工具有：

① 扫帚。

② 油灰刀。

③ 钢板（最好是不锈钢）抹子。

④ 阴、阳角抹子。

⑤ 两种塑料抹子（360mm×120mm）：一种是板面粘贴厚 5～10mm 的毡子；一种是板面粘贴厚 10mm 左右的硬质聚氨酯泡沫塑料。

⑥ 450mm×200mm×20mm 左右的塑料或木制托灰板。

⑦ 2～3m 长铝合金刮尺（H 型刮尺）。

⑧ 2～3m 木制靠尺和线垂（托线板）。

⑨ 油刷或排笔。

⑩ 喷雾器（农用手提式或其他）。

⑪ 拌灰用铁板或塑料板或橡胶板和拌灰桶（槽）。

⑫ 拌灰用手电搅拌器和铁锹。

⑬ 冲筋条（用塑料板自制，宽 30mm，厚 3mm，长、短不一的条）。

⑭ 橡胶板（厚 2mm 左右、宽 600mm、长度视施工面而定。铺设在抹灰墙前地下，用来收集落地灰。如楼地面已施工完毕，也可不设此板）。

⑮ 架板和支架。

8. 对保温层抹灰石膏施工的作业条件有什么要求？

答： 石膏保温砂浆的作业条件应符合以下几条：

① 石膏保温砂浆整体式保温隔热建筑能否满足建筑物保温节能的要求，必须从原材料、施工过程全方位进行控制，进行质量控制的重要依据就是施工组织设计或者施工方案。根据《建筑节能工程施工质量验收规范》（GB 50411—2007），石膏保温砂浆整体式保温隔热建筑工程可按照分项工程进行验收。按照该规范规定，节能工程施工前，施工单位应编制建筑节能工程施工方案并经监理（建设）单位审查批准。

② 主体工程或楼屋面已施工完毕，并已经过有关部门进行结构验收合格。

③ 基层墙体表面应平整清洁，无油污、脱模剂和杂物等妨碍粘结的附着物，空鼓、疏松部位去除，凹凸处应补平或凿去。

④ 平整度误差较大的墙面宜用水泥砂浆找平，找平层应与基层墙面粘结牢固。

⑤ 施工用脚手架的搭设应牢固，必须经安装检验合格后方可施工，横竖杆与墙面、墙角的间距需适度，且应满足保温层厚度和施工操作要求。

⑥ 预制混凝土墙板连接缝应提前做好处理。

⑦ 基层墙材如用加气混凝土，其含水率必须<5％。

⑧ 水电或其他各种管线（包括暗埋管线、线槽盒、消火栓箱、配电箱等）必须安装完毕，并堵好管洞（包括脚手架孔洞）。

⑨ 门窗框也应安装完毕，但需进行遮盖保护，以免抹灰时污染和损坏；门窗扇宜抹灰后再安装。

⑩ 各类相关部位的预留口，应进行临时封堵，并做出标志。

⑪ 其他已施工完毕，并需要防护的部位进行妥善的遮盖。

⑫ 基层墙体以及门窗洞口的施工质量应验收合格，门窗框或辅框应安装完毕，各种进户管线、连接件应安装完毕。

⑬ 根据进度计划、现场条件和基层的状况，合理组织劳动力。

⑭ 施工作业技术应按规定进行，以避免工序颠倒，影响施工质量，并有利于成品保护。

⑮ 各种材料配制时应注意检查包装是否破损，以避免因此影响配合比的准确性。

9. 石膏保温砂浆施工前应注意哪些事项？

答：施工前，相关管理人员应熟悉图纸，了解设计和工法要求，根据不同建筑和基层墙体制订针对性施工方案。在大面积施工前，应在现场采用相同材料、构造做法和工艺制作样板墙或样板间，并经有关各方确认后方可进行施工。

施工前浇水要依据当时气候条件和墙体类别掌握时间和次数。通常砖墙应提前一天浇水两遍以上，混凝土墙抹灰前浇少量水，等表面无明水时就可施工；多层抹灰时，如果底层已干，也应喷涂含有胶粘剂的水湿润后抹下一层。

保温隔热建筑工程施工的中心环节是要准确地标出保温隔热层应抹的厚度。施工时应注意在墙体和顶棚面处弹好抹灰厚度控制线，准确布点。有利于提高保温砂浆与基层的粘结强度。若采用灰饼、冲筋来控制厚度，应采用石膏保温浆料预制块或直接用石膏保温浆料成型，但不应用水泥砂浆作灰饼、冲筋，以免形成热桥。

10. 石膏保温砂浆的施工工艺流程是什么？

答：清理基层→湿润墙面→找方冲筋→制备粘结石膏浆料→薄层涂抹粘结石膏→制备保温料浆→抹保温层→找平→修补平整。

24h后制保护层用的底层抹灰石膏灰浆→找平（压入玻纤网布）→制面层型抹灰石膏灰浆→抹灰（涂刮面层型抹灰石膏）→压光→验收。

11. 对石膏保温砂浆施工的基层应如何处理？

答：① 对基层墙表面的凹凸不平部位应认真剔平或用砂浆补平；表面突起物大于或等于10mm时应剔除。对一些外露的钢筋头必须打掉，并用水泥砂浆盖住断口，以免在此处出现锈斑；对砂浆残渣、油漆、隔离剂等污垢必须清除干净（油污可用洗衣粉、草酸或碱的溶液清除并用清水冲刷干净）。旧墙面松动、风化部分应剔除干净。

② 抹灰前一天，用喷雾器对基层墙面均匀喷水使其湿润（如为加气混凝土墙面，因其吸水速度很慢，需间隔地反复喷2～3次，保证其吸水深度达5mm以上）。如基层过干或气温过高、天气干燥，在当天抹灰前再喷水湿润，但在开始抹灰时，墙面不能有明水。

③ 不同墙体基材（如，加气混凝土、混凝土梁、柱、砖等）的连接处应先用粘结石膏粘贴玻纤网布，搭接宽度应从相接处起两边不小于80mm。

④ 现浇混凝土墙或梁、柱的光滑表面，宜先涂抹一层粘结石膏或面层型抹灰石膏料浆，不得漏涂，拉毛不宜太厚，以增加粘结强度。

⑤ 墙面的暗埋管线、线盒、预埋件、空调孔应提前安装完毕并验收合格，同时还考虑到保温层厚度的影响。外窗辅框应安装完毕并验收合格。

⑥ 墙面脚手架孔、模板穿墙孔及墙面缺损处用水泥砂浆修补完毕并验收合格。

12. 石膏保温砂浆的施工工序是什么?

（1）冲筋

根据墙面基层平整度及抹灰厚度的要求，先找出规矩，层高 3m 以下时设两道横标筋，高于 3m 时设三道标筋。

（2）按使用说明书，将粘结石膏直接加入水中搅成均匀糊状，后薄层涂抹粘结石膏

（3）制备料浆

按石膏保温产品的可使用时间，确定每次搅拌料浆量（一定要在初凝前用完），石膏保温胶料对加水量较普遍型的抹灰石膏更敏感，水量过大会出现流挂从而影响抹灰操作、降低抹灰层的强度，水量过小会缩短可使用时间造成抹灰困难，材料浪费，同时还影响保温效果。因此搅拌时应先将按一定比例配置的水倒入砂浆搅拌机内，然后倒入一袋胶粉料搅拌成稀浆后（可按施工稠度适当调整加水量），再倒入相应体积的轻集料继续搅拌成均匀的、适合施工稠度的浆料（加水不能过多，否则流挂性不好，但加水少了料浆发散，不利施工作业并影响强度），等浆料搅拌至合适稠度时静置 3～5min 进行第二次搅拌后倒出。应随搅随用，在规定时间内用完。保护和饰面层用的抹灰石膏料浆待使用前再搅拌。

（4）抹保温砂浆

① 保温砂浆找平应按下列步骤进行：

a. 抹保温砂浆时，保温砂浆每遍厚度宜控制在 2cm 左右，若超过 3cm 时可分两次涂抹，待第一次浆料硬化后即可进行第二次抹灰。其平整度偏差不应大于±3mm。

b. 保温砂浆抹灰按照从上至下，从左至右的顺序涂抹。涂抹整个墙面后，用杠尺在墙面上来回搓抹，去高补低。最后再用铁抹子压一遍，使表面平整，厚度一致。

c. 保温料浆在抹灰操作按压用力应适度，既要保证与基层墙面的粘结，又不能影响抹灰层的保温效果，保温层的抹灰表面无需压光。

d. 保温面层凹陷处用稀浆料抹平，对于凸起处可用抹子立起来将其刮平。待抹完保温面层 20min 后，用抹子再赶抹墙面，先水平后垂直，再用托线尺检测后达到验收标准。

e. 保温砂浆施工时要注意清理落地灰，落地灰应及时少量多次重新搅拌使用。

f. 保温层基本固化干燥后方可进行抹灰石膏保护层施工。

② 阴阳角找方应按下列步骤进行：

a. 用木方尺检查基层墙角的直角度，用线坠吊垂直检验墙角的垂直度。

b. 保温砂浆抹灰后应用木方尺压住墙角浆料层上下搓动，使墙角保温浆料基本达到垂直。然后用阴阳角抹子压光。

c. 保温砂浆大角抹灰时要用方尺，抹子反复测量抹压修补操作确保垂直度±2mm，直角度±2mm。

d. 门窗边框与墙体连接应预留出保温层的厚度，并做好门窗框表面的保护。

e. 窗户辅框安装验收合格后方可进行窗口部位的保温抹灰施工，门窗口施工时应先抹门窗侧口、窗台和窗上口再抹大面墙。施工前应按门窗口的尺寸截好单边八字靠尺，做口应贴尺施工以保证门窗口处方正与内、外尺寸的一致性。

抹完保温层用检测工具进行检验，应达到垂直，平整，顺直和设计厚度。

（5）抹保护层

保温层灰浆凝固后进行保护层粉刷石膏抹灰。玻纤网格布长度不大于 3m，尺寸事先裁

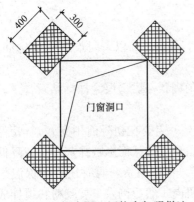

图 7-18　门窗洞口网格布加强做法

好，网格布包边应剪掉。抹抹灰石膏底层时，厚度应控制在 3～4mm，抹宽度、长度与网格布相当的抹灰石膏底层后应按照从左至右、从上到下的顺序立即用铁抹子压入玻纤网格布。在窗洞口等处应沿 45°方向提前增贴一道网格布（400mm×300mm），见图 7-18。玻纤网格布之间搭接宽度不应小于 50mm，严禁干搭接。阴角处玻纤网格布要压茬搭接，其宽度≥50mm；阳角处也应压茬搭接，其宽度≥200mm。玻纤网格布铺贴要平整，无褶皱，砂浆饱满度达到 100%，同时要抹平、找直，保持阴阳角处的方正和垂直度。墙面应铺贴玻纤网格布，网布与网布之间采用搭接方法，严禁网布在阴阳角处对接，搭接部位距离阴阳角处不小于 200mm。

当底层料浆终凝后抹面层抹灰石膏。

（6）保护层验收

抹完保护层，检查平整，垂直和阴阳角方正，对于不符合规定的要求墙面进行修补。

（7）细部节点图

以下为部分节点，根据具体工程项目特点，施工单位应有针对性节点详图（图 7-19）。

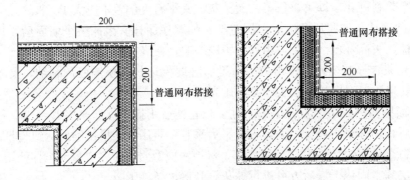

图 7-19　阴阳角网格布搭接做法

13. 为了确保石膏保温浆料的和易性和施工性，搅拌时应注意哪些事项？

答：珍珠岩及膨胀玻化微珠是一种脆性空心颗粒，在砂浆调配时，这种颗粒受外力的机械搅拌，很容易破碎。显然破碎会导致砂浆的干密度显著增大，使砂浆失去应有的保温性能。这是极不希望出现的现象。但是，实际上这种情况确实存在，而且有时还很严重。遇到这种情况时应尽量缩短轻集料的搅拌时间，除此之外也没有好的解决办法。

例如，有的施工企业在现场发现这种轻集料大量破碎现象后，应和保温砂浆的生产企业联系，让其将保温砂浆分开包装。一个包装为轻集料，另一个包装为其他全部材料的混合料（胶粉料）。砂浆调配时，先将胶粉料加入足够的水进行充分搅拌（搅拌 3～5min），使胶粉料中的水溶性组分充分溶解，不溶解的组分充分分散均匀。这样得到质量均匀的胶浆。然后，再向胶浆中加入轻集料，稍微搅拌，使之均匀。轻质保温浆料拌制必须设专人搅拌，以便控制搅拌的时间，确保配比准确。这样轻集料受到的搅拌破坏大大减少，也就基本上消除了破碎现象。

主要材料：粘结石膏、石膏保温砂浆、抹灰石膏底层、抹灰石膏面层。

搅拌过程中应注意以下几点：

① 选用的搅拌机转速应大于 60r/min，搅拌时间应充足，每台搅拌机可供 15 人左右抹灰施工，搅拌机数量不足、搅拌时间太短会造成石膏保温浆料失效及浪费。

② 加水量应准确，加水搅拌时应有专人计量控制，严禁随意调整水量。

③ 注意一次搅拌量的控制，搅拌时每次的搅拌量以可操作时间用量为宜，不宜多搅。

14. 石膏保温浆料抹灰时，应注意哪些事项？

答：① 石膏保温浆料每遍抹一次 20mm 左右，间隔在 6h 以上。

② 石膏保温浆料应在 2h 内使用完毕，回收的落地灰应在 1h 内回收使用完毕。

③ 石膏保温层固化后，方可进行底层抹灰石膏施工。

④ 石膏保温层最后一遍抹灰时，应达到冲筋厚度并用大杠搓平，门窗洞口垂直平整度应达到规定要求。

15. 石膏保温砂浆保温层整体性及表面强度不好的原因及防治措施有哪些？

答：（1）原因分析

① 粘结石膏涂抹量不足导致保温浆料与基层咬合不好，致使附着力差。

② 首道保温浆料涂抹过厚，导致空鼓与附着力差。

③ 保温浆料未按设计要求涂抹，存在偷工减料，导致传热系统不达标。

④ 抹灰石膏面层施工时浆料未压紧及收光质量不好，影响平整度与表面强度。

⑤ 平面平整度差，采取固化后打磨调整，破坏了保温层整体性及表面强度等。

⑥ 浆料加水量误差过大。

⑦ 浆料和易性不好、难以操作、易掉浆料。

⑧ 搅拌时间不足或机械功率不大导致搅拌的料浆不均匀。

⑨ 石膏基复合胶粉与轻集料配比误差大。

（2）防治措施

① 采用适合功率的机械混合机混合搅拌。

② 经专业培训后的专人定岗负责配料预混合。

③ 专责人员要求掌握加水量多少、配比正确、混合时间控制、稠度控制等要求及其重要性。

④ 做好界面层质量，首道保温浆料与之紧密抹压，咬合好以防空鼓。

⑤ 满足设计厚度，且厚度宜掌控在 30~60mm 安全范围内。

⑥ 最后一道要拍打紧压，在浆料湿状态下保证平整度与压紧一次成活。

⑦ 注重阴阳角线、特殊部位等细活部位。

16. 石膏保温浆料抹灰不合格的防治措施有哪些？

答：① 粘结石膏全面覆盖基层墙面后方可进行下道工序。

② 石膏保温浆料应分层作业施工完成，每次抹灰厚度宜控制在 20mm 左右，每层施工

间隔应不低于 2h。浆料抹灰按顺序从上至下，从左至右进行。

③ 保温浆料抹灰要与控制点（冲筋）齐平，抹完一段墙面后用大杠尺在墙面上来回搓抹，去高补低。修补前应用杠尺检查墙面垂直、平整度，墙面偏差应控制在 ±3mm。最后用铁抹子分遍赶抹墙面，再用拖线尺检测并达到保温层验收标准。

④ 抹灰施工间歇应在自然断开处，方便后续施工的搭接。在连续墙面上如需停顿，石膏保温浆料应与分层抹灰保温浆料呈台阶形坡茬，留茬间距不小于 150mm，以保证接茬部位平整。

⑤ 门窗洞口施工时应先抹门窗口侧口、窗台和窗上口，再抹墙面。门窗洞口抹灰做口应贴尺施工以保证门窗口处方正。

17. 如何对石膏保温砂浆的成品进行保护？

答：① 在抹灰石膏保护层未凝结硬化前，应尽可能地遮挡门窗口，避免通风使石膏失去足够水化的水。但当抹灰石膏保护层凝结硬化以后，就应保持通风良好，使其尽快干燥，达到使用强度。

② 抹灰层不得磕碰；不能受锤击和刮划。

③ 门窗框残存砂浆应及时清理干净。

④ 不允许用水冲刷（包括由门窗口淋进的雨水），也应避免地面有积水而影响抹灰层的干燥。

⑤ 新抹墙面不允许被热源直接烘烤。

⑥ 严禁蹬踩窗台，防止损坏棱角。

⑦ 拆除架子时应轻拆轻放，防止撞坏门窗、墙面、顶棚、阳角等部位。

18. 石膏保温砂浆中质量验收标准主控项目有哪些？

答：① 墙体节能保温工程所用组成材料的品种、规格和性能应符合设计和本规程的要求。

检查方法：检查型式检验报告、出厂检测报告、进场验收记录和现场抽检复验报告。

② 墙体节能保温工程的构造做法应符合设计以及规程对系统的构造要求。

检验方法：检查施工技术方案、施工记录、隐蔽工程验收记录。

③ 现场检验保温层厚度应符合设计要求，不得有负偏差。

检查方法：用钢针插入和尺量检查。

检查数量：按检验批数量，每个检验批抽查不少于 3 处，其最小厚度值应达到设计厚度要求。

④ 系统各构造层之间应粘结牢固，无脱层、空鼓和裂缝，面层无粉化、起皮、爆灰。

检查方法：观察，用小锤轻击检查。

检查数量：每个检验批抽查不少于 3 处。

19. 石膏保温砂浆中质量验收标准一般项目有哪些？

答：① 表面平整、洁净，接茬平整，无明显抹纹。

检查方法：观察，手摸检查。

② 护面层和保温层（厚度大于 35mm 时）中的增强网布均应铺设严实，不应有空鼓、褶皱、外露等现象，搭接长度应符合规定要求。

检查方法：观察，直尺测量，检查施工记录和隐蔽工程验收记录。

③ 墙面所有门窗口、孔洞、槽、盒位置和尺寸正确，表面整齐洁净，管道后面抹灰平整。

检查方法：观察检查；核查隐蔽工程验收记录。

④ 空调眼、支架位置准确无误。

⑤ 门窗框与墙体间缝隙填塞密实，表面平整。

20. 石膏陶粒保温砂浆的配制方法是什么？

答： 基本采用绝对体积法的配合原则，即以陶粒作为保温砂浆的集架，轻砂、石膏和水逐级填空，这样配制出石膏陶粒保温砂浆拌合物，根据这一原则，确定出各种材料的用量。陶砂的用量为陶粒重量的 35％，以陶粒、陶砂组成石膏陶粒保温砂浆的集料部分，这既考虑到陶砂填充陶粒的空隙，又考虑到陶砂颗粒比较细，比表面积比较大，需要石膏包裹的用量又会增加。

石膏胶结材料的用量仍采用试配的方法确定，每立方保温砂浆用 320kg、400kg 和 480kg 做三种试块，进行强度比较。石膏胶结材料的用量多少，不仅几乎对石膏陶粒保温砂浆的强度无影响，而且对容量的影响也不显著，见表 7-26。

表 7-26 石膏胶结材料的用量对性能的影响

编号	石膏用量（kg/m³）	容重（kg/m³）	抗压强度（MPa）
1	480	1353	19.7
2	400	1370	19.8
3	320	1364	20.6

从拌合物的和易性与流动性看，石膏用量多，则和易性好；石膏用量少，则和易性差。例如，保温砂浆若石膏用量为 320kg/m³ 时，浇灌成型时很难出浆。因此，我们采用石膏用量为 400kg/m³。

用水量也是用试配方法确定的，取用水量为胶结材料重量的 40％、50％、60％ 三种，并做强度和工作度对比，在集料不变的情况下，强度与用水量成反比关系，即水量越多，强度越低，见表 7-27。

表 7-27 石膏性能比较

编号	水量变化（％）	容重（kg/m³）	抗压强度（MPa）	石膏（kg/m³）
1	60	1323	16.7	480
2	50	1370	19.8	480
3	40	1425	25.8	480

工作度也随水量的不同而不同，加水量为 40％ 时，工作度为 30～35s；加水量为 50％ 时，工作度为 8～10s；加水量为 60％ 时，工作度为 3～4s（工作度用维勃稠度仪测定）。

建筑石膏凝结硬化仅需要 18.6％的水和它起物理化学变化，其余的水只是为了满足混凝土施工时和易性的要求，最终要蒸发出去，而水会在保温砂浆内留下空隙，降低了保温砂浆的强度，故在满足施工工艺要求的情况下，应尽量取低的水膏比。

附加用水量是把轻集料泡水两小时以吸水率的一半乘以轻集料的重量，即为附加用水量，考虑到陶粒、陶砂的实际吸水是在石膏浆体中进行的，石膏浆体黏性大，故应低于在纯水中的吸水率。

外加剂：采用两种外加剂，一种是使石膏缓凝剂，加入量为石膏重量的 2％；另一种是为了满足拌合物和易性的要求，减少用水量，降低水膏比，提高基体强度的外加剂，其加入量为石膏重量的 5％（水剂）。

掺合料：为了提高石膏陶粒保温砂浆的耐水性，可掺和水泥和水渣，各占胶结材料的10％，加入这两种掺合料既可以延缓石膏的凝结时间，增强保温砂浆的触变性，又可以节约石膏用料，降低成本，同时还提高了石膏陶粒保温砂浆的软化系数。

七、石膏基自流平砂浆

1. 什么是石膏基自流平砂浆？

答：俗称自流平石膏。以半水石膏为主要胶凝材料、和/或集料、填料及外加剂所组成的在新拌状态下具有一定流动性的石膏基室内地面用自流平材料。

2. 对石膏基自流平砂浆的物理力学性能有什么要求？

答：根据我国建材行业标准《石膏基自流平砂浆》JC/T 1023—2007，石膏基自流平砂浆物理力学性能应符合表 7-28 的规定。

表 7-28　石膏基自流平砂浆物理力学性能指标

项　　目			性能指标
30min 流动度损失（min）		≤	3
凝结时间（h）	初凝	≥	1
	终凝	≤	6
强度（MPa）	24h 抗折	≥	2.5
	24h 抗压	≥	6.0
	绝干抗折	≥	7.5
	绝干抗压	≥	20.0
	绝干拉伸粘结	≥	1.0
收缩率（％）		≤	0.05

3. 石膏基自流平砂浆中各种材料的作用是什么？

答：石膏基自流平砂浆的主要组成材料的作用如下：

（1）石膏

根据所用原料分为Ⅱ型无水石膏和 α 型半水石膏两种。它们所用材料分别为：

① Ⅱ型无水石膏

应选用品位高、质地松软的透明石膏或雪花石膏，煅烧温度在 650～800℃ 之间，在激发剂作用下进行水化。

② α 型半水石膏

α 型半水石膏生产技术主要有以脱水烘干一体化为主的干法转化工艺和湿法转化工艺。

适宜配制自流平石膏的 α 型半水石膏性能见表 7-29。

表 7-29 α 型半水石膏性能

细度 （％）	标稠 （％）	初凝时间 （min）	终凝时间 （min）	绝干抗压强度 （MPa）	绝干抗折强度 （MPa）
全部通过 80 目筛	≤40	>10	≤20	≥40.0	≥12.0

（2）水泥

在配制自流平石膏时，可掺入少量水泥，主要作用是：

① 为某些外加剂提供碱性环境。

② 提高石膏硬化体软化系数。

③ 提高料浆流动度。

④ 调节Ⅱ型无水石膏型自流平石膏的凝结时间。

所用水泥为 42.5R 硅酸盐水泥。若制备彩色自流平石膏时，可选用白色硅酸盐水泥。水泥掺入量不允许超过 15％。

（3）凝结时间调节剂

在自流平石膏砂浆中若使用Ⅱ型无水石膏应采用促凝剂，若使用 α 型半水石膏则一般采用缓凝剂。

① 促凝剂：由各种硫酸盐及其复盐构成，如硫酸钙、硫酸铵、硫酸钾、硫酸钠及各种矾类，如白矾（硫酸铝钾）、红矾（重铬酸钾）、胆矾（硫酸铜）等。

② 缓凝剂：柠檬酸或柠檬酸三钠是通常用的石膏缓凝剂，特点是易溶于水，缓凝效果明显，价格低，但也会造成石膏硬化体强度的降低。其他可以使用的石膏缓凝剂有：胶水、酪蛋白胶、淀粉渣、单宁酸、酒石酸等。

（4）减水剂

自流平石膏的流动度大小是一个关键问题。欲获得流动度很好的石膏浆体，单靠加大用水量必然引起石膏硬化体强度的降低，甚至出现泌水现象，而使表层松软、掉粉、无法使用。因此，必须引入石膏减水剂，以加大石膏浆体的流动性。适用于配制自流平石膏的减水剂有萘系减水剂、聚羧酸高效减水剂系列等。

（5）保水剂

自流平石膏料浆自行流平时，由于基底吸水，导致料浆流动度降低。欲获得理想的自流平石膏料浆，除本身的流动性要满足要求外，料浆还必须具有较好的保水性。又由于基料中的石膏、水泥的细度及比重差距较大，料浆在流动过程和静止硬化过程中，易出现分层现象。为避免上述现象的出现，掺入少量保水剂是必要的。保水剂一般采用纤维素类物质，如甲基纤维素、羟乙基纤维素和羧丙基纤维素等。

（6）聚合物

使用可再分散的粉状聚合物以提高自流平材料的耐磨性、抗裂性与耐水性。

（7）消泡剂

消除材料混拌过程产生的气泡，一般采用磷酸三丁酯。

（8）填料

为避免自流平材料组分离析而用，以便有较好的流动性。可以使用的填料有白云石、碳酸钙、磨细粉煤灰、磨细的水淬矿渣、细砂等。

（9）细集料

掺入细集料的目的是减少自流平石膏硬化体的干燥收缩，增加硬化体表面强度和耐磨性能，一般采用石英砂。

4. 石膏自流平砂浆的材料要求有哪些？

答：纯度达 90％以上一级品位二水石膏煅烧制得的 β 型半水石膏或用蒸压法或水热合成法制得的 α 型半水石膏。

活性掺合料：自流平材料可以用粉煤灰、矿渣粉等作为活性掺合料，目的在于改善材料的颗粒级配，提高材料硬化体的性能。矿渣粉在碱性环境下发生水化反应，可提高材料结构的密实性和后期强度。

早强型胶凝材料：为了保证施工时间，自流平材料对早期强度（主要是 24h 抗折和抗压强度）有一定的要求。采用硫铝酸盐水泥作为早强型胶凝材料，硫铝酸盐水泥水化速度快，早期强度高，可满足材料早期强度的要求。

碱性激发剂：石膏复合胶凝材料在中偏碱性的条件下绝干强度最高，可用生石灰和32.5 水泥调节 pH 值，为胶凝材料的水化提供碱性环境。

促凝剂：凝结时间是自流平材料一项重要的性能指标，时间过短或过长都不利于施工。促凝剂激发了石膏的活性，加快了二水石膏的过饱和析晶速度，缩短了凝结时间，使自流平材料的凝结硬化时间保持在一个合理的范围。

减水剂：为了提高自流平材料的密实度和强度，就要减小水胶比，在保持自流平材料良好流动性的条件下，加减水剂是必要的。采用萘系减水剂，其减水机理为萘系减水剂分子中的磺酸根和水分子以氢键缔合，在胶凝材料表面形成一层稳定的水膜，使得材料颗粒间容易产生滑动，从而减少了拌合水的需用量，改善了材料硬化体的结构。

保水剂：自流平材料在地面基层上施工，而且施工厚度比较薄，水分容易被地面基层吸收，导致材料水化不充分，表面产生裂纹，强度降低。本试验选用甲基纤维素（MC）作为保水剂，MC 具有良好的润湿性、保水性和成膜性，使自流平材料不泌水及充分水化。

可再分散乳胶粉（以下简称乳胶粉）：乳胶粉可以提高自流平材料的弹性模量，提高抗裂性、粘结强度及耐水性。

消泡剂：消泡剂可以改善自流平材料的表观性能，减少材料成型时的气泡，对提高材料的强度有一定的作用。

5. 常见的石膏自流平砂浆的组成材料是什么?

答: 常见的石膏自流平砂浆的组成材料见表7-30。

表7-30　常见的石膏自流平砂浆的组成材料

组成物种类	组成物名称
基料	α型或β型半水石膏
集料	河砂、石英砂等
混合材	粉煤灰、矿渣粉等
减水剂	SM高效减水剂、烷基苯磺酸钠、木质素磺酸钠等
缓凝剂	铵盐类、蛋白质分解类、纤维素、磷酸盐、糖类等
消泡剂	有机硅油、非离子表面活性剂等
保水剂	纤维素、聚丙烯酸盐、天然橡胶等
pH调节剂	石灰、水泥等
表面硬化剂	三聚氰胺甲醛树脂、尿醛树脂等

6. 典型石膏自流平砂浆配方是什么?

答: 典型石膏自流平砂浆配方见表7-31。

表7-31　典型石膏自流平砂浆配方

材料名称	用量（kg）
α型半水石膏	70
水泥	15
石英砂	15
保水剂（纤维素）	0.5
缓凝剂（蛋白类）	0.02
消泡剂（有机硅油）	0.02

7. 自流平石膏的配方是什么?

答: 石膏基自流平地坪材料作为粉状材料，其生产工艺和技术与水泥基完全相同，不同的是配方构成。下面介绍这类地坪材料的配方。

① 天然无水石膏基地面自流平材料构成（质量）为：天然无水石膏粉80～90；碱性激发剂10～20；酸性激发剂0.5～1.5；保水剂0.03～0.1；减水剂0.5～1.5；消泡剂0.1～0.5；粒径在0.125mm以下的细河砂0～100。

配方中的碱性激发剂和酸性激发剂，是为了提高天然无水石膏胶凝材料的早期强度和后期强度以及凝结硬化性能，是必须使用的石膏改性材料，如果对于建筑石膏，则不需要使用这类激发剂组分，但随之而来的是缓凝剂的使用。

② α型半水石膏型石膏基自流平浆体配方（质量）：α型半水石膏70kg，水泥15kg，石

英砂 15kg，保水剂（纤维素）0.5kg，缓凝剂（胺酸类）0.02kg，消泡剂（有机硅油）0.02kg。见表 7-32。

表 7-32　石膏自流平砂浆

名称	单位	质量
高强石膏	kg	200
无水石膏	kg	500
石英砂	kg	300
高岭土	kg	5
硫酸铝	kg	2
明矾	kg	20
MC	kg	1
可再分散乳胶粉	kg	5
减水剂	kg	5
消泡剂	kg	2
缓凝剂	kg	2

8. 聚羧酸高效减水剂在用于配制石膏基自流平砂浆的适宜掺量是多少？

答：在不泌水，达到自流平砂浆强度指标要求和经济性等方面的综合考虑下，聚羧酸高效减水剂用于配制石膏基自流平砂浆的适宜掺量为 0.6%。

9. 缓凝剂的加入量对石膏自流平砂浆强度有什么重要性？

答：加入缓凝剂后，石膏基自流平砂浆的强度 24h 都有不同程度的下降。因此，缓凝剂要有合理的用量，在保证流动度损失及凝结时间的同时，还要注意其对石膏基自流平砂浆强度的影响。其加入量在一定范围内，对早期强度有一定的影响，但对后期强度影响不大。

10. 硅灰的掺入对石膏基自流平砂浆强度有何影响？

答：随着硅灰掺量的增大除 1d 抗折强度稍有降低之外，1d 抗压、28d 抗折抗压强度均增高显著，28d 抗折/抗压强度达 9.26Pa/76.53MPa。硅灰掺量以 12% 较优。此外硅灰以内掺的方式引入砂浆中能够在降低黏度的同时对砂浆流动性起到改善的作用。

11. 石膏基自流平砂浆中可再分散乳胶粉起什么作用？

答：掺加 2%～3% 的可再分散乳胶粉对自流平砂浆的耐磨性能有显著的改善，可满足标准规定的 28d 耐磨性≤0.59。聚合物在砂浆浆体内分散再成膜，填补浆体孔隙与水泥水化产物相互交结形成三维网状结构从而使得砂浆结构更为致密。柔韧的聚合物膜有助于缓解砂浆内应力，使应力集中降低，减少了微裂缝的产生，并且这种聚合物薄膜既起到疏水的作用又不会堵塞毛细管，使材料具有良好的疏水性和透气性。同时由于聚合物薄膜造成的密封效应，也大大地提高了材料对水分的抗渗性、抗化学性和抗冻融、耐久性，改善了砂浆的抗弯强度、抗裂性、附着强度、弹性和韧性，最终可以避免砂浆收缩开裂。

对于工业用地面聚合物含量是胶结料用量的 20%～30%。聚合物是自流平材料中较昂贵的组分，当地面厚度需要较厚时，应考虑采用双层构造，一般仅在面层结构中使用高含量的聚合物，下层则使用较低含量的聚合物材料。

12. 集料质量及颗粒级配对自流平材料的影响有哪些？

答： 集料质量及颗粒级配是自流平材料开发过程中不可忽视的一环，它对材料的流动度、强度、孔隙率有显著影响。根据流变学原理自流平砂浆要求有很低的屈服极限和塑性黏度，而使砂浆在自重应力作用下能够自动找平，影响因素主要有集料和浆体的相对含量、集料的粒度和形状以及浆体的黏度。自流平砂浆中集料的最大颗粒粒径一般在 0.4mm 以下。

随着 50～80 目粗砂在集料中比例的提高，材料的流动度随之显著增加，1d 强度呈先增后减的趋势。说明在自流平砂浆的开发过程中因追求较好流动度和表面效果而盲目选用超细集料是不可取的。一定量的砂浆拌合物中，集料越细，颗粒越多，就会有较多的固体质点发生相互作用，阻力大，黏度也大；另外，集料粒径越小，比表面积越大，包裹颗粒的浆体层就越薄，颗粒相互作用的概率增加，塑性黏度提高。粗、细集料比例达到 3：1 时砂浆开始离析。材料的强度遵循相同机理，集料太细，包裹颗粒的水泥相对较少，强度就低，粗集料太多时，孔结构较差，强度同样不好。颗粒级配是影响流动度、强度的重要因素。粗细集料之间有一个最佳配比，约为 1：1。

13. 符合要求的石膏基自流平材料应具有哪些特点？

答： 符合具体要求的自流平材料应具有如下特点：

① 与水混合后能在不离析条件下具有良好流动性，能在一定的厚度内自动找平地面。

② 具有合理的可施工与自流平时间。

③ 具有快速干固的特性。

④ 通过不同的配方设计，符合不同设计要求的承载能力。

⑤ 与底层优良的粘结力，不分层空鼓。

⑥ 弹性模量的匹配性与适当的柔性（抗弯折力）。

⑦ 良好的内聚力与耐磨性（有外露的需求时）。

⑧ 收缩率低，不产生收缩裂缝。

⑨ 室内应用的环保特性（低挥发有机物含量）。

14. 石膏基自流平砂浆是否适用于地暖系统？

答： 在地暖系统中应用是石膏基自流平砂浆的重要用途之一，因而耐热性也是其重要性能。表 7-33 是将石膏基自流平砂浆试块置于 50℃ 的热环境中，经过不同时间后性能的变化。表中的数据表明，石膏基自流平砂浆在 50℃ 的条件下，物理力学性能基本上保持稳定，如 28d 和 194d 的收缩值及抗压强度几乎保持一致，说明石膏基自流平砂浆适合于地暖系统应用。

表 7-33　在 50℃环境中石膏基自流平砂浆的物理力学性能的变化

性　能	受热时间（d）		
	7	28	194
收缩（mm/m）	−0.24	−0.27	−0.27
质量损失（%）	12.6	12.6	12.6
抗折强度（MPa）	—	10.8	10.8
抗压强度（MPa）	—	36.3	38.2

注：所有试块（40mm×40mm×160mm）首先在标准养护条件（20℃，65％相对空气湿度）下养护 7d，然后直接置入 50℃的干燥箱内。

15. 石膏基自流平砂浆在地坪构造中的应用优势有哪些?

答： 在欧洲，有两种不同的地坪构造法在被应用：其一是所谓的浮动地坪材料构造法，其二是复合地坪材料构造法（图 7-20）。

在浮动地坪材料构造法中，先在隔声层上面用手工涂布一层较厚的地坪砂浆（它不与基底和四周墙体相连），然后在其上再做一薄层自流平地坪材料（1～10mm厚），以保证获得一个水平的表面，使其上可以直接覆盖最终饰面地坪材料，如地毯、PVC 地砖和木地板等。在复合地坪材料构造法中，则直接在基底上（通常上底漆）施以一厚层自流平地坪砂浆（通常可泵

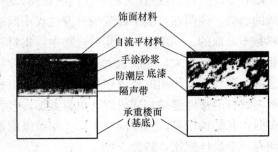

图 7-20　地坪构造

送），既起到找平作用，也起到隔声作用。通常，这层砂浆分两层施工，上层的砂浆比下层的砂浆优化程度更高。

尽管构造不同，两种方法中对地坪材料却有着相似的要求，如低收缩性以防止开裂，快速凝固以提高建造速度等，因此石膏基自流平是最佳选择。

根据研究认为，用天然无水石膏或Ⅱ型无水石膏做自流平石膏的基础原料，都可以配制出与日本专利所提出的自流平石膏性能相当的自流平材料。表 7-34 是两种自流平石膏的性能。

表 7-34　自流平石膏性能

性能 类别	加水量（%）	流动度（cm）	使用时间（h）	强　度（kg/cm²）				表面硬度	耐磨性能	导热系数
				B折 1d	B压 1d	B折 28d	B压 28d			
Ⅱ 型	40	20	1.5	21.3	51.0	67.2	281.2	—	—	0.3828W/(m·K)
Ⅰ 型	88	20	0.5	26.9	91.6	61.7	208.6	—	—	0.4211W/(m·K)

根据这两种自流平石膏的性能和施工试验结果看出，这种材料具有以下特性：自流平性能较好，做地坪找平层时操作方便，不需要熟练的抹灰工，硬化较快。加快了施工速度，一般Ⅱ型的24h 可上人行走。Ⅰ型的2～3h 即可上人行走，不开裂，无空鼓现象，一般不用进行修整，保证了工程质量，由于可以泵送施工，可以实现机械化施工。

但是这种材料由于耐磨性差，软化系数较小，所以只适用于铺设地毡或地板革的房间。亦可以待其干燥后涂刷地板涂料或其他涂料。

根据石膏自流平地坪的用途，产品应具有如下的特点：

① 自流平层为二次附加层。

② 自流平层施工厚度通常较一般地坪砂浆薄。

③ 自流平地坪施工后，为快速交付使用，通常不做养护或养护时间极短。

④ 自流平层需要对抗来自于不同材料的热应力。

⑤ 有时自流平材料被用于难以附着的基面。

16. 石膏基自流平地板采暖系统与普通细石混凝土系统的特征有什么差别？

答： 用石膏基自流平地坪材料施工的地板采暖系统，以房间的整个地面作为散热面，均匀地向室内辐射热量，具有很好的蓄热能力。相对于空调、暖气片、壁炉等采暖方式，具有热感舒适、热量均衡稳定、节能、免维修等特点，其采暖系统的热源可以是热水，也可以是电热丝。石膏基自流平地坪材料地板采暖系统结构见图7-21。

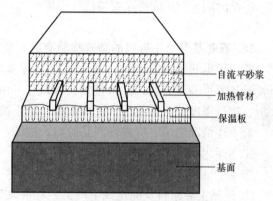

自流平砂浆
加热管材
保温板
基面

图 7-21　石膏基自流平地坪材料
地板采暖系统构造示意图

表 7-35 中比较了石膏基自流平砂浆采暖系统（水热源和电热源）和普通细石混凝土采暖系统的特征。

表 7-35　石膏基自流平砂浆采暖系统和普通细石混凝土采暖系统的比较

比较项目	自流平砂浆	细石混凝土
产品质量	工厂化生产的干混砂浆配方科学，计量准确，混合均匀	工地现场配料，原材料的计量/配比难以保证
施工	干混砂浆（袋装/散装）在工地易于堆放。有利于文明施工。在工地只需按相应的加水量搅拌均匀或直接用机械搅拌施工。砂浆有很好的流动性，能凭借自身的流动性均匀地分布流入地暖管间的空隙中	工地现场堆放水泥、砂石易造成粉尘污染等脏乱现象。水泥、砂石的搅拌难以保证均匀。流动性差，靠施工人员将砂浆平摊到地暖管间隙中
施工速度	采用机械施工时能大大提高工程进度，正常情况下，采用机械施工可达 50～80m²/h。一次施工的厚度在 4～60mm 左右，由于其内应力低，即使较大的厚度也不会产生裂缝	由于采用现场搅拌，施工速度较慢。如果所铺砂浆厚度过大，养护不好，易形成表面裂纹
致密性与采暖效果	由于自流平砂浆具有很好的抗离析能力，故硬化后砂浆分布均匀，具有致密的砂浆结构。这种致密的砂浆结构有利于热量均匀地向上传导，从而保证最大的热效应。此外，自流平砂浆与热水管具有很好的握裹力，特别适合与PB管配合使用	由于施工不当，易造成离析，即粗集料易分布在底层，细集料和粉料则分布在上层。由于集料的颗粒匹配未能最佳化，砂浆中含有较多的气孔，不利于热传导，易造成热损失。由于掺加了部分的粗集料，个别锋利的边角可能对热水管造成挤压甚至破坏

续表

比较项目	自流平砂浆	细石混凝土
表面质量	由于具有自流平的优点。故表面平整、光洁	砂浆层的均匀性及表面平整性难以得到保证
早期强度	早期强度高，通常情况下 1～2d 即可上人，其相应的抗折强度能达到 5～10N/mm²，抗压强度 15～30N/mm²	早期强度较低

17. 石膏基自流平砂浆的出厂检验有哪几项?

答： 根据我国现行建材行业标准《石膏基自流平砂浆》（JC/T 1023—2007）的规定，石膏基自流平砂浆每批产品出厂必须进行出厂检验。检验项目包括：外观、30min 流动度损失、凝结时间、24h 抗折强度与抗压强度。

18. 石膏基自流平砂浆的型式检验有哪几项?

答： 根据我国现行建材行业标准《石膏基自流平砂浆》（JC/T 1023—2007）的规定，石膏基自流平砂浆的型式检验包括：外观、30min 流动度损失/min、凝结时间、强度（24h 抗折、抗压强度、绝干抗折、抗压强度、绝干拉伸粘结）、收缩率。

有下述情况之一时应进行产品的型式检验：

① 正常生产条件下，每半年进行一次。

② 新产品投产或产品定型鉴定时。

③ 产品主要原料及配比或生产工艺有重大变更时。

④ 停产半年以上恢复生产时。

⑤ 出厂检验结果与上次型式检验有较大差异时。

⑥ 国家技术监督机构提出型式检验时。

19. 对石膏基自流平砂浆的批量确定和抽样是怎样进行的?

答： 批量：以连续生产的 10t 产品为一批，不足 10t 产品也以一批计。

抽样：从同批五袋产品中随机抽取五个试样，也可在生产线上随机抽取五个试样，每个试样抽取约 3kg，总量不少于 15kg。试样分为两等份，一份用于试验，另一份密封保存备用。

20. 对石膏基自流平砂浆的运输和贮存有什么要求?

答： 运输：在运输和贮存时不得受潮和混入杂物。

贮存：在正常运输与贮存条件下，自生产之日起，贮存期为六个月。

21. 石膏基自流平砂浆的施工工具有哪些?

答： ① 机械施工工具准备：砂浆搅拌机、压缩机、浆体泵、地面打磨机（配打磨片）、工业用真空吸尘/吸水机、铣铇机、抛丸机等、刮尺（铝合金型材制成）、针辊筒、钉鞋，以及准备清理基层用工具（钢丝刷、铲刀、扫帚等）等。

② 人工施工工具准备：水准仪或聚乙烯透明软管、标高螺钉等；扫帚、拖把、水桶、

铁皮桶等；毛刷或底涂辊筒、排气辊筒，搅拌工具如手提式电动搅拌器或者小型搅拌机、搅拌桶等；镘刀（刮板）、自流平齿刮板、齿形刮板和针辊筒以及钉鞋等。手电钻、水平尺、毛辊、盒尺、吸尘器、抹子、耙子等。

22. 石膏基自流平砂浆施工的材料准备及检查应注意哪些事项?

答：① 材料准备根据设计选定工艺要求，结合实际面积与材料单耗和损耗计算备料；并根据该要求订货、进货。

② 材料检查检验进场砂浆的品牌、数量、质量复验报告，符合标准规定后备用。

③ 材料准备。按照工程应用量预先准备好石膏基自流平地坪砂浆以及配套的界面处理剂，并按照合同要求检查材料的数量、包装；检查随产品配带的软件材料，如产品检测报告（可以是复制件）、使用说明书和施工与验收规程或者施工操作细则等；材料堆置应防潮、防雨。

23. 对石膏基自流平砂浆的施工作业条件有什么要求?

答：① 施工前应对基层地面进行平整度、强度和湿度等情况的检查，并确认地面平整度、强度满足设计要求，无裂缝和干燥等。

② 自流平地面施工应在结构及地面基层施工验收完毕后进行。

③ 施工时及施工后一周室内温度应控制在 10～28℃为最佳。

④ 施工时要避免风吹。

⑤ 基层地面的混凝土要有一定的强度（抗拉拔强度至少 1.5MPa）。基层混凝土强度低会导致自流平材料和基层混凝土之间的粘结强度降低，可能造成自流平地面成品出现裂纹和起壳现象；如果平整度不好，则会影响自流平地坪的厚度。

⑥ 基层地面如果是新浇筑的混凝土，其收缩必须已经完成，否则基层混凝土开裂会导致石膏基自流平砂浆开裂。

⑦ 施工时不得停水、停电，不得间断性施工。

⑧ 施工环境温度和地表温度以不低于 3℃为宜。

⑨ 施工时，在浇筑自流平砂浆前应将排水口、边界、门口等部位封堵好。

24. 石膏基自流平砂浆的施工要点及注意事项有哪些?

答：预先需进行充分的材料及工具准备。自流平层的使用厚度不一，底层自流平及地面还要铺设保温、隔声、隔潮等材料，自流平层不直接粘结在混凝土地面上，自流平层直接与地面结构粘结在一起时，厚度通常为 5～50mm；面层自流平由于成本较高，铺设的厚度相对较薄，可与性能、成本较低的底层自流平层配合使用。此外，施工厚度的要求还取决于地面的平整度。

① 施工现场封闭：

a. 民用建筑自流平地面施工时应关好门窗，公用建筑施工时做好现场封闭，避免有穿堂风、阳光直晒、人员踩踏，否则会影响表面的质量。

b. 无封闭现场条件时，宜采取措施或划分流水施工段，尽量避免风吹和人员踩踏。

② 自流平地面施工应符合设计和规程要求，施工方案应按工程设计、施工合同、施工

材料等要求编制，并按照施工方案进行施工。

③ 不同品种、不同规格自流平材料不应混合使用，不得外掺材料。若需掺加外加剂，应与设计方及监理商议后，进行试配。符合要求后，需制作样板，经验收合格后，方可进行施工。

④ 石膏基自流平地坪砂浆不宜用于室外，或者室内经常有明水接触的结构部位（如厨房、卫生间等）。

⑤ 料浆调配时应严格按照说明书推荐的加水量范围加水调配，应在施工前先进行少量预调配，不能随意增减用水量，并且在调配时不能随意添加集料。

⑥ 施工后 24h 内自流平地面禁止上人。

⑦ 在用泵送施工时，应注意防止中途断料。如遇特殊情况，且中断供料大于 30min，则要尽快排空输送管中的灰浆，并用水将管子冲洗干净。

⑧ 每次施工完毕，要将所有工具认真清洗，以保证再次使用。

⑨ 在冬季施工，要保证室内的温度、施工材料和基面的温度不小于 0℃。

⑩ 在夏季施工，不要让灰粉、拌合水、施工器具和输出管道直接被太阳曝晒。

25. 石膏基自流平砂浆的施工工艺流程是什么？

答： 石膏基自流平地坪砂浆施工工艺流程：

基层清理→涂刷界面剂→搅拌粉料→浇注（泵送或者人工）→摊平流平→消泡处理→养护

26. 石膏基自流平砂浆施工的基层如何处理？

答： ① 将地面的破碎处、水泥灰渣、易剥离的抹灰层及浮土、脏物和残油等彻底清理干净。

② 清除破碎的混凝土层并重新修补，事先修补大的凹坑、孔洞、裂纹、裂缝等，可用石膏基自流平砂浆修补平整。

③ 若地面高差超过 20mm，应事先用修补砂浆修补或者打磨凸起部位（行此工作的目的，是为了保证有一个粘结力较强的地表面）。

④ 根据现场原有混凝土基层条件的不同，采取不同的处理方法，使之达到表面坚硬、清洁。基层表面的裂缝要剔凿成"V"形槽，并用石膏基自流平砂浆修补平整。

⑤ 混凝土基层表面的水泥浮浆用钢丝刷清除；起砂严重的地面，要把起砂表面一层全部打磨掉。

27. 石膏自流平的施工与应用技术是什么？

答： 石膏基自流平砂浆属于特种砂浆领域，其施工工艺尤为重要，关系其性能的发挥和工程的质量，具体施工应用规则是：

（1）基层处理

将需要灌注自流平砂浆的混凝土基面的破损部位、灰尘、易剥离的抹灰层等清理干净，基面有裂纹或空洞等应进行修补，采用旋转式打磨机打磨、吸尘，对基面用水准仪测定出灌注的水平标高，并标在能够控制的地方，均匀地涂界面剂。

（2）料浆的制备

将石膏基自流平砂浆倒入已加入一定量水的搅拌桶中，用手提式搅拌机搅拌 2～3min，静止 3min，再次搅拌 2min，至所需的稠度。

将搅拌好的浆体立即进行灌注，一次灌注达到所需厚度，再用镘刀或专用齿针刮刀摊平，再用放气滚筒滚动放气，同时刮去表面的小气泡。

（3）养护

石膏基自流平砂浆完成后 24h 内严禁上人；石膏基自流平砂浆完成后，室内宜通风排湿；但要避免穿堂风，使地面干燥过快而产生干裂；养护期间应严禁明水浸湿地面。

（4）施工注意事项

夏季施工时，应避免太阳光直接照射地面；一次拌和的料浆，必须在初凝前用完，初凝后的料浆切忌加水稀释，否则会产生开裂、粉化、无强度、脱层等现象。石膏基自流平砂浆在运输和贮存时应防止受潮。

28. 石膏基自流平砂浆的人工施工工序是什么？

答：（1）标高控制与界面处理

① 标高控制（图 7-22）。用水准仪或聚乙烯透明软管测定需施工自流平地坪材料的标高与厚度，用标高螺钉将基层的标高标出。一般要求石膏基自流平地坪砂浆的施工厚度不小于 4mm。基层平整度应用水平仪和 2m 靠尺验收，基层平整度应不得大于 3mm。混凝土抗压强度应≥20MPa，水泥砂浆抗压强度≥15MPa。

② 界面处理。用辊筒或者毛刷将配套界面剂在基层上涂刷 1～2 遍。正常情况下涂刷一遍即可。如遇到基层过于潮湿，或者在第一遍涂刷后出现有类似火山口的气孔时需涂刷第二遍。界面剂涂刷后，应保持室内通风，以利于界面剂干燥。

图 7-22　标高控制

（2）自流平石膏找平层施工

施工前，需要根据作业面宽度及现场条件设置施工缝。施工作业面宽度一般不要超过 2m。施工段可以采用泡沫橡胶条分隔，粘贴泡沫橡胶条前应放线定位。施工时，按照给定的加水量称量每袋自流平粉料所需要的清水，将自流平干粉料缓慢倒入盛有清水的搅拌桶中，一边加粉料一边用搅拌器搅拌，粉料不要一次加完。加完粉料并搅拌均匀后，静置 3～5min 后即可使用，注意搅拌均匀的料浆中不能有料团。自流平砂浆调拌时应注意用水量不要过量，以免造成强度降低。

把搅拌好的自流平石膏浆料立即均匀地倒入施工区域，从里到外流到地面上，浆料倾倒时一定要注意每一次倾倒的浆料都要倾倒到上一次的浆料上边，不能和上一次倾倒的浆料有间隙。流平时速度一定要均匀，衔接要顺畅。再用针辊筒来回滚砂浆表面，以消除砂浆中的气泡。对局部没有自动流平的，可用齿形刮板清除浇筑泡沫并适当摊铺（图 7-23），辅助流

图 7-23　对浇注后自流平石膏浆料进行摊铺

平。石膏基自流平地坪材料的施工时间可以通过合适的添加剂来调节，以适合施工要求。

上述这类靠人工的手工操作施工，主要用于小面积的室内地面找平工作。此外，石膏基自流平地坪材料也可以采用机械施工，用料仓供货，连接输送设备，同时采用机械搅拌及输送管道，主要用于大面积地面的找平处理。

29. 石膏基自流平砂浆机械施工的施工工序是什么？

答：（1）底涂施工（涂刷界面剂）

① 根据基层地面的情况选择相宜的界面剂，按产品说明书要求，在基层表面相互垂直的方向上至少各涂刷一遍，应涂刷均匀，不得有遗漏。

② 第一遍界面剂涂刷表干后，再涂刷第二遍，使其表面无积液，干燥后，方可进行自流平施工。

③ 如基层吸水率较大，界面剂迅速被吸干时，则必须再涂刷一层；反之，如基层吸水性较小，则界面剂须减少混水量，甚至不混水。

（2）自流平石膏找平层施工

在自流平砂浆施工过程中，很容易污染施工现场周边的墙面，最好在踢脚板上粘贴 5～7cm 宽的美纹纸，在地坪施工完后，再将多余的美纹纸去除。

① 将自流平石膏加水进行强烈搅拌，拌合水的比重占自流平石膏总量的 30%～40%，其参考标准为测定灰浆的流动度值，使之控制在（280±5）mm，且在施工中，每隔一定时间进行检测。另外，目测灰浆呈液态，但不出现泌水现象为准。

② 搅拌成糊状的灰浆，使用普通机械泵进行灌注（图 7-24），也可用其他方法进行灌注。自流平石膏灰浆流动性最佳施工时间为 45min。在铺设自流地坪时，施工人员可以使用一块耙板来加快灰浆在铺设面的散开速度，同时起到了刮去在表面可能出现的小泡沫的作用。

图 7-24　机械泵灌注自流平石膏灰浆

③ 灌注前，要对基面用水准仪测定出灌注的水平标高，并标在能够控制的地方，如进行大面积无接缝施工，则要在所施工的范围内，固定灌注高度标准杆，或设置灌注高度控制点。在大面积施工时，要在灌注范围内设置分隔缝，分块进行灌注施工，分块面积大小应视施工速度而定，每块的灌注时间最好控制在 20min 以内。施工时，一旦相邻的两个分块地坪灰浆的水平面达到一致高度时，就抽去分隔条，使灰浆能在两块地面范围内再进行自行找平。

30. 自流平石膏施工的质量标准与规范是什么？

答：（1）相应技术标准与规范

《建筑地面工程施工质量验收规范》（GB 50209—2010）。

（2）自流平材料的质量要求

1989 年日本建筑标准规范（JASS15M—103）规定石膏及水泥系自流平材料的质量要求，1993 年日本建设省的建筑工程通用规程中认定自流平材料可用作地面内装修的平整基层。两者对自流平材料的要求见表 7-36，供参考。

表 7-36　自流平材料的质量要求

种　类	JASS15M—103	建设省建筑工程通用规程
	石膏系	石膏系
流动值（cm）	>19	>19
凝结时间（h）	—	
初凝	>1	>1
终凝	<8	<15
抗压强度（MPa）	>14.7	>15
基底粘结强度（MPa）	>0.49	0.5
表面粘结强度（MPa）	>0.39	>0.4
耐冲击	无开裂和剥落	无开裂和剥落

31. 如何对石膏基自流平砂浆的施工成品进行保护？

答：施工作业前要关闭窗户，施工作业完成后将所有的门关闭。施工完成后 24h 内注意保湿养护，避免振动或刮伤。

32. 石膏基自流平砂浆施工表面空鼓、开裂的原因及防治措施有哪些？

答：（1）现象

表面出现火山口类气孔，或者开裂、空鼓、脱落等。

（2）原因分析

① 可能是因为基层密封不严所致。

② 自流平砂浆中缺少消泡剂，或者消泡剂用量不足，或者使用品种不当。

（3）防治措施

① 同材料供应商联系，在料浆调配前酌量加入消泡剂。

② 应注意底层密封完好，对于过于粗糙的地面，应涂刷两遍界面剂。

33. 石膏基自流平砂浆施工表面有小的团块凸起的原因及防治措施是什么？

答：（1）现象

施工后的自流平地面表面有小的团块凸起。

（2）原因分析

① 可能是自流平砂浆调配时搅拌不充分所致。

② 施工前材料有结块、成团现象所造成。

（3）防治措施

① 施工前应检查粉料是否有结块、成团等现象，如有应先将团块等清理干净后再调配。

② 适当延长搅拌时间，充分搅拌。

34. 石膏基自流平砂浆施工表面有少量泛霜的原因及防治措施有哪些？

答：（1）原因分析

① 地面封闭施工时没有充分封闭。

② 空气相对湿度过大。

（2）治理方法

可在 3d 后用扫帚清理，并用拖把拖洗干净。

35. 石膏基自流平砂浆局部尤其是施工面接触处平整度差的原因及防治措施有哪些？

答：（1）原因分析

① 地面基层未进行充分的预处理或者预处理质量差，高差过大。

② 用料不足或者施工过慢，未遵守操作时间。

（2）防治措施

应严格按照施工规程施工。

36. 石膏基自流平砂浆施工面出现泡眼、波纹的原因及防治措施有哪些？

答：（1）原因分析

① 涂刷界面剂时，起砂严重、吸水率较高的部位涂刷不匀和涂刷量不足。

② 没有按规定涂刷两遍界面剂，有漏刷部位。

③ 界面剂质量差。

（2）防治措施

① 按规定涂刷界面剂。

② 基层涂刷界面剂必须均匀，涂刷量要足，形成完整封闭的膜。

③ 对选购的界面剂进行质量检验。

37. 自流平石膏摊铺后出现接茬、颜色不一致的原因及防治措施是什么？

答：（1）原因分析

① 石膏基自流平砂浆搅拌不均匀，有疙瘩。

② 搅拌过程不连续，有间隔。

③ 不同搅拌批次之间间隔过长。

（2）防治措施

① 严格按照产品说明书搅拌料浆，搅拌必须均匀。

② 搅拌必须连续进行。

③ 避免不同搅拌批次之间间隔过长。

第八章 石膏复合胶凝材料

一、石膏复合胶凝材料的配置

1. 石膏复合胶凝材料有哪些?

答: 石膏复合胶凝材料主要有如下三类:

① 半水石膏或无水石膏与石灰的混合物、半水石膏或无水石膏与石灰及活性矿物掺合料的混合物。

② 半水石膏或无水石膏与硅酸盐水泥或与含有一定活性矿物掺合料的不同种类的硅酸盐水泥的混合物。

③ 半水石膏或无水石膏或某些工业原状副产石膏与粒状高炉矿渣或与其类似的矿渣的混合物,也可以掺和少量石灰(1%～2%)或少量硅酸盐水泥(3%～5%)石膏石灰混合物,需要掺加少量石灰或硅酸盐水泥作为矿渣的激发剂。

2. 石膏—矿渣胶凝材料的参考配方是怎样的?

答: 石膏、矿渣可用于生产免烧石膏—矿渣胶凝材料,主要原材料的配合比为石膏∶矿渣∶粉煤灰=50∶40∶10,而且粉煤灰与矿渣混合使用比矿渣单独使用效果要好。

3. 半水石膏为基料的复合胶凝材料有哪些特点?

答: 以生石灰、硅粉为掺合料并掺入四硼酸钠和超塑化剂,这种胶凝材料的性能优于石膏火山灰水泥,成型后干燥状态下的强度比纯石膏、石膏火山灰水泥的强度高,尤其是在饱水的条件下,比纯石膏高,软化系数较高,此种复合胶凝材料的孔结构优于纯石膏、石膏火山灰水泥的孔结构。

4. 粉煤灰—石灰—半水石膏胶凝材料有哪些性能?

答: 在粉煤灰—石灰—半水石膏胶凝材料体系中,增大半水石膏掺量,会使胶凝体系早期形成较多的石膏晶体,可提高早期强度,但对后期粉煤灰的水化可能有一些不利的影响。早期形成的石膏骨架强度越大,则对粉煤灰的水化抑制力也越大。半水石膏的引入对胶凝材料强度的影响应综合两方面的作用。

此种胶凝材料的凝结速率和早期强度发展与半水石膏的掺入量成对应关系。半水石膏的快速水化加速了胶凝材料的硬化,对早期强度起着提高作用。

在胶凝材料中,半水石膏一方面为体系提供早期强度,另一方面其水化生成的二水石膏晶体作为一种硫酸盐,在石灰的存在下对胶凝体系中的粉煤灰产生激发作用。粉煤灰的反应率与半水石膏的掺入量相关。胶凝材料中,半水石膏的掺入量在适宜范围时,不仅对早期强度起着改善作用,而且促进胶凝体系后期强度的发展,使系统的性能有较明显的改善。

5. 矿物掺合料对建筑石膏凝结时间的影响是什么?

答: 不同配比的石膏胶凝材料体系凝结时间, 矿粉-粉煤灰复掺体系的凝结时间最长, 粉煤灰单掺体系的次之, 且凝结时间随粉煤灰掺量的增加而延长, 水泥-粉煤灰复掺体系的凝结时间最短, 即在有矿物掺合料加入的石膏胶凝材料体系中, 水泥的加入会产生促凝作用, 而粉煤灰的加入则会产生一些缓凝作用。

6. 不同矿物掺合料对建筑石膏物理性能有哪些影响?

答: ① 在粉煤灰单掺、矿粉与粉煤灰复掺、水泥与粉煤灰复掺三种石膏复合胶凝材料体系中, 粉煤灰单掺体系的 3d 抗压、抗折强度最大, 其他体系的相互接近; 28d 强度, 以水泥与粉煤灰复掺体系的最高, 粉煤灰单掺体系次之, 且强度随着粉煤灰掺量的增加而减小, 矿粉与粉煤灰复掺体系的最小。

② 矿粉、水泥的加入可以提高石膏胶凝材料体系的抗压软化系数, 矿物掺合料的加入会降低石膏胶凝材料体系的抗折软化系数。

③ 矿粉与粉煤灰复掺体系的凝结时间为最长, 粉煤灰单掺体系次之, 水泥与粉煤灰复掺体系最短。粉煤灰在石膏胶凝材料体系中具有一定的缓凝作用, 而水泥则具有促凝作用。

④ 复掺石膏体系的流动度大于粉煤灰单掺石膏体系, 石膏胶凝材料体系的流动度随着水泥、矿粉的加入会增大, 且水泥的增大作用比矿粉显著, 粉煤灰的加入则会减小流动度。

7. 二水脱硫石膏自流平材料的参考配方是什么?

答: 二水脱硫石膏自流平材料的配方为: 基本配料中脱硫石膏占 36%、矿渣粉占 32%、硫铝酸盐水泥占 28%、碱性激发剂占 4%; 促凝剂占基本配料总质量的 0.9%、高效减水剂占基本配料总质量的 0.6%、乳胶粉占基本配料总质量的 0.8%、保水剂占基本配料总质量的 0.08%、消泡剂占基本配料总质量的 0.05%。

8. 二水脱硫石膏在石膏复合胶凝材料中的应用效果如何?

答: 二水石膏本身没有自硬性, 也不会产生强度, 但是, 一定细度的粉状二水石膏在适宜的激发条件下能与活性矿物材料进行水化反应, 生成具有一定强度的水硬性水化产物。根据这一机理以及脱硫石膏均是粉状物的有利条件, 以不经任何预处理的原状石膏, 按适当比例加入适宜的激发材料和活性矿物材料配制成石膏复合胶凝材料, 使其在一定的条件下充分进行水化反应, 生成以钙矾石和水化硅酸钙为主的水硬性水化产物, 这些水化产物在水中的溶解度极低。用这样的方法配制成的石膏复合胶凝材料不仅比一般建筑石膏的强度高, 而且还具有水硬性胶凝材料的特征, 有着较高的软化系数和较好的耐水性能。

9. 不同掺合料对脱硫抹灰石膏性能有哪些影响?

答: ① 水泥、石灰对脱硫抹灰石膏都有缓凝效果, 石灰对脱硫抹灰石膏凝结时间的延长效果要比水泥的好。

② 水泥、石灰复合掺入脱硫抹灰石膏时, 对脱硫抹灰石膏的强度作用效果较好。

③ 利用矿渣、粉煤灰作为复合胶凝材料掺加到脱硫抹灰石膏中, 可更好地改善脱硫抹灰石膏的操作性, 提高早期强度与粘结性、耐水性, 抹灰石膏要在潮湿环境条件下使用就需

要再加入适量的水泥、石灰作为其碱性激发剂，使胶凝材料发挥更好的作用。

10. 活性掺合料对脱硫石膏基制品耐水性及其力学性能的影响是什么？

答： 对石膏制品耐水性影响的主要因素为水泥的掺量和高炉矿渣的掺量。影响制品 24h 吸水率的主次关系为：水泥、高炉矿渣、生石灰和粉煤灰的掺量。对于石膏制品的耐水性来说，较好的配比为高炉矿渣：水泥：粉煤灰：生石灰＝1：1：3：1。

对于石膏制品的抗折强度来说，高炉矿渣的掺量仍然是影响其强度的主要因素。其中影响制品干抗折强度的主次顺序为高炉矿渣、生石灰、水泥和粉煤灰。影响石膏制品 2h 抗折强度的主次顺序为高炉矿渣、生石灰、粉煤灰、水泥。考虑制品耐水后强度的损失，得出对于制品抗折强度的优化配比为高炉矿渣：生石灰：粉煤灰：水泥＝1：1：2：1。

对于石膏制品抗压强度来说，生石灰的掺量是最主要的影响因素。影响制品浸水 2h 后抗压强度的主次顺序为：生石灰、水泥、高炉矿渣、粉煤灰，考虑到耐水后强度的损失，对于其抗压强度的优化配比为生石灰：水泥：高炉矿渣：粉煤灰＝1：2：1：2。

简单地说：

① 掺入活性掺合料后的石膏制品，其耐水性能和力学性能都有所增强，因此用活性掺合料对石膏制品进行改性是简单可行的办法。

② 掺入等量的活性掺合料后，制品耐水性能较好的为高炉矿渣和水泥复合制品。而对于其力学性能的改进相差不大，都有着积极的促进作用，相比之下加入水泥的效果较好。

③ 对生石灰、水泥、高炉矿渣、粉煤灰四种活性掺合料配比为：生石灰掺量 1%，水泥掺量 3%，高炉矿渣掺量 3%，粉煤灰掺量 5%。

11. 烟气脱硫石膏泛霜的原因是什么？

答： 水化过程中富余的水最终以蒸发的方式排出。在水分向硬化体外蒸发扩散时，石膏中的可溶性氧化镁、氧化钠和氧化钾随着水分向外迁移，最终会累积在硬化体表面尤其是棱边处，形成镁、钠和钾的硫酸盐或者复盐形式，即"泛霜"，主要表现为石膏硬化体表面起粉、掉皮和剥落。在实际生产中发现，烟气脱硫石膏制品泛霜现象较天然石膏制品严重得多，尤其对于烟气脱硫石膏砌块，石膏制品体积越大，越容易出现泛霜。

12. 脱硫石膏与氟石膏复合胶凝材料的性能怎样？

答： 将脱硫石膏和氟石膏在 70℃ 条件下烘干，然后按脱硫石膏：氟石膏：矿渣：普通硅酸盐水泥＝5：3：4：1 配比计量并混合均匀进行粉磨，过 80 目筛；称取激发剂和保水剂掺入混合料中混合均匀，掺量分别为 2%～5% 和 0.1%～0.2%（均为占灰分的质量百分数，外掺）；按水灰比 0.4 量取相应的水，将混合好的灰分加入到水中，在强力搅拌机下搅拌 1min 左右，迅速成型，在试样块体完全终凝硬化后脱模，并在自然养护条件下养护至规定龄期。

（1）物理力学性能（表 8-1、表 8-2）

表 8-1　石膏复合胶凝材料的物理性能

0.08mm 筛筛余（%）	初凝时间（h）	终凝时间（h）	表观密度（kg/m³）	干缩率（mm/m）
1.2	3.0	6.4	1710	0.52

表 8-2　石膏复合胶凝材料的力学性能

抗折强度（MPa）			抗压强度（MPa）			28d 粘结强度（MPa）
7d	21d	28d	7d	21d	28d	
4.9	5.6	7.4	27.5	34.7	40.5	0.85

石膏复合胶凝材料的和易性好，不泌水离析，由表 8-1、表 8-2 可知，具有如下特性：① 凝结时间适当，根据施工要求可调；② 强度较高，与传统石膏胶凝材料相比，有很大的优势；③ 粘结强度较高，可替代传统的抹灰材料，能保证胶凝材料与墙体的良好结合，避免抹灰层空鼓等弊病，同时可减少抹灰施工中的落地灰，利于文明施工和节约材料；④ 硬化体的干缩率仅为 0.52mm/m，大大低于水泥类胶结料，在材性上保证材料体积稳定，不易开裂。

（2）耐水性

适当添加水硬性材料组成，使该胶凝材料兼具气硬、水硬特性，生成 C—S—H 凝胶，阻止二水石膏与水直接接触发生溶解，材料中的大孔和贯通孔明显减少，结构十分致密，进而提高石膏复合胶凝材料的耐水性能。

13. 二水石膏煅烧前后对无水石膏胶凝体系的激发效果有什么差异？

答：将二水石膏和无水石膏一起煅烧能有效改变无水石膏胶凝体系的凝结硬化时间。

① 在煅烧过程中，二水石膏生成了包括半水石膏在内的多种具有溶解活性的物质，这些物质与添加的外加剂一起激发了无水石膏的水化活性。且在煅烧过程中无水石膏结构产生畸变，导致其溶解活性增强。

② 不煅烧二水石膏其改性效果明显低于煅烧二水石膏，经煅烧后二水石膏生成的半水石膏的促凝效果比二水石膏明显。半水石膏多孔的晶体结构在与水的接触中处于有利地位，在石膏晶核诱发下无水石膏结晶成糖粒状石膏。按二水石膏含量加入对应比例的半水石膏，效果同样没有直接煅烧二水石膏的效果好。

14. 不同掺合料对二水脱硫石膏-粉煤灰复合胶结体强度有什么影响？

答：以粉煤灰、脱硫石膏、炉渣为主要原料，配以石灰和水泥及外加剂等，经配比、搅拌、养护等工序配制胶结材料。

各因素对胶结材料抗压强度的影响中，石灰＋水泥的百分含量对抗压强度的影响最大，脱硫石膏的影响次之，粉煤灰的影响相对较弱，即影响抗压强度的各因素主次关系为：石灰＋水泥＞脱硫石膏＞粉煤灰。

胶结体的抗压强度随脱硫石膏及粉煤灰量的增加呈先增后降的趋势，主要原因是由于胶结体的强度在一定程度上是由脱硫石膏和粉煤灰协同作用完成的。早期强度取决于钙矾石晶体的生成，后期强度取决于水化硅酸钙凝胶的继续生成，使得胶结体具有较好的抗压性能。

胶结体的抗压强度随着石灰和水泥的含量增加而增加，石灰和水泥的含量在胶结体的强度中起着重要作用。石灰＋水泥属于一种复合碱激发剂，能较好地激发胶结体的水化活性，促进体系的早期水化，起到提高体系抗压强度的效果，它利用石灰对粉煤灰活性的快速激发，促进早期水化和提高早期强度。水泥水化初期生成水化产物，赋予混合物早期强度；另外水泥熟料水化生成的 $Ca(OH)_2$ 可以较长时间维持适宜的碱度，并可以充分与粉煤灰中的活性 SiO_2 和活性 Al_2O_3 反应，生成水化硅酸钙和水化铝酸钙，使组织更加致密，强度继续提高。

15. 石灰掺量对二水脱硫石膏矿渣复合胶凝材料配比的强度有什么影响？

答： ① 石灰掺量不同时，试件的抗压、抗折强度略有波动，当石灰掺量小于 3％时，强度将随掺量的增大而提高，而掺量大于 3％时，强度将随掺量的增加而降低。因此作为激发剂的生石灰掺量以 2％～3％为宜。

② 当石灰掺量超过一定范围后，由于石灰的膨胀作用，试件出现裂纹，从而破坏了硬化体的结构，导致强度的降低。

石灰作为反应促进剂，当掺加量较少时，氧化钙不足以吸收矿渣中的 SiO_2，矿渣活性不能充分激发出来，因而试体强度不高；而石灰掺量过高时，由于石灰与水结合生成氢氧化钙发生固相体积膨胀，周围没有足够的空间容纳，且当坯体强度不足以抵抗这种膨胀外力的作用时，坯体内部结构就遭到破坏，导致硬化体强度的降低。

16. 不同因素对粉煤灰—二水脱硫石膏—矿渣复合胶凝材料的流动性和强度有什么影响？

答： ① 粉煤灰可提高复合胶凝材料砂浆的流动性能，二水脱硫石膏降低其流动性能。

② 粉煤灰的掺加量越高，其 3d 强度越大，随着龄期的推移，强度随粉煤灰比例的减小，先增大后降低。脱硫石膏的加入量为 20％时，28d 强度最高。

③ NaOH、KOH 和 Na_2SiO_3 的添加均会降低浆体流动性能，但是流动性能随着 NaOH、KOH 的掺量增大而增大，随着 Na_2SiO_3 的掺量增大而降低。

④ NaOH、KOH 的加入会进一步激发矿渣粉的活性，使其 3d 强度明显增大，但是过大的加入量也会抑制强度的发展；Na_2SiO_3 的添加对矿渣粉的进一步激发不明显，3d 强度略微增大，并且严重影响其后期强度的发展。

17. 石灰、NaOH 对二水脱硫石膏—粉煤灰胶凝材料的强度有什么影响？

答： 石灰在粉煤灰活性激发过程中，可促进水化生成物转化成更稳定、更高强度的水化产物。掺加 1％ NaOH 后，胶凝材料的抗压强度比不掺 NaOH 时有了一定的增加。石灰掺量为 1％、掺加 1％NaOH 时，胶凝材料的强度最高，比未掺 NaOH 胶凝材料的强度增大49.6％。但随着石灰掺量的增加，胶凝材料的强度又呈递减趋势。

18. 脱硫石膏与粉煤灰胶凝材料的反应产物是什么？

答： 仅将脱硫石膏与粉煤灰混合不能产生令人满意的胶结性能。在体系中加入适量水泥、熟石灰，当水化开始后，水泥自身水化，所生成的水化产物激发脱硫石膏和粉煤灰的潜在胶结性能，使之较多地参与水化反应，在早期形成较多的水化产物，凝结硬化并获得较高的早期强度。由于火山灰反应持续进行，使后期强度不断增加达到较高水平。

火山灰反应需要碱性离子的激发，水泥水化时，产生的新生态 $Ca(OH)_2$ 活性很强，而加入熟石灰也可以激发粉煤灰的火山灰潜在水硬性。但由于熟石灰反应活性较低，故激发作用不及硅酸盐水泥。

脱硫石膏—粉煤灰胶凝材料在水化过程中，半水石膏转化为二水石膏。这个反应伴随有体积增加，可部分抵消水化过程中体积收缩，从而使脱硫石膏—粉煤灰胶凝材料转化有较好的体积稳定性。

19. 脱硫石膏中复合石灰、高岭土、水泥、膨润土填料对脱硫石膏性能的影响？

答： ① 脱硫石膏中的复合石灰、高岭土、水泥、膨润土填料等由于各自对脱硫石膏的功效有所差别，因而复掺可以有效地提高脱硫石膏强度，其中生石灰加入可以提高脱硫石膏2h强度和烘干后强度；高岭土与膨润土加入对2h强度没有明显影响，但对烘干后强度有较好的增强作用，复掺水泥时强度增强效果较明显。各种填料复掺均比单掺强度要好。

② 脱硫石膏几种填料复合使用，生石灰掺量在1%及以下时，对强度影响较好，掺量增多，强度没有明显增强现象，或稍有下降，从成本上考虑生石灰掺量为1%及以下为好。

20. 脱硫石膏—粉煤灰—矿粉复合胶凝材料改性过程中有何性能变化？

答： ① 为避免硫酸盐类早强剂引起泛霜现象，选用硅酸钠作为早强剂掺入到脱硫建筑石膏中，适宜掺量为2.0%，此时脱硫建筑石膏的早期抗折、抗压强度与空白样相比分别提高150%和30.6%，凝结时间得到有效控制。

② 采用石灰和水泥复合碱性激发，适宜掺量为：生石灰2%、水泥10%，激发效果显著。

③ 可再分散乳胶粉的保水性优于羧甲基纤维素醚（CMC）和絮状纤维素，泌水和泛霜现象得到了明显改善，凝结时间也无延长现象。

④ 将粉煤灰与矿粉复合掺入胶结料中，强度和经济效益都得到保证。综合考虑胶结料的适宜配比为脱硫建筑石膏：粉煤灰：矿粉＝40：20：40。

21. 水泥、石灰、灰钙等掺入对矿渣—脱硫石膏复合胶凝材料产生怎样的作用？

答： 作为石膏水硬性掺合料的矿渣必须在碱性激发下发挥作用，生石灰和水泥在其中起到了激发的作用，当水泥掺量为5%、石灰掺量为1%时石膏复合胶凝材料的软化系数较好，但水泥掺量多，对石膏的强度反而不利，即使石膏复合胶凝材料的软化系数好，强度也不一定好。

石灰与灰钙对石膏复合胶凝材料都有缓凝的作用，但灰钙对石膏胶凝材料强度的影响效果没有石灰好，随灰钙含量的增加，石膏复合胶凝材料的凝结时间延长，强度下降。当石灰含量为0.5%～1%、水泥含量为4%时，对矿渣的激发效果最好，石膏复合胶凝材料的凝结时间、强度、耐水性即软化系数和溶蚀性等性能都很好。

当矿渣：脱硫石膏＝60：30，再掺加4%水泥、0.5%石灰时，石膏复合胶凝材料的整体性能效果最好。

22. 在水泥脱硫石膏胶凝材料中加入减水剂和激发剂的效果如何？

答： 在水泥脱硫石膏胶凝材料中加入0.5%减水剂，对石膏胶凝材料的强度相对影响程度较小。但在水泥脱硫石膏胶凝材料体系中再复合加入0.3%的激发剂后，比起单掺水泥，没添加激发剂时的强度都有所提高，这是激发剂激发了水泥的活性。同时激发剂对石膏胶凝材料有促凝作用。

在水泥脱硫石膏胶凝材料体系中加入 10% 的粉煤灰和 0.3% 的激发剂后，比只加 10% 的粉煤灰对石膏胶凝材料的作用效果好，单粉煤灰在石膏胶凝体系中主要起填充作用，降低石膏胶凝材料的强度，水泥单掺体系中在加量不超过 2.0% 时也起缓凝的作用。

在实际生产中配制石膏胶凝材料时，应考虑不同掺合料及外加剂对其性能的影响程度，掺加无机掺和料时，最好同时加入它相对的激发剂，这样才能更好地发挥其在石膏胶凝材料中的作用。

23. 二水磷石膏—粉煤灰—石灰—水泥复合胶凝材料硬化体强度是如何生成的？

答：在二水磷石膏—粉煤灰—石灰—水泥复合胶凝材料中，强度主要来源于活性被激发后的粉煤灰水化。粉煤灰活性的激发包括自身火山灰活性和激发剂促进两个方面。硫酸盐在粉煤灰活性激发过程中扮演着积极的角色，而 $Ca(OH)_2$ 或 CaO 为必要条件；粉煤灰中的 SiO_2、Al_2O_3 可与石灰反应形成 $C-S-H$ 凝胶和水化铝酸钙。水化铝酸钙在富石膏的条件下，转化为钙矾石，从而形成强度。水泥水化产生 $C-S-H$ 凝胶和 $Ca(OH)_2$ 对强度有促进作用，且其水化产生的 $Ca(OH)_2$ 又进一步激发了粉煤灰的活性。

24. 怎样配制提高磷石膏—矿渣—石灰—水泥复合胶凝材料的性能？

答：在磷石膏—矿渣—石灰—水泥复合胶凝材料中，水泥掺量在整个水化过程中起着显著作用，而生石灰掺量在水化前期与磷石膏掺量影响显著，后期则刚好相反。由于水化初期，水泥水化产生 $C-S-H$ 凝胶和 $Ca(OH)_2$，生石灰的加入进一步提高环境碱度并伴随大量 OH^- 生成。在碱性环境中，形成水化硅酸钙和水化铝酸钙。随着水化的进行，水化铝酸钙逐渐被三硫型钙矾石取代。

25. 脱硫建筑石膏粉在粉煤灰—氟石膏—水泥复合胶凝材料中有什么影响？

答：在脱硫建筑石膏替代水泥量 30% 以内时，净浆体积安定性合格。为什么掺入大量的脱硫建筑石膏没有引起净浆体积安定性不良呢？清华大学阎培渝用扫描电子显微镜和能谱分析的方法对粉煤灰—氟石膏—水泥复合胶凝材料硬化体结构进行了研究。结果表明：养护 28d 后，粉煤灰—氟石膏—水泥复合胶凝材料硬化体形成了致密的结构，粉煤灰颗粒表面覆盖着厚厚的水化产物层。电子显微镜表明，在粉煤灰—氟石膏—水泥复合胶凝材料硬化体中只发现了少量棒状二水石膏晶体，典型的钙矾石针状晶体则未发现。水化生成的二水石膏和钙矾石以微晶形式与 $C-S-H$ 凝胶均匀混合在一起，包覆在未水化的粉煤灰和氟石膏颗粒表面，形成了致密结构，使粉煤灰—氟石膏—水泥复合胶凝材料硬化体的强度持续增加。硬化体正是由于具有这样的结构，才消除了过多的石膏和钙矾石对其结构的破坏，保证了其体积安定性。

26. 矿物掺合料对石膏胶凝材料水化早期起什么作用？

答：在有矿粉、粉煤灰、水泥加入的石膏胶凝材料中，石膏凝结硬化速度快，其他物质在石膏终凝后，还未反应或者只有少量反应，终凝的胶凝材料已完全失去流动性，这又进一步阻碍了其他物质的水化反应，所以在胶凝材料水化早期，矿物掺合料主要起填充作用，胶凝材料的早期强度主要来源于半水石膏水化生成的二水石膏。随水化龄期的增长，在有水泥掺加时，部分未水化的水泥会慢慢水化，这些水化物胶体和未反应的矿物掺合料一起填充在由二水石膏所构成骨架的缝隙中，从而增强了胶凝材料的后期强度。

在水泥—粉煤灰体系中，水化生成的胶体量较多，随水泥掺量的增加，胶体量也随之增加，同时剩余的粉煤灰发挥填充集料作用，所以该体系的 28d 强度在有矿物掺合料掺加的体系中最高；在只有粉煤灰掺加的体系中，由于没有碱性激发剂，粉煤灰仅发挥其"微集料效应"做填充材料，后期强度完全依靠未反应石膏的水化以及多余水分的蒸发来提高，所以其28d 强度比水泥—粉煤灰体系的低。但是，其颗粒中含有较多球状颗粒，形状比矿粉颗粒光滑，其填充效果比矿粉较好，所以其 28d 强度比矿粉—粉煤灰体系的高；在矿粉—粉煤灰体系中，没有碱性激发剂，几乎没有发生水化反应或水化反应非常少，矿粉和粉煤灰主要还是作为填充集料，由于单掺矿粉，硬化体强度最小，所以矿粉填充效果不及粉煤灰。

27. 石膏复合胶凝材料硬化体的物理力学性能指标如何确定？

答： 石膏复合胶凝材料硬化体的物理力学性能指标应按下列依据确定：

① 按石膏的特性，以烘干的抗折、抗压强度为主要指标；对于掺有水硬性复合材料的石膏硬化体还应先按掺合料的特性分别进行预养护，如外掺水泥、石灰、矿渣等应经潮湿养护 7d 和 28d；掺粉煤灰的应经湿热养护。

② 耐水性能按不同的石膏制品以及它们的应用条件，即：

a. 对加入含有活性二氧化硅、三氧化二铝和氧化钙等以改变石膏硬化体单一的硫酸钙分子结构的材料，一般用于制条板、砌块和抹灰石膏等，主要以软化系数和溶蚀率为指标，吸水率作为参考；用于制矿渣板等薄板则以吸水率、饱水断裂荷载及受潮后的挠度变形作为指标。

b. 对加入有机防水剂以提高石膏硬化体密实度或改善表面能的材料，一般用于制薄板如纸面石膏板、纤维石膏板和装饰石膏板等，主要以吸水率、挠度以及饱水断裂荷载为主要指标，软化系数及溶蚀率仅作参考。

28. 水硬性石膏复合胶凝材料性能影响因素有哪些？

答： ① 利用 α 型半水石膏与硅铝质火山灰混合材按一定比例，在碱性激发剂的作用下，生成的水硬性胶凝材料，不仅在空气中养护能获得强度，而且在蒸汽及有水的条件下养护，强度发展更为显著和提高。

② 以硅铝质火山灰混合材改变石膏气硬性为水硬性的关键为：在碱性激发剂作用下，混合材与石膏反应，生成水化硅酸钙凝胶及钙矾石等溶解度小、强度高的物质。

③ 混合材的细度、活性率、碱性率与水硬性石膏的强度有密切关系：细度越细，强度越高；活性率＞0.25、碱性率＞1，效果较佳。

④ 激发剂掺量应据材料性能进行试配后确定，一般石灰、52.5硅酸盐水泥的掺量宜分别为 0.5%～2%、1%～3%。

29. 如何配制性能良好的石膏矿渣水泥？

答： 石膏矿渣水泥是将干燥的水渣和石膏、硅酸盐水泥熟料或石灰按照一定的比例混合磨细或者分别磨细后再混合均匀所得到的一种水硬性胶凝材料。

在配制石膏矿渣水泥时，高炉水渣是主要的原料，一般配入量可高达75％左右，石膏在石膏矿渣水泥中是属于硫酸盐激发剂，它的作用在于提供水化时所需要的硫酸钙成分，激发矿渣中的活性，一般石膏的加入量以15％为宜。

粒化高炉矿渣在加入3％～5％的石膏混合磨细或者分别磨后再加以混合均匀而制成。水渣在磨前必须烘干，但烘干温度不可太高（不应超过600℃），否则会影响水渣的活性。

在磨制石膏矿渣水泥时，随着高炉矿渣掺量的增加，石膏矿渣水泥的抗压强度稍有降低，但总的影响不大，而对抗拉强度的影响更小，所以其掺入量可以加入到占石膏矿渣水泥重量的20％～75％，这样对于提高石膏矿渣水泥质量，降低生产成本是十分有利的。

少量硅酸盐水泥熟料或石灰，系属于碱性激发剂，对矿渣碱性起到活化作用，能促进铝酸钙和硅酸钙的水化。在一般情况下，如用石灰作碱性激发剂，其掺入量宜在3％以下，最高不得超过5％，如用普通水泥熟料代替石灰，掺入量在5％以下，最大不超过8％。

这种石膏矿渣水泥成本较低，具有较好的抗硫酸盐侵蚀和抗渗透性，用于建筑物的各种预制砌块。

30. 石膏胶凝材料中加入煅烧明矾石对其有何影响？

答：所有石膏在煅烧温度为400～800℃时，可获得可溶性和非可溶性的无水石膏。由含有非可溶性无水石膏的材料加入煅烧明矾石制成的胶凝材料都具有较高的强度。

以低温煅烧的明矾石作为快硬剂，这种岩石含有像明矾、碱金属硫酸盐、活性氧化铝等可溶性盐。煅烧过的明矾石在石膏胶凝材料的组成中占到3％～10％时，随掺量的提高，石膏制品的强度也随提高，但超过15％时其性能下降。

31. 矿粉水泥、粉煤灰不同配比的石膏胶凝材料体系的流动度对比情况如何？

答：在有矿物掺合料加入水泥凝胶材料的体系中，复掺体系的流动度大于单掺体系的流动度，其中以水泥、粉煤灰复掺体系的流动度为最大，其次为矿粉、粉煤灰复掺体系，45％粉煤灰单掺体系的流动度为最小，且随着粉煤灰掺量增加流动度减小。石膏胶凝体系的流动度随着水泥、矿粉的加入而增大，随着粉煤灰掺量增大而减小。

32. 怎样用无机材料提高石膏软化系数性能？

答：普通石膏建筑材料和制品，只能用于相对湿度不超过60％内墙结构，而采用复合粘结剂的石膏制品，它的使用范围比较大，可以用于建筑物外墙结构和相对湿度超过60％的环境。

为了制得高强度石膏制品，也可以对各种品位的石膏和含石膏的工业废料采用机械化学激活原理，使石膏原料变态，从而可以很大空间的调节凝结时间的范围、需水量，并获得高强度的制品。例如：用二水磷石膏制半水石膏制品，采用上述工艺可以制得需水量从0.28～0.4，软化系数为0.8以上的高强度粘结剂。

无机活性材矿渣及相应激发剂的比例为石膏∶矿渣激发剂＝90∶10～70∶30，外掺硫酸盐激发剂1％，石灰5％。掺入矿渣对提高软化系数，降低溶蚀率的作用是显著的。在一定的范围内随矿渣掺量增加，饱水强度、软化系数增加，溶蚀率降低，适宜的矿渣掺量是石膏：矿渣＝70：30。对不同矿渣掺量的硬化体进行 X 射线衍射分析，均有钙矾石与水化硅酸钙的特征衍射峰，随矿渣掺量增加，硬化体中钙矾石与水化硅酸钙增加，软化系数提高，溶蚀率降低。

33. 石膏—水泥复合胶凝材料不同养护制度的性能结果有什么不同？

答： ① 在一定范围内，加水量的多少对石膏水泥混合胶凝材料的早期水化速率及凝结时间影响不大。在水化和凝结硬化过程中，水化是凝结硬化的前提，而凝结硬化则是水化的结果。随着硅酸盐水泥、矿渣硅酸盐水泥、白水泥、高铝水泥的掺量不断增加，标准稠度用水量逐渐减少，而硫铝酸盐水泥则变化不大。从凝结时间来看：不同品种水泥对建筑石膏凝结时间的影响是不一样的，掺入硫铝酸盐水泥、硅酸盐水泥后凝结时间缩短，并随着掺量的增加而明显缩短，尤其是硫铝酸盐水泥最为明显，而掺入矿渣硅酸盐水泥后凝结时间缩短，但随掺量的增加变化不大；掺入白水泥后对凝结时间影响不大；掺入高铝水泥后，凝结时间有延长的趋势。

② 不论是石膏还是水泥在水化过程中都会放出热量，但放热速度及放热量各不相同。从石膏或石膏与不同品种水泥混合后的水化温度随时间变化看：纯石膏的水化温度到达最高点很快，而且温度下降速度也很快；当石膏中掺入硫铝酸盐水泥以后，随着硫铝酸盐水泥掺量的提高水化温度明显提高，且下降速度也有所减缓；掺入硅酸盐水泥后，水化温度最高点的时间较纯石膏的延长了许多，且温度值也有所提高，温度下降速度更加平缓；掺入矿渣硅酸盐水泥后，随着掺量的不断增加水化温度最高值逐渐降低，但下降速度逐渐减缓。随着水泥掺量的不断提高水化热逐渐增大，掺入硫铝酸盐水泥后水化热最高，硅酸盐水泥次之，矿渣硅酸盐水泥再次之；纯石膏的水化热最低。从石膏—水泥混合悬浮液 CaO 浓度变化试验结果看，纯石膏水溶液中 CaO 含量很快达到最高值，然后液相浓度降低。随着水泥掺量的不断增加 CaO 含量的初始值逐渐降低，随着水化时间的延长到达最高值，然后逐渐降低，到达最高值的时间随着水泥掺量的增加有顺延的趋势，降低速度随水泥掺量的增加而趋于平缓。

③ 石膏的酸碱度为中性偏酸，不同品种水泥的碱度也各不相同。根据石膏—水泥混合悬浮液的酸碱度变化试验结果可知：同种水泥随着掺量的增加初始酸碱度值逐渐增大，同种掺量不同品种水泥的酸碱度值的大小顺序为：矿渣硅酸盐水泥、硅酸盐水泥、硫铝酸盐水泥，掺入硫铝酸盐水泥时，随着水化时间的延长酸碱度值逐渐减小；掺入硅酸盐水泥、矿渣硅酸盐水泥后，随着水化时间的延长酸碱度值逐渐增大。

④ 石膏与不同品种水泥混合后在不同养护条件下的软化系数，纯石膏的软化系数为 0.3 左右，掺入硫铝酸盐水泥、硅酸盐水泥后强度绝对值及软化系数都有明显提高，掺入矿渣硅酸盐水泥、白水泥后软化系数提高，但强度绝对值变化不大。

⑤ 石膏与不同品种水泥、不同掺量组合后在不同养护条件下的尺寸稳定性：在自然养护条件下，石膏与不同品种、不同掺量水泥组合后，试件的长度变化都是初期膨胀后期收缩，水泥掺量越大收缩值越高，3 个月后达到最高值，3 个月以后长度变化不大。在湿空气养护条件下，随着养护龄期的延长，试件的膨胀率逐渐增大，水泥掺量越高膨胀率越大。不同品种水泥膨胀率从大到小的顺序为：白水泥、高铝水泥、矿渣硅酸盐水泥、硅酸盐水泥、硫铝酸盐水泥。

二、掺合料

(一) 水泥

1. 水泥掺量的不同对石膏的改性有何影响?

答： ① 建筑石膏和水泥混合体系的水化过程是建筑石膏在水泥矿物环境下的水化及水泥在石膏饱和溶液中水化及相互反应水化的综合过程。

② 当水泥掺量较低时，水化过程基本呈现建筑石膏的水化特征，但水泥对建筑石膏的改性作用也较为明显，如硬化体强度、耐水性、抗溶蚀性能有较大提高，主要原因是在混合体系中，水泥与建筑石膏共同水化形成了一些高强度、耐水性较好的水化矿物，这些矿物一些是在水化初期形成，有些是在体系凝结硬化后形成，其反应时体积的变化对硬化体具有破坏作用或危险性（如钙矾石），因此给水泥改性建筑石膏带来了一个安定性的问题。为此，水泥的适宜掺量应在 3%～10% 之间。

③ 因为各种水泥中矿物类型和含量不同，所以与建筑石膏的混合体系的水化反应和动力学有较大的差异。

2. 硅酸盐水泥的掺入对石膏性能有什么影响?

答： ① 在石膏中掺入 52.5R 硅酸盐水泥后，随水泥掺量的增加，混合料标准稠度降低，凝结时间缩短，水化放热量增加。

② 当水泥量小于 5%，随水泥量的增加，按照标准测量试件 2h 强度降低；3 个月后的绝干强度提高明显；水泥量超过 5% 后，抗折强度开始下降。

③ 3 个月的干燥强度基本上不受养护条件的影响。

④ 混合料的体积对于水泥掺量与养护制度的变化都非常敏感。随水泥掺量的增加，干燥环境下，收缩不断加大，潮湿环境下，膨胀呈增长趋势；而且混合料的体积随着养护环境湿度的增大而增大。

⑤ 吸水率随水泥量增加而减少，抗压强度、软化系数随水泥量增加而提高，抗折强度、软化系数无论何种养护制度，水泥掺量不能超过 5%，否则软化系数降低。

⑥ 溶蚀率随水泥掺量增加而减少。

总之，当建筑石膏中掺入硅酸盐水泥不超过 5% 时，在强度、软化系数方面有明显改善，在尺寸稳定性、成本方面也可以接受；当掺入比例超过 5% 时，由于硅酸盐水泥中的 C_3A 矿物相含量的不同，应进行尺寸稳定性测试。养护制度对硬化体的干燥强度基本没有影响，所以从强度增长速度方面来看，自然养护是最佳的养护条件。

石膏制品若单独掺入水泥来提高石膏的强度和耐水性，在一定的条件下是可行的，无论是硅酸盐水泥或是矿渣水泥对提高石膏硬化体的干、湿强度及软化系数、降低石膏的表面溶蚀均有显著效果，且随水泥掺量的增加效果会更好。对相同的效果，矿渣水泥的掺量比硅酸盐水泥高。尽管如此，还必须强调在实际应用中要特别注意水泥的掺加量，掺量过少，对石膏性能提升作用不大；掺量过多，会导致长期浸水的试件开裂。

3. 在石膏中为什么不宜单独加入大量水泥?

答:在石膏中仅掺入大量的水泥是不适当的。由于水泥水化析出的 $Ca(OH)_2$ 没有被吸收,造成较高的碱度,在长期受潮条件下,钙矾石不断形成,往往导致石膏硬化体膨胀开裂,出现体积变化安定性差的问题。

在掺入水泥的同时,应掺入一定数量的活性混合材,它能吸收水泥水化析出的 $Ca(OH)_2$ 降低介质的碱度,改变了钙矾石生成的条件,体积变化较为稳定。此外,由于水化物中水化硅酸钙凝胶量增加,还能提高强度和耐水性。

水泥和活性混合材的比例应适当。当水泥比例相对较多时,介质碱度高,仍会是不安定的,试体可能会膨胀。这个适当的比例是多少?是否存在一个保证不出现胀裂的临界碱度值呢?伏尔任斯基曾提出了这个临界值,即石膏火山灰胶结料 5d 和 7d 的碱度值相应为 1.1g/lit 和 0.85g/lit CaO。在原料相同时,碱度越大,越容易开裂,水泥的掺量应从严控制。开裂与否,除与碱度即膨胀力的大小有关外,还与强度即承受内应力的能力有关。在确定水硬性成分的掺量时,不能过分追求高耐水性,而忽视其干湿变形增大的问题。由于掺入水硬性成分对体积变形影响很大,因此耐水性提高的程度受到限制。欲再提高耐水性,应考虑掺入集料或纤维材料;掺入高活性的火山灰质混合料,可望取得较好的效果。

4. 石膏对硅酸盐水泥与铝酸盐水泥配制的灌浆料有什么影响?

答:硅酸盐水泥与铝酸盐水泥复合体系中加入石膏,可以增强水化产物中钙矾石的含量,达到改善干缩和提高强度的目的。

在硅酸盐水泥和铝酸盐水泥配制的灌浆料中掺加二水石膏可以提高制品早期和后期强度。当二水石膏的掺量超过 8% 后,1d、3d 抗压强度均有所下降,未到 28d 试件就出现开裂。因此该体系中二水石膏的掺量不能超过 8%,避免过度膨胀产生有害应力,对力学性能带来负面影响。

随着石膏掺量的增加,灌浆料的初始流动度降低。当石膏掺量在 8% 以内,灌浆料流动度下降趋势较缓,初始流动度保持较好。当石膏掺量超过 8%,灌浆料流动度迅速减小。

石膏掺量在 10% 以内对灌浆料有一定的缓凝作用,超过 10% 缓凝作用削弱。

石膏对灌浆料竖向膨胀率的影响,灌浆料 1d 的竖向膨胀率随石膏掺量的增加而增加,这主要是因为铝酸盐水泥中的主要矿物组成 CA 水化反应比较快,能在早期与石膏化合生成钙矾石,适量时会有适当的体积膨胀。

5. 水泥熟料对石膏—粉煤灰复合材料性能的影响是什么?

答:石膏—粉煤灰胶结材通常采用水泥熟料、CaO 作为碱性激发剂。水泥熟料掺量对石膏硬化体的性能有明显影响。

石膏—粉煤灰基复合材料中随着水泥掺量的增大,抗折强度变化不大,抗压强度明显提高,软化系数变化幅度较大。水泥水化后形成的钙矾石延缓了石膏的水化,当水泥熟料超过 6% 时,对石膏—粉煤灰复合材料强度与软化系数的贡献不大,考虑到经济与环境因素,选择水泥熟料最佳质量分数为 6%。

6. 掺入水硬性材料的石膏复合胶凝材料常出现哪些问题及解决方法是什么?

答: ① 混合胶凝材料在水化过程中形成钙矾石,介质碱度较高时,引起硬化体出现膨胀开裂的可能性。

第一,在石膏中只掺入水泥是不行的。由于水泥水化析出的 $Ca(OH)_2$ 没有被吸收,造成较高的碱度,提供了钙矾石形成的膨胀条件。第二,在掺入水泥的同时,必须加入适量活性混合材。其目的除了进一步提高强度外,还可降低碱度,造成钙矾石生成的体积稳定条件。第三,水泥的允许掺量与水泥品种、活性混合材的掺量、活性有关。一般来说,碱度较高时,强度和耐水性较好,安定性较差。我们只能在保证安定性的条件下来提高强度和耐水性,而水泥掺量不宜过多。

② 混合胶凝材料水化除生成二水石膏晶体外,还形成水化硅酸钙凝胶,湿胀干缩显著增大。

第一,石膏中活性混合材和水泥的总量应受到限制。掺量多,在潮湿条件下,生成的凝胶膨胀多,也有利于钙矾石的形成,混合胶结材具明显的微膨胀性。硬化体再干燥时,凝胶多、毛细孔多、干缩大,形成内应力、微裂缝。第二,经较充分湿养护的试件干燥后抗折强度下降,而不表现于抗压强度和湿抗折强度值上。第三,由于水泥掺量、水泥和活性混合材总量均受到限制,因此耐水性提高的程度受到限制。欲再提高耐水性,应考虑掺入集料或纤维材料使用,掺入高活性的火山灰质混合材、减少掺量,可望取得较好的效果。

7. 水泥、粉煤灰对天然石膏基自流平砂浆的改性作用是什么?

答: 配制无水石膏基自流平砂浆时,可掺入适量水泥,此时水泥具有双重作用,既是Ⅱ型无水石膏的碱性激发剂,调节其流动度和凝结时间,又可利用水泥中的 C_3A 和石膏生成钙矾石,从而提高自流平砂浆的强度与软化系数。但是要特别注意水泥的掺量,掺量大,会导致长期浸水试件的开裂。在一定掺量范围内随粉煤灰掺量的增加,无水石膏胶凝材料强度增加,且软化系数增加,溶蚀率降低。无水石膏中掺入粉煤灰具有提高强度与耐水性的显著作用。粉煤灰具有较好的水化活性,生成水化硅酸钙 $C-S-H$ 凝胶和水化铝酸钙,水化铝酸钙又与石膏反应生成钙矾石,这样 $C-S-H$ 胶凝分散在纵横交错排列的二水石膏晶体、钙矾石以及未反应的粉煤灰颗粒、$CaSO_4$ 微晶周围,形成致密的硬化体结构,强度提高。

8. 水泥对天然无水石膏基自流平砂浆性能的影响是什么?

答: 在无水石膏自流平基砂浆中掺入一定量的水泥有利于提高其力学性能。随着水泥掺量的增加,绝干拉伸粘结强度逐渐增加,水泥之所以能够提高无水石膏的强度,是由于在混合物的水化硬化过程中形成了一部分硅酸钙、铝酸钙等水化产物,这些水化产物的强度和稳定性均比二水石膏结晶结构的大,在水中的溶解度也小,从而在硬化体中形成较稳定的网络结构。因此,在活化硬化石膏中掺入水泥可以改善其力学性能,且随着掺量的增加,效果愈加明显。另一方面水泥生成氢氧化钙,而氢氧化钙可以改变无水石膏的溶解度和溶解速度,从而使无水石膏的水化硬化能力提高,水泥的掺量宜控制在 8% 以下。

9. 羧基丁苯乳液和硅酸盐水泥复掺对建筑石膏的性能有什么影响?

答：(1) 体积密度

①无论是单掺水泥还是羧基丁苯乳液与水泥复掺，水泥掺量10％时，改性材料的体积密度较大，并且羧基丁苯乳液与水泥复掺时，由于水胶比要比单掺水泥的小，因此体积密度较大；②单掺水泥1％的试样，体积密度比未掺水泥的试样增加7％以上，随后增长趋势渐缓，单掺水泥超过10％时体积密度略有下降；而羧基丁苯乳液掺量10％、水泥掺量1％时，改性材料体积密度仅比未掺水泥的试样增加不到1％，随后增长趋势渐缓，水泥掺量超过10％，材料的体积密度也略有下降。

羧基丁苯乳液和水泥均能提高石膏硬化体的密实度。羧基丁苯乳液的塑化作用和减水作用使石膏硬化浆体的密实度大为增加；硅酸盐水泥的体积密度大于建筑石膏，并且加入羧基丁苯乳液后，随水化龄期延长，水化产物不断填充于石膏硬化体的孔隙中，使其孔结构细化，在一定程度上增加了改性建筑石膏的体积密度。

(2) 饱水强度

改性建筑石膏饱水强度对比：①羧基丁苯乳液与水泥复掺时，饱水强度比单掺水泥的高。羧基丁苯乳液掺量10％，水泥掺量大于5％时，饱水抗压强度随水泥掺量的增加而增加，随后变化趋势渐缓，掺入适量的水硬性胶凝材料能在很大程度上提高硬化体的饱水抗压强度；②饱水抗折强度的变化趋势与饱水抗压强度的相似：羧基丁苯乳液与水泥复掺，水泥掺量为5％时饱水抗折强度比单掺10％羧基丁苯乳液提高较大。

(3) 吸水率

改性建筑石膏养护28d后测得的吸水率：①单掺水泥小于5％时，吸水率随掺量的增加而降低，水泥掺量不小于5％，吸水率随水泥掺量的增加而逐渐提高，掺量大于10％时增长趋势渐缓；②羧基丁苯乳液与水泥复掺，水泥掺量小于5％时，改性石膏硬化体吸水率随水泥掺量的增加下降趋势变缓，并且2h吸水率有单增趋势。这是由于羧基丁苯乳液的减水效果和固化成膜作用，胶凝材料结构更为密实，有利于吸水率的降低。

(4) 溶蚀率

单掺水泥时，随水泥掺量的增加，溶蚀率呈单减趋势，可见随着硬化体中水硬性矿物比例的增加，能够较好地抵抗水的溶蚀。

(5) 孔隙率结构

单掺水泥时，随水泥掺量增加，改性石膏硬化体总孔隙率呈下降趋势。这是大孔减少，凝胶孔、过渡孔、毛细孔增多的综合效果。由于水泥体积密度较大，其水化产物填充于二水石膏孔隙中，使其孔隙率降低，改性建筑石膏的密实度提高，因而体积密度增加。

水泥掺量不大于5％时，吸水率随总孔隙率降低而降低，此时大孔减少，毛细孔增多，但凝胶孔增长幅度不大。水泥掺量不小于5％时，吸水率增加。由于凝胶孔和毛细孔的孔隙率增长较大，在通常情况下，毛细孔只通过凝胶孔相互连接，当孔隙率较高时，毛细孔成为通过凝胶连续、互相连接的网状结构，使得吸水率增加。

(二) 粉煤灰

1. 粉煤灰的活性包括哪几方面?

答：粉煤灰的活性包括物理活性和化学活性两个方面：

物理活性是指粉煤灰在硅酸盐材料中的颗粒形态效应和微集效应的总和，它能促进硅酸盐制品的胶凝活性和改善制品的性能（如强度、抗渗性、耐磨性），是早期活性的主要来源。

化学活性是指粉煤灰中的可溶性 SiO_2 和可溶性 Al_2O_3 等成分在常温下与水和石灰进行化学反应，生成水化硅酸钙和水化硅铝酸钙凝胶体，从而使其在空气中或水中进行硬化产生强度的性质。

2. 石膏—粉煤灰胶凝材料水化特点有哪些?

答： 粉煤灰的活性比矿渣差，特别是早期水化活性更差，因此要利用粉煤灰，关键是如何充分合理地激发其火山灰活性。在早期的研究中主要是采用水泥和石灰作碱性激发剂，而石膏作为硫酸盐激发剂也参与了水化，促进胶凝材料的凝结和硬化。在养护上采用蒸气养护，进一步激发粉煤灰的活性。之后则发展成采用复合碱激发与复合外加剂，形成多种方式激发粉煤灰的潜在活性，并通过复合型的早强减水剂来改善硬化体孔结构，以提高其强度和耐水性。在养护上除蒸气养护外，也可采用自然养护。

（1）水化产物

在石膏的水化产物中均有水硬性的钙矾石与水化硅酸钙出现，这是粉煤灰水化的结果。

（2）水化硬化特点

β 型半水石膏的水化硬化特点是半水石膏快速溶于水中形成过饱和溶液，并析出二水石膏晶体。粉煤灰则在碱组分与二水石膏的作用下逐渐水化产生水化硅酸钙与钙矾石。因二水石膏对粉煤灰的硫酸盐激发作用，β 型半水石膏的水化对粉煤灰水化有一定促进作用。粉煤灰对半水石膏水化影响较小，表现为粉煤灰在 $0\sim30\%$ 掺量范围内对半水石膏凝结时间和强度影响不大。

二水石膏无自硬性，粉煤灰的活性激发对胶凝材料水化硬化及强度发展起着关键作用。石灰及 C_3S 水化形成的 $Ca(OH)_2$ 对粉煤灰起碱激发作用，部分二水石膏参与水化反应形成钙矾石，对粉煤灰起着硫酸盐激发作用。硬化体强度的发展主要依靠钙矾石与水化硅酸钙凝胶。粉煤灰在碱与硫酸盐激发下形成的钙矾石与水化硅酸钙覆盖在粉煤灰颗粒表面，形成阻碍其进一步水化的包覆膜。加快胶凝材料凝结硬化的关键是创造离子扩散通过包覆膜的条件，促使包覆膜破灭，为此应选用适宜的早强剂和热养护促凝。

无水石膏与粉煤灰活性的激发，对胶凝材料水化硬化及强度发展起着关键作用。石灰及水泥中 C_3S，C_2S 水化形成的 $Ca(OH)_2$ 对粉煤灰与无水石膏起碱性激发作用。K_2SO_4 与无水石膏形成复盐，复盐进一步分解形成二水石膏而对无水石膏水化起催化作用，同时 K_2SO_4 对粉煤灰进行硫酸盐激发。无水石膏水化产生的二水石膏在 $Ca(OH)_2$ 存在下，与粉煤灰中活性硅铝组分作用形成钙矾石，对粉煤灰水化起硫酸盐激发作用。这种作用因新生二水石膏的高分散性与高表面活性而更加强烈。粉煤灰的水化又促进了无水石膏的溶解与水化。

（3）微结构与耐水性

β 型半水石膏—粉煤灰胶凝材料硬化体是以二水石膏晶体为结构骨架，硬化体强度主要依赖于二水石膏晶体间的交叉连接，钙矾石晶体与水化硅酸钙凝胶分布在二水石膏晶体周围，未水化的粉煤灰颗粒则作为微集料填充于空隙中。

二水石膏—粉煤灰胶凝材料硬化体以钙矾石晶体为结构骨架，未水化的粉煤灰颗粒及二水石膏颗粒作为微集料填充于空隙中，而水化硅酸钙凝胶作为"粘结剂"将各相结合成整体。

无水石膏—粉煤灰胶凝材料硬化体是以二水石膏晶体和钙矾石晶体为结构骨架，相互交叉连锁，未水化的粉煤灰及无水石膏颗粒作为微集料填充于空隙中，水化硅酸钙的粘结作用将各组分结合在一起形成硬化体的微结构。

石膏粉煤灰胶凝材料的上述微结构，使其具有较好的耐水性。即石膏硬化体的水化产物为耐水性差的二水石膏晶体，而石膏粉煤灰硬化体增加了大量溶解度低的水硬性钙矾石晶体与水化硅酸钙凝胶，部分钙矾石与水化硅酸钙凝胶分布在二水石膏晶体周围，对二水石膏产生包裹保护作用，阻止、削弱了水对二水石膏晶体的侵蚀作用。侵入硬化体内的水既可使部分二水石膏发生溶解侵蚀，对硬化体结构产生破坏作用，同时又能促进未水化粉煤灰进一步水化，有利于硬化体结构的修复与发展，即水对二水石膏的侵蚀与对胶凝材料后续水化作用并存。

3. 哪些因素影响石膏—粉煤灰胶凝材料配制？

答：影响石膏—粉煤灰胶凝材料性能的因素除原材料的选择以及养护方法和养护制度外，在配合比制定中，还需要考虑下列几个因素。

（1）粉煤灰掺量

粉煤灰掺量越大（50%～100%），软化系数越高，材料的强度也呈升高趋势。因此，只要不改变石膏的快硬特性，适当增加掺量是有利而无弊的。

（2）用水量

胶凝材料的强度与水灰比成反比，水灰比越大，强度越低，但对软化系数的影响不大。当用水量从45%增加到60%时，软化系数基本不变。

（3）碱性激发剂及其掺量

如采用干热养护，用石灰比用水泥作激发剂胶凝材料的强度低。如用蒸养法，则胶凝材料强度随着石灰掺量的增加而提高。此时可不用水泥，而把石灰掺量增加至30%以上，其干强度和浸水强度都能提高。

4. 脱硫无水石膏—粉煤灰胶凝材料适宜的养护方式是什么？

答：胶结材中，无水石膏具有气硬性，粉煤灰、水泥具有水硬性，它们对不同养护方式的适应性及强度发展规律存在显著差异。养护时既要考虑气硬性，也要兼顾水硬性组分的水化与强度发展。

自然养护时，胶凝材料成型用水量大于胶凝材料水化所需的水量，残留在硬化体中的水分可供胶凝材料早期水化所需，故自然养护早期（7d以前）硬化体并不缺水，但水化中后期，因水分蒸发损失，缺乏充足的水分供无水石膏与粉煤灰水化，使其后期强度增长受到限制。浇水自然养护即可弥补自然养护中后期水分不足的缺陷，使其中后期强度保持更大的增长。如浇水自然养护28d、90d强度均高于自然养护强度。标准养护的早期强度不如自然养护，但后期强度增长较高，水养护强度最低。这是因为水对二水石膏晶体的溶解破坏作用，削弱了硬化体中晶体间的结合，使其微结构遭到一定程度的破坏。

脱硫无水石膏—粉煤灰胶结材适宜于浇水自然养护，自然养护时 3～7d 以后应注意浇水，补充水化所需的水分。

5. 粉煤灰在脱硫石膏及石膏复合泥浆中的最佳掺量是多少？

答：脱硫石膏复合粉煤灰掺有生石灰 5％时，粉煤灰不同掺量对脱硫石膏有不同的影响，在掺砂情况下，粉煤灰掺量应≥15％且≤25％。

但配制脱硫抹灰石膏面层掺有生石灰、水泥熟料的情况下，脱硫石膏灰浆最佳掺量为 61％，粉煤灰最佳掺量为 30％，此时对强度最好。

（三）矿渣粉

1. 化铁炉渣对石膏改性起什么作用？

答：化铁炉渣是铸铁过程中的废渣（经水淬），它的化学成分与水淬高炉矿渣相同，因此也可作为石膏改性外掺料。

① 用无水石膏（经 600℃煅烧）配制的化铁炉渣复合胶凝材料比用半水石膏、二水石膏配制的强度高，而二水石膏则略高于半水石膏。

② 无水石膏化铁炉渣胶凝材料的强度随着化铁炉渣掺量的增加而降低。

③ 半水石膏化铁炉渣胶凝材料和二水石膏化铁炉渣胶凝材料的强度随着化铁炉渣的掺量加大而增大，但当化铁炉渣的掺量大于石膏量的二倍时，强度将下降。

④ 石膏化铁炉渣胶凝材料的水化需要有适当的碱性环境才能对化铁炉渣起碱性活化作用，并促进铝酸钙和硅酸钙的水化，因此配制石膏化铁炉渣胶凝材料的石灰浓度适当与否将直接影响其强度和耐久性。生石灰的适宜掺量为 5％～10％，最佳掺量为 7％。

⑤ 石膏化铁炉渣胶凝材料的早期强度很低，适当的养护对石膏化铁炉渣胶凝材料的强度至关重要。较理想的方法是先干燥养护（约一昼夜），然后在相对湿度大于 90％的潮湿环境中养护。

⑥ 对化铁炉渣而言，提高细度则强度提高，特别是可提高早期强度。

总之，无论是高炉矿渣还是化铁炉渣都是一种化学成分不定的原料，因为所生产的生铁（铸造用、炼钢用）用途不同，以及不同的炉坑所得到的矿渣化学成分也就有所不同。因此，在使用时必须通过试验才能得到可靠的理想材料，其他的外掺料也同样如此。

2. 以不同水硬性掺合料作激发剂的水淬矿渣粉对石膏胶凝材料各有什么激发作用？

答：据《石膏胶结料和制品》一书的介绍，当含有 40％～60％的石膏、25％～40％粒状矿渣、15％～20％水硬性掺合料（即掺火山灰的硅酸盐水泥）及 1％～2％石灰的石膏复合胶凝材料，具有在水中硬化的特点，其 28d 强度与纯建筑石膏相比，提高 2～3 倍。

（1）以石灰作激发剂的水淬矿渣粉的作用

① 作为石膏水硬性掺合料的高炉水淬矿渣必须在碱性激发下发挥作用，生石灰的掺量视矿渣的活性而定，武钢的水淬矿渣系酸性或弱碱性的隐活性矿渣（主要是含氧化铝较低），因此试验中生石灰的适宜掺量为矿渣的 3％～7％，最佳为 5％，如果生石灰的掺量过大，使硬化体的液相中 CaO 浓度超过 1.08g/L 时，便可能出现高盐基的水化铝酸盐，从而产生体积膨胀（固体的 $4CaO \cdot Al_2O_3 \cdot aq$ 遇到溶液中的 $CaSO_4$ 后进行反应而形成膨胀性的硫铝酸钙），致使整

个试件的表面在浸水前即产生龟裂，个别裂缝深达 1～2mm，强度也随之剧烈降低。

② 石灰掺量占矿渣的 3％～7％时，7d 后的浸水抗压强度大都能超过原强度，软化系数达 0.95～1.42，且抗折强度也同样提高。

③ 当石灰掺量适宜于矿渣的比例时，随着矿渣量的加大，软化系数增大，动水溶蚀率也大大减小，但其抗折强度却随之下降，这说明随着水硬性的加大，材料更趋向于水泥的性质（水泥强度的折压比小于石膏强度的折压比）。同时随着矿渣量的加大，试件的绝对强度值降低，但根据一般规律，矿渣的强度发展较慢，到后期尚能继续增长。

总之，用适当比例的高炉水淬矿渣作石膏胶凝材料的水硬性掺合料，并以少量石灰作矿渣的激发剂，是改善石膏胶凝材料强度与耐水性的有效途径之一。

（2）以水泥作激发剂的水淬矿渣粉的作用

用水淬粒状高炉矿渣改善石膏胶凝材料的耐水性，其比表面积应大于 2000cm²/g，而混合料的 pH 值应控制在 11～12 之间，这个 pH 值可以用弱碱性物质来控制，因此最好是水泥，它的最佳掺量就使混合料的 pH 值控制在 11.6。

① 当矿渣、水泥的掺量合适时可显示良好的强度和软化系数，例：矿渣 40％、水泥 5％或 10％，其 7d 和 28d 养护后的绝干强度和浸水强度以及软化系数都比较高，矿渣掺量较小时（例 20％），水泥量仍比 5％或 10％的结果稍差。

② 如水泥量掺多，碱度太高，对石膏胶凝材料的强度反而不利，软化系数也无明显提高。

③ 矿渣的产地和品种不同（实际是活性率和碱性率不同），结果不同，对胶凝材料的性质影响很大。

3. 矿渣、减水剂和复合碱性激发剂在石膏基新型胶凝材料中的适宜添加量是多少？

答： 石膏基新型胶凝材料是使用矿渣、碱性激发剂和减水剂对原状石膏胶凝材料进行改性而得到的。矿渣、碱性激发剂和减水剂在原状石膏胶凝材料中的掺加量以质量分数计分别为 25％、0.2％和 0.75％。

（四）石灰

1. 生石灰对建筑石膏的改性作用是什么？

答： 在石膏内掺加少量的生石灰代替消石灰，则石膏的耐水性及强度都将增大。

生石灰经磨细后的比表面积大约是消石灰比表面积的 1/100，因此在表面湿润时它需要的水比消石灰少得多。这样石灰在水灰比小的情况下能生成流动的便于加工的材料，也能保证得到高密度，从而获得高强度。生石灰不只是石膏简单的稀薄剂，在生石灰内和石膏内还要发生一些效应：化学水化效应、物理结晶效应以及形成强度的机械效应。由于生石灰的水化硬化，它的强度能比消石灰强度提高 10～20 倍。当石膏本身的强度高出生石灰强度时，随着生石灰掺量的增加石膏石灰复合胶凝材料的强度降低；反之，生石灰在任何比例下都发挥高强度的作用。生石灰的最佳掺量为 10％～20％，此时石膏石灰复合胶凝材料的抗压强度最高。

从物理化学观点看，无论是生石灰还是消石灰，它们的存在使石膏的溶解度降低。石灰在空气中碳酸气的影响下会转变为碳酸钙，碳酸钙的溶解度是 0.0132g/L，约为石膏溶解度的 1/200。此时制品内的石膏细粒实际为不溶于水的碳酸钙的保护壳所包覆，因此石膏石灰混合物的耐水性大幅度提高，这特别表现在提高石膏的耐溶蚀性能上。

首先，生石灰的存在不仅不会使石灰浆的标准稠度增高，有时反使其降低，使制品密度增大，因此也就提高了石膏的耐溶蚀性。其次，生石灰的水化凝固，使它起着使胶凝材料在水下也能凝固并生成高强度的特殊"水硬性"胶凝材料的作用。

由于生石灰能提高石膏的密实性，从而对其抗冻性也有显著提高。同时由于掺入生石灰改进了和易性，减少了用水量，使石膏制品的干燥速度加快。生石灰在水化过程中所放出的热量比石膏多9倍，此时的生石灰的水化放热特性使制品发生内部加热，这将使水分从材料的里层向外层移动，加速了干燥过程。但必须指出生石灰在石膏内发生有利作用的条件是引出水化热，特别是在水灰比小的情况下，如果不进行石灰水化热的引出则不可避免地在材料内要产生高的热应力，材料会体积膨胀，可能导致材料的完全破坏。

2. 生石灰对石膏的耐水性有什么影响？

答：石膏的耐水性随着生石灰的掺量而变化。对提高强度而言以10%的掺量为好，对抗动性水溶蚀而言以掺加25%的最好。另据强度试验表明，尽管此时的纯石膏7d抗压强度比（75：25的）石膏石灰复合胶凝材料的强度大20%，但经动水18h的洗刷，纯建筑石膏的抗压强度降低量是石膏石灰复合胶凝材料降低量的3～4倍。

由于生石灰对建筑石膏的强度及耐水性具有良好的影响，进而对其抗冻性也有显著提高。同时由于掺入生石灰改进了和易性，减少了用水量，使石膏制品的干燥速度加快。此外也由于生石灰水化过程所放出的热量比建筑石膏要多几倍，此时的生石灰的强烈水化放热特性使制品发生内部加热，这将使水分从材料的里层向外层移动，加速了干燥过程。如不掺加生石灰，加热将主要由石膏制品的外层和热空气接触而引起。在这种"温度梯度"的影响下，水分首先开始从制品的外层向里层移动，这将减慢制品的干燥过程。

3. 为什么生石灰在石膏内发生的有利作用条件是引出水化热？

答：石膏内掺入生石灰起有利作用，但须指出生石灰在石膏内发生有利作用的条件是引出水化热。特别是在水灰比小的情况下，如果不进行石灰水化热的引出则不可避免地在材料内要产生高的热应力，而且材料的体积也是不固定的，此时也可能发生材料的完全破坏。膨胀率随生石灰掺量的增大而增大，水灰比越小膨胀率越大，在水灰比0.4～0.7范围内膨胀基本按直线形上升。而这个现象在高温煅烧的无水石膏内是没有的（为此生石灰是无水石膏最好的活性激发剂），因此可认为这是由于半水石膏硬化快，而石灰消化慢，当它因消化而体积增大时石膏已硬固，结果不可避免地使材料发生破坏。石灰的活性越高，石灰在石膏介质中的水化温度越高，石灰在石膏中的掺量越大则这种效应也就越大。但如果将石灰的水化热及时引出，则保证有较高的强度且无任何破坏现象。

4. 如何获得石膏—石灰复合胶凝材料？

答：石膏—石灰复合胶凝材料可以依靠石灰消化的热量煅烧二水石膏而制得，这时氧化钙通过从二水石膏中析出的水分进行消化，转变为氢氧化钙，同时二水石膏生成半水石膏。一般情况石膏与石灰石比为1：（0.5～0.7）。在生产复合胶凝材料时，将块状石灰在破碎机中粉碎至粒径5～10mm的粒子，然后在球磨机内磨细，细度为120目筛分，筛余为5%～

10%。按组分分别计量，将其混合进入反应炉进行加工，得到石膏石灰复合胶凝材料。

在石膏石灰混合物内加入酸性活性矿物质外加剂（加入量为每份石膏石灰混合物中加0.5～1份）是适当的。这时，它具有在潮湿介质中硬化的性质，并能改善其抗冻性。

5. 石膏石灰胶凝材料加水成型制品过程中，如何解决制品的体积膨胀问题？

答：从石膏石灰胶凝材料加水成型制品过程中，引出石灰水化热是比较困难的，要解决制品的体积膨胀问题，基本有以下几种措施和方法：

① 控制石膏内的生石灰掺量。

② 根据生石灰的活性（掌握消化温度和时间）选择石膏缓凝剂。

③ 选择适宜的水灰比。

④ 增加生石灰的细度。

⑤ 掺加适量的炉渣或矿渣集料。

⑥ 掺加粒状高炉矿渣粉或火山灰等。

（五）火山灰

1. 什么是火山灰？

答：火山灰含有一定数量的活性二氧化硅、活性氧化铝等活性组分。这些活性组分与氢氧化钙反应，生成水化硅酸钙、水化铝酸钙或水化硫铝酸钙等反应产物。火山灰是指由火山喷发出而直径小于 2mm 的碎石和矿物质粒子，遇水能与石灰反应并发生凝结、硬化及强度增长的材料，可以用作混凝土的辅助胶凝材料。

2. 火山灰反应及其产物特性有哪些？

答：对于火山灰，主要的水化产物通常有：

① 水化硅酸钙 $C-S-H$。

② 水化铝酸钙 C_4AH_x（$X=9\sim13$）。

③ 水化钙铝黄长石 C_2ASH_8。

④ 碳铝酸钙 $C_3A \cdot CaCO_3 \cdot 12H_2O$。

⑤ 钙矾石 $C_3A \cdot 3CaSO_4 \cdot 32H_2O$。

⑥ 单硫型水化硫铝酸钙 $C_3A \cdot CaSO_4 \cdot 12H_2O$。

这些水化产物的出现还取决于火山灰的化学成分、石灰的供给、水化反应的程度或龄期以及水化期间的环境条件。

3. 火山灰活性及其影响因素有哪些？

答：火山灰反应的本质由其特性（即火山灰的组成与结构）所决定。真正的火山灰基本上是由少量晶质矿物嵌入大量玻璃质中所形成的，玻璃质或多或少的因风化而变质，其多孔性有似凝胶，具有较大的内比表面积，其中除含可溶性 SiO_2 外，还含相当数量的可溶性 Al_2O_3。火山灰活性是酸性硅酸盐在碱侵蚀下与氧化钙反应的结果，在高碱度石灰溶液中更容易受到水的侵蚀。

加入氢氧化钠可以提高火山灰—石灰砂浆的强度发展，随着氢氧化钠掺量的增加，砂浆的抗压强度发展越快，强度越高。碳酸钠在拌合水中对火山灰—石灰反应的加速作用与氢氧化钠基本相当。此外，还有很多其他外加剂能够加速石灰—煅烧页岩和石灰—页岩火山灰的强度发展。5%以内含量的石膏能够加速火山灰的凝结和硬化，并提高其抗海水侵蚀的能力。

提高温度也能加速石灰—火山灰反应。热处理与火山灰活性的关系取决于火山灰个体的特性，但大致趋势是温度越高，火山灰活性也越大。热处理还需考虑成本问题，有时以这种方法提高火山灰活性并不可取，力学试验是评价火山灰活性最有效的方法。

（六）膨润土

1. 膨润土在抹灰石膏中的保水机理是什么？

答：膨润土是以蒙脱石为主要成分的黏土岩，颗粒极细，屑胶体微粒，比表面积较大，表面能高。在水中能分散成胶体悬浮液，具有一定的黏滞性、触变性和润滑性，可提高抹灰石膏与基体的粘结性，面层光滑细腻，避免起皮现象。膨润土具有特殊的硅铝结构，单元结构层之间富含大量的层间水，这种水分子层可以仅有一层，也可以有二层、三层。膨润土能吸附相当于本身体积 8～15 倍的水量，具有良好的膨胀性和吸附性。抹灰石膏加水拌和后，膨润土吸水速度快，增强浆体黏稠性、可塑性。当浆体中的水分含量低于膨润土层间水含量时，膨润土还可释放水分，调节水分平衡，保证浆体水化正常进行。

2. 膨润土在石膏应用中有哪些特点？

答：蒙脱石特殊的层状结构及离子置换能力，使膨润土具有优异的交换性、膨胀性、粘附性、可塑性、耐火性。膨润土所具有的独特的选择性吸附，还可对墙体材料中的放射性物质永久性吸附固化，具有净化和修复环境功能，故膨润土是与环境协调性最佳的材料。以上特点，决定了膨润土适于用作抹灰石膏的保水剂。

（七）高岭土

1. 高岭土的特性及其用途有什么？

答：高岭土是一种以高岭石或多水高岭石为主要成分的具有强可塑性的黏土。一般高岭土原矿中含有少量蒙脱石、伊利石、水铝英石以及石英、云母、黄铁/矿、方解石、有机质等杂质。经过手选或淘洗后，某些高岭土的化学成分可接近高岭石的理论组成。高岭土原矿外观呈白、浅灰等色，含杂质时呈黄、灰或玫瑰等色；致密块状或疏松土状，质软，有滑腻感，硬度小；密度为 2.4～2.69/cm³；耐火度高，可达 1700～1790℃；具有良好的绝缘性和化学稳定性。纯净的高岭土煅烧后颜色洁白，白度可达 80%～90%。其主要用途是制作日用陶瓷、工业陶瓷、搪瓷及耐火材料，也可作为造纸、橡胶和塑料、涂料等的无机填料或白色颜料。

2. 高岭土对石膏混合料热膨胀性有哪些影响？

答：在石膏中添加高岭土也可减少石膏混合料的热膨胀率，高岭土的相组成以莫来石为主，在室温至 800℃的温度范围几乎没有相变，本身热膨胀率很小，石膏—高岭土混合料800℃热膨胀率为−1.58%。石英在 500～600℃温度范围内的相变虽然可以减小混合料的热膨胀率，但相变引起的急剧膨胀也可能造成样品的开裂和变形，因此配制了石膏—石英—高岭土混合料。材料在加热过程中较小的线量变化和冷却时平缓的斜率表征材料具有较小的变形开裂倾向和较高的尺寸稳定性，满足了熔模铸造工艺的要求。

3. 高岭土的掺量对脱硫石膏钢渣复合胶凝材料的强度有什么影响?

答：随着高岭土掺量的增加，脱硫石膏钢渣复合胶凝材料的抗折强度有逐渐增加的趋势，在掺量为 3％时，复合胶凝材料的抗折强度达到了最大值。

① 脱硫石膏—钢渣复合材料的初、终凝时间随高岭土掺量的增加趋于缩短。

② 适量掺加高岭土作为激发剂可以激发钢渣的活性，并改善脱硫石膏与钢渣的结合。反应生成的沸石类水化产物，使钢渣玻璃体逐渐解聚，从而达到激发钢渣潜在活性的目的。

③ 高岭土掺量为 3％时，脱硫石膏—钢渣复合材料内部微观结构较密实，抗折、抗压强度及活性指数较高，但是过量掺加导致孔结构的变大，性能反而下降。

（八）硼砂

硼砂对脱硫石膏性能有怎样的影响?

答：硼砂对脱硫石膏性能的影响是：

① 硼砂对脱硫石膏具有较好的缓凝作用，它可以使脱硫石膏水化放热变缓，凝结时间延长，但强度有所损失。

② 硼砂适用于碱性的水化条件下，在 pH 值＝10 时对脱硫石膏缓凝效果最佳。

③ 硼砂掺量为 5％时会影响脱硫石膏晶体形貌，造成强度损失，硼砂的合理掺量为 1％～1.5％。

（九）沸石粉

1. 什么是沸石?

答：沸石是一种天然矿产资源，我国河北、浙江、黑龙江以及辽宁锦州地区都有着丰富的矿藏。沸石是具有架状构造的含水铝酸盐矿物，主要含有 Na、Ca、K 等金属离子和少量的 Sr、Ba、Mg 等离子，因此具有一定的活性，还能提高抹灰石膏的保水性。

2. 沸石粉对石膏制品性能有什么影响?

答：沸石粉可作石膏的活性掺合料，可提高石膏砂浆的保水性，特别是在配制保温型抹灰石膏时，适量掺入沸石粉，可有效提高抹灰石膏保水性，防止石膏砂浆泌水。配制时，其掺入沸石粉可提高石膏浆的结构黏度，使轻集料在震动成型中的上浮问题得以改善。

3. 沸石粉对高强石膏的性能有什么影响?

答：在石膏粉中配合多孔质沸石粉，可使沸石粉进入石膏质针状结晶间隙，增大细孔和模密度，提高成形速度、模的强度和耐水性，便于脱模，大幅延长其使用寿命。

（十）硅灰

1. 什么是硅灰?

答：硅灰是铁合金厂在生产金属硅或硅铁时，从烟尘中搜集到的飞尘。其中含有 50％

～90％的 SiO_2，而这种 SiO_2 是非晶质的无定型结构，由于其化学不稳定性，所以是一种高活性的火山灰质材料。硅灰根据其硅含量分为 90％、75％、50％几个等级，在石膏建材中用硅灰含硅量应大于 75％的等级。

硅灰粒径极小，平均粒径仅为水泥平均粒径的 1％，这使它具有较大的表面能，表观密度 $2200kg/m^3$，而堆积密度仅 $160～320kg/m^3$，比表面积为 $20～25m^2/g$。

2. 硅灰的掺量对石膏基自流平砂浆强度有何影响？

答：随着硅灰在石膏基自流平砂浆中掺量的增大，除 1d 抗折强度稍有降低之外，1d 抗压、28d 抗折、抗压强度均增高显著。以硅灰掺量为 12％较优。此外硅灰以内掺的方式引入石膏砂浆中能够在低黏度的同时对石膏砂浆流动性起改善作用。

（十一）填料与砂

1. 填料对石膏混合料性能的影响是什么？

答：在石膏中添加石英、高岭土可减小石膏铸型材料的热膨胀率，提高材料的抗裂纹倾向性和尺寸稳定性。同时添加两种填料，在性能上可相互补充，使石膏混合料的综合性能更为理想。

2. 填料对石膏混合料的强度有什么影响？

答：混合料的强度主要是由包裹在填料周围而自身又胶结成整体网络的石膏膜所产生的，石膏与填料混合后不发生化学反应，只是机械混合，石膏对填料起包覆粘结作用，因而其强度的大小与石膏本身的性能、填料与石膏的镶嵌状态及混合料需水量有关。随着石膏含量的降低，混合料强度逐渐减小。石英—石膏混合料需水量大，石英—石膏的镶嵌状态较高岭土与石膏的镶嵌状态差，混合料强度较低，以高岭土为填料的石膏混合料强度较高。

3. 抹灰石膏所需砂子如何选用？

答：抹灰石膏需用中砂，除对砂的级配、含泥量和泥块含量等按规范要求外，还要注意通过 0.315mm 筛孔的砂不少于 15％。这对抹灰石膏的可泵性影响很大，此值过低易堵泵，并使抹灰石膏保水性差，易泌水。

4. 砂子太细会给抹灰石膏带来什么影响？

答：砂子太细，抹灰石膏砂浆需水量上升，而且用细砂配制的抹灰石膏砂浆其可泵性、保水性及施工性均极差，抹灰石膏砂浆强度会下降、易开裂。

5. 在配制抹灰石膏时，如出现砂源问题，应如何解决？

答：如砂源有问题，可用细砂加部分机制砂配制机械施工抹灰石膏，如可用细度模数小于 2.0 的细砂掺细度模数 3.0～3.2 的机制砂，约以 6∶4 左右的比例试配，观察其流动性、可泵性，具体可通过试验确定配比。

6. 砂含泥量大会给抹灰石膏带来什么后果？

答：砂含泥量大，需水量大，保水性差，收缩加大，强度下降，结构易开裂，因此要控制砂含泥量≤3％。

7. 细集料对天然石膏基自流平砂浆性能的影响是什么？

答：细集料掺量的增加对砂浆的流动性能有一定的改善，自流平砂浆的凝结时间随着细集料掺量的增加而逐渐延长，原因在于胶凝材料不断减少的缘故。细集料对于自流平砂浆的收缩率有一定的改善作用，但不显著。

掺入一定的细集料可以提高粘结强度，这主要是因为亲水性聚合物与水泥悬浮体的液相一起向基体的孔隙及毛细管内渗透，聚合物在孔隙及毛细管内成膜并牢牢地吸附在基体表面，从而保证了胶结材与基体之间良好的粘结强度。灰砂比越大，砂浆体内的孔隙率越大，聚合物成膜的几率越大，砂浆与基体之间吸收的能量越多。随着砂掺量的不断增加，绝干抗折、抗压均不同程度的降低。这是因为随着砂子比率的增大，胶凝材料的含量减少，包裹细集料的量越少，从而导致砂浆的抗压强度和抗折强度降低。

8. 细集料对抹灰石膏砂浆和易性的影响是什么？

答：细集料是抹灰石膏砂浆的主要组分，约占抹灰石膏砂浆体积总量的50％～60％，其性质的好坏将直接影响到新拌抹灰石膏砂浆和硬化后抹灰石膏砂浆的性能，如和易性、强度、耐久性等。已有文献介绍，减水剂对抹灰石膏砂浆中砂子含泥量十分敏感，不但影响抹灰石膏砂浆的坍落度损失，在砂子含泥量超过3％时还会对强度产生不利影响。事实上，除了砂子含泥量之外，砂子的其他性质也将对聚羧酸减水剂的适应性产生影响，进而影响抹灰石膏砂浆的各项指标。

（1）细集料对和易性的影响

表8-3列出国家标准《建设用砂》GB/T 14684—2011中规定的1号砂与2号砂两种细集料的性质指标。采用2号砂拌制的抹灰石膏砂浆没有出现分层、离析，也没有出现泌水现场，粘聚性和保水性较好，而采用1号砂拌制的抹灰石膏砂浆出现了泌水现象，和易性欠佳。

使用同一种砂，选取不同组胶凝材料时，抹灰石膏砂浆的和易性基本一致，说明该工程现场使用的胶凝材料对抹灰石膏砂浆和易性无不良影响。而在胶凝材料相同，砂不同时，均需增加外加剂，才能勉强达到施工要求。此外，1号砂比2号砂拌制的抹灰石膏砂浆含气量高，含气量偏高将会影响抹灰石膏砂浆的后期强度。

表8-3 细集料性质指标

检测项目	标准要求	实测值	
		1号	2号
含泥量（%）	Ⅱ类<3.0	2.7	1.2
泥块含量（%）	Ⅱ类<1.0	0.9	0.4
氯离子含量（%）	Ⅱ类<0.02	0.015	0.006
轻物质含有（%）	Ⅱ类<1.0	0.9	0.3

（2）原因分析

影响抹灰石膏砂浆和易性的因素很多，如单位用水量、石膏品种、石膏与外加剂的适应性、集料性质、石膏的数量、石膏浆的稠度、砂率，以及环境条件（如温度、湿度等）、搅拌工艺等。根据以往的经验认为，在配合比一定的抹灰石膏砂浆设计中，对抹灰石膏砂浆和易性影响最大的是胶凝材料和外加剂，尤其是近年来外加剂的广泛使用所引起的胶凝材料石膏适应性问题层出不穷。但事实证明细集料的性质，以及细集料与外加剂的适应性对抹灰石膏砂浆的和易性也有很大的影响，有时能直接决定拌制的抹灰石膏砂浆和易性的好坏。

（3）细集料的性质

1号砂偏细，细度模数只有2.2，而且级配不良，易出现中间级配脱节的现象。一般来说，细集料越细，比表面积越大，需要越多的石膏浆来润湿，使得抹灰石膏砂浆拌合物的流动性降低。砂的级配不良，以至空隙率和比表面积过大，需要消耗更多的石膏浆才能使抹灰石膏砂浆获得一定的流动性，对抹灰石膏砂浆的密实性、强度、耐久性等性能也会有一定影响。

砂中的泥会吸附一定量的外加剂，同等条件下相当于减少了外加剂的掺量，使抹灰石膏砂浆达不到预期效果。此外，泥的颗粒极细，会粘附在砂粒表面，影响砂粒与石膏浆体的粘结，导致新拌抹灰石膏砂浆和易性不佳。而当泥以团块存在时，会在抹灰石膏砂浆中形成薄弱部分，对抹灰石膏砂浆的质量危害更大。

砂中氯离子含量较高，有可能是将海砂混入河砂中使用。海砂的吸附能力大于河砂，使得新拌抹灰石膏砂浆和易性变差。

轻物质多为轻质多孔结构，可吸附外加剂还会使砂的蓄水量增大，它的存在降低了抹灰石膏砂浆中外加剂的有效掺量，若粘结在集料表面，还会破坏石膏浆包裹集料的粘结力，起隔层的反作用。

（4）控制措施

从原因分析中不难看出，细集料含泥量、氯离子含量，以及轻物质含量显著影响外加剂效用和掺量，究其原因是其对外加剂会有很强的吸附作用，消耗掉了相应外加剂用量的效能。因此，如何降低细集料对抹灰石膏砂浆外加剂的吸附是解决问题的关键所在。

（十二）碳酸钙

轻钙及与矿物填料复合对脱硫石膏性能的影响？

答： ① 在脱硫建筑石膏中复掺一定水泥时，轻钙用量对胶凝材料性能影响不大。轻钙用量在0.5％时综合性能最好。

② 掺入一定量的粉煤灰会调整轻钙含量对脱硫建筑石膏胶结料的影响，当轻钙含量在2.0％时，其综合性能最好。粉煤灰的掺入会小幅度降低脱硫建筑石膏复合胶凝材料的强度性能，但会增长其凝结时间，大大改善胶结料的施工性能。

③ 当掺入一定量的矿渣时，轻钙对脱硫建筑石膏复合胶凝材料强度影响不大。不同含量的矿渣会影响轻钙对脱硫建筑石膏胶凝材料的影响，矿渣含量越多，强度越低，时间影响趋势也不相同。20％或30％的矿渣掺量，在轻钙含量为0.5％时，脱硫建筑石膏的凝结时间最佳，施工性能最好。

第九章　耐水石膏

1. 在建筑材料中，材料的耐水性怎样表示？

答： 在建筑材料学中，材料的耐水性是用软化系数来表示的，石膏的耐水性自然也用它表示；吸水率是衡量吸水性的指标，由于一般材料吸水率大对材性不利，石膏的耐水性有时用吸水率表示；石膏板材潮湿条件下易产生较大变形，采用挠度作耐水性指标；在水中，石膏溶解，会用溶蚀率作指标。

在不同的条件下，用不同的指标表示耐水性，原则是正确的，但还应根据石膏性能的特点，采用更能反映这些特点的指标。

2. 石膏硬化体的软化系数概念有哪些不足之处？

答： 软化系数是表示材料从绝干至饱和水状态强度降低的程度，它不能说明材料整个受潮过程性能变化的过程。同样软化系数的两种材料受潮过程中强度降低的过程可能是很不相同的，则它们的耐水性应该说是不同的。

软化系数概念还有以下不足。它的数值大小不能反映出湿强度值的高低，而湿强度值的高低，应是一个重要的指标，它表示石膏制品在生产、施工或使用过程中受潮时，抵抗自重和荷载而不变形、不破坏的能力。不论湿强度高低，只看软化系数大小是不恰当的。例如，加憎水剂可使石膏软化系数提高到 0.8%，但其干抗压强度比不掺的降低 30%，湿强度仅略有提高而已。而掺有水硬性胶结材时，虽然软化系数提高不多（一般在 0.4%～0.5%），但强度的绝对水平提高了，特别是湿强度，可提高近一倍或一倍以上。应该说后者的效果比前者要好，但只看软化系数会得出相反的结论。

3. 吸水量对石膏制品的性能有何影响？

答： 一般来说，石膏板吸水量可达 30% 以上，石膏板在自然条件下放置后，再在温度为 32℃、相对湿度为 90% 条件下吸湿，它们的增重绝对值仅为 3～4g，按湿含量计算，最大值才是 0.2%。因此，石膏板吸水量与湿含量是截然不同的两种性质。虽然石膏板吸水量很大，但其湿含量却很小。由此可见，石膏建材产品不仅能适应于气候干燥的北方地区，同样也适应于气候湿润的南方地区，绝不至于因自然条件不同，而影响到他们的使用性能。

4. 建筑石膏中的含水率对强度有何影响？

答： 纯石膏不仅软化系数低，即饱水时强度降低多，而且特别是它在从绝干到含有少量水分时，强度已下降至接近饱水强度。一般认为建筑石膏在含水率＞0.5% 时，强度会下降至干强度的 60%～70%，所以只强调含水率大于或等于 0.5% 时强度下降。为研究低含水的作用，在提高含水率测量精度至万分之三的含水率的变化条件下，测定石膏含水率与强度的关系。结果表明，含水率 0.1% 时，强度下降 20%；含水率 0.3% 时，强度下降 40%～50%；含水率 1% 时，强度下降 60% 左右；含水率＞5% 后，强度基本稳定。

5. 石膏硬化浆体耐水性差的原因是什么?

答: 目前,建筑上使用的石膏制品有一个共同的弱点就是其耐水性(抗水性)差。例如,石膏制品在干燥状况时,抗压强度为 6.0~10.0MPa;而当它处于饱和状态时,强度损失可达 70%,甚至更大。

关于石膏硬化浆体抗水性差的原因,有几种说法。半水石膏的水化产物与其他水硬性胶凝材料的水化物相比,具有大得多的溶解度。如二水石膏的溶解度为 $6\times10^{-3}\,mol/L$;而水化硅酸钙(托贝莫来石)的溶解度为 $1.8\times10^{-4}\,mol/L$,因此人们认为石膏抗水性差与溶解度大有一定关系。石膏硬化浆体中结晶接触点具有更大的溶解度,因此抗水性差与其结晶接触点的性质与数量也有很大关系。

6. 对石膏耐水性差的原因怎样解释?

答: 石膏耐水性差的原因有以下三种分析:① 石膏有很大的溶解度(20℃时,每一升水溶解 $2.05gCaSO_4$)。当受潮时,由于石膏的溶解,其晶体之间的结合力减弱,从而使强度降低。特别在流动水作用下,当水通过或沿着石膏制品表面流动时使石膏溶解并分离,此时的强度降低是不可能恢复的。② 由于石膏体的微裂缝内表面吸湿,水膜产生楔入作用,因此各个结晶体结构的微单元被分开,并降低其强度。③ 石膏材料的高孔隙也会加重吸湿效果,因为硬化后的石膏体不仅在纯水中,而且在饱和及过饱和石膏溶液中加荷时也会失去强度。总结以上观点,提高石膏的耐水性可采取如下方法:降低硫酸钙在水中溶解度;提高石膏制品的密实度;制品外表面涂刷保护层和能防止水分渗透到石膏制品内部的物质。

目前,国内外提高石膏耐水性的主要途径之一,是在石膏中掺入水泥和活性混合材。加入的水硬性成分水化后形成水化硅酸钙凝胶,能起包裹并保护石膏晶体的作用,使硬化的石膏混合胶结料略具水硬性。

7. 石膏制品吸水性大的主要原因是什么?

答: 石膏制品的吸水性大,主要原因是石膏制品生产过程中料浆搅拌掺加的水量远大于理论需水量,这部分多余的水分在石膏浆体硬化后将从石膏硬化体中逸出,从而在石膏制品中留下大量的孔隙和毛细孔,这是石膏制品易于吸水的重要原因。

降低石膏吸水率可从两个方面进行:一个是提高石膏硬化体的密实度,即用减少孔隙率和减少结构裂缝的方法来降低石膏吸水率,以提高石膏的耐水性;另一个是改变石膏硬化体的表面能,即用可使孔隙表面形成憎水膜的方法来降低石膏吸水率。

8. 提高石膏耐水性的注意事项是什么?

答: 第一,在石膏中加入憎水性有机防水剂,可明显提高软化系数,但其干强度的绝对值降低了很多(可达 40%),即使湿强度不提高,软化系数也能大大提高;反之,在石膏中加入水硬性掺料,虽然软化系数提高不一定很多,但往往在湿强度提高的同时干强度绝对值也提高了很多。因此石膏的耐水性不能单用软化系数来表示,还必须同时考虑其湿(或干)强度绝对值。

第二,在测定软化系数时,往往由于烘干温度不当,尤其是时间不够长而未烘至绝干状态,而含水仅 0.1%~0.2%时,测得的干强度值会偏低约 20%,计算出的软化系数值误差可达 25％。应在计算软化系数时，试件干强度要在确实烘至恒重后测定。

第三，用吸水率作为耐水性的一种指示值得商榷。当采取措施把石膏的吸水率从 35％ 降低到 3.5％时，一般认为其耐水性是提高了。实际上虽然吸水率降低了 90％，但石膏的强度可能相差无几。

9. 石蜡乳液用于石膏制品防水效果如何？

答：（1）乳化条件对石蜡乳液的影响

石蜡乳液制备，对乳化条件要求较高。影响石蜡乳液稳定性的主要因素包括搅拌速度、乳化时间和乳化温度。

① 搅拌速度 1200～1400r/min。搅拌速度慢，石蜡难以均匀分散在水相中，得到的石蜡乳液不稳定，会出现破乳分层现象；速度过快，会产生泡沫并造成能量损耗。

② 乳化时间 40min。乳化时间短，乳化剂没有完全分散，形成的乳液不稳定，乳液会很快分层；乳化时间长，乳液放置后会凝固成膏状，失去流动性，这可能是乳液微粒相互接触机会增多形成大微粒的结果。

③ 乳化温度 85～90℃。乳化温度低于 85℃，得到的石蜡乳液不稳定，容易分层。

（2）石蜡乳液防水剂特点

半水石膏水化生成二水石膏，晶体间相互交叉搭接，形成空间网络结构，是石膏材料的强度来源。二水石膏溶解度较大，与水接触造成晶体接触点减少，呈现出较差的耐水性。石蜡乳液微粒在表面活性剂的作用下，在石膏颗粒表面呈定向排列，其亲水基团与石膏颗粒表面连接，憎水基团则一致朝外，失水后形成致密的保护层。

石蜡乳液用作石膏制品防水剂，具有用量少、易操作、工艺简单等特点，且生产效率高，与普通石膏制品生产效率相当。而用水泥、矿渣、粉煤灰、石灰等无机材料改性生产的防水石膏制品，表观密度大，一般在 1300～1400kg/m³，需要加入轻质材料以降低制品的表观密度；其次，无机防水材料用量较大（一般在 30％左右），制品的养护时间和生产周期都较长。

在脱硫石膏中掺加无机改性材料、石蜡乳液、玻璃纤维时，制品的耐水性明显提高的同时有足够的力学强度；耐水型石膏制品的最优配比为：改性建筑石膏 94％（含 8％的无机改性材料）、石蜡乳液 5％、玻璃纤维 1％，石膏制品软化系数达到 0.65。

10. 加入乳化石蜡与聚乙烯醇（PVA）对建筑石膏耐水性能起什么作用？

答：随着石蜡加入量的增加，石膏的吸水率明显下降，这是因为石蜡经过乳化后，形成极细的球形颗粒，悬浮于水中，成为水包油的连续相乳液，当石蜡乳液与石膏浆体均匀混合后，乳液中的憎水物质立即分散在石膏浆体的连续相内，半水石膏浆体在凝结、硬化时，会吸收周围憎水物质中的水，致使失水后的憎水物质凝聚成一层防水膜吸附在石膏硬化体结构的微孔壁及细微的网络中，石蜡乳液在石膏浆体中起到包覆石膏颗粒的作用，从而降低了吸水率。此外，石蜡乳液的加入，还可以减少石膏的空隙率，增加石膏的密实度，减少石膏的吸水量。

PVA 的加入在总体上也是降低了石膏的吸水率，随着 PVA 掺入量的增多，在掺量为 0.3％～5％时，吸水率变化不大，但是随着掺量的增多，吸水量降低幅度开始增大。这是因为 PVA 是一种可溶解于水并形成凝胶的有机聚合物，当石膏料浆充分搅拌后，聚乙烯醇缩水，凝胶均匀地分散在石膏浆体中，在石膏浆体中形成网络结构，使石膏的吸水率降低。随着减水剂掺入量的增加，石膏的吸水率呈逐渐下降的趋势，并在掺入量为 0.7％时，吸水率达到最低。

当硼砂掺入量小于 0.01％时，石膏吸水率逐渐上升，增加掺量石膏吸水率变化比较平缓，后又逐渐上升，这是因为硼砂是一种无机缓凝剂，在石膏中可以起到缓凝作用。另外，由于聚乙烯醇遇硼砂后非常敏感，掺加少量聚乙烯醇能大大降低硼砂对石膏浆体流动性的影响，当聚乙烯醇掺量稍多时，通过聚乙烯醇与硼砂的交互作用，在适当范围内石膏中掺入硼砂，会增大石膏试块的抗折强度，而对石膏的吸水率有稍微增大的趋势。

外加剂掺量的变化对石膏绝干强度的影响非常明显，石蜡和 PVA 掺量的增加均使石膏试块的绝干强度降低。这是因为，石膏颗粒在浸水凝结之前受到石蜡乳液和 PVA 高聚物的包围，隔离了石膏与水的作用，阻碍了二水石膏晶体结构的正常发育，绝干后改变二水石膏的结构特征，使石膏晶体之间产生大量缺陷，导致石膏晶体绝干强度下降。

石蜡和 PVA 的加入提高了石膏的软化系数，且软化系数随两者掺量增大而逐渐变大，硼砂与减水剂掺量的变化对石膏软化系数的影响没有明显规律。

石膏耐水性最重要的指标是软化系数和吸水率，通过正交试验数据与空白石膏试样数据进行对比，当掺入石蜡 3.0％、PVA 0.3％、减水剂 1.0％、硼砂 0.02％时，石膏的软化系数得到很大的提高，且强度保留率较大。采用该配合比方案，使石膏的软化系数从 0.362 提高到 0.835，而且 72h 吸水率降低约 8％，干强度保留率接近 70％，湿强度也有较大幅度（50％）提高。当掺入石蜡 5.0％、PVA 0.1％、减水剂 1.0％、硼砂 0.01％时，软化系数提高了 0.05，虽然软化系数提高不是很明显，但是 72h 吸水率降低约 9％，抗折、抗压强度整体都有所提高，其中湿抗折强度提高 25％，湿抗压强度提高 20％，干抗折强度提高 32％，干抗压强度提高 16％。

11. 为什么经表面预处理的玻璃纤维可改善石膏制品的耐水性？

答： 掺加表面预处理的玻璃纤维可以改善石膏制品的耐水性能。玻璃纤维表面经偶联剂和苯丙乳液的预处理后，玻璃纤维和石膏基体之间可以形成由偶联剂和苯丙乳液共同作用的复合界面层。一方面，偶联剂以共价键的形式，连接玻璃纤维表面的硅和苯丙乳液中的活性官能团，使苯丙乳液充分的包覆玻璃纤维；另一方面，苯丙乳液与石膏基体的水化产物相互扩散，增加了扩散区域的苯丙乳液浓度，苯丙乳液的催化作用使石膏基体的水化反应更加充分，形成了密实度高于基体材料的界面结合层。当石膏复合材料内部产生应力时，苯丙乳液层通过自身的柔性变形，缓解了复合材料内部的应力集中，阻止了裂纹的形成和扩展，有效提高了石膏复合材料的耐水性能。

12. 用有机硅防水剂怎样改善石膏制品的防水性？

答： 在石膏内直接掺入有机硅油是不可能的，必须将硅油乳化。经过乳化的硅油，容易用水稀释至需要浓度，以便掺入石膏材料中。硅油乳液应具有长期稳定，耐一定高温及湿润性低等性能。

在硅油乳化过程中加入适当的添加剂，不仅能加速或促进乳化效应，调节乳液的固化温度，提高无机物的防水性，还可改善无机物的其他特性。在硅油乳液中添加些对石膏胶凝材料性能有利的催化剂、交联剂、稳定剂。牌号为 JS 的树脂含有较多的羟基结构，很容易与硅油产生氢键结合，从而获得较理想的硅油乳液，不仅稳定性好，而且更适用于改善石膏制品的防水性能。

硅乳防水剂对提高石膏的湿强度尚不令人满意。为此在石膏内掺入有机硅乳液的同时，再加入三聚氰胺树脂，可提高湿强度约 45%，吸水率虽略有提高，但仍在允许指标范围内。

13. 有机乳液对脱硫建筑石膏耐水性的作用机理有哪些?

答: 有机乳液对脱硫石膏耐水性能的影响主要有：① 硬脂酸能够改变渗水毛细孔的表面性质，掺加硬脂酸乳液后，在成型过程中乳化成微米级的硬脂酸颗粒会均匀分散在石膏料浆中，并随石膏料浆的逐渐硬化而均匀分布在石膏硬化体中。将硬化体试样在 65℃ 下养护 1h，使体系内部的硬脂酸细小颗粒熔化，熔化的硬脂酸附着于石膏硬化体内部孔洞和孔隙的表面，改变了孔洞和孔隙的表面性质，使其由亲水性变为憎水性，而硬脂酸乳液中的硬脂酸钠能够改善石膏硬化体中毛细管的结构形式，使毛细管变得更细小、曲折、分散，水分不易渗入试样内部，从而改善了试样的耐水性能。② 均匀分散在石膏浆体中的聚乙烯醇溶液随着石膏硬化体中水分的逐渐蒸发成为缩水凝胶，这种缩水凝胶的形成与石膏水化硬化彼此之间相互协调发展，在石膏硬化过程中逐渐形成不规则网膜。未掺有机乳液的试样内部毛细孔通道较大；掺有机乳液的体系中，硬脂酸均匀分散于毛细孔内表面，使其表面性质由亲水性变为憎水性，同时因硬脂酸钠的存在而使毛细孔变得更加曲折，又在一定程度上使孔径缩小；在硬脂酸的作用基础上，聚乙烯醇所形成的网膜使毛细孔进一步缩小，甚至可以完全封闭毛细孔通道，阻塞渗水通路。

14. 防水剂对石膏防水性能影响的因素是什么?

答: 二水石膏随烘干温度的升高伴随着脱水反应，但试样本身内含有游离水，石膏的强度随游离水的减少而逐步提高，在石膏中加入的防水剂，是一种石蜡和多聚物的水基乳剂，要充分发挥其防水效果，需要通过高温引发其活性。有两种加热方式可以引发其活性：

① 在恒定温度下烘干到恒重。

② 在高温下烘干一段时间，引发防水剂活性，然后迅速降低温度，试块在低温下烘干至恒重，防止试块过烧。

50℃ 时引发防水剂活性效果非常好，石膏制品 24h 吸水率低于 7%。石膏制品的防水性能得到很好的激发，完全可以用于潮湿环境。

在高温烘干温度一定的情况下，烘干时间长短对吸水率影响较大。当温度升高到一定值引发了防水剂的活性后，及时地降低温度，烘干到恒重，可达到最佳防水效果。当烘干温度引发防水剂活性后，防水剂中有机分子包裹住石膏晶体，隔断了水分子的进入；当高温时间过长后，则会破坏稳定的石膏晶体结构，使部分结晶水损失，从而使防水效果下降。

15. 聚合物防水外加剂对石膏制品的作用机理是什么?

答: 采取在石膏料浆中掺加聚合物防水措施较为理想。对于聚合物的选择，经有关试验证明，宜选用松香、沥青、石蜡等聚合物乳液作为防水剂，对提高石膏制品的防水能力效果较佳。其中，松香聚合物乳液及石蜡聚合物乳液掺加在石膏浆体中，不仅凝结时间适宜，防水性能显著，而且价格低廉。其作用机理如下：

（1）防水剂

防水剂是选用熔点低的有机高分子聚合物，经过乳化，并在表面活性剂的作用下，使其分散成为极细的球形颗粒（粒径 $0.05 \sim 1\mu m$）悬浮于水中，成为水包油的连续相乳液。防水剂与石膏浆体均匀混合后，防水剂中的憎水物质立即分散在石膏浆体的连续相内。当半水石膏浆体在凝结、硬化时，即吸收周围憎水物质中的水，失水后的憎水物质凝聚成一层防水膜吸附在石膏硬化体结构的微孔壁及细微的网络中，当石膏制品遇水时，因细微网络中的防水膜阻碍了因毛细作用导致渗入的现象产生，从而降低了吸水率。

（2）促进剂

选用复合型的碱性促进剂，利用不同促进剂复合后的叠加效应，以及所含碱性物质对极性的石膏晶体产生的吸附作用，降低石膏溶解度，并利用其碱性的稀释作用，降低制品成型时的用水量，减少制品孔隙率，增加密实性，提高湿强度。

（3）交联剂

为弥补由于在制品中掺加憎水剂引起强度降低的弱点，可在掺加防水剂、促进剂的同时掺加一定量的具有亲水、疏水两个基团的高分子材料。

16. 国内外提高石膏制品防水性能的措施有哪些？

答： 目前，国内外提高石膏制品防水性能的措施主要有两种：① 制品表面涂刷甲基硅醇钠、氯偏乳液防水剂及防水饰面等，该方法简单易行，若能严格操作，可以取得较为理想的防水效果。但是，一旦被涂覆的制品表面或局部出现缺陷，或者由于防水处理不当，露出的石膏就会在遇水后被水溶蚀，造成涂层、饰面剥落，降低防水效果。为保证石膏硬化浆体结晶结构的形成，在一定强度的前提下，提高制品的密实度。欲从根本上改善石膏制品的内部结构，在石膏中加入一定数量的硅酸盐水泥或活性火山灰质材料矿渣、粉煤灰、沸石及激发剂等，使其在水化与硬化过程中具有水硬性的水化硅酸钙或水化硫铝酸钙，强度与稳定性及防水性能均优于二水石膏。利用这种方法生产的石膏制品，虽然由于石膏与活性混合材水化反应生成的水化产物能够提高制品的湿强度及软化系数，但其水化产物已经不属于石膏胶凝材料的范畴。另外，当石膏中掺加活性混合材以后，石膏与活性混合材相互反应，在生成防水组分的同时，石膏快硬、早期强度高等特性均发生变化。

② 石膏中掺加占石膏胶凝材料总量 5％ 以下的水乳型或水溶型憎水物质，控制和调节石膏的水化与吸水速度，降低石膏制品的吸水率，改善其防水性能。比如掺加有机硅来改变表面能，掺加石蜡、沥青、松香等增加密实度，封闭空隙，与高分子树脂形成复合材料，形成耐水膜，提高强度、粘结性、耐磨性等，从而提高防潮、防水性能。但是板材的断裂载荷明显降低，究其原因，可归结于所掺憎水性有机材料隔离了石膏与水的作用，从而提高了石膏的软化系数，但同时也减少了石膏晶体的接触点，削弱了晶体结构网的强度。这种以降低石膏的绝对强度和优良的多孔结构来改善石膏的抗水性的做法，显然不是最理想的，但是我国绝大多数的防潮装饰石膏板均采用这种技术。

用化学外加剂来提高耐水性能，主要是通过减少石膏的溶解度（提高软化系数），减少石膏对水的吸附性（降低吸水率）及减少对石膏的侵蚀（与水隔绝）等途径。其中用来降低溶解度的外加剂有：硼酸铵、草酸及其盐类、磷酸、磷酸盐、硬脂酸、氢氧化钡以及合成脂肪酸等，目的是使溶解度大的二水硫酸钙成为溶解度小的硼酸钙、草酸钙等；改变表面能的包含有机硅防水剂、硅树脂及树脂预聚物等。有机硅乳液是通过浸润每一孔隙的端口，在一定长度范围内改变表面能，即改变了与水的接触角，使水分子凝聚在一起形成液滴，阻截了水的渗入，同时能够保持石膏具有透气性。

通过添加减水剂来减少用水量，可以减少石膏硬化浆体的空隙率，加入减水剂可以加快石膏的早期水化，但是对最终水化率不产生影响。它的加入可以使石膏晶体发育良好，一方面促进建筑石膏晶体的增长，骨架增大，颗粒增粗，针状晶体大为减少；另一方面，使石膏晶体呈较完整的柱板状致密结构，并且在石膏硬化体的大骨架之间由针状小晶体搭接。由于减水剂促成了无定型水化凝胶的生成，使得晶体间孔洞减少，从而改善了石膏硬化体的力学性能，使其强度得以提高。但是添加减水剂后，会带来明显的坍落度经时损失，因此还需要添加其他外加剂来改善性能。

17. 提高石膏制品强度及耐水性的措施有哪些？

答：加入聚乙烯醇，由于其溶于热水，而石膏粉凝结时也释放大量热量，利用这些热量可以使聚乙烯醇均匀分布在石膏体内，并形成絮状聚合物，由此提高了石膏的强度和韧性；而且该聚合物不溶于冷水，并且还是一种憎水物质，可以用来堵塞因为水分流失而留下的空隙，以提高石膏制品的耐水性。

同时考虑加入无机物 CaO，由于 CaO 遇水生成 $Ca(OH)_2$ 在空气中可以缓慢生成强度很高的致密的 $CaCO_3$，而且整个反应过程中都伴随着膨胀和放热，从而更加有利于提高石膏制品的强度及耐水性。

18. 减少石膏孔隙率的方法有哪些？

答：根据国内外有关资料，可减少石膏孔隙率的外加剂有很多。例如，石蜡乳液、沥青乳液、松香乳液以及石蜡沥青复合乳液、石蜡—松香复合乳液、三聚氰胺松香乳液等，这些防水剂在适当的配制方法下，对减少石膏孔隙率是有效的，但同时对石膏制品也存在着这样那样的缺点，有的还影响使用。

(1) 石蜡乳液

石蜡是一种高度的憎水材料，因此，早期国内外用石蜡乳液作防水剂的甚多。这种乳液的稳定性好，可长期储存，掺入石膏内可使石膏硬化体的吸水率降低。但它有以下缺点：其一是受石蜡软化点低的影响，其对水温的敏感性较大，往往水温低时吸水率低，水温高时吸水率就大。其二虽然石膏硬化体中因石蜡形成的防水膜堵塞了孔隙，但它本身与其他物质的粘结力很小，因此这层防水膜容易遭受水的楔力而逐渐破坏，表现出石膏试件浸水早期的吸水率较低，后期往往吸水率很大。其三是用它作防水剂的石膏板使用（或放置）一年以后，其吸水率增大丧失了防水作用，主要是因石蜡的老化造成。其四受乳化剂的影响，石膏硬化体的凝结时间延缓、绝对强度值降低。

(2) 松香乳液

有较好的防水效果，价格相对便宜，掺入石膏后的凝结时间适中，缺点是：使石膏硬化体的绝对强度值降低；其次松香为黄色，极易渗透，掺入石膏内使白色的石膏体逐渐变黄，影响美观。

（3）三聚氰胺松香乳液

三聚氰胺是一种湿强材料，在石膏的水化过程中，它吸附在石膏内部结构的结晶接触点及微细网络中，起到湿强作用，但吸水率提高。它与松香乳液复合使用，可互相取长补短，达到较好的耐水效果。缺点是：乳液不宜贮存，价格较高。

（4）石蜡—松香复合乳液

河南建筑材料研究设计院曾对此进行研究。在石蜡中掺入松香，或在松香中掺入石蜡，两者相互改变性能，使混合物的软化点、粘结力和熔体的黏度得以改善。石蜡的粘结力很低，松香的粘结力比石蜡大 8～9 倍。在石蜡中掺少量松香，其粘结力提高倍数大，但绝对值小。在松香中加少量石蜡，粘结力提高倍数小，但绝对值大。两者约在松香 80% 和石蜡 20% 的交点处，其共熔物的粘结力达到最大，此时的粘结力约为石蜡的 28 倍，松香的 1.9 倍。

从制备乳液的乳化效果和石膏制品的防水效果考虑，混合物的熔点越低越好，粘结力越大越好，黏度越低越好。为了相互兼顾，折中的组成为石蜡 40%～60%，松香 40%～60%。试验大多采用了石蜡为 40% 和松香为 60% 的组成，其结果见表 9-1。

表 9-1　石蜡松香乳液对石膏吸水率的影响

乳液掺量 (%)	吸水率（%）				乳液掺量 (%)	吸水率（%）			
	2h	24h	48h	10d		2h	24h	48h	10d
0	36.5	39.0	—	—	3	1.27	1.78	2.13	3.30
1	1.77	4.40	6.57	18.36	4	0.96	0.96	1.47	2.89
2	1.35	2.06	2.86	10.29	6	1.25	2.10	3.00	4.51

（5）石蜡—沥青复合乳液

根据原石油工业部施工技术研究所的研究结果，认为该复合乳液的不同掺量均有防水效果，其最大吸水率都在 1% 左右，但绝对强度值降低，其浸水强度有的甚至低于纯石膏的浸水强度。这是由于石膏颗粒在凝结之前受到乳液的包围，阻碍了二水石膏晶体结构的正常发育，因此既延缓了石膏的凝结时间，也降低了强度。掺适量的生石灰和聚乙烯醇可提高湿强度和降低吸水率，耐水效果更好。试验采用的复合乳液中石蜡与沥青的重量比为 1：3，乳液在石膏中的最佳掺量为 10%，聚乙烯醇和生石灰的掺量分别为 0.4% 和 5%，此时 48h 的吸水率为 1.54%。

（6）沥青复合乳液

在石膏内掺入沥青乳液以提高石膏耐水性能，国内外已有先例，但大多认为它的防水效果不如石蜡乳液。沥青乳液也由于其绝对强度值比纯石膏强度低约 68% 而很难用于制品。

19. 改变石膏表面能的方法有哪些？

答：典型的为有机硅防水剂。有机硅不像其防水剂那样堵塞石膏的微细孔隙，提高石膏体的密实度，也不像油漆涂层那样形成一层封闭薄膜。它只是浸润了每一孔隙的端口，在一定长度范围内改变表面能，因而改变了与水的接触角，使水分子凝聚在一起形成液滴，阻截了水的掺入，达到了防水目的，同时保持了石膏的透气性。显然，采用这类防水剂，要求孔隙的直径不得过大，同时它不能抵挡压力水的渗入。

有机硅产品种类很多，使用效果较好的有甲基硅醇钠、乳化硅油等。

甲基硅醇钠实际上是一种小分子的水溶性聚合物，很容易被空气中的二氧化碳所分解，形成甲基聚硅酸，然后很快聚合起来，产生不溶于水的甲基聚硅醚，从而获得防水性能。用其作石膏制品的防水剂，无论是喷涂、浸渍或内掺，都有不同程度的防水效果。此处重点介绍在石膏中内掺的部分试验结果。

用少量的甲基硅醇钠即可有效地控制石膏制品的吸水性能。如在石膏内掺入 0.7% 的甲基硅醇钠，其试件在水中浸泡 48h 的吸水率仅 3.08%。但是，随着甲基硅醇钠掺量的增加，却引起强度的不断下降。当与生石灰复合使用后，虽然吸水率略有增高，软化系数也降低，但力学性能明显得到改善。无论是烘干强度还是浸水 48h 后的湿强度都高于纯石膏硬化体的强度。此外，如加入 5% 矿渣水泥或 2% 聚乙烯醇也可得到同样效果。因此甲基硅醇钠是一种可以选用的防水剂，缺点是碱性大，用于纸面石膏板的芯材会影响与面纸的粘结。

硅油的种类较多，一般是链状二有机基聚硅氧烷，根据不同聚合度，可得到广泛粒度的硅油。其中最重要的是二甲基聚硅氧烷，即二甲基硅油，其次是甲基含氢硅油，其他的有氯化苯甲基硅油，甲基支链型活性硅油等。甲基硅油具有良好的疏水性，特别施用于无机材料表面时，疏水性质更为显著，最初是无规则的硅氧烷链，经过一段时间或加热后，本身进行定向排列，使甲基基团上发生了排斥水分的屏蔽效应。虽然硅油对液态水有很强的疏水性，但相对地却具有可透气性。这一性质对用作墙体材料的石膏而言，无疑是有利的。

20. 养护方法对耐水石膏强度有什么影响？

答：空气中养护强度最低，而且发展缓慢；水硬性石膏在适宜的碱度下（pH 值：11～12）硬化体经过蒸汽养护后再分别在空气、水中养护，获得的强度最为理想，比单纯在空气中养护强度提高 40%～50%。

21. 矿渣对耐水石膏性能有什么影响？

答：硅铝质火山灰混合材，以碱性矿渣为基料，辅以含 CaO、Al_2O_3 的材料混合而成。胶料质量的主要关键在于矿渣质量，因此对矿渣性能有较高要求。

① 矿渣化学成分：是影响矿渣质量的主要因素。耐水石膏强度与矿渣活性率 Al_2O_3/SiO_2 及碱性率 $(CaO+MgO)/(SiO_2+Al_2O_3)$ 的高低有密切关系。本试验采用 CaO、Al_2O_3 含量高、SiO_2 含量较低的高活性矿渣混合材为原料。

② 矿渣存放时间：存放时间的长短对矿渣的结构及活性有一定的影响。由于在存放期间，矿渣的矿物组成及化学成分产生变化、活性受到损失，导致耐水石膏强度降低。因此，在生产中宜采用存放时间较短的矿渣。

③ 矿渣细度：矿渣在粉磨过程中，不单纯是增大比表面积，而且由于粉磨破坏了其颗粒表面，形成裂缝，这些裂缝有利于其与半水石膏进行反应。

22. 粉煤灰和磨细矿渣复合水泥的矿物改性剂对石膏制品耐水性能有什么影响？

答：当水泥—粉煤灰矿物掺合料作为改性剂加入石膏中，烘干养护和湿热养护后的石膏胶凝材料具有以下特征：当水泥掺量固定时，随水泥粉煤灰的增加，石膏胶凝材料的抗折、抗压以及饱水强度都逐渐下降；粉煤灰改性剂掺量不变时，随其中水泥掺量的增大，石膏胶凝材料的抗折、抗压以及饱水强度逐渐增大。

水泥—粉煤灰作为石膏改性剂时，湿热养护要优于烘干养护；在特定配合比时，通过湿热养护能够提高石膏胶凝材料的抗折、抗压以及饱水强度。这是由于粉煤灰的早期水化活性较差，而采用湿热养护可进一步激发粉煤灰的活性。但湿热养护下改性剂对石膏胶凝材料的吸水率影响不大，是不能达到提高石膏软化系数、增强制品耐水性的目的。因此单纯掺加水泥—粉煤灰矿物掺合料，不适宜用于改善石膏胶凝材料的耐水性。

用适当比例的矿渣微粉作石膏的水硬性掺合料，辅以少量的水泥作为激发剂，并采取湿热养护的方法，是改善石膏制品性能、提高石膏胶凝材料耐水性的有效途径。此外当水泥与矿渣微粉掺量适宜时，随着水泥掺量的增大，石膏胶凝材料的软化系数也随之增大，但其抗折强度却随之降低，这表明石膏胶凝材料随着矿物掺合料掺量的增大，已逐渐趋向于水硬性胶凝材料。因此，为保留石膏气硬性胶凝材料的优点，矿物掺合料掺量不宜过高。

① 采用水泥—粉煤灰作为矿物改性剂时，以湿热养护为佳；掺水泥—粉煤灰改性剂能够提高石膏胶凝材料的干强度，但不适宜单独用于解决石膏胶凝材料的耐水问题。

② 用适当比例的矿渣微粉作高强石膏的水硬性掺合料，辅以少量的水泥作为激发剂，并采取湿热养护的方法，是改善石膏性能、提高石膏胶凝材料耐水性的有效途径。

③ 利用多元复掺技术来改善石膏胶凝材料的性能时，外掺的矿物掺合料掺量不宜过高。

④ 采用水泥—矿渣微粉作为改性剂时，如仅用于提高干强度，配比以石膏80%、水泥4%～6%较好。如用于改善耐水性，配比以石膏60%～70%、水泥2%较为适宜。

23. 改变石膏胶凝材料结构的方法是什么？

答：要从根本上解决石膏的抗水性、提高石膏胶凝材料的强度必须改变石膏胶凝材料的结构。即在石膏中引入一种材料，在石膏水化过程中参与反应，生成新的物质，这种新物质既能改变和保护二水石膏晶体的形状和结晶接触点，又能有效地填充胶凝材料的空隙。能够达到这一要求的理想胶凝材料结构是晶胶（二水石膏等晶体加 $C-S-H$ 凝胶）结构。在半水石膏中掺加水淬高炉矿渣、减水剂和复合碱性激发剂能够实现这一结构。

24. 怎样配制耐水性石膏粘结剂？

答：耐水性石膏粘结剂有：石膏—水泥—火山灰粘结剂、石膏—矿渣—水泥—火山灰粘结剂及石膏—石灰—矿渣粘结剂三种，既具有石膏粘结剂快速硬化速度，又具有与硅酸盐水泥一样的耐水性、低的蠕变性和长的使用寿命。

在石膏中加入水泥，可以提高它的耐水性，但形成钙矾石，使它的结构破坏，而在这种情况下，加入火山灰，可以起到结合氧化钙的作用，避免钙矾石造成的不良影响。并且硅酸盐水泥的加入还可以增加不同时间混凝土强度，包括早期强度和后期强度。但是石膏—水泥—火山灰粘结剂中，硅酸盐水泥含量达到了 25%，使建筑材料价格提高，为了降低成本，在上述组分中可以加入石灰和硅灰，硅灰含有 85%～95% 无定形活性二氧化硅，比表面积 ≥20m²/g，具有很高的水硬活性。

目前还有一种石膏—石灰—矿渣—火山灰粘结剂，这类粘结剂中加入石灰，可以提高石膏混凝土的耐水性，这类粘结剂中采用矿渣应是水淬矿渣或硅灰。

复合粘结剂可以采用四硼酸钠作为缓凝剂，加入量为 0.65%。为了调节混凝土流动度，可以加入增塑剂和超增塑剂——萘甲醛树脂和密胺甲醛树脂，这几类复合粘结剂抗压强度可达 18~21MPa，软化系数为 0.92。

用电子显微镜研究石膏—石灰—矿渣—火山灰粘结剂结构发现：在石膏结晶空间，填充有互相交错的纤维状水化硅酸盐，这种结构不仅提高混凝土强度而且还提高它的耐水性。

25. 怎样生产石膏耐水粉？

答：石膏耐水粉含有水泥熟料，另外还由硫酸铝、硅铝酸盐、塑化剂和缓凝剂组成，重量百分比为：硅铝酸盐 55%~85%；水泥熟料 15%~40%；硫酸铝 1%~10%；塑化剂 0.3%~1.0%；缓凝剂 0.1%~0.5%。其中硅铝酸盐可以是硅藻土、粉煤灰或矿渣；塑化剂可以是甲基纤维素或木钙；缓凝剂可以是柠糠酸或硼酸。

石膏耐水粉的生产主要经原材料精选、干燥、混合、磨细等工序，含水率小于 1%，细度（4900 孔筛余）小于 5%。

石膏耐水粉按凝结时间分为普通型和缓凝型两类。普通型石膏耐水粉掺入石膏拌合物后，不改变石膏原有的初凝和终凝时间。

缓凝型石膏耐水粉掺入石膏拌合物后，可根据施工的要求延长初凝和终凝时间，而不影响其物理力学性能。

掺入方法可采用等量取代石膏粉的方法，掺量一般为石膏粉重量的 10%~30%。使用时，将石膏耐水粉与石膏粉同时加入搅拌机与水拌和，不需延长搅拌时间。搅拌所需用水量、成型方法均无特殊要求，养护方法可根据选取的材料和配比，采用自然干燥、人工干燥或在湿热条件下养护。其优点可使石膏试件显著提高耐水性，也能改善其他物理力学性能，抗压强度可提高 20% 以上；抗折强度可提高 10% 以上；软化系数大于 0.7；泡水 24h 后强度与不泡水的石膏试件相差不大；标准稠度用水量比不掺耐水粉减少 2%；该粉价格低廉，售价仅为当前各种石膏防水剂的 1/5。

缓凝型石膏耐水粉由 40% 的水泥熟料、40% 的硅藻土、14.5% 的粉煤灰、5% 的硫酸铝、0.5% 的甲基纤维素组成，另外石膏用量 0.15% 的柠糠酸，细度（4900 孔筛余）<5%。

第十章 石膏防火材料

1. 耐火纸面石膏板与特种耐火石膏板的防火原理是怎样的?

答： 耐火纸面石膏板与特种耐火石膏板的防火原理,可分为如下两个方面:

(1) 结晶水的释放

干燥后的纸面石膏板板芯材质仍为二水石膏(再生的),内含有20％的结晶水,必须在高温下才能将水释放出来。如一块厚15mm、质量约为15kg/m²的耐火纸面石膏板的含水量约为3kg/m²,若要把这些结晶水从板中释放出来,必须使板受热升温至100℃以上。这种把板加热直至水再蒸发出的过程所消耗的热量是其不含结晶水时加热所需要热量的5倍。耐火纸面石膏板(或特种耐火石膏板)的防火功能之一就是由此而生。当发生火灾时,首先是面层纸板瞬间燃烧,发热量有助于火势的发展,但当板温(背火面)升至100℃左右时,一直到将结晶水释放完这一过程中,板芯将吸收环境中大量热量,达到热平衡,从而降温消防。

(2) 玻纤提高板材的结构完整性

建材的防火不仅仅在于其可以吸收热源的热量,同时也要求材料在受到火的作用时,整体结构能保持尽可能长的时间。对于普通纸面石膏板来说,尽管它也具有从热源吸收热量的功能,但因其板芯材质是纯石膏,待板芯内结晶水蒸发完后,石膏芯就变酥变脆,最终断裂,使火焰穿透板材,对建筑结构失去保护作用。而对于耐火纸面石膏板和特种耐火石膏板来说,由于它们的芯材都含有玻璃纤维,抗火性能都大大改善。所不同的是,耐火纸面石膏板在生产时,将玻璃纤维均匀地掺入到石膏浆内,成形时纤维与石膏结合成整体。遇火后,虽然面层纸板很快燃烧,玻璃纤维是不燃材料,它仍然支撑着板材结构,起到了抗火作用。特种耐火石膏板所用的面层材料是玻璃纤维薄毡,在成形过程中,随着薄毡的吸水,石膏浆逐步渗透到面层,并与玻璃纤维牢固地粘在一起。干燥后的特种耐火石膏板遇火时,玻璃纤维薄毡的粘结剂被燃烧炭化,但薄毡中的纤维仍与石膏牢固地结合为整体,支撑着板材结构,使其不被破坏。而且,这种板使用玻璃纤维薄毡作为面层,玻纤在板上的分布较耐火纸面石膏板均匀,遇火结构更加稳定,抗火性能更好。

2. 厚涂型钢结构防火涂料的性能与配方是什么?

答： 所谓厚涂型钢结构防火涂料(又叫钢结构防火隔热喷涂涂料)是指使用厚度在8～50mm的涂料,耐火极限可达0.5～3h。

该涂料是由高效隔热集料(如膨胀蛭石)、无机粘结剂为主要原料,加入部分防火添加剂、轻质材料(如空心微珠、膨胀珍珠岩等)和化学助剂搅拌混合而成。该涂料根据生产厂家的不同而情况各异,有的是单组分包装,有的是双组分包装,双组分包装在现场按比例调配后使用;单组分干粉料包装,在现场直接加水配制使用;也有的是三组分包装,即分底层、中间层和面层涂料。由于该涂料用量大,所以目前大多数是采用干粉料包装,在现场加水配制使用,也有部分双组分包装。

厚涂型钢结构防火涂料具有防火隔热性好、冲击强度好和性能稳定性、无气味、无毒、对环境无污染等优点。该涂料呈粒状面，密度较小，热导率低，在火灾中涂层不膨胀，依靠材料的不燃性、低导热性和材料中材料的吸热性来延缓钢材的升温速度，保护钢构件。主要适用于耐火极限规定在 2h 以上的高层钢结构、多层钢结构及大型承重钢结构的室内隐蔽钢结构。

厚涂型钢结构防火涂料的参考配方与基本性能分别见表 10-1 与表 10-2。

表 10-1　厚涂型钢结构防火涂料的参考配方

原料名称	组成（份）	原料名称	组成（份）
硅酸盐	28	云母粉	13
玻璃纤维	8	助剂	4
膨胀蛭石	12	聚乙烯醇	8
空心微珠	18	石膏粉	9

表 10-2　厚涂型钢结构防火涂料的基本性能

性能项目	技术指标	性能项目	技术指标
涂层厚度（mm）	≥25	粘结强度（MPa）	≥0.05
耐火极限（min）	≥150	耐水性（h）	≥24 涂层应无起层、发泡、脱落现象
在容器中的状态	经搅拌后呈均匀稠厚流体，无结块	耐冷热循环性（次）	≥15 涂层应无开裂、起泡、剥落现象
干燥时间（表干）（h）	≤12	干密度（kg/m³）	≤450
初期干燥抗裂性	无裂纹	压缩强度（MPa）	≥0.3

3. 厚涂型钢结构防火涂料的施工方法与贮运是怎样的？

答：按配方要求准确称出各组分的量，将各种原料加入混合缸内用搅拌机搅匀，此时搅拌器转速为 700r/min，经质检部门检验合格后用干净无损的内衬塑料袋的编织袋包装，袋口应密封。

（1）施工方法

① 施工前的准备：施工前应彻底清除掉钢构件表面的油污、锈斑锈迹、浮锈等，因为其影响涂层的粘结力。除锈之后需涂刷防锈漆进行防锈处理，因为该防火涂料为水溶型涂料，直接涂刷钢材基面易生锈。待防锈漆干后再进行该防火涂料的施工。除锈和防锈处理应符合《钢结构工程施工质量验收规范》GB 50205—2015 中有关规定。钢结构表面的杂物应清除干净，连接处的缝隙应用防火涂料或其他防火材料填补堵平后，方可施工。

② 施工环境条件：应在 0℃以上施工，15～38℃效果更佳，在施工过程中和施工之后，涂层干燥固化之前，环境温度宜在 5～38℃，相对湿度应小于 85%，空气应流通，在温度过低或温度太高以及风速在 5m/s（四级）以上或钢结构构件表面有结露情况下，都不利于防火涂料喷涂施工。刚施工的涂层应防止脏液污染和机械撞击。

③ 施工方法：首先将干粉 60 份加入自来水 40 份，在搅拌机内拌匀，若涂料太稠，可再加适量的自来水调至便于施工的黏度，调配和搅拌好的涂料应当稠度适宜，喷涂时以不

发生流淌和下坠现象为宜。由于该防火涂料一般较粗糙，宜采用压送式或重力式（或喷斗式）喷涂机喷涂，空气压力为 0.4～0.6MPa，喷枪口直径宜为 6～10mm。局部修补和小面积施工，可采用喷涂、刮涂或抹涂。其施工应分次喷涂，每次喷涂厚度不超过 6mm，晴朗天气情况下每隔 8h 喷涂一次，雨天每隔 24h 喷涂一次，涂后一道涂料时，必须在前一道干燥后。该类钢结构防火涂料施工的第一、二次必须采用喷涂，以后采用喷涂、刮涂或抹涂均可。施工过程中，应采用涂层测厚仪检测涂层厚度，直到符合规定的厚度，方可停止喷涂。喷涂后的涂层无空鼓、脱落、裂纹，应均匀平整。

该类涂料固化较快，应在施工现场边配边使用。喷涂及施工用具应及时用水清洗干净。

（2）贮运

该类钢结构防火涂料的贮运与普通水泥相同，有效贮存期 1 年。贮运时严禁日晒雨淋，塑料袋应密封，严禁袋破裂。

4. 防火涂料在钢结构中的应用情况如何？

答：钢材在高温时蠕变变形增大，到 350℃ 以上则抗拉强度下降，伸长变大。当遇火灾时，对无任何保护层的钢结构，在温度超过 500℃ 时，只要持续 15min，钢结构质地出现软化，由结晶体向非结晶体转化，钢材强度明显降低，从而导致构筑物垮塌。采用防火涂料的目的是可延缓钢材软化变形时间（耐火极限）。根据国家标准 GN 15—1982，在 1000℃ 高温下，涂层厚度与钢梁耐火极限指标见表 10-3。

表 10-3　防火涂层厚度与钢梁耐火极限

涂层厚度（mm）	钢梁耐火极限（min）	涂层厚度（mm）	钢梁耐火极限（min）
6	30	15	90
10	60	25	120

从上表中可看出，钢梁上涂覆厚度为 6mm 的防火涂料，其钢梁耐火极限已超过了国家标准一级品指标（＞20min 耐燃时间的要求）。一般在发生火灾时，对钢结构要保持不超过 350℃；普通钢筋混凝土的钢筋温度不得超过 500～550℃，预应力混凝土不得超过 400～450℃；木材到 260℃ 附近会发生无焰着火，因而 260℃ 作为火灾的危险温度。

5. 熟石膏抹面对楼板、墙与隔墙的防火保护效果是什么？

答：混凝土抹面增加的厚度余量造成楼板具有 50～60kg/m^2 的超负荷。但是这种楼板的防火时间仅为 2h。

用特种防火熟石膏保护楼板：在楼板上做一层厚 10mm 的熟石膏抹面，楼板只增加 6kg/m^2 的超负荷（比混凝土抹面减少 10 倍），但是它对楼板的防火保护时间却增加了两倍，防火（S.F）和隔火（C.F）时间为 4h。可在墙体上做熟石膏抹面（对砖墙和混凝土墙进行防火保护），也可以用复合材料做防火墙（熟石膏板）。下列数据表明了用熟石膏进行防火保护是很有效的：

（1）厚 5cm 的砖砌隔墙

砖隔墙没做防火抹面时的隔火时间为 30min。

① 在砖墙两面都做 5mm 厚的纯熟石膏抹面，隔火时间为 80min。

② 在砖墙每面都做 10mm 厚的纯熟石膏抹面,隔火时间为 105min。

③ 在砖墙每面都做 15mm 厚的纯熟石膏抹面,隔火时间为 147min。

(2) 纯熟石膏实心板隔墙(没有抹面)

① 这种隔墙厚度为 5cm 时的隔火时间为 160min。

② 这种隔墙厚度为 7cm 时的隔火时间为 210min。

6. 熟石膏抹面对木柱、钢筋混凝土与钢柱的防火保护效果是什么?

答: ① 承重为 10t 的橡木柱(尺寸为 0.15m×0.15m×2.30m):

没有在橡木柱上做熟石膏时,它的防火时间(SF)为 52min;当在包裹橡木柱的金属网上做了厚 1cm 的纯熟石膏抹面之后,它的防火时间(SF)为 141min;当在包裹橡木柱的金属网上做了厚 2cm 的纯熟石膏抹面之后,它的防火时间(SF)为 100min 左右。

② 承重为 10t 的钢筋混凝土柱(尺寸为 0.15m×0.15m×2.30m):

没有熟石膏抹面时,此钢筋混凝土柱的防火时间(SF)为 100min 左右;当在包裹混凝土柱的金属网上做了厚 1cm 的纯熟石膏抹面之后,它的防火时间(SF)为 160min 左右;当在包裹混凝土柱的金属网上做了厚 2cm 的纯熟石膏抹面之后,它的防火时间(SF)为 190min 左右。

③ 承重为 10t 的 HN100 号钢柱,长 2.30m:

没有熟石膏抹面时钢柱的防火时间(SF)为 9min;当在包裹钢柱的金属网上做了厚 1cm 的纯熟石膏抹面之后,它的防火时间(SF)为 120min 左右;当在包裹钢柱的金属网上做了厚 2cm 的纯熟石膏抹面之后,它的防火时间(SF)为 90min 左右。

7. 用脱硫石膏研制防火无机封堵材料有什么性能?

答: ① 脱硫石膏是一种研制防火无机封堵材料的优良胶凝材料,用其研制的封堵材料为干粉状态,便于贮存和运输,现拌现用,凝结时间可随意调整,水化硬化快,硬化后强度适中,便于拆除进行检修,防火性能优。

② 在脱硫石膏中添加一定量的矿渣粉和水泥等混合材后配制成复合胶凝材料,水化硬化后产品的密实度明显提高,软化系数可达 0.7 以上。因此,在石膏中添加矿渣粉和水泥等是增强石膏制品耐水性的有效途径。

③ 用脱硫石膏制备防火无机封堵材料的最佳配方为:脱硫石膏 55%,粉煤灰 20%,矿渣粉 20%,水泥 5%,上述干粉混合料与玻化微珠集料体积比为 1:1.5,并适量添加各种外加剂。

第十一章　石膏晶须

一、制备工艺

1. 什么是石膏晶须?

答: 石膏晶须又称硫酸钙晶须,英文名称为:Calcium sulfate gypsum whisker。它一般为石膏的纤维状单晶体,具有很高的抗拉强度,直径一般为 $0.1\sim4\mu m$,长度为 $0\sim300\mu m$。长径比一般为 $50\sim80$。石膏晶须按结晶水含量不同,也可分为二水石膏、半水石膏和无水石膏三种晶须。但在温度高于110℃时,前两种晶须均会脱水粉化,而无水石膏晶须直到680℃仍可保持其完整的状态。石膏晶须作为复合材料的增强组分,主要应用于橡胶、塑料、涂料、粘结剂等行业。图 11-1 为石膏晶须的电子显微镜照片。

图 11-1　硫酸钙晶须扫描电镜照片(×1000)

2. 石膏晶须是怎样制备的?

答:(1)制备原理

石膏晶须的制备实际上是颗粒状 $CaSO_2\cdot2H_2O$ 向纤维状的无水 $CaSO_4$ 的转化过程。这一转化在化学原理上与水热法生产 α 型半水高强度石膏的原理类似。

石膏晶须的生成本质上是一个"溶解-再结晶"过程。因此,了解其不同相(二水、半水、无水)之间溶解度与温度的关系是必要的。

二水石膏与半水石膏的溶解度曲线在约100℃时相交,当温度高于100℃时半水石膏的溶解度随温度的升高而较快地降低。由此可见,石膏晶须的生成即是溶解度较大的二水物溶解在溶液中然后转化为溶解度小的半水水合物,此过程的推动力应该是两种水合物的溶解度之差。在100℃时,即发生 $Ca^{2+}+SO_4^{2-}+0.5H_2O\longrightarrow CaSO_4\cdot0.5H_2O$ 反应,直至半水石膏结晶过程结束。

(2)制备方法

通常用水热处理法制备石膏晶须:将一定质量分数生石膏悬浮液加入到密闭水热容器中,不断搅拌,加热到一定温度(如130℃),达到一定压力后在饱和蒸汽压下生石膏转变为细小针状半水石膏产品,具有一定的长径比范围。反应过程中,使用适宜的添加剂控制石膏晶须的直径与长度,详细工艺流程见图 11-2。

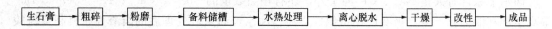

图 11-2　石膏晶须制备工艺流程

3. 硫酸钙晶须的合成工艺有几种?

答:(1)水热法

水热法是将石膏和水的悬浮液在密闭反应釜中不断搅拌,加热到一定的温度,达到一定压力,并借助于晶型转换剂,使颗粒状石膏向纤维状半水石膏转化,其原料可用高纯度的天然二水石膏或经过清洗加工的高纯度工业副产石膏。

由二水硫酸钙合成硫酸钙晶须的化学反应方程式如下:

$$CaSO_4 \cdot 2H_2O \longrightarrow CaSO_4 \cdot 1/2H_2O + 3/2H_2O$$

$$CaSO_4 \cdot 1/2H_2O \longrightarrow CaSO_4 + 1/2 H_2O$$

其反应过程可分解为以下几个部分。

① $CaSO_4 \cdot 2H_2O$ 的溶解过程:

$$CaSO_4 \cdot 2H_2O \longrightarrow Ca^{2+} + SO_4{}^{2-} + 2H_2O$$

② $CaSO_4 \cdot 1/2H_2O$ 的结晶过程:

随着温度的升高,当达到溶解极限时,$CaSO_4 \cdot 1/2H_2O$ 过饱和而在溶液中析出,形成胚芽,胚芽进一步凝聚、长大形成晶须生长的基础——晶核。

$$Ca^{2+} + SO_4{}^{2-} + 1/2H_2O \longrightarrow CaSO_4 \cdot 1/2H_2O$$

③ 单向生长阶段:

由于液相中离子扩散较快,一旦形成了晶核并且随着 $CaSO_4 \cdot 2H_2O$ 的不断溶解,$CaSO_4 \cdot 1/2H_2O$ 将很快以晶核为中心凝聚,并在溶液中析出,晶体的择优生长使得在某一方向持续向前推进,最终形成了硫酸钙晶须。

④ $CaSO_4 \cdot 1/2H_2O$ 脱水生成无水硫酸钙晶须:

$$CaSO_4 \cdot 1/2H_2O \longrightarrow CaSO_4 + 1/2 H_2O$$

东北大学矿物材料与粉体技术研究中心采用水热法制备硫酸钙晶须的工艺流程见图 11-3。石膏原料与水配制成一定浓度的悬浮液,然后在反应釜中加热到一定温度、压力后形成硫酸钙晶须,对所得的晶须进行脱水干燥、稳定化处理后得到最终产品。

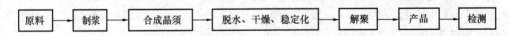

图 11-3 硫酸钙晶须制备工艺流程图

(2)常压酸化法

常压酸化法是指在一定温度下,高浓度二水硫酸钙在酸性溶液中,转变成针状或纤维状半水硫酸钙晶须。与水热法相比,该法不需要反应釜,成本较低,但环境污染较重。

(3)以卤渣为原料制备硫酸钙晶须

卤水中除含有大量 Na^+、Cl^- 离子外,还有相当数量的 Mg^{2+}、Ca^{2+}、K^+、$SO_4{}^{2-}$、Br^- 等离子和其他稀有元素,极有应用价值。以海盐卤水经石灰乳处理后的卤渣为原料制备硫酸钙晶须,为探索卤水、卤渣综合利用途径奠定了基础。

以卤渣为原料制备硫酸钙晶须的工艺流程见图 11-4。该方法的实质也是常压酸化法。

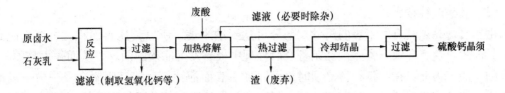

图 11-4　以卤渣为原料制备硫酸钙晶须工艺流程

4. 制备石膏晶须的工艺条件是什么?

答: ① 制备硫酸钙晶须过程中温度随时间的变化可以划分为三个阶段:升温阶段、降温阶段、再升温阶段。硫酸钙晶须的生成是一个吸热反应。

② 随 pH 值的增加,硫酸钙晶须的平均直径近似呈直线下降,当 pH＝9.8～10.1 时直径达到最小(平均 $0.23\mu m$),晶须的长径比达到最大(100),以后随 pH 值的增大晶须直径基本保持不变。

③ 料浆浓度为 5％时可得到直径为 $0.120\mu m$、长径比为 96 的硫酸钙晶须。

④ 原料粒度对硫酸钙晶须的形貌有着较为明显的影响,随原料的粒度下降,晶须直径逐渐减小,长径比增大。当原料粒度为 $18.1\mu m$ 时可获得平均直径为 $0.19\mu m$ 的硫酸钙晶须。

⑤ 制备硫酸钙晶须的最优工艺条件为:反应温度 120℃、料浆初始 pH 值 9.8～10.1、料浆浓度 5％、原料粒度 $18.1\mu m$。在此条件下,可制备出平均直径为 $0.19\mu m$,长径比为 98 的硫酸钙晶须。

5. 石膏晶须制备过程中的关键技术有哪些?

答: (1) 产物结晶水的控制

由于应用的需要,合成的石膏晶须必须具备相当的强度和稳定性。因此,合成时的目标产物是强度最高的半水石膏。为了满足石膏晶须作为增强材料应用时的特性,要干燥除水得到无水石膏晶须。

为了满足上述要求,制备过程中必须注意两个问题。首先,反应温度必须进行相应控制,不能低于二水与半水化合物的转化温度,否则半水产物中将部分地生成 $CaSO_2 \cdot 2H_2O$。而由于二水石膏与半水石膏的晶体结构不同,干燥后无水石膏不具备石膏晶须的特性。其次,原料在水热容器中反应完成后应尽快脱水、干燥,因为当温度低于 100℃时,半水产物很容易与水重新化合成二水石膏,使产物质量下降。因此,脱离反应釜后产品必须尽快在 600℃以上烘干得到无水石膏晶须,并密封保存。

(2) 定向生长控制技术

$CaSO_4$ 在形成晶须形态时主要沿轴线方向进行螺旋错位生长,侧面由于表面能较低而生长缓慢,这样就可以得到一定晶体结构和长径比的晶须。在实际制备过程中,可以通过引入晶面生长抑制剂的方法制备各种截面形状的晶须。

半水石膏生成晶粒细碎的石膏晶须针状结晶时,由于其强度太小而没有利用价值。为了克服这一缺点,在水热合成过程中通常加入一定量的对半水石膏结晶有诱导作用的媒晶剂,可以改变其晶系,得到强度优异的板状或纤维状的半水石膏晶须。

（3）表面改性技术

由于石膏晶须具有微米级的尺寸，部分可达到纳米级，所以其比表面积大、表面能高、接触界面大，这就导致石膏晶须在制备及后处理中极易发生晶须的团聚，从而失去晶须所应具有的功能。为此，在制备石膏晶须时也可以加入表面活性剂，使其吸附在晶须粒子表面，防止团聚体的产生。还可以采用添加剂，如防潮剂、偶联剂等，添加剂的使用也可以通过其在石膏晶须表面的吸附或其他作用，从而降低石膏晶须之间的相互作用力而抑制其聚结。

但是由于石膏晶须是无机物，表面呈强亲水疏油性，其与有机聚合物基体亲和性差，导致增强效果不理想。这一困难已成为制约其大规模应用的主要原因之一。目前，使用偶联剂作为表面改性剂对石膏晶须进行表面处理仍然是主要的解决办法，应用的偶联剂包括硅烷类、钛酸酯类、脂肪酸类、酸酐化烯烃等。

6. 硫酸钙晶须结晶过程的影响因素有哪些？

答：硫酸钙晶须合成见图 11-5。通过在反应釜中将浆料加热到一定的温度和压力下制备硫酸钙晶须。

硫酸钙晶须结晶过程的影响因素可分为反应釜结构参数及操作参数两类。反应釜结构参数包括：反应釜的内径、高度、搅拌器的叶片数、叶片的形状和直径、搅拌器与反应釜底部的距离。操作参数包括：原料粒径、料浆浓度、料浆初始 pH 值、反应温度（压力）、添加剂用量、搅拌速度等。

这些参数对硫酸钙晶须结晶过程和产品均有影响。

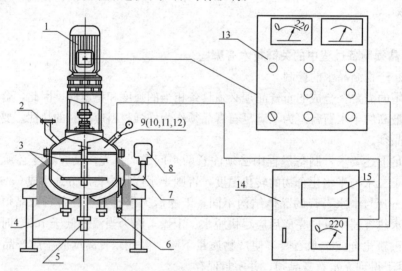

图 11-5　试验系统装置组成图

1—电机；2—加料口；3—搅拌叶片；4—导热油出口；5—出料口；6—电加热棒；7—导热油
进口；8—缓冲装置；9—温度表接口；10—压力表接口；11—热电偶接口；12—泄压阀接口；
13—控制柜；14—温度控制仪；15—温度显示表

7. 料浆 pH 值对硫酸钙晶须结晶过程和产品有什么影响？

答：料浆初始 pH 值对晶核生成和晶须生长有重要影响。适宜的料浆 pH 值是生长优质、完整单晶体的一个重要条件，如果料浆 pH 值不合适，即便是其他生长条件适宜，也生长不出所需尺寸的晶须。因此，研究料浆初始 pH 值对硫酸钙晶须结晶过程和产品的影响具有重要意义。

试验采用盐酸或氢氧化钠调整料浆的初始 pH 值，在料浆浓度 3%、温度 120℃、原料 d_{50} 为 41.02μm 条件下，不同料浆初始 pH 值对硫酸钙晶须直径和长径比的影响规律见图 11-6。

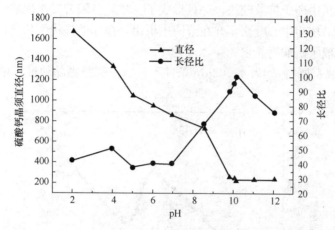

图 11-6　料浆 pH 对硫酸钙晶须平均直径和长径比的影响

由上图可知，随着料浆 pH 值的增加，硫酸钙晶须的平均直径近似成直线下降，当 pH 值为 9.8～10.1 时，直径达到最小（平均 230nm），以后随 pH 值的增大晶须直径基本保持不变。晶须的长径比开始随着 pH 值的增大而增加，当 pH＝9.8～10.1 时，晶须的长径比达到最大（100）。因此，要得到小直径的硫酸钙晶须，适宜的料浆初始 pH 值应为 9.8～10.1。

8. 温度对硫酸钙晶须结晶过程及产品有什么影响？

答：温度对硫酸钙晶须的成核生长过程有重要影响。要结晶生长出硫酸钙晶须，半水硫酸钙必须处于过饱和状态。硫酸钙的溶解度与温度之间的关系曲线见图 11-7。

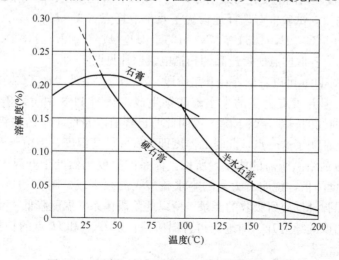

图 11-7　石膏、半水石膏和无水石膏溶解度曲线

由该图可知，温度对二水硫酸钙与半水硫酸钙在水中的溶解度有显著影响，随着温度的升高，二者在水中的溶解度均减小。二水硫酸钙与半水硫酸钙的溶解度在107℃时相交，当温度高于107℃后，半水硫酸钙的溶解度随温度的升高而较快地降低。在合成硫酸钙晶须的过程中，随着二水硫酸钙不断溶解，溶液中 Ca^{2+} 和 SO_4^{2-} 的浓度不断增大，远大于半水硫酸钙在该温度下平衡时的溶解度。因此，体系一直处于过饱和状态，这样有利于硫酸钙晶须的结晶析出。由于液相中离子扩散较快，一旦形成了晶核并且随着二水硫酸钙的不断溶解，半水硫酸钙将很快以晶核为中心凝聚，并在溶液中析出，晶体的择优生长使得在某一方向持续向前推进，最终形成了硫酸钙晶须。

在料浆浓度3%、原料 d_{50} 为 $41.02\mu m$ 条件下，制备硫酸钙晶须过程中实测的时间与温度的关系见图11-8。

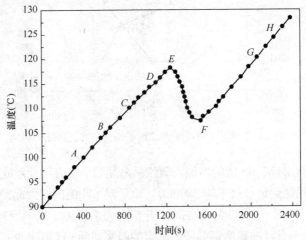

图 11-8　硫酸钙晶须制备过程中反应温度与时间的关系

由图11-8可知，在初始阶段随时间的增加温度上升很快。当温度上升到118℃时，不再继续增加，反而有所下降；下降到107℃时，温度又重新随时间的增加而上升。因此，在制备硫酸钙晶须过程中温度随时间的变化可以划分为三个阶段：升温阶段、降温阶段与再升温阶段。

针对这三个阶段，试验中有选择地设置了八个取样点（A~H 点），A~H 所对应的温度分别为：A，100℃；B，105℃；C，110℃；D，115℃；E，118℃；F，107℃；G，120℃；H，125℃。各取样点所得产品的扫描电镜照片见图 11-9。

从图11-8和图11-9可以看出，在升温阶段（A~E），虽然经历了二水硫酸钙－半水硫酸钙的转变温度，但并没有大量的半水硫酸钙生成。从图11-8中可以看出，当温度达到110℃（C 点）时曲线的斜率开始下降，说明此时已经有少量的半水硫酸钙晶须生成，C 点产品的电镜照片也证明了这一点，此时的温度即为实际转变温度，但由于外界供给的能量远大于少量半水硫酸钙结晶所需的能量，所以，体系的温度仍然处于升温阶段；当温度达到118℃时，体系温度降低，说明有大量的半水硫酸钙晶须生成（图11-9），但由于外界供给的能量已经不足以弥补反应所吸收的能量，所以此阶段体系的温度降低。当半水硫酸钙结晶完成后，体系的温度继续上升，即进入再升温阶段。从 G 点和 H 点的扫描电镜照片看到，颗粒状的物质已经消失。

综上所述，制备硫酸钙晶须的适宜温度是120℃。

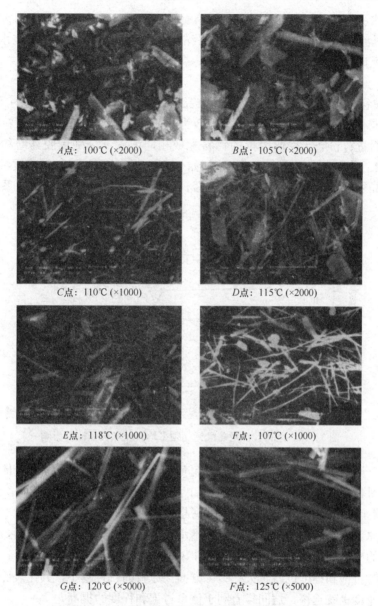

图 11-9　不同反应温度下所得样品的 SEM 照片

9. 干燥煅烧温度对硫酸钙晶须结构及其稳定性有什么影响？

答： ① 在干燥煅烧时间为 4h 的条件下，硫酸钙晶须在不同干燥煅烧温度下的产物不同。200～600℃之间的产物都是无水可溶和无水死烧硫酸钙晶须，而 600℃以上产物全部为无水死烧硫酸钙晶须。

② 不同温度下干燥煅烧所得的硫酸钙晶须在水中的稳定性不同，是由于它们的物相组成不同，并且半水硫酸钙晶须、无水可溶硫酸钙晶须以及无水死烧硫酸钙晶须的各自微观结构不同。

③ 600℃以下干燥煅烧所得的硫酸钙晶须在水中的稳定性不同，煅烧温度越高，晶须的稳定性越好，因煅烧温度越高，晶须的晶格越致密，水化能力也越小。而高于 600℃的煅烧

产物全部是无水死烧硫酸钙晶须，其内部没有孔道，所以在水中不发生水化。

④ 干燥煅烧硫酸钙晶须可以改变其晶格结构，从而提高硫酸钙晶须在水中的稳定性，直至避免水化反应的发生。

10. 原料粒径对硫酸钙晶须结晶过程和产品的影响是什么？

答：原料粒径对硫酸钙晶须的形貌有着较为明显的影响，为了获得不同粒径的原料，采用胶体磨对原料进行粉磨。称取等量的物料配成相同浓度，分别用胶体磨粉磨 0、5、10、15、20min，然后分别在温度 120℃、料浆初始 pH 值为 9.8～10.1、料浆质量分数 5％条件下制备硫酸钙晶须，得出不同原料粒径与硫酸钙晶须平均直径和长径比的关系见图 11-10。

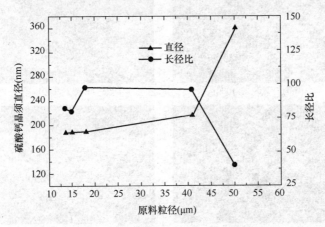

图 11-10　原料粒径对硫酸钙晶须平均直径和长径比的影响

结果可知，原料粒径对硫酸钙晶须的形貌有着较为明显的影响。随着胶体磨粉磨时间的不断增加，原料粒径下降，晶须直径逐渐减小，硫酸钙晶须的长径比增大，当原料粒径为 18.1μm 时获得了平均直径为 190nm 的硫酸钙晶须。

其原因是原料的粒径影响料浆体系中的半水硫酸钙的过饱和度。一方面，颗粒的溶解度随着它的粒径的减小而增大，溶液中 Ca^{2+} 和 SO_4^{2-} 的浓度也就越大。而对于半水硫酸钙而言，同一温度时过饱和程度也就越大。另一方面，原料的粒径越小，其比表面积越大，二水硫酸钙的溶解速度也就越快，这同样有利于体系过饱和程度的提高。

11. 料浆浓度对硫酸钙晶须结晶过程及产品的影响是什么？

答：在原料 d_{50} 为 41.02μm、温度 120℃、pH 值为 9.8～10.1 条件下，分别配制质量分数 1％、3％、5％、7％、9％、11％、13％的料浆进行合成反应，得出不同料浆浓度对硫酸钙晶须平均直径和长径比的影响规律见图 11-11。

结果可知，在其他条件不变时，随着料浆浓度增加，所得硫酸钙晶须平均直径变化明显。低浓度（料浆质量分数小于 5％）下，硫酸钙晶须的平均直径随料浆浓度的增大而减小，当料浆质量分数大于 5％时，硫酸钙晶须的直径又有增大的趋势。当料浆质量分数为 5％时，得到了直径为 210nm 的硫酸钙晶须，以后随料浆浓度的增加晶须平均直径增大。晶须的长径比开始随料浆浓度的增大逐渐增加，料浆质量分数为 5％时晶须的长径比为 96，以

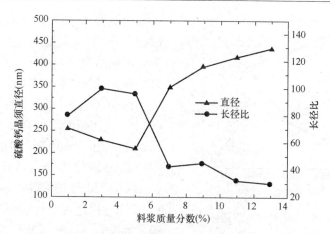

图 11-11　料浆质量分数对硫酸钙晶须平均直径和长径比的影响

后随料浆浓度的增加晶须的长径比逐渐减小。

12. 在硫酸钙晶须生产中影响直径的因素是什么？

答：当料浆质量分数小于 5％时，硫酸钙晶须成核速率与过饱和度成正比。当过饱和度低时，成核速率小，生长速率也小，即晶须生长的时间将会延长，这样在晶须表面发生二次成核的概率大大增加，导致晶须粗化。随着过饱和度的增加，成核速率及生长速率均增加，反应所需时间变短，晶须表面发生二次成核的概率减小，晶须直径降低。

当料浆质量分数大于 5％时，理论上晶须成核速率、生长速率与过饱和度均成正比。但试验结果表明，硫酸钙晶须的直径随溶液浓度的增大先减小后增大，这说明硫酸钙晶须的成核表现出反常的特性，成核速率先随过饱和度的增加而增大，而当浓度超过一定值时，成核速率反而下降。由于半水硫酸钙的形成是一个吸热反应，当浓度增加到一定值时，晶核大量生成，晶须生长速率增加，硫酸钙晶须从溶液中大量生成，由于外界供给的能量不足以弥补反应所吸收的热量，所以体系的温度降低。因为黏度随体系温度的降低而增加，这样体系中离子的迁移速度将变慢，导致成核速率下降，晶须生长速率降低。因此，随着浓度的增大，完成合成反应所需的时间延长，这就增加了在硫酸钙晶须表面发生二次成核的概率，从而导致晶须直径增加。

13. 添加剂对硫酸钙晶须结晶过程和产品有什么影响？

答：一般情况下，添加剂是微量的阳离子和阴离子。阳离子主要为金属离子，阴离子主要为有机离子或高分子电解质。添加剂影响硫酸钙晶须的生长有三种方式：①添加剂进入晶体，有选择性地吸附在某一晶面上，改变晶面对介质的表面能；②添加剂离子吸附在硫酸钙晶须的晶面、台阶或扭折上，并代替晶格离子，阻碍晶格离子的迁移和吸附，从而抑制晶须的生长；③有些添加剂对个别晶面［如 (111)、(010)］的作用较强，使晶体生长表现为各向异性，从而阻碍了硫酸钙晶须沿某一晶面的生长速度。

添加剂的作用效果与过饱和度、添加剂的种类、添加剂的用量等因素有关。试验考察了无机和有机添加剂对硫酸钙晶须直径和长径比的影响。

（1）$(NaPO_3)_6$ 对硫酸钙晶须直径和长径比的影响

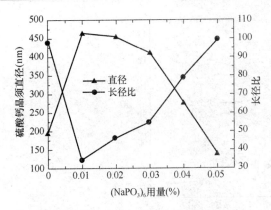

图 11-12　（NaPO₃）₆用量对硫酸钙晶须
平均直径和长径比的影响

在原料 d_{50} 为 18.1μm、温度 120℃、料浆浓度 5％、料浆初始 pH 值为 9.8～10.1 条件下，不同用量（NaPO₃）₆对硫酸钙晶须平均直径和长径比的影响见图 11-12。

在其他条件不变的前提下，随着（NaPO₃）₆用量的增加，晶须平均直径先增大后减小，当（NaPO₃）₆用量为 0.05％时，所得产品的平均直径为 137nm，而长径比随（NaPO₃）₆用量的增加先减小后增大。当（NaPO₃）₆用量大于 0.05％时，产物中得不到硫酸钙晶须，这时（NaPO₃）₆起絮凝剂作用。

（2）MgCl₂对硫酸钙晶须直径和长径比的影响

在原料 d_{50} 为 18.1μm、温度 120℃、料浆浓度 5％、料浆初始 pH 值为 9.8～0.1 条件下，不同用量 MgCl₂对硫酸钙晶须平均直径和长径比的影响见图 11-13。

结果可知，随着 MgCl₂用量的增加，晶须平均直径先增大后减小然后再增大。当 MgCl₂用量为 0.2％时，所得产品的平均直径为 275nm；而长径比随 MgCl₂用量的增加变化不大，不加添加剂时硫酸钙晶须的直径为 190nm。可见 MgCl₂对硫酸钙晶须的直径起一定的粗化作用。

（3）柠檬酸钠对硫酸钙晶须直径和长径比的影响

在原料 d_{50} 为 18.1μm、温度 120℃、料浆浓度 5％、料浆初始 pH 值为 9.8～10.1 条件下，不同用量柠檬酸钠对硫酸钙晶须平均直径和长径比的影响见图 11-14。

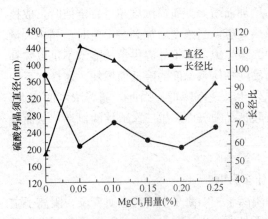

图 11-13　MgCl₂用量对硫酸钙晶须直径
和长径比的影响

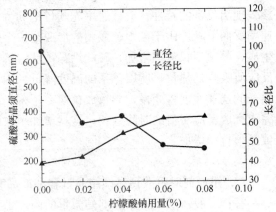

图 11-14　柠檬酸钠用量对硫酸钙晶
须平均直径和长径比的影响

结果可知，当柠檬酸钠用量在 0.02％～0.08％范围内变化时，随着柠檬酸钠用量的增加，晶须平均直径逐渐增大，长径比减小，柠檬酸钠对硫酸钙晶须的直径起粗化作用。

14. 石膏性质对半水硫酸钙晶须形貌有哪些影响？

答：① 以天然石膏、工业副产石膏（磷石膏和脱硫石膏）和合成石膏（由电石渣或氧化钙与硫酸反应制得）为原料，用水热法均能制备半水硫酸钙晶须，晶粒度小、含杂质少的石膏有利于高长径比晶须的形成。

② 天然石膏晶体粒度较大，磷石膏含杂质较多，二者只能合成短棒状半水硫酸钙晶须，脱硫石膏和合成石膏的晶体粒度小、含杂质少，更有利于生成高长径比、均匀规则的高纯半水硫酸钙晶须。

二、性能特点

1. 石膏晶须的性能特点是什么？

答： 无水和半水的石膏晶须具有最大强度和较高的使用价值。与其他晶须相比，它除了具有优良的增强和改性功能，还有生产成本较低以及毒性最低的特点。石膏晶须作为增强材料使用具有尺寸稳定、强度高、韧性好、耐高温、抗化学腐蚀、易进行表面处理和橡胶塑料等聚合物的亲和力强等优点，可用作中等强度的增强剂。

石膏晶须性能优良、价格低廉、绿色环保，因而具有较大发展潜力。石膏晶须的主要性能见表 11-1。

表 11-1　石膏晶须的性能指标

晶须组成	密度 (g·cm^{-3})	长度 (μm)	直径 (μm)	熔点 (℃)	拉伸强度 (GPa)	弹性模量 (GPa)	硬度 (莫氏)	水溶性 (10^{-6})
CaSO$_4$	2.69	30~150	1~4	1450	20~21	170~180	3~4	<200

2. 无水硫酸钙晶须的应用范围有哪些？

答： 石膏晶须可用做中等强度的填充剂，细径纤维的补强效果与其他高性能纤维增强材料的补强效果接近。用它增强的塑料制品，其抗拉强度、弯曲强度、弯曲弹性模量和热变形温度均有提高。它可以代替石棉作摩擦材料、建筑材料、保温、保冷材料等，还可部分代替玻璃纤维。

无水硫酸钙晶须可用来增强聚丙烯（表 11-2）。随着无水硫酸钙晶须用量的增加，材料的拉伸强度、弯曲强度均有升高。当无水硫酸钙晶须的加入量超过 20% 时，缺口冲击强度明显上升。

表 11-2　无水硫酸钙晶须增强聚丙烯的力学性能

晶须加入量（%）（质量分数）	抗拉强度 (MPa)	弯曲强度 (MPa)	缺口冲击强度 (J/m^2)
0	32.7	42.4	16.0
10	34.4	58.3	9.7
20	39.0	71.8	41.0
30	40.8	75.5	106.0

加入无水硫酸钙晶须可提高环氧树脂的粘结强度。其增强效果超过石英粉、氧化铝、白炭黑、超细硅酸铝等添加剂。随着无水硫酸钙晶须填充量的加大，环氧树脂粘结的拉伸强度和剪切强度均上升，但增大到一定值后反而下降。采用硅偶联剂对无水硫酸钙晶须表面处理后，粘结强度可明显提高；如将改性无水硫酸钙晶须与石英粉混合使用，粘结效果更佳。

无水硫酸钙晶须还可替代石棉制作摩擦片。加入 5% 无水硫酸钙晶须的摩擦片，用 D-MS

型定速试验机测试，结果表明：在 $100 \sim 350℃$ 温度范围之间，摩擦系数稳定在 $0.329 \sim 0.498$ 之间，平均实测磨损率为 $0.2002 \times 10^{-7} \mathrm{cm^3/(N \cdot m)}$，大大低于标准磨损率（表11-3）。

表 11-3　无水硫酸钙晶须摩擦片耐磨性能测试结果

摩擦温度 (℃)	摩擦系数			磨损率	
	标准	升温	降温	标准	实测
100	0.3~0.6	0.329	0.427	≤0.31	0.192
150	0.3~0.6	0.373	0.427	≤0.41	0.321
200	0.2~0.6	0.418	0.498	≤0.66	0.050
250	0.15~0.6	0.427	0.498	≤1.38	0.136
300	—	0.391	0.498	—	0.091
350	—	0.462	—	—	0.211

注：磨损率单位 $10^{-7} \mathrm{cm^3/(N \cdot m)}$。

在塑料和橡胶中添加硫酸钙晶须可以起增强增韧的作用，还可以使制品的可加工性增强，成型收缩率降低，表面光洁度提高。硫酸钙晶须制品在汽车、机械制造、电子仪器仪表、航空航天等工业领域取得长足的发展。在塑料中添加硫酸钙晶须后，材料的抗拉强度、热变形温度、弯曲强度和弹性模量大大提高。

3. 硫酸钙晶须有什么优势？

答：硫酸钙晶须添加到下游产品中的优势，是针对一般无机填料纤维而言的。现在塑料、橡胶和许多化工制品，均采用填充料以降低成本或提高相关性能；采用有机或无机纤维基体起增强作用。其中无机填料主要有：硅灰石、白炭黑、碳酸钙粉等；增强纤维主要有：玻璃纤维碳纤维、硅灰石纤维和涤纶纤维等。

硫酸钙晶须集有机填料和增强纤维的优势于一身，应用于制品中，体现出优异的综合性能。主要有以下几个方面：

(1) 在薄壁制品中添加的优势

薄壁制品的形状和尺寸对添加纤维的尺寸有严格的要求，纤维的长度、直径和长径比，对薄壁制品的外观质量及薄壁制品注射流动性产生决定性的影响。长径比适中，长度和直径越小，对薄壁制品的质量影响就越小。硫酸钙晶须长度为 $510 \sim 200 \mu m$，直径 $1 \sim 4 \mu m$；而玻璃纤维为长纤维，即使短切纤维也以毫米作计量单位。对具体添加的制品，如聚四氟乙烯片材而言，从实测和感官都体现了添加硫酸钙晶须的精细，而添加玻璃纤维的制品在边、角地方有玻纤支出，显得粗糙。

(2) 尺寸稳定性好

硫酸钙晶须添加到相关制品中，由于其尺寸、长径比及工艺的影响，取向没有长纤维和短切纤维有规则，这在微观上改变制品的同时，而使得制品显示各向同性。长纤维及短切纤维在增强制品时，都是接近于同一方向（纵向）排列，这使纵向和横向性能产生差异。表现在制品尺寸上，纵向和横向收缩率的差异较大，从而使制品在环境影响时发生挠曲和变形。这对于高精密的电子、家电零部件的质量产生极大的影响。而硫酸钙晶须应用于制品中，纵向和横向收缩率差异较小，能保证制品尺寸和外形的精密度。短切纤维在 PP 和 ABS 中，对尺寸的稳定性有一定的提高，但和硫酸钙晶须相比较，还有一定的差距。具体见表11-4。

表 11-4 玻纤与硫酸钙晶须增强材料收缩率的比较

名称 收缩率（%）	PP		ABS	
	玻纤增强	晶须增强	玻纤增强	晶须增强
纵　向	2.1	0.41	0.03	0.13
横　向	0.8	0.16	0.4	0.10
纵向/横向	2.65	0.56	13.3	1.3

（3）提高制品的表面光洁度

在电子、电器和日用生活品中，制品的表面光洁度，是人们所要求的质量指标之一。由于硫酸钙晶须表现为纤维增强，虽长径比较大，但尺寸很小。在增强制品时不表现类似长纤维增强时所表现的粗糙、不平整、不光泽等现象。

（4）提高制品的耐热温度

硫酸钙晶须具有无机填料的热均匀性，熔点为 1450℃，在 900℃时，仍保持其原有的机械性能。将其加到制品中能显著地提高制品的耐热温度。ABS 材料，基体热变形温度为 84℃，硫酸钙晶须增强后的热变形温度为 90℃；纯 PP 粉和 PP 母粒，可通过加入硫酸钙晶须增强，且将热变形温度从 81.73℃提高到 118.64℃。

（5）减少对设备的磨损

众所周知，利用玻璃纤维增强聚合物时，混合装置所受到的磨损相当严重，其主要原因为玻纤具有高度的表面硬度和刚度，而硫酸钙晶须不仅表面硬度比较低，更在于其细微的结构和具有良好的流动性。

（6）增韧和增强

硫酸钙晶须是一种短纤维，对制品有增强的性能。硫酸钙晶须添加到制品中时，采用不同规格的晶须和不同的添加工艺，能达到不同的增韧、增强效果、拉伸强度可达 57.5MPa；对增韧 PP 而言，其缺口冲击强度可达到 $162J/m^2$。

（7）降低磨损

可替代石棉制作无石棉的摩擦材料。

（8）提高模具的充满程度

在纤维增强压铸、浇铸成型时，添加硫酸钙晶须比添加其他纤维有较好的流动性，能充满整个模具，使制品尺寸更加精确，提高成材率。

（9）提高介电性能

添加硫酸钙晶须后可提高制品介电性能，从而可用于电子、电器及家电零部件。

（10）提高熔融指数

硫酸钙晶须在添加到聚四氟乙烯、聚氨酯、PP、ABS 时其熔融指数和基体相当，并且可根据具体要求进行调节。

（11）无毒

硫酸钙晶须无毒，可用于食品的过滤。

4. 怎样对硫酸钙晶须的表面进行改性？

答：硫酸钙晶须表面呈强极性，与有机高聚物基体亲和性差，直接或大量填充容易造成在高聚物基料中分散不均匀，从而形成复合材料的界面缺陷，随着填充量的增加，这些缺点更加明显。

因此，为降低比表面能，调节疏水性，提高其与有机基料的润湿性和结合力，改善复合材料的性能，必须对硫酸钙晶须进行表面改性。

张立群等研究了用硅烷偶联剂 KH550 处理的 $CaSO_4$ 晶须与三元乙丙橡胶/聚丙烯共混型热塑性弹性体复合材料的各项性能。研究表明，改性后的 $CaSO_4$ 晶须能够显著提高 EP 共混型热塑性弹性体的硬度、屈服强度、热变形温度，撕裂强度也有所改善，热老化性能较好。张良均等采用在 50L 固相接枝反应器中合成的马来酸酐接枝聚丙烯（i-PPgMAH）作界面改性剂，制备了马来酸酐接枝聚丙烯/聚丙烯/硫酸钙晶须（i-PPgMAH/i-PP/$CaSO_4$）复合材料，研究了 i-PPgMAH/i-PP/$CaSO_4$ 复合材料的形态、结构和力学性能。结果表明：i-PPgMAH 对 i-PP/$CaSO_4$ 复合物的缺口抗冲强度、弯曲强度和拉伸强度均有增强作用，i-PPgMAH 对硫酸钙晶须填充的 i-PP/$CaSO_4$ 复合物表观黏度几乎没有影响。研究还发现，i-PPgMAH 对硫酸钙晶须填充的 i-PP/$CaSO_4$ 复合物相界面有明显的改善。沈惠玲等研究了界面改性剂及硫酸钙晶须对 PP 复合材料结晶性能的影响。结果表明，晶须在 PP 中起到了异相成核的作用，晶须的引入使复合材料的热变形温度得到明显提高；在含界面改性剂的复合体系中，晶须的增强作用、异相成核作用以及提高复合材料耐热性的效果更佳。Nakabayashi Akira 等对硫酸钙晶须表面先进行预处理，然后涂敷上质量分数为 10%～80% 的金属（如 Ag，Au，Cu，Pt，Ni，C_0 等）。将这种表面金属化的硫酸钙晶须与丙烯酸酯涂料共混，涂刷到聚酯片的表面，干燥后，就形成了一层导电性良好的膜。这种硫酸钙晶须事实上就演变成为优秀的抗静电剂。Watanabe 把 50 份丙烯腈－苯乙烯共聚物（AS）、50 份 ABS、30 份四溴双酚 A、6 份三氧化二锑、15 份钛酸酯偶联剂处理的硫酸钙晶须、0.5 份亚磷酸酯类抗氧剂和 0.05 份 N，N'-乙烯基双硬脂酰胺混合、熔融造粒、注射，所得到的样品机械性能、阻燃性能和抗静电性能都有了提高。冯威等采用 30% 官能化 PP 代替 PP，并固定（PP＋官能化 PP）/EPDM 配比为 80/20，同时添加不同量的经 1% 的 KH-550 硅烷偶联剂表面处理的硫酸钙晶须进行共混后，材料的刚性得到了大幅度提高。李广宇等以硫酸钙晶须与石英粉为混合填料，并加入少量的硅烷偶联剂 KH-550，用于配制环氧树脂胶粘剂，其粘结强度、韧性、耐热性、阻燃性、耐久性和触变性都明显提高。葛铁军以硫酸钙晶须复合增强 PP 为研究对象，探讨了晶须增强的掺混工艺、表面处理和填充量对硫酸钙晶须增强 PP 力学性能的影响。研究结果表明：采用双螺杆挤出机对 PP 与硫酸钙晶须混合，效果较为理想，能实现增强改性的目的；保持晶须的长径比是获得理想增强效果的必要条件；硫酸钙晶须增强 PP 时，若采用钛酸酯偶联剂处理其表面，或对聚丙烯接枝马来酸酐增强效果佳。沈惠玲等分别将 MPP1、MPP2 及铝酸酯偶联剂加入到 PP/$CaSO_4$ 晶须的复合体系中，并用 SEM 对不同复合体系的微观形态结构进行了观察和研究，结果显示含有 MPP1 的复合体系能促进晶须的分散，使两相界面结合能力提高，拉伸强度此时有一最佳值。胡晓兰、梁国正应用 KH-550 硅烷偶联剂及 NDZ201 钛酸酯偶联剂对钛酸钾晶须及硫酸钙晶须进行表面处理，考察晶须对环氧树脂力学性能、工艺性能等的影响。SEM 检测结果表明，晶须经合适的偶联剂表面改性后，与树脂基体的界面粘结得到有效改善。

东北大学矿物材料与粉体技术研究中心采用干法和湿法工艺对硫酸钙晶须进行了系统的改性试验研究，考察了改性剂种类、改性剂用量、改性温度、改性时间、混合机搅拌速度对硫酸钙晶须改性效果的影响，确定了最佳改性条件。另外，把改性的硫酸钙晶须作为增强组元，对 EP-热塑性弹性体的增强性能进行了实验研究。实验结果表明：硫酸钙晶须的引入，提高了材料的强度、硬度、阻燃性和抗老化特性。

三、应用领域

1. 硫酸钙晶须的主要用途有哪些？

答：硫酸钙晶须是重要的无机盐晶须，由于其性能优良、价格低廉（仅为碳化硅晶须的200～300 分之一），是目前国际上极有发展前途的无机盐晶须材料。目前其主要用途如下：

（1）用于复合材料

晶须在结晶时由于原子结构排列高度有序，其内部存在的缺陷很少，近乎完整晶体，它的强度接近于材料原子间价键的理论强度，远超过目前大量使用的各种增强剂，因而晶须是现存复合材料中最为高档的增强组元，以其为增强组元可得到性能优异的复合材料。因此，晶须的研究和开发受到高度重视。另外硫酸钙晶须机械强度大，它在材料破裂过程中能够有效抑制裂纹扩展，而且纤维状物质能够吸收冲击能量，从而起到缓冲作用，适合作为塑料、橡胶、尼龙、聚氨酯、金属等材料的增强组元。如热缩树脂、热硬性树脂、橡胶补强材料、涂膜增强剂、纸张填料。用它增强的塑料制品的抗拉强度、弯曲强度、弯曲弹性率和热变形温度均有提高。硫酸钙晶须（或改性的硫酸钙晶须）的引入，提高了材料的力学性能。用质量分数为 30％的硫酸钙晶须增强尼龙 6，可使尼龙 6 的抗拉强度、挠曲强度分别提高了31.5％和95.7％，热畸变温度提高了 25.5℃，但缺口冲击强度略有降低，见表 11-5。

表 11-5　质量分数 30％硫酸钙晶须增强尼龙 6 的物理性能

性能	试验方法	加入晶须	未加晶须
抗拉强度（MPa）	D638	83.5	63.5
弹性模量（MPa）	D638	4.5×10^3	2.3×10^3
断裂伸长率（％）	D638	2.3	182
挠曲强度（MPa）	D790	120.8	87.9
挠曲模量（MPa）	D790	4.0×10^3	2.1×10^3
缺口冲击强度（J/m²）	D256	34.0	47.2
热畸变温度（℃）	D648	90.5	65.0

（2）用于摩擦材料

石棉是最常用的摩擦材料添加剂，但石棉在生产和使用过程中对人体有害，长期接触石棉的工人易患消化系统恶性肿瘤，特别是患肝癌、胃癌的危险性增加。硫酸钙晶须具有无毒、价格便宜等优点，是替代石棉用作摩擦材料的理想物之一。见表 11-6。

表 11-6　含硫酸钙晶须的摩擦材料试验结果

摩擦盘温度（℃）		100	150	200	250
摩擦系数	国标 GB	0.3～0.6	0.3～0.6	0.2～0.6	0.15～0.6
	升温	0.3	0.34	0.40	0.41
	降温	0.36	0.40	0.44	—
磨损率 $[10^{-7}cm^3/(kgf \cdot m)]$	标准	≤0.31	≤0.41	≤0.36	≤1.38
	实测	0.17	0.17	0.31	0.52

注：1kgf＝9.80665N。

（3）用于环境工程

石膏晶须的松散密度极小，具有巨大的比表面积，且无毒，在环保材料和水处理方面具有很大的应用价值，特别适合饮料、药品的过滤，也可用作过滤材料除去废气及废水中的有害杂质。硫酸钙晶须的熔点为 1450℃，可以在 1000℃下长期使用，对于某些高温液体、气体的净化，不需要冷却，可以直接进行净化处理。杨双春等对改性硫酸钙晶须用于印染废水脱色进行了研究，刘玲等进行了用硫酸钙晶须去除废水中乳化油的研究。这些研究主要探讨了硫酸钙晶须用于废水处理时的特点、适宜条件、作用机理等，为硫酸钙晶须在环保领域的应用开辟了一条新的途径。

（4）用于沥青改性

硫酸钙晶须可作为沥青填料使用，它对提高沥青的软化温度有着决定性的影响。在沥青中加入质量分数为 18% 的硫酸钙晶须后，软化点可提高 20℃ 以上，试验结果见表 11-7。

表 11-7 不同物质增强沥青的性能

填　料	用量（加入重量比例）（%）	软化点（℃）
对照物	0	40.3
硫酸钙晶须	3.0	48.9
硫酸钙晶须	5.6	53.3
硫酸钙晶须	7.0	58.9
硫酸钙晶须	18.8	73.1
硬石膏粉	18.8	45.6
石膏粉	在热沥青中不混合	—

（5）作为造纸原料

长径比≥100 的石膏晶须，可代替部分或大部分纸浆，（50%～70%）制造特种石膏纸。长径比≤50 的作为纸张的高级填料（15%～20%），可增加纸的产量，降低木浆消耗，既保护了环境，又减少造纸厂中的废水排放，减少污染。

（6）用于涂料和油漆

加入石膏晶须的涂料和油漆附着能力强、耐温、绝缘性好。

硫酸钙晶须除了上面几个主要的应用外，还可用于制造难燃纸张、涂料、油漆、抗静电材料等。

2. 石膏晶须对工业包装纸强度的作用效果是什么？

答：石膏晶须之间存在一定的表面结合力，使得石膏晶须在纸页中相互吸引，从而使处于石膏晶须之间的纤维被夹紧固定，形成具有相互牵扯作用的"纤维-石膏晶须"结合网络，由于此种结合网络内部具有较大的结合力，使得纸页在受到外力作用时，纤维之间的相对滑动受到较大阻碍，因此结果表现为纸张强度性能的提高，这是石膏晶须具有增强作用的主要原因。此外，具有极高机械强度的石膏晶须在纸张中可形成坚固的石膏晶须骨架网络，可一定程度提高纸张整体的力学性能。

3. 不同种类的石膏晶须对造纸耐折度的影响是什么？

答：耐折度是纸张性能的重要指标之一，在纸张的使用和保存中要求有一定的耐折强度。

当石膏晶须含量相同时，天然石膏晶须造纸的耐折度比磷石膏晶须造纸的耐折度高，这可能由于天然石膏晶须直径小，其细长的晶体结构有利于其在纸浆纤维中的分布。

同时两种纸张的耐折度随着晶须含量的增加先增加然后降低，含量在 30％～50％之间在增加，在 50％达到最高，然后逐渐降低。

第十二章　石膏基相变材料

1. 相变材料的基本概念有哪些？

答：相变材料（Phase Change Material，PCM）是指随温度变化而改变形态并能提供潜热的物质。材料由固态向液态或液态向固态转变时发生热能转变，称为相变。传统固态或液态蓄热材料随着吸热而温度上升，但相变材料吸收热量和释放热量时温度保持恒定。相变材料按化学成分可分无机相变材料及有机相变材料。无机类相变材料具有较高的熔解热、固定的熔点、导热系数高、相变时体积变化小等优点，主要用于中低温相变材料。但一般盐类的无机相变材料循环使用时易发生"过冷"和"相分离"现象。有机类相变材料不易发生"过冷"及"相分离"现象，具有腐蚀性较小、性能稳定、固体成型较好、价格便宜等优点，但存在着导热系数低、材料密度小、易挥发、损耗大、单位体积储热能力差、价格较高、具有可燃性等缺陷，从而会降低储热系统效能及限制其应用。为弥补无机或有机类相变材料单独使用的缺点，达到最佳的应用效果，可制成有机/无机复合相变材料进行使用。

2. 相变材料应用于墙体中的技术方法有哪些？

答：相变材料与传统墙体材料复合可制成具有蓄热和调温功能的新型墙体材料，可减少室内温度的波动，提高舒适度，并降低建筑物采暖、制冷所需能耗。将相变材料引入建筑材料或建筑构件中的常用方法有以下几种：

（1）直接浸渍法

直接将相变材料渗入多孔的基体中。这种方法的优点是便于控制加入量，制作工艺简单，但相变物质泄漏对基体可能有腐蚀作用。丁四醇四硬脂酸酯与水泥、石膏的复合相变材料就可以用直接掺入法。这些材料可以用来提高舒适度，减少建筑物的能耗，甚至减少墙板重量，但对相变材料和基体材料的相容性问题仍需进一步研究。

（2）微胶囊技术

利用微胶囊技术将特定相变温度范围的相变材料，通过物理或化学方法用高聚物封装形成直径为 $0.1\sim100\mu m$ 的颗粒，作为热的传递介质，应用于建筑材料，见图 12-1。相变过程中，封装膜内的相变材料发生固-液相变，外层的高分子膜始终保持固态，因此用高分子膜封装的相变材料在宏观上始终为固态。作为壁材的胶囊壳体不能和墙体材料发生化学反应，胶囊化的相变材料避免了作为芯材的相变材料的外泄。但这种技术将大大增加材料的成本，制约了相变建筑材料的推广应用。

（3）定型相变材料的制备

面层均为混凝土，中间夹入不同厚度的相变储能材料成为定型相变材料。定型相变材料越厚，墙体内表面温度随外界温度变化幅度越小，能够有效降低室内空调设备的能耗；定型相变材料厚度一定时，不同的定型相变材料结构和布局对墙体内表面温度波动情况影响较小，能耗差别不大。图 12-2 为将固-液相变材料石蜡与支撑材料如高密度聚乙烯组合密封后形成定型相变材料应用于墙体中，没有发现石蜡泄漏的现象，通过调节石蜡的混合比从而调节相变温度，可满足不同地区建筑物的储能要求。

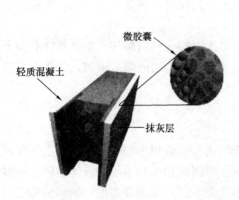

图12-1　微胶囊相变材料封装在轻型建筑板材中

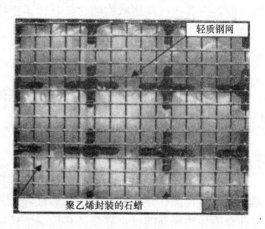

图 12-2　石蜡封装在高密度聚乙烯中

3. 相变材料与建材基体的结合工艺有哪几种方法？

答： 结合制备工艺和实际情况，目前相变材料与建材基体的结合工艺，主要有以下三种方法。

（1）掺加能量微球法

掺加能量微球法即将相变材料密封后置入建筑材料中。近年来得到迅速发展的胶囊包封相变材料技术也属于这一种，即胶囊掺混法。

（2）浸泡法

浸泡法即通过浸泡将相变材料渗入多孔的建材基体（如石膏墙板、水泥混凝土试块等）。

（3）直接混合法

直接混合法即将相变材料直接与建筑材料混合。如将相变材料吸入半流动性的硅石细粉中，然后掺入建材中。

浸泡法制备相变储能建筑材料的优点是工艺简单，可以使传统的建筑材料按要求变成相变建材。直接混合方法的优点在于结构简单，性质更均匀，更易于做成各种形状和大小的建筑构件，以满足不同的需要。但是这两种方法均存在易泄漏且性能不稳定等问题。

采用胶囊技术对相变材料进行封装，近年来得到了国内外专家们的广泛关注，相变材料做成胶囊再与建筑材料掺混有以下优点：

① 可增大相变材料的比表面积和其热导率。

② 相变过程在胶囊内完成，可极大地消除"相分离"现象。

③ 提高相变材料的稳定性，降低一些相变材料的毒性。

④ 提高相变材料的耐久性，延长其使用寿命。

⑤ 相变材料微胶囊便于封装，可满足绿色环保新型材料的要求。

⑥ 通过选择合适的相变材料微胶囊壁材料，可以避免因相变材料与建筑材料的不相容性造成的对建筑材料热性能与承重能力的影响。

4. 熔融浸渗法如何制备复合相变材料?

答: 熔融浸渗法制备复合相变材料通常是用两种熔点区别很大的物质,高熔点的作为支撑物,制备出有连通网络结构的多孔基体,低熔点的为相变材料熔化渗入多孔基体中。为了提高热导率,可在其中添加石墨等导热物质,此种方法比较适合制备工业和建筑用低温定型相变材料。

熔融浸渗法一般采用熔体无压浸渗工艺。无压渗入对相变材料熔体及多孔基体有如下要求: ①相变材料熔体应对多孔基体浸润; ②基体应具有相互连通的渗入通道; ③体系组分性质匹配; ④渗入条件不宜苛刻。

5. 用真空浸渗法如何制备复合相变材料?

答: 利用多孔介质内部孔隙小的特点,将相变物质分散成很小的颗粒,借助毛细管效应提高相变物质在多孔介质中储藏的可靠性,使其在发生固液相变时不发生液体泄漏,同时利用多孔介质导热率高的特点提高换热效率。选择多孔介质时通常需要考虑它的结构特点(孔径分布、孔的形状、孔与孔的连接性)及其与相变物质的兼容性。多孔基体相变材料具有不易泄漏、导热系数较高、稳定性高、强度大等特点。

相变材料与多孔载体的复合制备方法采用真空浸渗法。如果简单地将多孔材料浸泡在液体中,一般很难在其中吸收大量的液体,其原因是在材料内部孔隙滞留了大量被压缩了的空气,从而阻碍了液体向多孔材料内部的渗透。采用真空浸渗法可以将大量有机相变物质载入多孔介质中。载入了有机相变物质的多孔介质颗粒在表面晾干清洁之后,采用简单的浸涂方法在颗粒表面增加低渗透性涂层。

6. 用微胶囊法如何制备复合相变材料? 有什么优点?

答: 微胶囊法是一种用成膜材料把固体或液体包覆使形成微小粒子的技术。利用该技术,将特定相变温度范围的相变物质用有机化合物或高分子化合物,采用物理或化学方法封装起来,形成直径在 $1\sim300\mu m$ 之间的颗粒。相变过程中,胶囊内的相变物质发生固液相变,外层始终保持为固态,因此在宏观上为固态颗粒。微胶囊技术制备复合相变材料有很多优点: 相变材料在相变过程中无渗出且保持定型结构;阻止了相变材料与外界环境的反应;增加了热交换面积。微胶囊法中最常用的有界面聚合法、原位聚合法、复凝聚法和喷雾干燥法。

7. 使用相变材料的微胶囊如何制备相变石膏板?

答: 目前,以聚苯乙烯(EPS)、挤塑聚苯乙烯(XPS)、聚氨酯(PU)泡沫板、EPS泡沫砂浆以及轻质、多孔无机保温材料制备的轻质墙体材料在建筑中的应用越来越广泛。这些轻质墙体材料以其优良的隔热性能使建筑冷热负荷较黏土砖、混凝土等传统墙体材料大幅度降低。但由于它们的储热能力差,导致室内温度波动加剧,舒适度降低。同时,它们对太阳能的利用效率也不高,因而不宜单独作为被动式太阳房墙体材料应用。相变材料的微胶囊具有大热容量,可以降低室内温度波动,提高舒适度,因此,在轻质建筑围护结构中应用此相变材料很有价值。

智能板是含有 MicroPCMs 的石膏板,是一种轻质控温建筑材料。它以 $CaCO_3$ 晶体为基体，在内部嵌入 MicroPCMs 形成，结构示意图见图 12-3。对石膏板进行打磨、钻孔或切割时，由于 MicroPCMs 的微小尺寸使其物理性能不会发生变化。每平方米智能板中含有 3kg 潜热储热 MicroPC-Ms，可以提供舒适的环境，使室温得到优化设计，在新建或改造建筑中均可使用。

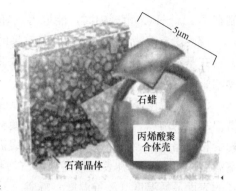

图 12-3　Micronal 智能板的结构示意图

8. 相变储能脱硫建筑石膏保温砂浆如何制备？

答：（1）相变储能脱硫建筑石膏保温砂浆的基本配方（表 12-1）

表 12-1　相变储能脱硫建筑石膏保温砂浆基本配方

原料名称	单位（m/g）	原料名称	单位（m/g）
脱硫建筑石膏	150～200	萘系减水剂	0.5～1.0
普硅水泥	5～8	引气剂	0.1～0.2
灰钙粉	3～6	憎水剂	0.5～1.0
可再分散乳胶粉	4～6	十八烷蜡	30～40
羟丙甲基纤维素	0.2～0.4	膨胀珍珠岩	30～40
聚丙烯纤维	0.5～1.0	玻化微珠	70～90
木质纤维	2～3	空心微珠	40～60
缓凝剂 SC	0.3～0.5	复合激发剂	2～3

（2）制备工艺

① 将膨胀珍珠岩加入水浴加热反应釜中，在温度为 80℃，真空负压在 0.5～0.6MPa 下，抽真空 20min，然后加入已熔融的十八烷蜡，继续抽真空，负压为 0.9～1.0MPa，保温 30min，使十八烷蜡液完全被膨胀珍珠岩的开口孔隙吸附、卸料、冷却、制成。

② 按配方称量，将原材料加入砂浆混合机内搅拌混合均匀即可包装，需要注意的是，易碎的玻化微珠和膨胀珍珠岩定型相变材料应最后加入，不宜长时间搅拌。

9. 十八烷蜡作为相变材料对脱硫建筑石膏保温砂浆的性能有什么影响？

答：（1）十八烷蜡对保温砂浆性能的影响

十八烷蜡是一种有机相变材料，其相变点可调、相变潜热高（200J/g）、性能稳定、无毒无腐蚀性、价格便宜、无过冷或析出现象。

随着十八烷蜡掺量的增加，保温砂浆的抗压强度、粘结强度、软化系数相应提高，而吸水率相应下降，导热系数小幅度上升。这是由于十八烷蜡具有一定的抗张强度、粘结性、柔韧性和防水密封性所致。当十八烷蜡用量较少时，由于膨胀珍珠岩的开口孔隙没有被十八烷蜡完全封闭，因而吸水率和导热系数相对较低，当开口孔隙完全被封闭甚至十八烷蜡过剩后，吸水率最低，但导热系数升高，抗压强度和粘结强度也有所下降。当十八烷蜡的掺量控制在 7.5%～10%范围内时，能取得良好的效果。

（2）十八烷蜡对保温砂浆调温效果的影响

在基本配方中其他因素不变的条件下，十八烷蜡的不同掺量对保温砂浆试验样板表面温度的影响：

当室内温度高于十八烷蜡的相变温度时（22℃），随着十八烷蜡掺量的增加，由于相变潜热总量的增加、吸收热量的增多而使样板表面温度下降；当室内温度低于 22℃时，由于相变材料储能多、放热量大而使样板表面温度有所上升。当十八烷蜡掺量达到 10%时，在室温 28℃条件下，其表面最高温度（波峰温度）降低了 4℃，而当室温降低到 16℃时，两者的表面最低温度（波谷温度）峰谷之间的温差减少 6℃。

石膏相变材料的调温控温机理是：当相变储能保温砂浆应用于内墙时，在我国北方的夏秋季节，由于昼夜温差较大，白天太阳的辐射和对流传导热使室内温度上升，当室温高于相变材料的相变点时，相变材料由于相变而开始吸热，并将热能储存起来，从而减缓室温的上升速度、降低室内的波峰温度，减少空调耗电量；夜间在空调制冷或自然通风的条件下，当室温降低到相变材料的相变温度时，相变材料由于逆相变而开始放热，从而减缓室温的下降速度，并且波谷温度比对照略高，缩小了室内峰谷温差，提高了人体的舒适度。在冬季采暖季节，由于涂层具有保温和调控温双功能，可减少热量向外传导、减少室温的波动，尤其对于自采暖和分户计量供热的居民，可根据不同的温度需求自行调温和控温，节能效果显著。

10. 复合胶结料的组成及用量对脱硫建筑石膏保温砂浆性能有什么影响？

答：以脱硫建筑石膏为主，以碱性掺合料-水泥和灰钙粉为辅、以乳胶粉为改性粘结剂组成的有机-无机双粘体系复合胶结料，当其配合比为脱硫建筑石膏：水泥：灰钙：乳胶粉＝88：5：4：3时，其在保温砂浆体积（m³）中的用量（kg）对主要性能的影响如下：在每立方米保温砂浆中，随着复合胶结料用量的提高，保温砂浆的抗压强度、粘结强度、干密度和导热系数相应提高，吸水率逐渐降低。当复合胶结料为 140kg 时，其抗压强度、粘结强度较低，而吸水率偏高；当用量超过 180kg 时，虽然抗压强度和粘结强度偏高、吸水率较低，但导热系数偏高，保温效果不良；当用量控制在 160～180kg 范围内时，综合性能较佳。

11. 外加剂与纤维对脱硫建筑石膏保温砂浆性能有什么影响？

答：（1）缓凝剂的影响

脱硫建筑石膏与水泥相比，其初凝和终凝时间短得多，不利于抹灰操作。只有将脱硫建筑石膏的初凝时间调节到≥60min、终凝时间达到 2～3h 时，才能满足施工要求，常用缓凝剂调节石膏的凝结时间。一般缓凝剂如柠檬酸、多聚磷酸盐等的加入会不同程度地降低石膏强度，且随加入量的增多，强度损失越大。试验结果证明，动物蛋白类缓凝剂（SC）的缓凝效果较好，当掺量变化时其缓凝时间变化平稳，不会发生突变现象，且对石膏强度的影响较小，SC 适宜的添加量为 0.2%～0.3%。

（2）保水剂的影响

由于脱硫建筑石膏保温砂浆中掺入了缓凝剂，抑制了半水石膏的水化过程，保温砂浆在墙体上需要保持 1~2h 不凝结，而墙体大多吸水性强，特别是加气混凝土墙、多孔保温砌块墙等吸水性较强，如果保温砂浆的保水性太低，会造成浆料中的水分过快地转移到墙体上，使界面粘结不牢。因此，掺入保水剂可保持石膏浆体中所含的水分，保证界面处石膏浆体的水化反应，从而保证粘结强度。试验证明，羟丙甲基纤维素适宜作脱硫建筑石膏保温砂浆的保水剂，其掺量超过 0.2% 时，虽然保水率上升，但强度下降明显，因此以 0.2% 为宜。

（3）复合激发剂的影响

复合激发剂中含有早强成分，复合激发剂的加入可大大促进脱硫石膏早期的水化速度，使水化硅酸钙 C—S—H 凝胶含量增加，同时也增加 $Ca(OH)_2$ 的含量，促进了脱硫石膏的反应。随着水化反应的进一步进行，石膏晶体与表面水化产物接触连接而粘结在一起，有助于强度的增长。

（4）减水剂和憎水剂的影响

减水剂的加入可减少保温砂浆的拌和用水量，提高保温砂浆的软化系数、流动度，降低坍落度和线收缩率；憎水剂的加入是为了提高保温砂浆的耐水性。保温砂浆一个明显的缺点就是吸水率过大，这样即使导热系数很低，一接触到水就会吸收大量的水，保温效果也就丧失，而且往往干密度越低，体积吸水率越大。掺加 0.2% 的粉状有机硅憎水剂，可使保温砂浆的体积吸水率由 26% 降低到 10% 以下，符合《水泥基复合保温砂浆建筑保温系统技术规程》中低于 10% 的要求。

（5）纤维的影响

聚丙烯纤维和木质纤维长短搭配，可以在保温砂浆中形成三维结构，具有显著的交联作用，能够将水锁住，并有增稠作用。纤维的加入改善了保温砂浆的力学性能，提高了抗压强度、拉拔强度、内聚力和抗裂性能，同时也提高了封闭孔隙率，对降低保温砂浆的导热系数、提高保温效果有一定贡献。

12. 复合相变石膏砂浆如何制备？

答：采用复合相变材料颗粒与一级石膏粉制备复合相变石膏砂浆，其配合比为：m（石膏粉）：m（微胶囊复合相变材料）：m（水）：m（柠檬酸）：m（减水剂）＝100：40：62：0.1：0.2。复合相变石膏砂浆的制备及施工步骤如下：采用人工拌和方式，根据配合比先将称量好的复合相变材料颗粒与石膏粉混合均匀，再将柠檬酸、减水剂加入称量好的水中，搅拌均匀后，将其缓慢加入混合好的复合相变材料颗粒与石膏粉中，拌和 3~5min 至均匀，得到复合相变石膏砂浆。

13. 石膏载体定型相变蜡的制备及其热性能有哪些？

答：石蜡中加入硬脂酸钠能有效提高石膏胶凝材料中石蜡的容留量，这是由于加入硬脂酸钠后大大改善了石膏微孔表面的极性所致。

相变蜡渗透进入石膏后，其相变温度降低约 3℃，峰顶温度降低约 1℃，转晶峰消失。复合石膏胶凝材料的吸热能力完全是由于相变蜡吸热产生的，相变吸热量大致等于复合石膏胶凝材料中相变蜡质量（即石膏胶凝材料中相变蜡的容留量）与单位质量相变蜡吸热量的乘积。

复合石膏胶凝材料可用于建筑物的非承重结构中，利用不同时间的电价差贮存热量或冷量，也可用于增加建筑围护结构的热惰性及蓄热能力，减少室内温度波动的范围，提高居住质量。

14. 当用石蜡作相变材料时，哪种方法制得的复合相变储能材料更好？

答：相变储能材料是利用其自身相态变化时伴随着能量的吸收或释放的特性来实现能量储存和温度调节的一类物质。石蜡是最常用的固-液相变材料，它具有相变潜热高（150~250 kJ/kg）、无明显过冷现象、无腐蚀性、来源广泛、价格低廉等优点，是一类非常有发展前途的相变储能材料，但它也存在着液相泄漏等问题。目前，石蜡相变储能材料的制备方法主要为直接浸泡法、微胶囊法和多孔介质吸附法。采用直接浸泡法制备的石蜡相变储能材料稳定性差，多次使用后石蜡泄漏严重，储热性能明显下降。微胶囊法虽然较好地解决了液态石蜡的漏液问题，但其制备工艺复杂，生产成本高，并且有机囊壁材料易老化、燃烧，这些因素都限制了其大规模实际应用。多孔介质吸附法是近年来新开发的一种制备方法，它是以膨胀珍珠岩、膨胀石墨等无机多孔材料为吸附材料来对石蜡进行封装。相比于前述两种方法，它不但能有效解决石蜡的液相泄漏问题，而且膨胀珍珠岩等无机多孔材料化学性质稳定、无毒且价格低廉、来源广泛，由它制得的复合相变储能材料具有很好的经济效益。

15. 用于墙体的相变储能材料应符合哪些要求？

答：用于建筑墙体的相变材料应符合以下要求：①为了维持室温在 16.0~28.0℃ 的环境舒适度，相变温度应该接近人体的舒适度；②相变焓不低于 60~70J/g，有较高的储热能力和热传导性，相变过程中性能稳定，不发生过冷现象，体积膨胀率小，使用寿命长；③无毒性、无腐蚀性、无降解的环保材料，与建筑材料有良好的相容性；④相变材料的原料廉价易得。

16. 什么是墙体相变材料储能机理？

答：相变材料是通过晶型之间的转变来吸收和放出能量，即通过晶体有序—无序转变而可逆放热、吸热。由于太阳能辐射强度高、外部环境的冷却或者内部热量的变化，使得室内温度会有大的波动，尤其在日平均温差在 1~3℃ 以上的地区，在建筑墙体中利用相变材料蓄热可以降低温度波动。墙体相变储能材料的热量传输的储能机理有两个过程：①外界环境温度高时墙体开始吸收太阳辐射热量，掺入的相变材料在达到时相变点开始熔化，吸收并储存热量；②外界温度较低时墙体中的相变材料冷却，储存的潜热量散发到环境中可保持室内舒适度。

相变材料掺入墙体后温度随时间而变化，从室外通过墙体相变材料传向室内的热流滞后小于无相变材料的围护结构，室内热流的波动减小，从而可以减小建筑物的负荷，具有明显的社会和经济效益。

17. 常用的相变材料有哪些？

答：常用的相变材料见表 12-2。

表 12-2　常用的相变材料

相变材料	相变温度（℃）	相变焓（J/g）
四水氟化钾	18.5～19	231
十八烷烃（石蜡）	22.5～26.2	205
六水氯化钙	29.7	193
十二醇	17.5～23.3	188
棕榈酸丙酯	16～19	186
45%癸酸/55%月桂酸	17～21	143
硬脂酸丁酯	18～23	140
硬脂酸丁酯/棕榈酸丁酯	17～21	138

18. 理想的相变材料应具备哪些性质？

答： 理想的相变材料应具有以下性质：①热性能：要有合适的相变温度、较大的相变潜热、比热较大、合适的导热性能（导热系数一般宜大）、相变过程中体积变化小；②化学性能：要求性能稳定、相变可逆性好、过冷度小、无毒、不易燃、具有较快的结晶速度和晶体生长速度，相变过程无熔析现象，使用过程相变介质化学成分稳定；③物理性能：要求体积膨胀率小、蒸汽压低、密度较大；④原料易购、价格便宜等。

19. 相变建筑材料的基本工作原理有哪些？

答： 相变建筑材料的基本工作原理是：在材料发生相变放热过程中，材料要从环境中吸热/放热，相变材料的基本特征是发生相变的温度范围很窄，且材料自身的温度在相变完成前几乎维持不变。在物理状态发生变化时可贮存或释放的能量称为相变热，大量相变热转移到环境中时，产生了一个宽的温度平台。该温度平台的出现，体现了恒温时间的延长，并可与显热和绝缘材料区分开来（绝缘材料只提供热温度变化梯度）。相变材料在热循环时，贮存或释放显热。

相变材料在热量的传输过程中将能量贮存起来，就像热阻一样可以延长能量传输时间，使温度梯度减小。

20. 石膏相变储能建筑材料有哪些性能？

答： ①加入硬脂酸丁酯（BS）后的相变储能石膏胶凝材料，其储能能力有了很大提高，隔热保温性能明显优于普通石膏胶凝材料。有机相变物质在石膏胶凝材料中载入量直接影响相变储能复合材料的储能性能。含 22%BS 的相变储能石膏胶凝材料其储能能力是普通石膏胶凝材料的 10 倍多。

② 由于石膏胶凝材料孔隙的约束作用所产生的附加应力，使得硬脂酸丁酯所受的压力比大气压要高，所以相变储能石膏胶凝材料的相变温度比单纯相变材料的相变温度要略高。

③ 由多次凝固-熔化循环后的质量损失评价相变储能石膏胶凝材料的耐久性能，直接加

入法制备的石膏胶凝材料其耐久性能要优于浸渍法制备的样品，且无需增加设备和改变石膏胶凝材料的生产工艺，更利于实际使用。加入 PVA 作为分散剂有利于直接加入法制备过程中 BS 的分散和阻止其渗出。

④ 相变储能石膏胶凝材料中的 BS 由于具有疏水性且填充了石膏胶凝材料的部分孔隙，因此比普通石膏胶凝材料的吸水量大大降低，有利于在高湿环境中使用。

21. PFT 自控相变储能材料的特性有哪些？

答：该材料的主要特性包括：利用相变调温机理，通过储能介质的相态变化实现对热能的储存，当环境温度低于一定值时，该材料由液态凝结为固态，释放热量，反之由固态熔化为液态，吸收热量，可形成室温相对平衡；相变材料可收集多余热量，适时平稳释放，梯度值变化小，有效降低损耗量，室温可趋于稳定；利用相变调温机理，可使电负荷"移峰填谷"，充分利用低谷电价，降低用电成本，减少能源浪费，获取可观的社会效益和经济效益；利用相变调温机理，对建筑分户采暖产生广泛推动作用，可对居住环境室温的夏季隔热、冬季保暖起到平衡调节作用。该材料已广泛应用于工业与民用等各类建筑的外墙内、外保温（复合层保温）、屋面、分户隔墙、楼梯间、吊顶等需要保温隔热的部位。

采用在保温隔热材料基体中掺入少量相变材料的方法来制备用于节能建筑外围护结构的高效节能型建筑保温隔热围护材料，不仅提高了轻质材料的蓄热性能，而且改善了材料的热稳定性，提高了材料的热惰性，同时不影响材料的强度、粘结能力、耐久性等性能。

22. 相变储能石膏抹灰材料的特点有哪些？

答：应用于墙体的相变材料应具备以下几个特点：

① 相变温度范围适宜，一般在 20～30℃。

② 单位体积的相变潜热高。

③ 相变过程中的热导率越高越好，有助于蓄能和放热。

④ 相变过程中的体积变化越小越好，过冷或过热现象小。

⑤ 相变可逆性好，热循环次数大，使用寿命长。

⑥ 与建筑材料的相容性好，无腐蚀性，无毒。

⑦ 制造方便，成本低。

对于寒冷地区应用的相变材料，更加看重材料的蓄放热特性。高效率的蓄热特性，可以显著减少冬天由室内通过围护结构向室外传递的热量；温度降低时，优良的放热特性还可以成为室内的辅助热源，缩短空调采暖的时间。见表 12-3、表 12-4。

表 12-3 膨胀珍珠岩自然状态下吸收相变材料的百分率

时间（h）	N（%）	C（%）	Y（%）
1	4.5	3.9	36.7
2	8.1	7.6	68.1
12	8.9	8.4	79.4
24	9.5	8.9	80.5
48	9.5	9.0	80.8

表 12-4 膨胀珍珠岩真空状态下吸收相变材料的百分率

时间（min）	N（%）	C（%）	Y（%）
1	14.7	13.8	99.7
5	21.5	19.7	198.7
10	30.7	28.9	299.4
20	30.9	29.7	306.7
30	31.2	29.9	308.9
60	31.2	29.9	308.9

23. 复合相变石膏砂浆与普通石膏砂浆有什么不同？

答： 相变石膏砂浆的强度与普通石膏砂浆相比有所降低，究其原因在于复合相变材料颗粒自身的强度低，同时脂肪酸的存在影响了它与石膏的粘结性能并降低了密度，尽管如此，复合相变石膏砂浆的强度仍能满足地板填充材料的强度要求。

24. 掺加复合相变材料对石膏导热系数有什么影响？

答： 石膏掺加复合相变材料后导热系数有所降低，且随着复合相变材料掺量的增大，导热系数降低幅度增大。这是由于复合相变材料中膨胀珍珠岩内部疏松多孔，导热系数很小，从而使相变储能建筑材料的整体表观密度减小，导热系数降低。这对相变建筑节能材料在墙体保温节能方面的应用具有很好的推动作用。

25. 将相变储能材料浸入微孔材料中有什么作用？

答： 利用多孔基材质内部孔隙小的特点，运用压力差，通过微孔的毛细作用力，将相变物质吸入到微孔内，形成多孔基复合相变储能材料。对于这种复合相变储能材料，当相变物质在微孔内发生固/液相变时，由于毛细管力的作用，不会发生液体泄漏，同时也利用多孔基质导热系数高的特点提高了其储能的效率。多孔基质是相变物质理想的储藏地，可供选择的多孔基质包括石膏、膨胀黏土、膨胀珍珠岩、膨胀叶岩、多孔混凝土等，多孔材料的孔隙率一般要求达到 34%～75%。

例如，将 21%～22% 的液体硬脂酸丁酯与石膏直接混合，石膏中微孔有利于液体硬脂酸丁酯浸入。

26. 不同厚度的石膏基石蜡相变储能材料有什么不同？

答： 无相变材料时，1d 内相变墙体内层与室内环境界面温度变化幅度约为 5.2℃；石膏基石蜡相变储能材料厚度为 2cm 时，界面温度变化幅度降低到约 3.5℃；相变储能材料厚度为 4cm 时，界面温度变化幅度降至约 1.5℃。因此，石膏基石蜡相变储能材料越厚，相变墙体内层与室内环境界面温度随外界温度变化幅度越小，能够有效降低室内空调设备的能耗。

27. 对相变膨胀珍珠岩的石蜡渗出性的研究有哪些？

答： 膨胀珍珠岩是轻质微孔材料，微孔大小不一，微孔结构是相变材料的理想载体。

膨胀珍珠岩颗粒大小为 1～2mm，表面相对密闭，只有少量小孔隙。膨胀珍珠岩内部为蜂窝状泡沫结构，内部有大量 1～30 μm 不等的孔，并且孔与孔之间有 5～10 μm 的破壁连通。破壁主要是膨胀珍珠岩生产工艺造成的，采用瞬时高温的工艺生产膨胀珍珠岩，导致膨胀珍珠岩内部水分突然蒸发膨胀而使孔壁被冲破。

实验结果表明，相变石蜡在膨胀珍珠岩的最大吸附能力可达 200%，但是高掺入量的情况下，相变石蜡容易在受热时从膨胀珍珠岩的孔隙中脱附渗出。

28. 为什么要确定膨胀珍珠岩的最佳吸附量？

答：不同膨胀珍珠岩吸附量的复合相变储能材料在性能上存在着较大的差异。吸附量过小时，复合相变储能材料发生相变时漏液小、稳定性好，但此时由于石蜡的含量过小，因而其储能密度小，储热效益不佳；吸附量过大时，虽然储热密度大，但相变过程中，液态石蜡泄漏加剧，多次相变循环后，液态石蜡的漏液严重，储热效应显著下降。因此，首先必须确定膨胀珍珠岩的最佳吸附量。

图 12-4　复合相变材料颗粒在标准养护室中养护 28d 后颗粒形态

29. 复合相变控温材料的封装效果如何测试？

答：图 12-4 为复合相变材料颗粒在标准养护室中养护 28d 后颗粒形态。由图 12-4 可见，复合相变材料颗粒表面未见有白色结晶盐析出，形成了具有坚硬壳层的复合材料颗粒。采用 pH 值法和加热法，测试复合相变材料的封装效果。pH 值法通过比较复合材料的 pH 值和同等用量各原材料混合物的 pH 值，分析复合材料的包封效果。加热法是将复合材料加热到相变温度以上，并保持一段时间，观察复合材料表面是否有白色结晶，反应复合相变控温材料的封装程度。

（1）pH 值法

将上述复合相变材料放置标准养护室内，养护 7d 后取出，将样品加入适量的水，搅拌后，用 pH 试纸测得其 pH 值为 13，说明相变复合材料的外表面主要由水泥颗粒所包裹；再取同等用量的水泥、丙烯酸乳液、$Na_2HPO_4 \cdot 12H_2O$ 和水混合在一起，拌和均匀后测试该混合物的 pH 值为 9。相变材料 $Na_2HPO_4 \cdot 12H_2O$ 呈弱碱性，丙烯酸乳液呈弱碱性，水泥的 pH 值为 13。说明相变材料复合后，表面确实覆盖着水泥颗粒，而非各个原材料的简单混合；且复合相变材料包封效果良好，复合后的相变材料在水中搅拌，不会发生剥离现象。

（2）加热法

将上述复合相变材料养护 7d 后，放在 60℃烘箱中，每隔 30min 观察一次，烘 6h，观察是否有白色结晶在复合材料表面析出。结果表明，复合材料表面一直未见白色结晶析出，即未见有相变材料渗漏现象，说明水泥和聚合物乳液形成了较为致密的膜层，无机水合盐可较好的封装在里面。

30. 目前墙体相变储能材料存在哪些要解决的问题？

答：相变储能材料在混凝土、水泥、石膏墙板中的融合技术正成为节能墙体材料的重要研究课题，目前在探索墙体相变储能材料的过程中，仍存在以下几个问题：

（1）相变材料方面

无机水合盐潜热贮存时存在过冷和相分离及热循环性能减退，需要有效解决，有机相变材料导热系数小，储热能力差，选择适合的二元或多元相变材料体系和建筑墙体材料共混，并且达到易溶、稳定、防火等目的，尚需进一步探索。

（2）墙体相变材料复合技术方面

在利用微胶囊技术以及定型相变材料的制备中，工艺复杂、导热性差、成本较高，难以推广。有机/无机层状硅酸盐插层复合相变储能材料由于原料低廉环保、制备成本低，有效解决有机物泄漏问题后，有望成为一种具有实用价值的墙体相变材料。

（3）数值模拟研究方面

相变材料应用于建筑中提高室内舒适度取决于当地的气候条件，需要动态分析相变材料的特性，进一步研究壁面和空气对流换热时达到热平衡状态的参数。

参 考 文 献

[1] 陈燕，岳文海，董若兰．石膏建筑材料[M]2版．北京：中国建筑工业出版社，2012，6.
[2] 陈燕，董若兰，金诚．石膏建筑材料施工手册[M]．北京：中国计划出版社．2000，10.
[3] 郑水林，袁继祖．非金属矿加工技术与应用手册[M]．北京：冶金工业出版社．2005，5.
[4] N. N. 布德尼克夫．石膏的研究与应用[M]．樊发家，曾宪靖，高康武译．北京：中国工业出版社，1963，12.
[5] 吕天宝，刘飞．石膏制硫酸与水泥技术[M]．南京：东南大学出版社，2010，9.
[6] 郭泰民．工业副产石膏应用技术[M]．北京：中国建材工业出版社，2010，1.
[7] 王大全，李武．无机晶须[M]．北京：化学工业出版社，2005，6.
[8] 徐峰，陈丽华，蔡维平．地坪涂料及自流平地坪材料[M]．北京：化学工业出版社，2008，1.
[9] 徐峰，刘林军．聚合物水泥基建材与应用[M]．北京：中国建筑工业出版社，2010，3.
[10] 傅德海，赵四渝，徐洛屹．干粉砂浆应用指南[M]．北京：中国建材工业出版社，2006，4.
[11] [苏]A. B. 伏尔任斯基，A. B. 弗朗斯卡娅．石膏胶结料和制品[M]．吕昌高译．北京：中国建筑工业出版社，1980，8.
[12] 李东旭，刘军，张菁燕．工业副产石膏资源化综合利用及相关技术[M]．北京：中国建筑工业出版社，2013，2.
[13] 向才旺．建筑石膏及其制品[M]．北京：中国建材工业出版社，1998，9.
[14] 韩跃新，印万忠，王泽红，袁致涛．矿物材料[M]．北京：科学出版社，2006，5.
[15] 王祁青．石膏基建材与应用[M]．北京：化学工业出版社，2008，12.
[16] 建筑工程部建筑科学院，水泥研究院．石膏矿渣水泥[M]．北京：建筑工程出版社，1958，12.
[17] 法国石膏工业协会．石膏[M]．杨得山译．北京：中国建筑工业出版社，1987，11.
[18] 周立新，诸毅，陈朝东．工业脱硫脱硝技术问答[M]．北京：化学工业出版社，2006，9.
[19] 彭家惠．建筑石膏减水剂与缓凝剂作用机理研究[D]．重庆：重庆大学，2004，11.
[20] 刘伟华．无机外加剂对 α 半水石膏性能的影响及其作用机理研究[D]．河北：河北理工大学，2005，4.
[21] B. B. 伊万尼克，N. B. 克拉塞恩．磷石膏和它的综合应用[J]．丁大武译．石膏建材，2009，5.
[22] 柏玉婷，李国忠．适用于脱硫建筑石膏的减水剂[J]．江苏建材，2009，10.
[23] 范立瑛，王志．高岭土对脱硫石膏-钢渣复合材料性能的影响[J]．硅酸盐通报，2010，4.
[24] 范征宇，李家和，宋亮．磷石膏脱水及凝结硬化性能研究[J]．哈尔滨理工大学学报，2002，3.
[25] 黄绪泉，侯浩波，朱熙，周雯，刘奔．矿渣-粉煤灰-氟石膏胶结材激发及毒性[J]．土木建筑与环境工程，2011，5.
[26] 胡红梅，马保国．天然硬石膏的活性激发剂改性研究[J]．新型建筑材料，1998.4.
[27] 韩跃新，王宇斌，袁致涛，印万忠．锻烧对硫酸钙晶须结构及稳定性的影响[J]，化工矿物与加工，2008，3.
[28] 李国忠，赵帅，于洋．铁石膏在建筑材料领域的应用研究[J]．砖瓦，2008，3.
[29] 李建权，李国忠，张国辉．石膏复合防水剂对石膏晶体形成的影响[J]．建筑材料学报，2007，2.
[30] 刘民荣，李国忠，柏玉婷．聚合物改性脱硫建筑石膏的研究[J]．武汉理工大学学报，2010，4.
[31] 刘权，罗治敏，李东旭．脱硫石膏胶凝性的研究[J]．非金属矿，2008，3.

[32] 刘焱，于钢．利用石膏晶须改善工业包装纸品质的研究[J]．中华纸业，2010，6．

[33] 刘成楼，陈学联，毛子辰，王立华．相变储能脱硫石膏保温砂浆的制备[J]．中国涂料，2010，12．

[34] 马咸尧，李健萍．β半水石膏的时效分析[J]．非金属矿，1994，6．

[35] 马咸尧，李健萍．二水石膏粉粒度对β半水石膏性能影响[J]．非金属矿，1994，1．

[36] 马养志，成智文，赵常青，才秀明．陶瓷工作模用石膏粉生产现状的调研报告[J]．陶瓷，2008，11．

[37] 马铭杰，朱丽．利用废渣盐石膏制作轻型墙体材料[J]．环境工程，2006，5．

[38] 彭家惠，万体智，汤玲，张建新，陈明凤．磷石膏中杂质组成、形态、分布及其对性能的影响[J]．中国建材科技，2000，6．

[39] 彭家惠，操雪荣，霍金东，张建新，谢厚礼．减水剂对建筑石膏作用效果影响因素的研究[J]．混凝土与水泥制品，2006，2．

[40] 彭志辉，彭家惠，张建新．磷石膏脱水制度与中试生产研究[J]．建筑技术开发，2000，4．

[41] 陈静．高强耐用石膏模[J]．江苏陶瓷，2006(6)．

[42] 任维焕．浅析陶瓷模具石膏粉主要物理性能的影响因素[J]．中国非金属矿工业导刊，2009，4．

[43] 向振宇，彭家惠，白冷，郭向勇．硬石膏粉刷材料的研制与开发[J]．石膏，2013，2．

[44] 孙海燕，龚爱民，彭玉林，王莘．石膏对不同水泥胶凝性能的影响[J]．粉煤灰综合利用，2011，5．

[45] 谭艳霞，李泸萍，罗康碧，陈举恩．工业副产石膏制硫酸钙晶须的现状及应用[J]．化工科技，2007，3．

[46] 王迪，朱梦良，陈瑜，高英力．脱硫石膏-粉煤灰复合胶凝材料基胶砂试验研究[J]．粉煤灰综合利用，2009，5．

[47] 岑如军，唐蕾，鲍水红，张洁，吴耿．建筑粉刷石膏的研制[J]．新型建筑材料，2003(11)．

[48] 王同言．石膏粉质量的简易鉴别方法[J]．佛山陶瓷，2008，5．

[49] 王国平，李英，龚奚斌，万敏．脱硫石膏在水泥生产中的应用经验[J]．新世纪水泥导报，2007，4．

[50] 徐进，孙志岩．磷石膏综合利用制约因素分析及对策探讨[J]．化工矿物与加工，2009，6．

[51] 徐亮．建筑石膏的改性研究进展[J]．粉煤灰，2009，1．

[52] 熊艳丽，杨锐，王汝敏，王云芳，郑刚．晶须及其在高分子材料中的应用[J]．中国胶粘剂，2006，2．

[53] 杨新亚，牟善彬，秦克刚．粉磨方式对硬石膏活性激发的影响[J]．硅酸盐通报，2004，1．

[54] 杨新亚，牟善彬．硬石膏活性激发过程中"泛霜"现象研究[J]．非金属矿，2003，4．

[55] 尹连庆，徐铮，孙晶．脱硫石膏品质影响因素及其资源化利用[J]．电力环境保护，2008，1．

[56] 尹连庆，徐铮．氯离子对脱硫石膏脱水影响研究及机理探讨[J]．粉煤灰，2008，3．

[57] 袁伟，谭克锋，何春雨．磷石膏-矿渣-石灰-水泥体系胶结性能研究[J]．武汉理工大学学报，2009，4．

[58] 闫勇，高孝钱，吴小俊，檀杰，郑翠红．硫酸钠与硫酸氢钠对天然硬石膏水化激发研究[J]．非金属矿，2011，6．

[59] 郑万荣，张巨松，杨洪永，张添华，王文军，金建伟．转晶剂、品种和分散剂对α半水石膏晶体粒度、形貌的影响[J]．非金属矿，2006，4．

[60] 朱录涛，申海燕．硬石膏活性激发关键技术及其自流平砂浆研究现状[J]．襄樊学院学报，2011，5．

[61] 朱录涛，申海燕，秦承索．天然硬石膏活性激发剂研究进展[J]．长江大学学报：自然科学版，2011，4．

[62] 朱德师，钱小文，姜艳华．脱硫石膏含水率高的原因分析及控制措施[J]．江苏电机工程，2008，2．

[63] 周惠群，杨晓杰，朱波，韩长菊，宋丽瑛，唐越．脱硫石膏代替天然石膏作水泥缓凝剂的研究[J]．昆明冶金高等专科学校学报，2010，1．

[64] 周富涛，王憬，石宗利．脱硫石膏基抗裂砂浆的实验研究[J]．非金属矿，2010，5．

［65］ 张利萍．烟气脱硫石膏作水泥缓凝剂的应用研究［J］．河南建材，2009，1.

［66］ 张巨松，高飞，安会勇，回志锋．低品位石膏提纯与增白实验研究［J］．非金属矿，2004，6.

［67］ 张翼，朱赢波．云母粉对模型石膏性能影响的探讨［J］．中国非金属矿工业导刊，2011，5.

［68］ 祝叶，夏新兴．纤维状非金属矿物在造纸工业的应用［J］．中国非金属矿工业导刊，2010，4.